U0262637

中国科学院科学出版基金资助出版

"十三五"国家重点出版物出版规划项目

大气污染控制技术与策略丛书

挥发性有机物（VOCs）来源及其大气化学作用

邵　敏　袁　斌　王　鸣

郑君瑜　刘　莹　陆思华　　著

科　学　出　版　社

北　京

内 容 简 介

本书共 10 章。以挥发性有机物（VOCs）的研究意义展开，主要内容包括 VOCs 的采样及分析方法，讨论我国部分地区的 VOCs 浓度水平及其化学活性，基于外场观测对 VOCs 来源进行解析，进一步探讨了光化学反应对来源解析结果的影响及修正方法；提出 VOCs 源排放化学成分谱数据库构建方法，以及基于外场观测资料验证排放清单的技术；针对我国臭氧和 $PM_{2.5}$ 污染问题，探讨 VOCs 对近地面臭氧生成的作用和对 SOA 的生成贡献；最后介绍了 VOCs 总量控制思路和方法，结合具体案例评估其对空气质量的影响。

本书可供高等院校、科研院所环境科学与工程专业的本科生和研究生学习使用，也可以作为环境科学、大气科学和化学等专业的教学和研究参考书，还可供大气环境领域相关科研和管理工作者参考。

图书在版编目（CIP）数据

挥发性有机物（VOCs）来源及其大气化学作用 / 邵敏等著. —北京：科学出版社，2020.9

（大气污染控制技术与策略丛书）

"十三五"国家重点出版物出版规划项目

ISBN 978-7-03-065876-0

Ⅰ. ①挥… Ⅱ. ①邵… Ⅲ. ①挥发性有机物－研究 Ⅳ. ①X513

中国版本图书馆 CIP 数据核字（2020）第 153827 号

责任编辑：李明楠 李丽娇/ 责任校对：杜子昂
责任印制：肖 兴/ 封面设计：蓝正设计

科学出版社 出版

北京东黄城根北街 16 号
邮政编码：100717
http://www.sciencep.com

北京通州皇家印刷厂 印刷

科学出版社发行 各地新华书店经销

*

2020 年 9 月第 一 版 开本：720 × 1000 1/16
2020 年 9 月第一次印刷 印张：27 3/4
字数：557 000

定价：188.00 元

丛书编委会

主　编：郝吉明

副主编（按姓氏汉语拼音排序）：

柴发合　陈运法　贺克斌　李　锋
刘文清　朱　彤

编　委（按姓氏汉语拼音排序）：

白志鹏　鲍晓峰　曹军骥　冯银厂
高　翔　葛茂发　郝郑平　贺　泓
李俊华　宁　平　王春霞　王金南
王书肖　王新明　王自发　吴忠标
谢绍东　杨　新　杨　震　姚　强
叶代启　张朝林　张小曳　张寅平
朱天乐

丛　书　序

当前，我国大气污染形势严峻，灰霾天气频繁发生。以可吸入颗粒物（PM_{10}）、细颗粒物（$PM_{2.5}$）为特征污染物的区域性大气环境问题日益突出，大气污染已呈现出多污染源多污染物叠加、城市与区域污染复合、污染与气候变化交叉等显著特征。

发达国家在近百年不同发展阶段出现的大气环境问题，我国却在近 20 年间集中爆发，使问题的严重性和复杂性不仅在于排污总量的增加和生态破坏范围的扩大，还表现为生态与环境问题的耦合交互影响，其威胁和风险也更加巨大。可以说，我国大气环境保护的复杂性和严峻性是历史上任何国家工业化过程中所不曾遇到过的。

为改善空气质量和保护公众健康，2013 年 9 月，国务院正式发布了《大气污染防治行动计划》，简称为"大气十条"。该计划由国务院牵头，环境保护部、国家发展和改革委员会等多部委参与，被誉为我国有史以来力度最大的空气清洁行动。"大气十条"明确提出了 2017 年全国与重点区域空气质量改善目标，以及配套的十条 35 项具体措施。从国家层面上对城市与区域大气污染防制进行了全方位、分层次的战略布局。

中国大气污染控制技术与对策研究始于 20 世纪 80 年代。2000 年以后科技部首先启动"北京市大气污染控制对策研究"，之后在 863 计划和科技支撑计划中加大了投入，研究范围也从"两控区"（酸雨区和二氧化硫控制区）扩展至京津冀、珠江三角洲、长江三角洲等重点地区；各级政府不断加大大气污染控制的力度，从达标战略研究到区域污染联防联治研究；国家自然科学基金委员会近年来从面上项目、重点项目到重大项目、重大研究计划各个层次上给予立项支持。这些研究取得丰硕成果，使我国的大气污染成因与控制研究取得了长足进步，有力支撑了我国大气污染的综合防治。

在学科内容上，由硫氧化物、氮氧化物、挥发性有机物及氨等气态污染物的污染特征扩展到气溶胶科学，从酸沉降控制延伸至区域性复合大气污染的联防联控，由固定污染源治理技术推广到机动车污染物的控制技术研究，逐步深化和开拓了研究的领域，使大气污染控制技术与策略研究的层次不断攀升。

鉴于我国大气环境污染的复杂性和严峻性，我国大气污染控制技术与策略领域研究的成果无疑也应该是世界独特的，总结和凝聚我国大气污染控制方面已有的研究成果，形成共识，已成为当前最迫切的任务。

　　我们希望本丛书的出版，能够大大促进大气污染控制科学技术成果、科研理论体系、研究方法与手段、基础数据的系统化归纳和总结，通过系统化的知识促进我国大气污染控制科学技术的新发展、新突破，从而推动大气污染控制科学研究进程和技术产业化的进程，为我国大气污染控制相关基础学科和技术领域的科技工作者和广大师生等，提供一套重要的参考文献。

2015 年 1 月

序

　　大气环境化学是一门重要的基础学科，在空气污染防治和气候变化应对中发挥重要的作用。几十年来，中国的大气环境化学从理论、技术到实践应用都发展喜人，在酸沉降、平流层臭氧保护、空气质量改善中的科技支撑作用也是十分突出的。大气环境化学中有一个领域一直是我特别关心的，就是针对挥发性有机物（VOCs）的研究。挥发性有机物是一类组成复杂的混合物，在平流层导致臭氧损耗、引起酸沉降、导致生成二次有机气溶胶和大气臭氧，起这些作用的成分虽然不同，但都属于 VOCs。

　　然而，在全球的大气环境化学研究中，VOCs 一直是一个重大难题。众所周知，大气的化学本质是氧化，大气氧化能力如何变化，在很大程度上决定大气成分的化学寿命及在环境和气候变化中的作用。而 VOCs 是大气化学反应的"燃料"，对大气氧化能力的产生和增强具有深刻的影响。由于排放源类别多样、组成成分庞杂多变、化学反应错综复杂，VOCs 问题也成为大气污染防控中的巨大挑战。

　　我国在 VOCs 研究方面开展了大量的工作，20 世纪 70 年代末到 80 年代初，兰州西固地区发生光化学烟雾污染，北京大学汉中分校的师生和甘肃省的科研人员一起，开展了早期的 VOCs 测量、烟雾箱模拟及空气质量模型的研究工作，由此开始了我国 VOCs 的研究。为更好地测量人为和天然排放的 VOCs，认识 VOCs 在污染形成中的作用，北京大学的团队付出了艰苦的努力，在随后的关于《蒙特利尔破坏臭氧层物质管制议定书》（简称《蒙特利尔议定书》）的国家履约工作、酸沉降、城市光化学烟雾以及 $PM_{2.5}$ 防控等项目中，针对 VOCs 成分、来源、作用和防控的工作不断深入，北京大学团队在全国 VOCs 研究中成为一支重要的研究力量。

　　邵敏教授及其研究团队主要从事区域大气复合污染形成机制与防治技术方面的研究工作，他们在 VOCs 监测方法及技术、来源、大气化学作用及控制策略等方面有 30 余年的研究经验，并取得了一系列重要研究成果。《挥发性有机物（VOCs）来源及其大气化学作用》对大气 VOCs 的关键知识点和国内外主要进展进行了梳理，系统总结了邵敏领衔的团队多年来在 VOCs 领域获得的科学认识和技术进展，特别是基于观测资料来研究大气 VOCs 来源和化学作用的工作，在这一领域还是很有特色的。

　　我国大气污染防治进入了 $PM_{2.5}$ 和臭氧协同控制的新时期，解决 VOCs 污染问题的需求十分迫切，但是 VOCs 研究还有许多很复杂的瓶颈问题有待突破，该书作为一本系统介绍 VOCs 来源及其大气化学作用的专著，一定仍存在不足之处，我也想借此机会，希望全国大气污染防治的科研人员、环保业务部门和青年学生们对本书内容多提宝贵意见，一方面帮助团队进一步提升科研水平，另一方面也推动全国 VOCs 科学研究能力和防控的进程。

2020 年 5 月

前　言

　　中国的空气质量改善正在走一条艰辛而又不凡的路。在过往很长的一段时间内，大气污染与中国发展如影随形，大气污染成为民生福祉的一道"灰霾"。经过多年的扎实努力，人们已经熟悉的很多污染源，如燃煤、机动车尾气、扬尘等，逐渐进入国家的管控范畴，二氧化硫、氮氧化物和颗粒物三大污染物的排放量和浓度水平大幅度下降，全国各地的蓝天白云明显增多，许多城市开始出现经济持续发展、环境稳步改善的良好势头。

　　在这一过程中，挥发性有机物（VOCs）作为一类特殊的物质，一直是我国大气污染管控中的一个难题。VOCs 的特殊性主要表现在：首先，与二氧化硫、氮氧化物等不同，VOCs 是由成千上万个成分组成的一类混合物，排放来源十分复杂，在大气中快速变化，研究其来源和大气化学行为是一个学术难题；其次，除部分 VOCs 分子自身具有影响人体健康的毒性之外，VOCs 并没有被纳入我国环境空气质量标准的管控范畴，VOCs 对大气环境的影响是通过化学转化导致大气臭氧和二次颗粒物生成而产生的，而 VOCs 排放与这些二次污染物生成之间的关系往往是非线性的，这使得对 VOCs 的控制及其监管成为一个环境管理的难题。

　　我国一直高度重视 VOCs 的研究和控制工作。经过长期的努力，我国学者对VOCs 的排放、监测技术、化学转化机制、控制技术等方面的科学认知和技术研发水平取得长足进展。北京大学的研究团队一直是这一领域的活跃力量之一，20 世纪 80 年代的兰州西固地区光化学烟雾污染，就是在 VOCs 浓度很高的石油化工区发生的大气污染问题，唐孝炎先生带领的团队建立了从外场观测、实验室模拟到数值模型的研究体系，在后来的酸沉降、颗粒物污染和大气复合污染防控的研究中，坚持不懈地开展与有机物相关的研究工作。

　　本书的撰写重点围绕 VOCs 来源及其大气化学作用这一主题，是目前从国家到地方大气复合污染研究中的关键内容之一，也是空气质量改善亟需解决的瓶颈问题之一。我们在以往针对这一问题发表的学术论文和毕业论文的基础上，以总共 10 章的篇幅对这一问题进行了总结阐述。在通力合作完成初稿之后，邵敏负责修改完成了第 1 章，陆思华负责修改完成了第 2 章和第 4 章，袁斌修改完成了第 3 章和第 7 章，王鸣修改完成了第 5 章和第 6 章，刘莹负责修改完成了第 8 章和第 9 章，郑君瑜负责撰写并完成了第 10 章。邵敏和袁斌还负责全书总体设计和统稿工作。

　　针对 VOCs 来源及其大气化学的研究工作，得到了很多同事的关心和帮助，特别感谢唐孝炎先生的鼓励和鞭策，唐孝炎先生亲自为本书作的序言特别谈到了对今后 VOCs 研究和防控工作的期许。感谢郝吉明先生的认可和推荐，让本书成为"大气污染控制技术与策略丛书"中的一册。我们的研究工作是在张远航、朱彤、胡敏、谢绍东、曾立民和胡建信等老师的指导和参与下进行的，在此表示深深的谢意。还有许多给予指点和支持的前辈和同仁，内心充满感激，恕不能在此一一致谢。本书的撰写过程，也是回顾和学生们相处时光的过程，许多研究生没有出现在作者的名单上，很多学生已经不再从事大气化学的研究工作了，但是本书能够成为一本关于 VOCs 研究的书，他们的贡献不可或缺，在此对每一位研究生曾经的付出表示真心的感谢。

　　我们期望本书对大气环境研究领域的学者和研究生、对我国大气污染防治的管理部门及相关企事业单位人员有一定的参考作用。但是我们深知，由于视野和水平的限制，本书一定存在不足之处，我们更加期望同行与学者们在使用本书的过程中，向我们提出真知灼见，帮助我们不断提高业务水平，共同提升我国 VOCs 科学研究和防控的能力。

2020 年 6 月

目　录

第1章 挥发性有机物研究的意义及内容

历经漫长的演化，地球大气从还原性变成了氧化性。正如研究地球生命史的英国学者 James Lovelock 所说，地球大气长期以来处于极不稳定的化学状态，当具有光合作用能力的生命有机体出现之后，大气逐渐从充斥着 H_2、CH_4 及 H_2O、N_2、NH_3、Ar 和 H_2S 等的还原性气体向现代大气（78% N_2，21% O_2）转变。这一转变对地球生命系统具有里程碑的意义：由于生命系统与大气系统的相互作用，地球大气系统达成了一系列精巧的平衡：距地表 15～25km 的平流层臭氧正好阻挡了危害地球生命的短波紫外辐射；自然温室效应使地球大气温度提升了大约 33℃，从而使大气平均气温保持在 15℃左右，大气中的痕量组分也维持着一个相对稳定的水平，这一切是地球成为生命家园的重要原因。James Lovelock 将这种能够进行自我调节的地球超级有机体称为"盖亚"（在古希腊神话中，盖亚是大地之神）。从大气化学的角度，氧化是大气自我调节的能力之一：人类活动和自然界都不断地向大气中排放各种各样的物质，这些物质能够在大气中停留一定的时间并不断积累。当某些化合物排放量足够高，超出大气的自净能力（图 1-1）时，

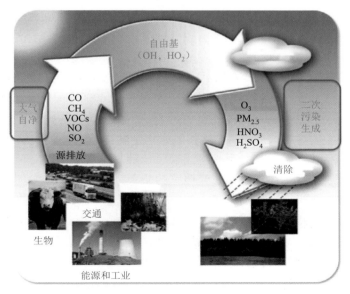

图 1-1 地球大气氧化与自净能力示意图

图中 OH 和 HO_2 自由基是大气具有自净作用的关键氧化剂

即形成空气污染。大气氧化将这些物质转化为氧化态并最终从大气中清除，这一机制使大气化学成分处于相对平衡的状态。

挥发性有机物（volatile organic compounds，VOCs）在大气氧化能力中担负着特殊的作用。虽然与其他大气痕量组分一样，VOCs 是由地表的自然过程和人为活动释放到大气中的还原态物质，最终将被氧化，从大气中清除，然而 VOCs 却是大气氧化过程的"燃料"，在大气降解过程中通过链式反应促进大气自由基［羟基自由基（hydroxyl radical，OH）；过氧羟基自由基（hydroperoxyl radical，HO_2）］水平不断增加。大气中 VOCs 浓度和化学组分不同，自由基放大效应也会存在很大差异。这一过程，在分析和评估大气氧化能力时不可忽视。

大气氧化对大气污染的形成具有重要的影响。一般而言，大气污染分为一次污染和二次污染两种类型。一次污染，即直接来自污染排放导致的空气污染。而二次污染则是排放进入大气的组分经过大气氧化过程之后形成的。人类历史上，早期的大气污染主要是一次污染，而且主要是由森林火灾、火山喷发和沙暴扬尘等自然过程导致的。人为排放导致空气质量恶化的记录可以追溯到近 2000 年前。公元 2 世纪伊朗地区所实施的 Mishnah 法典中就对制革厂离城镇的距离做了规定，而且必须位于城镇的下风向，以避免工厂所排放的恶臭气体对城镇居民的影响。从 13 世纪开始，煤炭就开始替代木材作为燃料，但是由于燃煤所排放的大量烟尘和刺激性气味，英国政府长期禁止在城市范围内烧煤。直到 16 世纪中后期，煤炭才被普遍用于伦敦的家庭。自从 18 世纪工业革命以来，随着现代大工业的迅速发展，煤炭作为主要能源被广泛用于生产活动。与此同时，燃煤所排放的大量粉尘和二氧化硫对人体健康所造成的危害也日渐突出。最为严重的一次煤烟型大气污染事件发生在 1952 年 12 月的英国伦敦，在静稳、高湿度的大气条件下，煤燃烧排放高浓度的粉尘、二氧化硫和随后生成的二次硫酸盐颗粒物在伦敦市区大气中高浓度积累，仅 12 月 5 日～8 日 4 天内死亡人数就高达 4000 人。这一事件是一次污染和二次污染共同造成的典型公害事件，在全球大气污染防治历史上具有深远影响。

另一个重大的环境公害事件"洛杉矶光化学烟雾"则是典型的二次污染问题。20 世纪 40 年代，在美国洛杉矶地区出现了一种与煤烟型烟雾完全不同类型的大气污染现象，通常发生在气温高、光照强的晴天，其主要表现为环境空气中的强氧化性污染物刺激当地居民的眼睛、损害农作物、使汽车轮胎老化，并且导致能见度下降[1, 2]。在 20 世纪 50 年代初期，Haagen-Smit 确定了光化学烟雾发生时大气中的强氧化性气体为臭氧（O_3），其并不来自直接排放过程，而是大气中 VOCs 和氮氧化物（$NO_x = NO + NO_2$）发生光化学反应的主要产物[2]。Haagen-Smit 等还发现机动车尾气会排放大量的 NO_x 和 VOCs，在阳光的作用下发生复杂的化学反应，是导致"光化学烟雾"的科学原因[3, 4]。洛杉矶光化学烟雾事件使人们开始认识到化学反应在大气污染形成中的重要性。

二次污染问题在我国很早就有发生。早在 20 世纪 70 年代，北京大学唐孝炎先生及其团队就在兰州西固石油化工区注意到当地出现小学生眼睛受到刺激、大气能见度下降和农作物损伤的问题，提出该地区可能发生光化学烟雾污染的假设。通过艰辛的外场观测、烟雾箱模拟试验和计算机模型研究，形成了我国最早的光化学烟雾研究的技术方法体系，准确识别了兰州西固地区光化学烟雾与美国洛杉矶烟雾污染特征与成因的差异，并提出了有效的 O_3 控制策略。针对光化学烟雾形成机制的进一步深入研究发现，大气中存在着多种活性自由基（如 OH、HO_2、NO_3 等），它们会参与大气中的各种化学反应。燃煤排放的二氧化硫可以通过这些自由基的作用被转化为硫酸烟雾，机动车尾气所排放的一氧化碳和碳氢化合物也主要通过与自由基的氧化反应而去除，但同时自由基又可以通过 VOCs 的光解和光化学反应而生成。实际上，科学家已经认识到大气中各种污染问题是相互关联的，通过自由基或关键物种的化学过程而彼此耦合在一起，形成大气复合污染[5]。近年来，随着我国经济的快速发展和城市化进程的加快，多种污染物均以高浓度存在于大气中，各种污染相互耦合和叠加，呈现出典型的复合污染特征。因此，应该采取综合性的方法对各种相关的污染问题进行整体考虑，以避免在解决一个问题的同时又产生新的问题。

挥发性有机物在对流层臭氧（O_3）和细颗粒物（$PM_{2.5}$）的二次生成过程中起着关键作用。在受人为活动影响的大气环境中（如城市或工业地区），与羟基自由基（OH）的反应是 VOCs 的主要氧化去除途径。一方面，VOCs 的氧化反应会改变"氮氧化物（NO_x）循环"的平衡状态，其产生的过氧羟基自由基（HO_2）和过氧烷基自由基（RO_2）会抑制 O_3 与 NO 的反应，另外还不断将 NO 转化为 NO_2，而 NO_2 的光解可以导致臭氧的生成。另一方面，VOCs 氧化过程中产生的一些低挥发性产物可以通过"气固分配"进入颗粒相，形成二次有机气溶胶（secondary organic aerosol，SOA）。因此，针对 VOCs 开展排放特征、来源结构和化学行为等方面的研究对于制定有效的 O_3 和 $PM_{2.5}$ 控制措施、改善区域空气质量和保障公众健康具有重要意义。

1.1　VOCs 的定义及分类

VOCs 是大气中普遍存在的一类化合物，具有分子量小、饱和蒸气压较高、沸点较低、亨利常数较大、辛烷值较小等特征。常温常压下多呈气态，在大气中最主要的气相光化学反应是与 OH 自由基的反应，同时涉及其他介质中的气液、气固和气相-生物富集等之间的物理化学反应。大气中 SO_2 仅为一种分子，大气中的氮氧化物仅有 NO 和 NO_2 两种分子，而 VOCs 则是大气中成千上万种分子组成的"大家庭"。

大气 VOCs 组成非常复杂，迄今尚没有学术界公认的一致定义。目前有三种不同的定义方法：一种是根据物理性质来定义，即 VOCs 一般是指饱和蒸气压较高（标准状态下大于 0.1mmHg[①]）、沸点较低、分子量小、常温状态下易挥发的有机化合物。后来又形成更为量化的定义，即 25℃下蒸气压大于 10Pa、标准大气压（101.3kPa）下沸点小于 260℃，而且碳原子数小于或等于 15 的有机物。欧盟则规定 VOCs 是在标准大气压下，沸点小于或等于 250℃的有机物。另一种是依据化学效应来定义的，典型的是美国环境保护局（U. S. Environmental Protection Agency，USEPA）将 VOCs 定义为在大气中参加光化学反应的所有含碳化合物。这一定义是以二次污染防控的目标为出发点而做出的，但 VOCs 的范畴将比通常的理解拓展很多，依据这一定义，甲烷和一氧化碳均应该纳入。还有一种定义是依据 VOCs 的化学成分，包括烷烃、卤代烷烃、烯烃、卤代烯烃、炔烃、芳香烃以及酚、醇、醚、醛、酮、酯、硝酸酯等化合物。VOCs 通常分为 $C_2 \sim C_{12}$ 非甲烷碳氢化合物（non-methane hydrocarbons，NMHCs）、$C_{10} \sim C_{20}$ 高碳碳氢化合物（heavy hydrocarbons）、$C_1 \sim C_{10}$ 含氧挥发性有机物（oxygenated volatile organic compounds，OVOCs）、卤代烃（halogenated hydrocarbons）、含硫化合物和含氮有机物等。

自 1940 年美国洛杉矶光化学烟雾引发人们对大气挥发性有机物的关注，VOCs 的研究已经历时近 80 年。在这期间，由于分析测试方法、关注的目标化合物以及研究目的不同，出现了很多和大气挥发性有机物相关的概念，如 NMHCs、反应活性有机气体（reactive organic gases，ROG）、羰基化合物（carbonyl）等。上述有关 VOCs 定义之间互有交叉，而且差异是显著的，将在相当程度上引起科学研究和环境管理的困惑。为厘清这一问题，并使得 VOCs 的研究与防控具有可操作性，目前建议根据 VOCs 的分析测量方法进行定义，并随着测量方法的进展不断提升对 VOCs 的科学认识。

为此，我们梳理的 VOCs 相关定义如下：

非甲烷碳氢化合物：指按照 USEPA TO-14 方法，采用不锈钢罐采集，气相色谱-火焰离子化检测器（gas chromatography-flame ionization detector，GC-FID）分析得到的 $C_2 \sim C_{12}$ 碳氢化合物。NMHCs 不包括羰基化合物、卤代烃及含氧挥发性有机物。

光化学活性物种监测站目标碳氢化合物 [photochemical assessment monitoring（PAM）target hydrocarbons] 检测的 56 种目标碳氢化合物，也是目前源成分谱研究中广泛推荐采用的定义方法。

羰基化合物：醛类和酮类化合物。按照分析方法定义为可以采用 2, 4-二硝基苯肼（2, 4-dinitrophenyl hydrazine，DNPH）采集，采用高效液相色谱-紫外检测器（high performance liquid chromatography-ultraviolet detector，HPLC-UV）分析的

---

① 1mmHg = 1.33322×10^2Pa。

$C_1 \sim C_7$ 含氧有机气体。

非甲烷有机气体（non-methane organic gases，NMOG）：即非甲烷碳氢化合物加上羰基化合物。

反应活性有机气体：能够与 OH 自由基等发生反应生成臭氧和二次气溶胶的有机气体，其反应活性较强，半衰期通常小于 30 天。

总有机气体（total organic gases，TOG）：一般来说 TOG 可以看作 ROG 和甲烷、卤代烃的加和。

高碳碳氢化合物：可以采用吸附剂采集、热解析进样、气相色谱分析的 $C_{10} \sim C_{20}$ 碳氢化合物。通常这一部分又可以称为半挥发性有机物，因为碳数大于 15 的化合物在气相和颗粒相都可以检出。

VOCs 的概念基本涵盖了上述分类，可以认为是非甲烷碳氢化合物、高碳碳氢化合物、羰基化合物及卤代烃的加和，碳数小于 20。本书重点关注的是 $C_2 \sim C_{12}$ 范围内的非甲烷碳氢化合物、羰基化合物和卤代烃。

1.2　VOCs 的源和汇

1.2.1　全球尺度及典型区域的 VOCs 来源

大气中 VOCs 来源非常复杂，既可以从污染源直接排放进入环境大气（一次源），也可以通过光化学反应生成（二次源）。其中一次源又可分为天然源和人为源：天然源包括生物排放（如植被、土壤微生物等）和非生物过程（如火山喷发、森林或草原大火等）；人为源则主要来自化石燃料的运输和使用（如汽车尾气、煤燃烧、汽油挥发、液化石油气和天然气的泄漏等）、生物质燃烧、溶剂和涂料的挥发（如油漆、清洗剂和黏合剂等）、石油化工、烹饪和烟草烟气等。从全球尺度上，天然源对 VOCs 排放的贡献占主导地位，但是在人为活动主导的地区，人为活动排放是 VOCs 最重要的来源[3]。在城市地区，机动车尾气排放是 NMHCs 的重要来源[6]。一次排放 VOCs 在大气中发生的氧化反应生成也是一些含氧挥发性有机物（如甲醛等）、过氧乙酰硝酸酯（peroxyacetyl nitrate，PAN）和烷基硝酸酯的重要来源。

表 1-1 列出了全球尺度上主要 VOCs 来源的排放速率及其不确定范围[7]。从表中可以看出，生物源排放是 VOCs 的主要来源，占全球 VOCs 排放总量的90%以上。生物源排放的主要 VOC 组分是异戊二烯，占生物源总排放量的 39%，单萜烯占12%，其他 VOCs 组分（如倍半萜烯、甲醇、丙酮等）占49%。对于我国而言，Zhang 等估算 2006 年人为源 VOCs 的排放量为 23.247Tg①（表 1-2）[8]；而 Li 等估算 2003

_____

① $1Tg = 10^{12}g$。

年我国生物源 VOCs 排放量为 42.5Tg[9]，约为人为源排放量的 2 倍。但是，对于城市地区，人为源 VOCs 排放占主导地位。例如，Su 等建立的 VOCs 排放清单显示 2008 年 6 月生物源贡献了 18%的 VOCs 排放总量；7 月和 8 月，北京市为了保证奥运会期间的空气质量采取了一系列措施减少人为源 VOCs 的排放，因此生物源的相对贡献增加至 24%～32%，但仍然低于人为源的贡献[10]。

表 1-1　全球尺度上主要 VOCs 源的排放速率[7]

主要 VOCs 源	排放速率/(Tg/a)	不确定性范围/(Tg/a)
化石燃料使用：		
烷烃	28	15～60
烯烃	12	5～25
芳香烃	20	10～30
生物质燃烧：		
烷烃	15	7～30
烯烃	20	10～30
芳香烃	5	2～10
海洋：		
烷烃	1	0～2
烯烃	6	3～12
人为排放和海洋排放之和：		
烷烃	44	
烯烃	38	
芳香烃	25	
陆生植物：		
异戊二烯	460	200～1800
单萜烯总和	140	50～400
其他 VOCs 总和	580	150～2400
陆生植物之和	1180	
总计	1287	

表 1-2　我国人为源 VOCs 的排放速率(Tg/a)[8]

人为源	2001 年	2006 年
电厂	0.546	0.961
交通排放	4.973	8.056
工业排放	5.985	7.601
居民源	6.564	6.630
总计	18.068	23.247

1.2.2　VOCs 的汇

环境大气中的烃类化合物主要通过与氧化剂（如 OH 自由基、臭氧、NO_3 自由基）发生化学反应去除[11]。在某些清洁的海岸和海洋环境下（如北极），Cl 和 Br 自由基氧化也是 VOCs 的一个重要的氧化途径[11]。对于大部分 VOCs 物种来说，白天 OH 自由基的氧化是最主要的氧化途径，而在晚上 OH 自由基的浓度很低，NO_3 自由基的氧化作用显得更为重要。但从总氧化比例来看，OH 自由基的氧化仍占主导作用。除上述反应外，一些 VOCs 物种（如甲醛）在光照下发生光解，有两种反应途径：一是光解生成 H_2 和 CO；二是生成 H 自由基和 HCO 自由基，H 自由基在大气中与 O_2 反应生成 HO_2 自由基，是 HO_x（$OH + HO_2$）自由基的一种重要的初级来源。另外，O_3 与烯烃的反应也会生成自由基，增加大气的氧化性。

图 1-2 总结了非甲烷 VOCs 物种与 OH 自由基的反应速率常数（k_{OH}）及其大气寿命[12]。从图中可以看出，非甲烷 VOCs 物种与 OH 自由基的反应速率常数跨越 3 个数量级 [$10^{-13} \sim 10^{-10}$ cm³/(molecule·s)]。假设大气中 OH 自由基的平均浓度为 5×10^6 molecule/cm³，则非甲烷 VOCs 物种所对应的大气寿命为 0.4～400h。

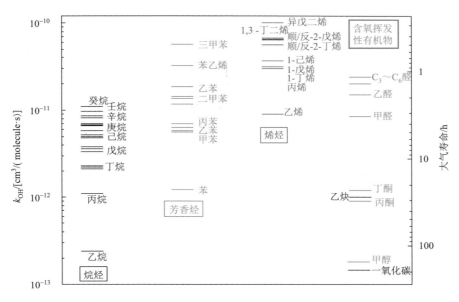

图 1-2　非甲烷 VOCs 物种与 OH 自由基的反应速率常数（k_{OH}）[12]及其大气寿命（假设大气中 OH 自由基平均浓度为 1×10^7 molecule/cm³）

1.3　VOCs 在对流层化学中的作用

挥发性有机物是大气对流层中非常重要的痕量组分，在大气化学反应过程中扮演极其重要的角色，对一些区域环境问题，如光化学烟雾、二次有机污染、背景大气的氧化能力等都有重要影响。图 1-3 是 VOCs 在大气化学中作用的示意图。从图中可以看出，大气对流层中许多重要的二次污染物如臭氧和二次有机气溶胶（SOA）的形成都与 VOCs 密切相关。研究 VOCs 大气化学对理解对流层化学过程非常重要。

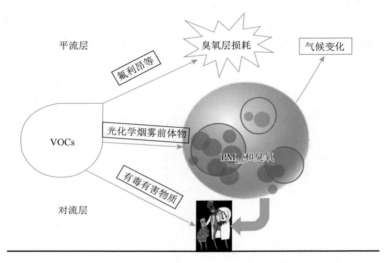

图 1-3　VOCs 在大气化学中的作用示意图[1]

1.3.1　VOCs 在臭氧光化学生成中的作用及其评估方法

大气中 O_3 的形成起源于 NO_2 的光解，NO、NO_2 和 O_3 之间的反应并不会造成 O_3 的净增加或损失，三者处于稳态平衡。当大气中有 VOCs 存在时，OH 或 NO_3 自由基引发 VOCs 的氧化反应生成烷基自由基 R、过氧烷基自由基 RO_2 和过氧化氢自由基 HO_2，使 NO 向 NO_2 转变，最终光解形成臭氧[3]，如图 1-4 所示。对流层臭氧光化学净形成和净损耗依赖于 NO 和 VOCs 的浓度，并取决于 HO_2 及 RO_2 自由基的反应速率常数。一般来说城市地区大气中氮氧化物浓度较高，在充足的 RO_2 和特定的气象条件（如低风速、强光照）下，经一系列化学反应，高浓度的臭氧在城市和区域范围内累积下来，并生成了氧化性很强的二次有机物，如醛类、过氧化氢、有机硝酸盐等。某些二次氧化产物由于具有较低的蒸气压，可通过均相成核或凝结到已经存在的一次颗粒物上，从而形成二次有机气溶胶[13]。因而，城市地区高浓度的臭氧和二次细颗粒物的形成中都围绕着 VOCs 的光化学过程。

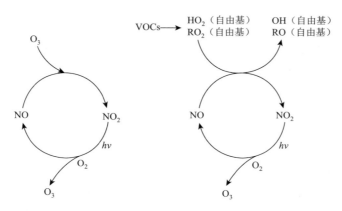

图 1-4　VOCs 对 NO-NO$_2$-O$_3$ 平衡的影响

不同 VOCs 物种的大气反应机理和反应速率各不相同，那么它们对臭氧生成的贡献也不同。用实际观测数据来衡量 VOCs 在大气光化学反应过程中的反应活性及它对臭氧生成的贡献的方法主要有两大类，OH 自由基反应活性和增量反应活性。

1. OH 自由基反应活性

对流层在白天的化学反应以 OH 自由基为主，各类挥发性有机物的光氧化反应常常以与 OH 自由基的氧化反应开始，在 O$_2$、NO$_x$ 和光照下降解，不断产生新的自由基，从而引发链式反应。第一步生成过氧烷基 RO$_2$ 的反应是大气中臭氧形成的控速步骤。OH 自由基反应活性是将所有 VOCs 物种置于同一基点上来比较它们的活性，常用的方法有等效丙烯浓度和 OH 自由基消耗速率。

等效丙烯浓度把影响 VOCs 大气化学活性的两个主要因素——大气浓度及其与 OH 自由基的反应活性结合起来，对研究目标物种的大气浓度做归一化处理，评价各 VOCs 物种对大气活性的贡献[14, 15]，如公式（1-1）所示，其中 $k_{OH}(i)$ 和 $k_{OH}(C_3H_6)$ 分别表示物种 i 和丙烯与 OH 自由基反应的速率常数。在植被覆盖率高的乡村地区，夏季 VOCs 的总等效丙烯浓度是冬季的 5～6 倍，异戊二烯、α-蒎烯和 β-蒎烯等天然源排放物种是活性最高的物种，占总等效丙烯浓度的 65%～90%[16]。城市大气中二甲苯、三甲苯和低碳烯烃等人为源排放物的等效丙烯浓度较高[17]。

$$等效丙烯浓度(i) = 大气浓度(i) \times \frac{k_{OH}(i)}{k_{OH}(C_3H_6)} \qquad (1-1)$$

用大气 OH 自由基的消耗速率（OH loss rate，L_{OH}）来估算初始 RO_2 自由基的生成速率，以此表征各 VOCs 物种的化学活性。该方法虽不能解释被测物种参与的所有大气反应过程，但它为研究某种挥发性有机物对日间光化学反应的相对贡献提供了简单的指标[18-20]。某挥发性有机物的 OH 自由基消耗速率（s^{-1}）是它的大气浓度与其 OH 自由基反应速率常数的乘积，如公式（1-2）所示，其中[VOC]$_i$ 表示物种 i 的大气浓度（molecule/cm^3），k_i^{OH} 为物种 i 与大气中 OH 自由基的反应速率常数［cm^3/(molecule·s)］。

$$L_{OH} = [VOC]_i \times k_i^{OH} \qquad (1-2)$$

VOCs 的 OH 自由基反应活性主要受大气浓度和其反应速率常数等因素的影响，存在地区差异。甲醛、乙醛、甲基丁烯醇、甲醇、异戊二烯和 β-蒎烯是美国科罗拉多山区 OH 自由基主要的汇，其中甲基丁烯醇、异戊二烯和 β-蒎烯来自当地植被的排放，乙醛则来自城市人为源的输入[19]。在美国田纳西乡村地区，天然源排放的异戊二烯及其氧化产物贡献了当地 VOCs 总 OH 自由基反应活性的 35%，其次是 CO（32%）和甲醛（18%），乙醛、甲醇等其他含氧有机物的贡献为 10% 左右[21]。在德国柏林周边的背景点，异戊二烯对当地 NMHCs 总反应活性的贡献超过 50%[20]。Goldan 等研究了美国新英格兰地区各类烷烃、烯烃、芳香烃和含氧有机物对 OH 自由基去除速率的影响，在相对清洁的气团中含氧有机物对 OH 自由基消耗速率的贡献占总 VOCs 的 40%～60%，其中甲醛、乙醛和丙酮的作用最大，说明该气团主要受新罕布什尔州和缅因州植物源排放的影响[18]。在污染较重的气团中烯烃和烷烃的贡献最大（接近 50%），其次是芳香烃，含氧有机物的贡献约 20%，此时纽约、波士顿等城市地区的排放占主导地位。邵敏等分析了各类 NMHCs 组分对北京市大气化学过程中的作用，发现仅占大气 NMHCs 总浓度 15%左右的烯烃对总 OH 自由基反应活性贡献率达到 75%，其中 C_4～C_5 烯烃贡献的比例最大[22]。

2. 增量反应活性

OH 自由基反应活性方法没有考虑到生成 RO_2 的后续反应，也忽略了大气中其他反应过程如光解反应、NO_3 自由基和 O_3 与 VOCs 的反应，以及生成烷基硝酸酯、PAN 等的反应。最直接量化 VOCs 反应活性的方法是在区域空气污染模式中改变 VOCs 的排放量来观测臭氧生成的实际变化。Carter 等提出 VOCs 增量反应活性（incremental reactivity，IR，g O_3/g VOCs）的概念，定义为在给定气团的 VOCs 中，加入或去除单位被测 VOCs 所产生的 O_3 浓度的变化[23]。增量反应活性既考虑了 VOCs 的机理反应活性（即特定挥发性有机物物种产生 O_3 的分子数），也考虑了动力学反应活性（即挥发性有机物生成 RO_2 的快慢、混合物的相互作用等）。模型研究发现，IR 与给定气团的性质、VOCs/NO_x 的比值有关[24, 25]。改变 VOCs/NO_x

的比值,使 IR 达到最大值,得到最大增量反应活性(maximum incremental reactivity,MIR)。变化 VOCs/NO$_x$ 的比值,使臭氧峰值达最大值,则得到最大臭氧反应活性(maximum ozone reactivity,MOR)。最大增量反应活性是衡量 VOCs 对臭氧生成的贡献的重要标准之一,用于美国加利福尼亚州机动车低速排放和清洁燃料法案中。

　　Carter 利用区域空气污染模型模拟了 39 种不同的城市排放,根据 118 种 VOCs 的大气光化学机理估算出有机物在不同 NO$_x$ 条件下对臭氧生成的相对影响、MIR、MOR 等,并讨论了量化 VOCs 的反应活性的几种方法。结果表明,基于臭氧峰值浓度建立的量度方法依赖于 NO$_x$;但基于臭氧累积生成量的标准对 NO$_x$ 不大敏感,这与 MIR 标准类似。这说明 MIR 或其他基于臭氧累积生成量的量度方法适用于需要单一反应活性量度的情况[26]。Seinfeld 等和 Carter 研究组对此开展了大量的工作,更新了 VOCs 物种列表,估算出 770 多种 VOCs 的 MIR[27, 28]。

　　在此基础上计算 VOCs 的臭氧生成潜势 (ozone formation potential,OFP),OFP 等于某种挥发性有机物的大气浓度与最大增量反应活性的乘积。需要说明的是,OFP 仅说明该地区大气中 VOCs 具有的生成臭氧的最大能力,实际对臭氧生成的贡献率受当地 NO$_x$ 浓度水平、OH 自由基浓度和其他污染物等条件制约。城市大气中,机动车尾气排放物对臭氧生成的贡献率最大,如甲苯、丙烯、间,对-二甲苯等;对郊区臭氧生成贡献率最大的物种是异戊二烯[29]。Na 等观测了韩国首尔芳香烃的季节变化,讨论城市机动车尾气和挥发排放对大气芳香烃的相对贡献,并计算了大气中芳香烃的臭氧生成潜势。结果发现,夏季挥发源对 OFP 的贡献率比尾气排放高 40%[30]。

　　Chang 等在评估中国台湾高雄地区活性 NMHCs 对臭氧的贡献时比较了基于 OH 自由基反应活性方法和 MIR 方法的效用。甲苯、二甲苯、乙烯和丙烯的 OH 反应活性和臭氧生成潜势都居于前列。两种方法对异戊二烯的估算结果差别较大,用反应速率常数法得到异戊二烯对 OH 自由基反应活性的贡献率为 13.1%,而用 MIR 方法算出它对总 OFP 的贡献率仅为 3.5%。这是因为异戊二烯的 MIR 与二甲苯、丙烯、乙烯等物种接近,而它的 k_{OH} 比其他活性物种高 5～10 倍,使得异戊二烯的 OH 自由基反应活性升至第二位[31]。

1.3.2　VOCs 在 SOA 生成中的作用及其评估方法

　　有机气溶胶(organic aerosol,OA)是细颗粒物(PM$_{2.5}$)中的重要组分,占 PM$_{2.5}$ 质量浓度的 20%～90%,其中 SOA 对 OA 的贡献可达 20%～80%[32]。SOA 是由人类活动或者天然源直接排放的有机前体物在大气中经过一系列的氧化、吸附、凝结等过程后的产物。如何量化 VOCs 与 SOA 生成之间的关系是大气环境领域的研究热点和难点之一,常用的方法包括 SOA 产率法和有机碳平衡法。

1. 基于特定挥发性有机物组分的 SOA 产率计算 SOA 生成量

描述 VOCs 生成 SOA 的气/粒分配理论主要是基于有机物在颗粒态与气态的分配比例[33]，并被发展以表述某挥发性有机物物种的 SOA 产率[34]：

$$Y = M_0 \sum_{i=1}^{2} \left(\frac{\alpha_i K_{\text{om},i}}{1 + K_{\text{om},i} M_0} \right) \tag{1-3}$$

式中，Y 为某挥发性有机物物种的 SOA 生成产率；M_0 为颗粒物的质量浓度；α_i 和 $K_{\text{om},i}$ 分别为 VOCs 产物 i 以质量计的化学计量系数和吸收平衡分配因子。公式（1-3）有以下 3 点含义：①当有机颗粒物浓度低或 VOCs 生成高蒸气压的产物，SOA 产率与 M_0 线性相关；②当有机颗粒物浓度高或者 VOCs 生成低蒸气压的产物，SOA 产率直接等于 α_i；③因温度会改变 VOCs 氧化产物的饱和蒸气压，SOA 产率与温度有关。

其后，Donahue 等进一步发展了该理论，提出了基于挥发性分组（volatility basis set，VBS）的 SOA 生成架构[35]。VBS 方法将 VOCs 的氧化产物分成 9 个不同的机理物种，每个机理物种之间的饱和蒸气压（C^*）相差一个数量级。在 VBS 理论中，每个 SOA 反应产生的氧化产物被划分到不同的机理物种中，并根据不同颗粒物浓度计算在各个机理物种的气-固分配。由于 VBS 方法将 VOCs 氧化产物的挥发性区分为更多的层次，比较符合氧化产物的挥发性分布特征，因此近年出现了大量的基于 VBS 的模型研究[36, 37]。但是，VBS 理论针对一次有机气溶胶（primary organic aerosol，POA）、半挥发性有机物（semi-volatile organic compounds，SVOCs）和中等挥发性有机物（intermediate volatility organic compounds，IVOCs）排放量、挥发性分布、氧化过程等方面还存在诸多假设，且如何将烟雾箱实验的 SOA 产率和源排放的结果实际应用到大气中是一个难题[38]。

通过 SOA 产率可以估算大气中由 VOCs 转化生成的 SOA 浓度。除了用参数化的方法计算不同条件下的产率，在一些研究中为了简便，对所有环境条件使用统一的产率值，常用的一套产率来自 Grosjean 的报道[39]。目前估算 SOA 生成有三种常用的途径：第一种是根据实测的 VOCs 浓度计算其在大气中的消耗速度，进而估算 SOA 的生成速率，见公式（1-4），

$$\frac{\Delta \text{SOA}}{\Delta t} = \frac{\Delta \text{VOCs}}{\Delta t} \times Y = k_{\text{OX}} [\text{VOCs}]_t [\text{OXs}]_t Y \tag{1-4}$$

式中，$[\text{VOCs}]_t$ 和 $[\text{OXs}]_t$ 分别为在 t 时刻前体物 VOCs 和大气中氧化剂（OH 自由基、O_3 或 NO_3）的浓度；k_{OX} 为反应速率常数。第二种是根据环境中实测的 VOCs 浓度反推出初始的排放浓度，假设这些排放的 VOCs 全部被消耗，通过产率计算 SOA 的生成潜势［公式（1-5）］，

$$[\text{SOA}]_{\text{potential}} = [\text{VOCs}]_{\text{initial}} \times Y \tag{1-5}$$

第三种途径是根据 VOCs 源排放清单结合三维化学传输模型模拟 VOCs 在大气中的迁移与转化，然后使用 SOA 产率来估算大气中 SOA 的浓度。

2. 有机碳平衡法研究 SOA 的生成

大气中总有机碳（total organic carbon，TOC）包括烃类、含氧有机物、含氯化合物、多官能团的化合物及颗粒物中的有机物。虽然过去几十年，大气中有机物测量技术取得了显著进步，但是能够测量的有机物组分仍然非常有限。在一般的大气外场观测中，利用现有技术手段能够测量的有机物组分在 30～100 种之间[40]，而大气中存在的有机物组分的种类据估计至少在百万量级[41]。为此 Heald 等提出了总测量有机碳（total observed organic carbon，TOOC）这一概念，并汇总了北美洲近年来的数次大型观测中地面站点和航测的 TOOC 的浓度水平[40]。TOOC 的浓度水平变化很大，从特立尼达岬（Trinidad Head）测量得到的 4.0μg C/m^3 到墨西哥城测量得到的 455.3μg C/m^3。颗粒物中的有机碳水平平均占 TOOC 的 3%～17%，一般城市水平较低，而乡村地区和边远地区有所升高。一般 CO 能够解释 46%～86% 的 TOOC 浓度变化，这说明人为源对 TOOC 来源的主导地位。另外，TOOC 与异戊二烯及其氧化产物和甲醛的相关性较高，表明生物源也具有显著贡献。

基于 TOOC 这一概念发展起来的一种研究 VOCs 向 SOA 转化的方法是颗粒物的气相和颗粒相的碳平衡法（carbon mass balance），即 VOCs 向 SOA 转化过程中，虽然碳与氧等元素的比例会发生变化，但是碳元素在转化过程中应该是质量守恒的（在某种挥发性有机物组分特定的 SOA 产率下）[42]。由于 VOCs 转化和 SOA 生成的复杂性，很难使用经验性或推导的公式来表征其随时间的变化。通过研究 NMHCs 和烷基硝酸酯与乙炔的比值随光化学龄的变化，de Gouw 等建立了一套应用于 OVOCs（包括 PAN 类化合物）来源解析的参数化方法，包括烃类、OVOCs、烷基硝酸酯等一大类气态有机物与乙炔的比值随光化学龄的变化均可以用公式表示出来[43]。与 OVOCs 的方法相似，颗粒态有机物（particulate organic matter，POM）也可以通过拟合公式得到解析。最终，将气态和颗粒态的有机物的浓度均转化为碳浓度，即可得到 TOOC 与光化学龄之间的关系。利用文献报道的各 VOCs 的 SOA 产率[44]，结合各 VOCs 与乙炔的排放比，可以计算出 VOCs 生成 SOA 的最大量。其结果是能够测量的 VOCs 生成 SOA 量为 0.43μg C/m^3，而这远远小于 50h 的光化学龄时颗粒物浓度增加量（6.1μg C/m^3）。因此，de Gouw 等认为这种巨大的差异可能来自于：①一些重要的 SOA 前体物未被测量；②实际大气中 SOA 的生成效率高于实验室模拟实验得到的产率[43]。其后，de Gouw 等使用类似的方法对 NEAQS（New England Air Quality Study）2002 的观测进行分析，并结合最新报道的芳香烃在低 NO$_x$ 浓度下的 SOA 产率，发现 37% 的 SOA 生成可以由芳香烃解释，而其余无法解释的部分（63%）可能是由半挥发性的组分贡献[43]。

1.4　VOCs 的测量方法

准确测量大气中 VOCs 的浓度水平和化学组成是探讨其来源及大气化学作用的前提。经过大气科学家几十年的努力，一系列针对大气中一类或几种 VOCs 组分的测量方法被开发出来[45]。主要的离线测量方法有：基于不锈钢采样罐或 Tenax 吸附剂的 GC-FID 或气相色谱-质谱（gas chromatography-mass spectrum，GC-MS）的分析方法测量 NMHCs、DNPH 或 2, 3, 4, 5, 6-五氟苯肼（2, 3, 4, 5, 6-pentafluorophenyl hydrazine，PFPH）等衍生剂衍生测量醛酮类物种；在线方法有：GC-FID 或和 GC-MS 测量烃类和含氧有机物，以质子转移反应质谱（proton-transfer-reaction mass spectrometry，PTR-MS）为代表的化学电离质谱（chemical ionization mass spectrometry，CIMS）方法测量烃类和含氧有机物，以差分光学吸收光谱仪（differential optical absorption spectrometer，DOAS）、可调谐二极管激光吸收光谱仪（tunable diode laser absorption spectrometer，TDLAS）为代表的测量一些有光学吸收的化合物（如甲醛、乙二醛）。

采样罐-GC-FID 或 GC-MS 方法采样方便，可以覆盖到一些没有电力供应的地区，很容易保证空间分布测量的需求，但是 VOCs 在采样罐内有衰减，不能准确测量 OVOCs 等极性化合物。DNPH 衍生化-高效液相色谱法 HPLC 是一种传统的测量羰基化合物的方法。该方法的衍生反应有专一性，测量准确性高，但是采样时间太长，无法获得高时间分辨率的数据，费时费力。

由于以上离线测量方法的缺陷，在线测量大气中 VOCs 逐渐成为一种趋势。在线 GC-FID/MS 将实验室分析采样罐的测量方法在线化，增加在线样品采集和预浓缩模块，选择合适的色谱柱和检测器，可以同时在线测量大气中近 100 种 NMHCs 和 OVOCs 物种[46-48]。该方法的时间分辨率为 0.5～1h，检测限可达几 pptv（pptv 表示万亿分之一的体积比）。但是由于受湿度和壁效应的因素影响，该方法对一些极性物种的测量无能为力。

近年来，迅速发展起来的 PTR-MS 得到了广泛的应用。PTR-MS 是利用大气中 VOCs 与离子源产生的 H_3O^+ 发生反应，生成质子化的 VOCs 离子，使用质谱得到检测[49, 50]。该方法的时间分辨率高，可到秒级至分钟级（随测量物种的数量和仪器设置有所变化）。PTR-MS 仅可以测量质子亲和势高于水的化合物，但是不能区分同分子量的化合物。虽然飞行时间质谱（time-of-flight mass spectrometry，TOF-MS）开始应用于 PTR-MS 仪器中，可以解决同质量数（但非同分异构体）的区分问题，但是对同分异构体仍然无法区分[51]。

DOAS 是利用大气中 VOCs 在紫外或可见光段的特征吸收，对大气中 VOCs 的浓度进行测量的仪器[52]。DOAS 的主要优点是原位测量，不破坏测量化合物，且无须标定。其中分为主动式（LP-DOAS）和被动式（Max-DOAS）两种。主动式包括发射光源和反射组件，测量不受气象条件的限制，但仪器架设复杂。被动式一般使用太阳光作为发射光源，仪器比较小巧经济，架设简单，但是只能测量白天的数据，数据反演相对复杂。

1.5　VOCs 的来源分析方法

挥发性有机物的来源研究是一项非常具有挑战性的工作，主要是因为：①VOCs 来源种类繁多，而且包括很多无组织排放过程（如民用排放过程、工业上的逸散性排放和森林火灾等）；②VOCs 的源排放特征具有显著的地域差异，而且随着法规政策和控制措施的改变而呈动态变化；③有些 VOCs 组分还可能存在二次源和未知源。现在常用的 VOCs 来源分析技术主要有源排放清单、受体模型和基于气团老化的参数化拟合等方法。其中前两种方法主要是针对 VOCs 的一次排放源，而最后一种方法则主要用于解析某些 VOCs 物种（如羰基化合物）的二次来源。

1.5.1　排放清单

空气质量与污染物排放是直接或间接相关的，因此建立详细准确的污染源排放清单是了解、控制和解决空气污染问题的基础和关键。一方面，污染物排放清单是管理部门制定减排法规政策和控制措施、相关企业开发或改进处理技术或工艺的重要依据，同时也是跟踪减排策略实施情况并评估其有效性的必要手段。另一方面，在利用化学传输模型（chemical transport model，CTM）模拟或预测近地面臭氧和 SOA 浓度以及探讨其生成机理和控制措施时，细化到具体物种（或机理物种）的 VOCs 源排放清单是必需的输入数据，其不确定性是影响当前 CTM 模型研究结果准确性的重要因素。有研究表明在城市地区，VOCs 排放数据的准确性可以直接影响近地面 O_3 和 SOA 的模拟效果，并且会进一步影响有效控制措施的制定[53]。

1. 排放清单的建立方法

建立 VOCs 排放清单首先需要"自下而上"（bottom-up）收集各个排放过程的 VOCs 排放因子（emission factor，EF）和活动水平（activity）数据，然后将各个排放过程的排放因子和活动水平数据先相乘再求和计算得到 VOCs 的排放量，见下式：

$$E=\sum_{i}^{N} \mathrm{EF}_i \times A_i \qquad (1\text{-}6)$$

式中，E 为 VOCs 的排放量（Gg①/a）；N 为 VOCs 排放过程的总数；EF_i 和 A_i 分别为排放过程 i 的排放因子和活动水平。每个挥发性有机物物种的 EF_i 值可以通过源排放实验或者文献调研获得，各类排放源的排放活动数据 A_i 则通过调查统计或者合理外推得到。通过公式（1-6）可以计算各个过程的 VOCs 排放量并确定各个排放过程对 VOCs 排放总量的贡献率。

与其他单物种的源排放清单不同，VOCs 的排放清单需要先计算出 VOCs 的排放总量，然后根据 VOCs 的源成分谱进行物种分配，获得细化到具体 VOCs 物种的排放量。由于我国还没有建立起完整的 VOCs 源成分谱数据库，因此大部分源排放清单主要使用美国和欧洲建立的源谱数据库进行物种分配，如美国环境保护局（USEPA）的 Speciate 数据库（https://www.epa.gov/air-emissions-modeling/speciate）。但是，VOCs 的源排放特征会受到经济发展水平、工业生产工艺和 VOCs 控制措施的影响，因此将欧美地区的源谱数据库应用于我国时势必会造成较大的不确定性，因而有必要建立我国本土化的 VOCs 源成分谱数据库。

2. VOCs 排放清单的不确定性

利用排放清单法进行 VOCs 来源分析的优点是概念上简单易懂，缺点是排放因子的代表性和外推统计量的合理性容易受到质疑，导致这种"自下而上"方式获得的 VOCs 排放数据具有较大的不确定性[54, 55]。由于针对所有可能的 VOCs 排放过程收集其活动水平数据并测量其排放特征是不现实的，因此在建立排放清单时只能根据已有研究筛选出的最重要且最具有代表性的排放过程来计算 VOCs 排放量，但这样操作会导致较大误差。

另外，所收集到的排放因子和活动水平数据本身就存在很大的不确定性。其中活动水平的不确定性来自两方面：①统计数据自身的误差和这些信息被用来代表某个部门活动水平时的应用误差；②统计量外推引入的误差，VOCs 来源中包含很多无组织排放过程（如溶剂和涂料使用、民用液化石油气挥发、生物燃料的燃烧等），这些排放过程的活动数据难以获得，通常使用人口密度、GDP（国内生产总值）等其他统计量来外推。

VOCs 排放因子和源成分谱的不确定性可以从两方面来分析：①空间代表性：我国本土化的排放因子和源成分谱数据库不完整，很多排放过程仍主要采用欧美等发达国家和地区所建立的排放因子库，如美国的 AP-42 数据库和欧盟的 CORINAIR 排放因子库。我国不同地区的经济发展水平和 VOCs 控制措施也存在显著差异，现在我国大部分针对 VOCs 排放特征的研究主要集中在经济发达地区

---

① $1\mathrm{Gg} = 10^9\mathrm{g}$。

（如京津冀、珠江三角洲等），将这些研究结果推广到全国范围时可能会引入误差。②时间代表性：随着排放标准的逐步加严、控制措施的改进和生产工艺的变更，VOCs 的排放因子和源成分谱也会随之改变[8, 56]，但是我国 VOCs 排放因子和源成分谱数据库的更新却明显滞后。

3. 我国的 VOCs 排放清单研究

虽然我国还没有统一的 VOCs 源排放清单，但是国内外许多学者仍然开展了较多源清单方面的研究。根据研究排放类型的不同，可将 VOCs 排放清单分为人为源、天然源和生物质燃烧三大类。图 1-5 汇总了文献中报道的中国 1980～2020 年的人为源 VOCs 排放量。从图中可以看出，中国 VOCs 的人为源排放量自 1980 年以来，呈现逐年上升的趋势，这与美国和欧洲等国家和地区的变化趋势相反[57]。但是，不同研究者得到的中国 VOCs 排放量差别很大。以研究最多的 2000 年为例，报道最低的 VOCs 排放量为 11.0Tg[58]，最高的为 21.7Tg[59]，VOCs 最高排放量是最低排放量的两倍。而对中国 VOCs 排放量（2010～2020 年）的预测差别更大，Klimont 等在 2002 年预测的 2020 年排放量最低，为 18.2Tg[60]，Ohara 等在 2007 年预测的 2020 年排放量最高，为 38.6Tg[61]。这均反映了中国 VOCs 源排放清单中非常高的不确定性。如果从微观上看，某地在某一时段的某个 VOCs 的排放量，经过全国排放量的地区分配、季节分配，其不确定性则更大。

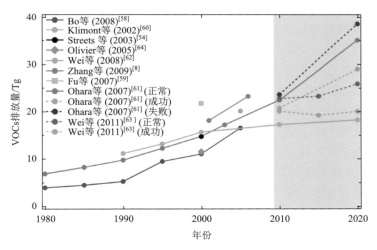

图 1-5　近年来文献中报道的 1980～2020 年的中国人为源 VOCs 的排放量[8, 54, 58-64]

除了全国性的源排放清单以外，学者在我国重点地区也建立了区域性的 VOCs 排放清单，如华北地区[65]、珠江三角洲[66]和长江三角洲[67]。相对于全国性的排放清单，这些排放清单的区域精度更高，更适合应用于本地空气质量模型。

1.5.2 受体模型

受体模型是基于排放源和受体点（即环境大气中）的 VOCs 化学组成，解析各类污染源对环境大气中 VOCs 浓度的相对贡献的方法。受体模型必需的输入数据是测量获得的 VOCs 浓度和化学组成，不依赖于排放因子、活动水平和气象条件，是一种典型的基于 VOCs 外场观测的"自上而下"来源解析方法，可以用于检验"自下而上"排放清单所给出的 VOCs 来源结构。化学质量平衡模型（chemical mass balance，CMB）和正交矩阵因子分析（positive matrix factorization，PMF）是较为常用的两种用于 VOCs 来源解析的受体模型[68-72]。下面简单介绍这两种受体模型的原理及相关应用研究。

1. 化学质量平衡模型

化学质量平衡模型假设目标 VOCs 的化学组成从排放源到受体点保持不变，然后基于各类排放源中的 VOCs 化学组成（源成分谱）将环境大气中的 VOCs 浓度分配到不同类排放源中，即计算各类污染源对 VOCs 的相对贡献率（%），计算原理见公式（1-7）[73]：

$$C_i = \sum_{j=1}^{n} \alpha_{ij} S_{ij} \quad (i=1,\cdots,m) \tag{1-7}$$

式中，C_i 为观测到的化合物 i 在大气中的浓度；α_{ij} 为 i 在污染源 j 排放的总 VOCs 中所占的质量分数（源化学成分谱）；S_{ij} 为排放源 j 对物种 i 的贡献率（%）。

采用 CMB 受体模型进行来源解析时要满足以下假设[73]：①从排放源到受体点目标 VOCs 的化学组成保持不变；②各 VOCs 化合物之间不发生化学反应；③各类排放源的化学成分谱存在显著差异，不存在共线性问题；④排放源的数目小于或等于参与拟合的 VOCs 物种数；⑤VOCs 测量数据的不确定性呈正态分布。CMB 的计算过程包括：①确定对目标化合物有显著贡献的排放源；②筛选 CMB 解析计算时需要的拟合物种；③输入各类排放源的 VOCs 源成分谱；④估算受体点观测数据和源成分谱的误差；⑤进行模型运算，得到解析结果。

CMB 受体模型对环境样品的数量要求较低、计算原理容易理解，模型运算能够给出各类污染源对单个环境样品的贡献率。但是，由于 CMB 受体模型需要满足质量守恒这一严格假设，因而在应用时有一定的局限性：①大多数活泼 VOCs 物种（如烯烃和芳香烃）在环境大气中会受到光化学消耗的影响，从排放源到受体点不能保持质量守恒，因而不能作为拟合物种；一方面容易导致不同排放源之间的共线性，另一方面会给活性组分的来源估计带来一定偏差；②具有二次来源的 VOCs 物种（如羰基化合物、PAN）不能利用 CMB 受体模型进行解析；③CMB

受体模型需要输入各类排放源的 VOCs 化学成分谱，解析结果的准确性对源成分谱的依赖度高；但是，某些无组织排放过程（如化工排放、溶剂挥发）的源成分谱较难获得，而且其时空代表性容易受到质疑。

2. 正交矩阵因子分析

利用 CMB 模型解析各类排放源对环境大气中 VOCs 浓度的相对贡献时，需要已知所研究区域 VOCs 的主要排放源及其 VOCs 排放特征（源成分谱）。在对所研究区域 VOCs 来源构成和排放特征认识不足的情况下，CMB 模型的应用会受到限制。正交矩阵因子分析（PMF）则只需要输入环境数据，通过分析各 VOCs 物种的变化规律识别出主要的 VOCs 排放源及其化学组成特征，并计算各类排放源对环境大气中 VOCs 浓度的贡献。PMF 模型的计算原理见下式：

$$x_{ij} = \sum_{k=1}^{p} g_{ik} f_{kj} + e_{ij} \qquad (1\text{-}8)$$

式中，x_{ij} 为 i 样品中 j 组分的浓度；g_{ik} 为第 k 个排放源对 i 样品的贡献；f_{kj} 为第 k 个排放源中 j 组分的含量；e_{ij} 为残差；p 为污染源数目。模型约束条件是污染源载荷（G）和源廓线（F）中的元素均为非负值，最优化目标是使目标函数 Q 趋近于自由度值，进而求解 G 和 F，如下式所示：

$$Q = \sum_{i=1}^{n} \sum_{j=1}^{m} \left(\frac{x_{ij} - \sum_{k=1}^{p} g_{ik} f_{kj}}{u_{ij}} \right)^2 \qquad (1\text{-}9)$$

式中，u_{ij} 为样品 x_{ij} 的不确定度。需要说明的一点是：尽管 PMF 模型不需要输入各类排放源的 VOCs 化学成分谱，但是在解释 PMF 解析出的各个因子时，仍需要参考已知的各类排放源 VOCs 源成分谱。

尽管受体模型是检验源清单的有效方式，但是该方法也有明显的局限性：①不适合对二次污染物进行来源解析。②空间和时间上的局限性：仅能提供观测所在的受体点的来源信息，不能获得污染所能影响到的空间场分布；类似地，源解析结果的时间分辨率也受到观测时间的限制。③不能直接提供污染物排放的绝对量。④很难识别比较小的、化学指纹不太明确的来源[74]。

1.6 我国大气 VOCs 研究现状

VOCs 研究的第一步是对实际大气 VOCs 浓度和组成的准确测量。我国 VOCs 测量的研究工作起步较晚，但近年来发展十分迅速。在 20 世纪 80 年代末 90 年代初，国内研究人员开始进行挥发性有机物的方法研究，白郁华、李金龙等讨论了不锈钢罐、气袋等装置用于天然源采样的可行性[75]，并用 GC-FID

分析测定天然源排放的活泼烯烃[75, 76]；戴树桂等采用 GC-FID 定量测定室内苯系物浓度水平[77]；王伯光等根据 EPA TO15 方法建立了预浓缩 GC-MS 分析 NMHCs 的方法[78]；苏芳参照 EPA TO17 等方法开发了固体吸附剂浓缩、GC-FID 分析的 NMHCs 连续自动监测方法[79]；王跃思等自行研制了累积式大气采样装置、两步冷冻浓缩进样系统和 GC-MS 的联用技术，对北京大气中苯系物和氟氯烃进行分析[80]。Liu 等[81]和 Wang 等[82]分别利用 GC-FID/MS 分析系统测量珠江三角洲和北京环境大气中的 NMHCs 和卤代烃。Yuan 等[83]和 Wang 等[84]利用北京大学自主研发的超低温冷阱在线 GC-MS/FID 系统测量了山东长岛和北京城区的 NMHCs、卤代烃和 $C_3\sim C_6$ 羰基化合物。近年来一些高时间分辨率的仪器也被用于我国的大气 VOCs 测量，例如质子转移反应质谱（PTR-MS）测量大气中的芳香烃和 OVOCs[85]，基于 Hantzsch 反应的荧光法用来测量大气中的甲醛[86]。另外，一些光学仪器，如 DOAS 被应用于测量珠江三角洲地区的甲醛和乙二醛[52]。

随着我国城市大气污染问题的日益严重，人为源排放引起了人们的广泛关注。20 世纪 80 年代初兰州西固地区光化学烟雾的研究推动了我国城市大气 NMHCs 的研究，近 20 年内在各个研究领域加强了对大气 VOCs 的测试和研究。在北京[87, 88]、广州[89-92]、长春[93]等城市开展了不同功能区大气 NMHCs 浓度组成和分布特征的研究，讨论了城市机动车源、工业源等对城市下风地区空气质量的影响，结果表明城市功能区大气 NMHCs 组成基本一致；粤港地区甲苯/苯比值变化较大，说明甲苯有工业来源。Barletta 等研究了我国 43 个城市大气 NMHCs 的浓度水平、空间分布特征及可能的来源，发现昆明、合肥、北京等地的乙炔浓度最高，甲苯的高值浓度出现在长江三角洲地区，如上海、杭州、温州[94]。Feng 等用 DNPH-HPLC 法测量广州城区不同采样点羰基化合物，广州醛酮的浓度水平与世界上其他污染比较严重的城市相当[95]，并计算出醛酮物种的 OH 自由基消除速率[96]；Pang 等用衍生化法观测了北京市内醛酮化合物的浓度水平和季节变化[97]。

近年来，我国大气 VOCs 来源解析的研究工作处于不断发展阶段。①在排放源清单研究方面，王雪松运用三维区域空气质量模型估算了京津地区的 NMHCs 人为源排放清单[98, 99]。Klimont 等参考西方的排放因子并根据中国实际情况做了修正，估算中国 NMHCs 在 1990 年和 1995 年的人为源排放清单，并结合经济、人口、生活方式改变等变化因素，预测了 2000 年、2010 年和 2020 年的排放清单[60]。赵静采用国内实测的流动源、固定燃烧源和生物质燃烧源的排放因子，结合溶剂使用、工艺等其他源的国外排放因子（AP42），使用可靠的替代变量（GDP、人口）分摊排放量到县级单位，建立我国 NMHCs 人为源的县级排放清单[100]。国内外一些针对亚洲地区排放清单研究中也都给出了我国的人为源 VOCs 排放量[8, 54, 61, 101]。另外，Bo 等[58]基于历史统计数据估算了我国 1985～2005 年人为源 VOCs 排放量的变化趋势。Wei 等[63]根据我国现行的 VOCs 控制措施及将来可能实施的更加严格的控制策略预测了 2010～2020 年我国人为源 VOCs 排放量的变化趋势。除了全国性的源排放清单，很多研究针对我国重点地区也建立了区域性的 VOCs 排放清单，如华北地区[65]、珠江三角洲[66, 102]、长江三角洲[67, 103]。相对于全国性的排放清单，这些排放清单的区域精度更高，更适合应用于区域空气质量模型。②在受体模型计算方面，王新明等选取 13 种烃类化合物进行主成分分析，线性回归结果表明汽油车尾气、工业源和柴油车尾气对烃类的平均贡献率分别为 64%、23%和 13%[104]；Guo 等用主成分分析法结合回归模型讨论了珠江三角洲主要 NMHCs 人为源对香港沿海地区大气 VOCs 浓度和组成的贡献[105]。近年来，基于对机动车排放、汽油挥发、溶剂挥发、生物质燃烧和石化工业的 NMHCs 源成分谱的测定[106]，CMB 模型在我国得到了广泛的应用。CMB 模型已经成功地应用于我国北京城市大气[84, 88, 107, 108]和珠江三角洲的城市和区域点[109]的 NMHCs 来源解析。一般来说，在城市地区，机动车排放（包括尾气排放和燃油挥发）的贡献率超过 50%。另外，正交矩阵因子分析（PMF）也被用于北京和珠江三角洲地区的 VOCs 来源解析[85, 110, 111]。对存在一次源、二次源和天然源多种来源的 OVOCs，Li 等使用多元线性回归法对北京奥运会期间的甲醛进行来源分析，发现一次排放是甲醛的主要来源[86]。另外，Liu 等使用基于光化学龄的回归方法对 7 种 OVOCs 物种进行来源分配[112]；Chen 等也尝试利用 PMF 结合光化学龄来更好地理解大气中 OVOCs 的来源[85]。

综上所述，虽然国内对大气 VOCs 的研究近年来取得很快的发展，但仍有一部分主要集中于测定 VOCs 组分的浓度水平和分布规律；由于监测方法和技术的限制，含氧组分的系统研究仍然相对较少，而且仍然多采用时间分辨率较低的 DNPH 采样方法；用在线观测数据讨论活泼 NMHCs 和 OVOCs 组分在大气化学中的作用及其对城市大气臭氧生成的影响等方面的研究仍然非常有限；定量估算大气 OVOCs 来源的工作仍然处于起步阶段。我国城市地区二次污染日益严重，正成为影响人民生活质量的主要因素之一，开展对 VOCs 的进一步研究，掌握其污染状况、形成机制和来源，已成为当前大气化学研究的重要问题之一。

1.7 本书的主要内容及结构安排

本书面向环境科学与工程专业学生和科研人员、环境领域科学研究和管理机构专业人员，将全面介绍挥发性有机物基本概念、监测、来源及其对大气复合污染生成的贡献，旨在总结和归纳国内外 VOCs 相关研究前沿进展基础上，结合我们的研究积累和体会，为解决我国空气质量改善中 VOCs 防控难题提供参考和借鉴。本书第 1 章介绍 VOCs 的基本概念、分析测量方法、来源研究及大气化学关键过程；第 2 章聚焦 VOCs 分析测量方法，介绍监测的基本原理、质量控制与质量保障技术方法以及 VOCs 监测的数据处理与数据分析；第 3 章以北京地区和珠江三角洲地区为例，介绍了典型地区大气 VOCs 浓度水平、化学组成和时空分布特征；第 4 章介绍典型人为源排放 VOCs 化学成分谱测量和源谱数据库的建立；第 5 章重点介绍 VOCs 的来源解析方法；第 6 章重点探讨光化学反应对 VOCs 受体模型来源解析的影响及校正技术；第 7 章主要介绍基于外场观测的 VOCs 排放清单效验方法和典型案例；第 8 章重点介绍 VOCs 在近地面臭氧生成中的作用与评估方法；第 9 章讨论和分析 VOCs 在二次有机气溶胶生成中的贡献；第 10 章针对我国环境管理中 VOCs 减排的特殊性，介绍 VOCs 总量控制的科学思路和技术途径。

（邵　　敏）

参 考 文 献

[1]　Monks P S，Granier C，Fuzzi S，et al. Atmospheric composition change-global and regional air quality[J]. Atmospheric Environment，2009，43（33）：5268-5350.

[2]　Haagen-Smit A J. Chemistry and physiology of Los Angeles smog[J]. Industrial & Engineering Chemistry，1952，44（6）：1342-1346.

[3]　Haagen-Smit A J，Fox M M. Photochemical ozone formation with hydrocarbons and automobile exhaust[J]. Air Repair，1954，4（3）：105-136.

[4]　Haagen-Smit A J，Fox M M. Automobile exhaust and ozone formation[R]. SAE Technical Paper，1955，63：575-580.

[5]　唐孝炎，张远航，邵敏. 大气环境化学[M]. 北京：高等教育出版社，2006.

[6]　Baker A K，Beyersdorf A J，Doezema L A，et al. Measurements of nonmethane hydrocarbons in 28 United States cities[J]. Atmospheric Environment，2008，42（1）：170-182.

[7]　Koppmann R.Volatile Organic Compounds in the Atmosphere[M]. Oxford：Blackwell Publishing Ltd，2007.

[8]　Zhang Q，Streets D G，Carmichael G R，et al. Asian emissions in 2006 for the NASA INTEX-B mission[J]. Atmospheric Chemistry and Physics，2009，9（14）：5131-5153.

[9]　Li L Y，Chen Y，Xie S D. Spatio-temporal variation of biogenic volatile organic compounds emissions in China[J]. Environmental Pollution，2013，182：157-168.

[10]　Su J，Shao M，Lu S，et al. Non-methane volatile organic compound emission inventories in Beijing during Olympic Games 2008[J]. Atmospheric Environment，2011，45（39）：7046-7052.

[11]　Atkinson R，Arey J. Atmospheric degradation of volatile organic compounds[J]. Chemical Reviews，2003，103（12）：4605-4638.

[12]　Atkinson R，Baulch D L，Cox R A，et al. Evaluated kinetic and photochemical data for atmospheric chemistry，

Volume II : gas phase reactions of organic species[J]. Atmospheric Chemistry and Physics, 2006, 6 (11): 3625-4055.

[13] Schauer J J, Fraser M P, Cass G R, et al. Source reconciliation of atmospheric gas-phase and particle-phase pollutants during a severe photochemical smog episode[J]. Environmental Science & Technology, 2002, 36 (17): 3806-3814.

[14] Chameides W L, Fehsenfeld F, Rodgers M O, et al. Ozone precursor relationships in the ambient atmosphere[J]. Journal of Geophysical Research: Atmospheres, 1992, 97 (D5): 6037-6055.

[15] Lawrimore J H, Das M, Aneja V P. Vertical sampling and analysis of nonmethane hydrocarbons for ozone control in urban North Carolina[J]. Journal of Geophysical Research: Atmospheres, 1995, 100 (D11): 22785-22793.

[16] Hagerman L M, Aneja V P, Lonneman W A. Characterization of non-methane hydrocarbons in the rural southeast United States[J]. Atmospheric Environment, 1997, 31 (23): 4017-4038.

[17] Na K, Kim Y P, Moon K C. Diurnal characteristics of volatile organic compounds in the Seoul atmosphere[J]. Atmospheric Environment, 2003, 37 (6): 733-742.

[18] Goldan P D, Kuster W C, Williams E, et al. Nonmethane hydrocarbon and oxy hydrocarbon measurements during the 2002 New England Air Quality Study[J]. Journal of Geophysical Research: Atmospheres, 2004, 109: D21309.

[19] Goldan P D, Kuster W C, Fehsenfeld F C. Nonmethane hydrocarbon measurements during the tropospheric OH photochemistry experiment[J]. Journal of Geophysical Research: Atmospheres, 1997, 102 (D5): 6315-6324.

[20] Winkler J, Blank P, Glaser K, et al. Ground-based and Airborne Measurements of Nonmethane Hydrocarbons in BERLIOZ: Analysis and Selected Results//Tropospheric Chemistry[M]. Dordrecht: Springer, 2002, 42 (1): 465-492.

[21] Riemer D, Pos W, Milne P, et al. Observations of nonmethane hydrocarbons and oxygenated volatile organic compounds at a rural site in the southeastern United States[J]. Journal of Geophysical Research: Atmospheres, 1998, 103 (D21): 28111-28128.

[22] Shao M, Fu L L, Liu Y, et al. Major reactive species of ambient volatile organic compounds (VOCs) and their sources in Beijing[J]. Science in China, Ser. D: Earth Sciences, 2005, 48 (S2): 147-154.

[23] Carter W P L, Atkinson R. An experimental study of incremental hydrocarbon reactivity[J]. Environmental Science & Technology, 1987, 21 (7): 670-679.

[24] Carter W P L, Atkinson R. Computer modeling study of incremental hydrocarbon reactivity[J]. Environmental Science & Technology, 1989, 23 (7): 864-880.

[25] Dodge M C. Combined effects of organic reactivity and NMHCs/NO_x ratio on photochemical oxidant formation: a modeling study[J]. Atmospheric Environment, 1984, 18 (8): 1657-1665.

[26] Carter W P L. Development of ozone reactivity scales for volatile organic-compounds[J]. Journal of the Air & Waste Management Association, 1994, 44 (7): 881-899.

[27] Bowman F M, Seinfeld J H. Fundamental basis of incremental reactivities of organics in ozone formation in VOC/NO_x mixtures[J]. Atmospheric Environment, 1994, 28 (20): 3359-3368.

[28] Carter W P L. Documentation of the SAPRC-99 Chemical Mechanism for VOC reactivity assessment[R]. Final Report to California Air Resources Board, Contract No. 92-329 and 95-308; Center for Environmental Research and Technology, University of California: Riverside, CA, 2000.

[29] So K L, Wang T. $C_3 \sim C_{12}$ non-methane hydrocarbons in subtropical Hong Kong: spatial-temporal variations, source-receptor relationships and photochemical reactivity[J]. Science of the Total Environment, 2004, 328 (1-3): 161-174.

[30]　Na K，Moon K C，Kim Y P. Source contribution to aromatic VOC concentration and ozone formation potential in the atmosphere of Seoul[J]. Atmospheric Environment，2005，39（30）：5517-5524.

[31]　Chang C C，Chen T Y，Lin C Y，et al. Effects of reactive hydrocarbons on ozone formation in southern Taiwan[J]. Atmospheric Environment，2005，39（16）：2867-2878.

[32]　陈文泰，邵敏，袁斌，等. 大气中挥发性有机物（VOCs）对二次有机气溶胶（SOA）生成贡献的参数化估算[J]. 环境科学学报，2013，33（3）：163-172.

[33]　Pankow J F. An absorption model of the gas/aerosol partitioning involved in the formation of secondary organic aerosol[J]. Atmospheric Environment，1994，28（2）：189-193.

[34]　Odum J R，Hoffmann T，Bowman F，et al. Gas/particle partitioning and secondary organic aerosol yields[J]. Environmental Science & Technology，1996，30（8）：2580-2585.

[35]　Donahue N M，Robinson A L，Stanier C O，et al. Coupled partitioning，dilution，and chemical aging of semivolatile organics[J]. Environmental Science & Technology，2006，40（8）：2635-2643.

[36]　Tsimpidi A P，Karydis V A，Zavala M，et al. Evaluation of the volatility basis-set approach for the simulation of organic aerosol formation in the Mexico City metropolitan area[J]. Atmospheric Chemistry and Physics，2010，10（2）：525-546.

[37]　Hodzic A，Jimenez J L，Madronich S，et al. Modeling organic aerosols in a megacity：potential contribution of semi-volatile and intermediate volatility primary organic compounds to secondary organic aerosol formation[J]. Atmospheric Chemistry & Physics，2010，10（12）：5491-5514.

[38]　Shrivastava M K，Lane T E，Donahue N M，et al. Effects of gas particle partitioning and aging of primary emissions on urban and regional organic aerosol concentrations[J]. Journal of Geophysical Research：Atmospheres，2008，113（D18）.

[39]　Grosjean D. *In situ* organic aerosol formation during a smog episode：estimated production and chemical functionality[J]. Atmospheric Environment Part A：General Topics，1992，26（6）：953-963.

[40]　Heald C L，Goldstein A H，Allan J D，et al. Total observed organic carbon（TOOC）in the atmosphere：a synthesis of North American observations[J]. Atmospheric Chemistry and Physics，2008，8（7）：2007-2025.

[41]　Goldstein A H，Galbally I E. Known and unexplored organic constituents in the earth's atmosphere[J]. Environmental Science & Technology，2007，41（5）：1514-1521.

[42]　Heald C L，Kroll J H，Jimenez J L，et al. A simplified description of the evolution of organic aerosol composition in the atmosphere[J]. Geophysical Research Letters，2010，37：L08803.

[43]　de Gouw J A，Middlebrook A M，Warneke C，et al. Budget of organic carbon in a polluted atmosphere：results from the New England Air Quality Study in 2002[J]. Journal of Geophysical Research：Atmospheres，2005，110（D16）：D16305.

[44]　Seinfeld J H，Pandis S N. Atmospheric Chemistry and Physics：From Air Pollution to Climate Change[M]. 2nd edition. New York：John Wiley & Sons，2006.

[45]　Laj P，Klausen J，Bilde M，et al. Measuring atmospheric composition change[J]. Atmospheric Environment，2009，43（33）：5351-5414.

[46]　Yuan B，Chen W，Shao M，et al. Measurements of ambient hydrocarbons and carbonyls in the Pearl River Delta（PRD），China[J]. Atmospheric Research，2012，116：93-104.

[47]　Sive B C，Zhou Y，Troop D，et al. Development of a cryogen-free concentration system for measurements of volatile organic compounds[J]. Analytical Chemistry，2005，77（21）：6989-6998.

[48]　Legreid G，Lööv J B，Staehelin J，et al. Oxygenated volatile organic compounds（OVOCs）at an urban background

site in Zürich（Europe）：seasonal variation and source allocation[J]. Atmospheric Environment，2007，41（38）：8409-8423.

[49]　Blake R S，Monks P S，Ellis A M. Proton-transfer reaction mass spectrometry[J]. Chemical Reviews，2009，109（3）：861-896.

[50]　de Gouw J，Warneke C. Measurements of volatile organic compounds in the earths atmosphere using proton-transfer-reaction mass spectrometry[J]. Mass Spectrometry Reviews，2007，26（2）：223-257.

[51]　Jordan A，Haidacher S，Hanel G，et al. A high resolution and high sensitivity proton-transfer-reaction time-of-flight mass spectrometer（PTR-TOF-MS）[J]. International Journal of Mass Spectrometry，2009，286（2-3）：122-128.

[52]　Li X，Brauers T，Hofzumahaus A，et al. MAX-DOAS measurements of NO_2, HCHO and CHOCHO at a rural site in Southern China[J]. Atmospheric Chemistry and Physics，2013，13（4）：2133-2151.

[53]　West J J，Zavala M A，Molina L T，et al. Modeling ozone photochemistry and evaluation of hydrocarbon emissions in the Mexico City metropolitan area[J]. Journal of Geophysical Research：Atmospheres，2004，109（D19）.

[54]　Streets D G，Bond T C，Carmichael G R，et al. An inventory of gaseous and primary aerosol emissions in Asia in the year 2000[J]. Journal of Geophysical Research：Atmospheres，2003，108（D21）：8809.

[55]　Vautard R，Martin D，Beekmann M，et al. Paris emission inventory diagnostics from ESQUIF airborne measurements and a chemistry transport model[J]. Journal of Geophysical Research：Atmospheres，2003，108（D17）.

[56]　Yuan B，Shao M，Lu S，et al. Source profiles of volatile organic compounds associated with solvent use in Beijing，China[J]. Atmospheric Environment，2010，44（15）：1919-1926.

[57]　Parrish D D. Critical evaluation of US on-road vehicle emission inventories[J]. Atmospheric Environment，2006，40（13）：2288-2300.

[58]　Bo Y，Cai H，Xie S D. Spatial and temporal variation of historical anthropogenic NMVOCs emission inventories in China[J]. Atmospheric Chemistry and Physics，2008，8（23）：7297-7316.

[59]　Fu T M，Jacob D J，Palmer P I，et al. Space-based formaldehyde measurements as constraints on volatile organic compound emissions in East and South Asia and implications for ozone[J]. Journal of Geophysical Research：Atmospheres，2007，112（D6）：D06312.

[60]　Klimont Z，Streets D G，Gupta S，et al. Anthropogenic emissions of non-methane volatile organic compounds in China[J]. Atmospheric Environment，2002，36（8）：1309-1322.

[61]　Ohara T，Akimoto H，Kurokawa J，et al. An Asian emission inventory of anthropogenic emission sources for the period 1980～2020[J]. Atmospheric Chemistry and Physics，2007，7（16）：4419-4444.

[62]　Wei W，Wang S，Chatani S，et al. Emission and speciation of non-methane volatile organic compounds from anthropogenic sources in China[J]. Atmospheric Environment，2008，42（20）：4976-4988.

[63]　Wei W，Wang S，Hao J，et al. Projection of anthropogenic volatile organic compounds（VOCs）emissions in China for the period 2010～2020[J]. Atmospheric Environment，2011，45（38）：6863-6871.

[64]　Olivier J G J，van Aardenne J A，Dentener F J，et al. Recent trends in global greenhouse gas emissions：regional trends 1970～2000 and spatial distributionof key sources in 2000[J]. Environmental Sciences，2005，2（2-3）：81-99.

[65]　Zhao B，Wang P，Ma J Z，et al. A high-resolution emission inventory of primary pollutants for the Huabei region，China[J]. Atmospheric Chemistry and Physics，2012，12（1）：481-501.

[66]　Zheng J，Zhang L，Che W，et al. A highly resolved temporal and spatial air pollutant emission inventory for the Pearl River Delta region，China and its uncertainty assessment[J]. Atmospheric Environment，2009，43（32）：5112-5122.

[67]　Huang C，Chen C H，Li L，et al. Emission inventory of anthropogenic air pollutants and VOC species in the Yangtze River Delta region，China[J]. Atmospheric Chemistry and Physics，2011，11（9）：4105-4120.

[68]　Bon D M，Ulbrich I M，de Gouw J A，et al. Measurements of volatile organic compounds at a suburban ground site （T1）in Mexico City during the MILAGRO 2006 campaign: measurement comparison，emission ratios，and source attribution[J]. Atmospheric Chemistry and Physics，2011，11（6）：2399-2421.

[69]　Fujita E M，Watson J G，Chow J C，et al. Receptor model and emissions inventory source apportionments of nonmethane organic gases in California's San Joaquin valley and San Francisco bay area[J]. Atmospheric Environment，1995，29（21）：3019-3035.

[70]　Watson J G，Chow J C，Fujita E M. Review of volatile organic compound source apportionment by chemical mass balance[J]. Atmospheric Environment，2001，35（9）：1567-1584.

[71]　Brown S G，Frankel A，Hafner H R. Source apportionment of VOCs in the Los Angeles area using positive matrix factorization[J]. Atmospheric Environment，2007，41（2）：227-237.

[72]　Yuan B，Shao M，de Gouw J，et al. Volatile organic compounds（VOCs）in urban air: how chemistry affects the interpretation of positive matrix factorization（PMF）analysis[J]. Journal of Geophysical Research: Atmospheres，2012，117（D24）：D24302.

[73]　US Environmental Protection Agency. EPA-CMB8.2 Users Manual[EB/OL]. https://www3.epa.gov/scram001/models/receptor/EPA-CMB82Manual.pdf.[2020-02-01].

[74]　Mendoza-Dominguez A，Russell A G. Emission strength validation using four-dimensional data assimilation: application to primary aerosol and precursors to ozone and secondary aerosol[J]. Journal of the Air & Waste Management Association，2001，51（11）：1538-1550.

[75]　白郁华，李金龙，赵美萍，等. 各种采样装置用于 HCs 天然源采样的可行性研究[J]. 环境科学，1994，15（6）：58-62.

[76]　白郁华，李金龙. 北京地区林木、植被排放碳氢化合物的定性监测[J]. 环境科学研究，1994，7（2）：49-54.

[77]　戴树桂，张林，白志鹏，等. 室内空气中苯系物的测定与模拟研究[J]. 中国环境科学，1997，15（4）：252-256.

[78]　王伯光，张远航，邵敏，等. 预浓缩-GC-MS 技术研究室内空气中挥发性有毒有机物[J]. 环境化学，2001，20（6）：606-615.

[79]　苏芳. 北京大气挥发性有机物变化特征及来源研究[D]. 北京：北京大学，2003.

[80]　王跃思，孙扬，徐新，等. 大气中痕量挥发性有机物分析方法研究[J]. 环境科学，2005，26（4）：18-23.

[81]　Liu Y，Shao M，Lu S，et al. Volatile organic compound（VOC）measurements in the pearl river delta（PRD）region，China[J]. Atmospheric Chemistry and Physics，2008，8（6）：1531-1545.

[82]　Wang B，Shao M，Lu S H，et al. Variation of ambient non-methane hydrocarbons in Beijing City in summer 2008[J]. Atmospheric Chemistry and Physics，2010，10（13）：5911-5923.

[83]　Yuan B，Hu W W，Shao M，et al. VOC emissions，evolutions and contributions to SOA formation at a receptor site in Eastern China[J]. Atmospheric Chemistry and Physics，2013，13（17）：8815-8832.

[84]　Wang M，Shao M，Chen W，et al. A temporally and spatially resolved validation of emission inventories by measurements of ambient volatile organic compounds in Beijing，China[J]. Atmospheric Chemistry and Physics，2014，14（12）：5871-5891.

[85]　Chen W T，Shao M，Lu S H，et al. Understanding primary and secondary sources of ambient carbonyl compounds in Beijing using the PMF model[J]. Atmospheric Chemistry and Physics，2014，14（6）：3047-3062.

[86]　Li Y，Shao M，Lu S，et al. Variations and sources of ambient formaldehyde for the 2008 Beijing Olympic Games[J]. Atmospheric Environment，2010，44（21-22）：2632-2639.

[87]　张靖, 邵敏, 苏芳, 等. 北京市大气中挥发性有机物的组成特征[J]. 环境科学研究, 2004, 17 (5): 1-5.

[88]　Liu Y, Shao M, Zhang J, et al. Distributions and source apportionment of ambient volatile organic compounds in Beijing City, China[J]. Journal of Environmental Science and Health, 2005, 40 (10): 1843-1860.

[89]　盛国英, 傅家谟, 成玉, 等. 粤港澳地区大气中有机污染物初步研究[J]. 环境科学, 1999, 4: 6-11.

[90]　刘刚, 盛国英, 傅家谟, 等. 香港大气中有毒挥发性有机物研究[J]. 环境化学, 2000, 19 (1): 61-66.

[91]　王伯光, 张远航, 邵敏. 珠江三角洲大气环境 VOCs 的时空分布特征[J]. 环境科学, 2004, 25 (增刊): 7-15.

[92]　Chan L Y, Chu K W, Zou S C, et al. Characteristics of nonmethane hydrocarbons (NMHCs) in industrial, industrial-urban, and industrial-suburban atmospheres of the Pearl River Delta (PRD) region of South China[J]. Journal of Geophysical Research: Atmospheres, 2006, 111 (D11).

[93]　Liu C, Xu Z, Du Y, et al. Analyses of volatile organic compounds concentrations and variation trends in the air of Changchun, the northeast of China[J]. Atmospheric Environment, 2000, 34 (26): 4459-4466.

[94]　Barletta B, Meinardi S, Rowland F S, et al. Volatile organic compounds in 43 Chinese cities[J]. Atmospheric Environment, 2005, 39 (32): 5979-5990.

[95]　Feng Y L, Wen S, Chen Y, et al. Ambient levels of carbonyl compounds and their sources in Guangzhou, China[J]. Atmospheric Environment, 2005, 39 (10): 1789-1800.

[96]　冯艳丽, 陈颖军, 文晟, 等. 广州大气中羰基化合物特征[J]. 环境科学与技术, 2007, 30 (2): 51-55.

[97]　Pang X B, Mu Y J. Seasonal and diurnal variations of carbonyl compounds in Beijing ambient air[J]. Atmospheric Environment, 2006, 40 (33): 6313-6320.

[98]　王雪松. 区域大气中臭氧和二次气溶胶的数值模拟研究[D]. 北京: 北京大学, 2002.

[99]　Wang X, Zhang Y, Hu Y, et al. Process analysis and sensitivity study of regional ozone formation over the Pearl River Delta, China, during the PRIDE-PRD2004 campaign using the CMAQ model[J]. Atmospheric Chemistry & Physics Discussions, 2009, 9 (6): 635-645.

[100]　赵静. 我国挥发性有机物人为源排放清单的研究[D]. 北京: 北京大学, 2004.

[101]　Li M, Zhang Q, Streets D G, et al. Mapping Asian anthropogenic emissions of non-methane volatile organic compounds to multiple chemical mechanisms[J]. Atmospheric Chemistry and Physics, 2014, 14 (11): 5617-5638.

[102]　Zheng J, Shao M, Che W, et al. Speciated VOC emission inventory and spatial patterns of ozone formation potential in the Pearl River Delta, China[J]. Environmental Science & Technology, 2009, 43 (22): 8580-8586.

[103]　Fu X, Wang S, Zhao B, et al. Emission inventory of primary pollutants and chemical speciation in 2010 for the Yangtze River Delta region, China[J]. Atmospheric Environment, 2013, 70: 39-50.

[104]　王新明, 傅家谟, 盛国英, 等. 广州街道空气中挥发烃类特征和来源分析[J]. 环境科学, 1999, 20 (5): 30-34.

[105]　Guo H, Wang T, Blake D R, et al. Regional and local contributions to ambient non-methane volatile organic compounds at a polluted rural/coastal site in Pearl River Delta, China[J]. Atmospheric Environment, 2006, 40 (13): 2345-2359.

[106]　Liu Y, Shao M, Fu L, et al. Source profiles of volatile organic compounds (VOCs) measured in China: part Ⅰ [J]. Atmospheric Environment, 2008, 42 (25): 6247-6260.

[107]　Song Y, Dai W, Shao M, et al. Comparison of receptor models for source apportionment of volatile organic compounds in Beijing, China[J]. Environmental Pollution, 2008, 156 (1): 174-183.

[108]　Min S, Bin W, Sihua L, et al. Effects of Beijing Olympics control measures on reducing reactive hydrocarbon species[J]. Environmental Science & Technology, 2011, 45 (2): 514-519.

[109]　Liu Y, Shao M, Lu S, et al. Source apportionment of ambient volatile organic compounds in the Pearl River Delta, China: part Ⅱ [J]. Atmospheric Environment, 2008, 42 (25): 6261-6274.

[110]　Song Y，Shao M，Liu Y，et al. Source apportionment of ambient volatile organic compounds in Beijing[J]. Environmental Science & Technology，2007，41（12）：4348-4353.

[111]　Yuan Z，Zhong L，Lau A K H，et al. Volatile organic compounds in the Pearl River Delta：identification of source regions and recommendations for emission-oriented monitoring strategies[J]. Atmospheric Environment，2013，76：162-172.

[112]　Liu Y，Shao M，Kuster W C，et al. Source identification of reactive hydrocarbons and oxygenated VOCs in the summertime in Beijing[J]. Environmental Science & Technology，2009，43（1）：75-81.

第 2 章　VOCs 测量技术

VOCs 的采样分析方法直接关系到测定结果的可靠性和准确性。由于大气 VOCs 具有低浓度、高活性、易挥发、易受人为污染、成分复杂等特点，要求采样和预处理技术必须步骤简单快捷、高效和无污染。VOCs 的采样和分析面临许多困难，到目前为止，还没有一次性将大气中 VOCs 组分全面检测出来的技术和方法。美国环境保护局针对环境空气中不同种类有毒有机物的监测推荐了 17 个标准方法，其中与 VOCs 采样和分析方法有关的有 8 个。近年来，VOCs 分析技术一直处于不断发展和完善的过程中。本章首先对现有 VOCs 采样和分析技术进行简单概述，然后详细介绍现在最为常用的四种 VOCs 测量技术，包括低温浓缩进样气相色谱质谱联用、2,4-二硝基苯肼衍生化-高压液相色谱（DNPH-HPLC）和质子转移反应质谱（proton-transfer-reaction mass spectrometry，PTR-MS）的测量原理、仪器操作和质量保证/质量控制程序。

2.1　概　　述

2.1.1　非甲烷碳氢化合物的分析方法

大气非甲烷碳氢化合物（NMHCs）应用较多的采样技术有吸附管采样、气袋采样、不锈钢罐采样和固相微萃取法等。吸附管采样技术是用固体吸附剂捕获空气中的 VOCs 组分，一般要求吸附剂具有吸附容量大、收集效率高、化学性质稳定等特点。Bishop 等评价了常用的吸附剂 Tenax-TA、Carbontrap、Carbonsieve 等在单层和多层吸附管中的保留能力和热解析特性[1]。罐采样技术是美国环境保护局推荐的标准方法（TO-14A 和 TO-15），不锈钢罐内壁经过电抛光处理以减少表面活性区，保证罐中样品的稳定性和回收率，高活性的 NMHCs 在罐内的衰减很低。

通常用于分析 NMHCs 的方法有：气相色谱法（GC）、高效液相色谱法（HPLC）、气相色谱-质谱联用法（GC-MS）、荧光分光光度法、膜导入质谱法、质子转移反应质谱（PTR-MS）等。气相色谱法是近 20 年来迅速发展起来的分离分析方法，它具有效能高、选择性高、灵敏度高、分析速度快和应用范围广等特点，尤其对异构体和多组分混合物的定性定量分析更能发挥其作用，因而得到了广泛的应用。一般用于气相色谱分析的检测器有：火焰离子化检测器（FID）、电子捕获检测器（electron capture detector，ECD）、质谱检测器（mass spectrometer detector，MSD）、光电离检测器（photo ionization detector，PID）、火焰电离检测器（flame photometric detector，FPD）等。

2.1.2　含氧挥发性有机物的分析方法

OVOCs 的浓度水平在环境大气中变化范围很大，甲醛的环境浓度可达十几 $\times 10^{-9}$（体积分数）[2]，戊醛、己醛等高碳醛酮物种的浓度则低于 0.1×10^{-9}（体积分数）[3]，需要比较灵敏的方法才能检测出来；大部分物种具有极性，不能采用与其他 NMHCs 相同的分析方法；一些 OVOCs 是中间产物且本身的反应活性高，如何避免采样和分析过程中目标分析物的降解或发生化学反应成为 OVOCs 分析技术的难点。

1. 化学衍生化法

挥发性羰基化合物（carbonyls）是 OVOCs 的重要组成部分，大部分物种是光化学氧化过程中产生的，具有高反应活性；可进一步氧化成有机酸，参与生成二次有机气溶胶。20 世纪 70 年代以来，化学衍生化法测量空气中的甲醛和其他醛酮类物质逐步发展起来，利用衍生化试剂与目标物中活性羰基的专一性反应，来降低目标物的极性和反应活性，生成较稳定低极性的衍生产物，再经色谱分析定量[4]。选择衍生剂时需满足以下要求：①衍生剂与羰基化合物反应能形成稳定的衍生物，副产物少；②衍生物能很好地分离和检测；③衍生剂与羰基化合物反应的速度足够快，能满足定量分析的要求。衍生化方法针对性强，测量大气中醛酮类物质准确度高、重现性好。常用的衍生化试剂有 2, 4-二硝基苯肼（DNPH）、2, 3, 4, 5, 6-五氟苯肼（2, 3, 4, 5, 6-pentafluorophenyl hydrazine，PFPH）、邻五氟苄基羟胺（O-[2, 3, 4, 5, 6-pentafluorobenzyl] hydroxylamine，PFBHA）等。

衍生化法又可分为离线和在线测量方法两类。离线方法中，DNPH-HPLC 被美国环境保护局作为测量大气中羰基化合物的标准方法（TO-11），是目前应用最广泛、发展成熟的衍生化方法[5-9]。采样过程中羰基化合物被吸附在涂有 DNPH 的采样管中，并与 DNPH 进行衍生反应，衍生物用乙腈洗脱后用高效液相色谱（HPLC）分离，在紫外光谱 360nm 波长处进行检测。色谱柱一般使用 C_{18} 反相柱，乙腈-水溶液作流动相。衍生化反应的基本原理如下：

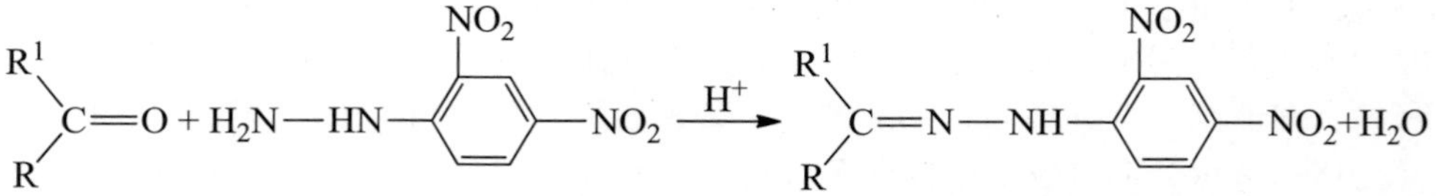

但该方法的采样时间长，检测限较高，对测量大气中低浓度醛酮类化合物有一定的局限；样品采集过程中可能会引入人为污染；如果没有标准样品就无法辨别未

知物结构，一些结构近似的化合物会出现"共溢出"现象。为解决这些问题，衍生化方法在采样方法和分析手段上不断改进，发展了紫外检测器与质谱联合检测或质谱单独检测的方法[10, 11]，但这些改进方法仍不可避免采样时间长和背景干扰等局限。

与 HPLC 相比，GC-MS 分析技术在衍生产物的分离和定性方面更有优势[12]，尤其在分析大气环境样品中是十分重要的。Ho 等用涂有 PFPH 的固相吸附剂 Tenax-TA 采集大气中醛酮类物质，经热解析后用气质联用仪器（GC-MS）来分离检测，可定量检测出 12 种醛酮物质，所有检出物质的检测限低于 0.3×10^{-9}（体积分数），与标准方法 DNPH-HPLC 相比低了 7.69%～33.33%[13, 14]。但该方法同 DNPH-HPLC 类似，采样时间较长（通常为 2～3h），得到的结果是一段时间内的平均浓度，不能满足考察大气化学反应变化过程这一要求[4, 14]。另外，衍生化方法分析的物种仅限于含有羰基的化合物，不能测定醇类和醚类物质。

就在线方法而言，大多是针对大气中甲醛的测量，目前应用较多的是螺旋管 Coil-DNPH-HPLC 法[15]和 Hantzsch 荧光法[16]。Coil-DNPH-HPLC 除具有离线的 DNPH-HPLC 方法的优点外，由于气态甲醛直接被采集到螺旋管内流动的液相之中，并发生衍生化反应，因而该方法具有较高的采集效率，且可避免采样过程中由于壁效应等因素所带来的干扰。Hantzsch 荧光法是通过检测甲醛与 2, 4-戊二酮反应生成的荧光化合物的荧光强度来对大气中的甲醛进行定量。由于在该方法中，待测物无须经过 HPLC 分离，因此其时间分辨率高于 Coil-DNPH-HPLC 方法。

2. 质谱法

为解决衍生化法存在的问题，目前国内外很多研究组积极研发了 OVOCs 的在线质谱分析技术，避免衍生化法采样和操作过程中带来干扰的可能性，降低仪器的检测限，使测量结果更加准确；分析物种除了羰基化合物外还可以检测醇和醚；提高了时间分辨率，能更好地反映 OVOCs 组分的大气化学过程。

1) 多通道在线 GC-MS/FID

多通道在线 GC-MS/FID 可以同时测量大气中的 NMHCs 和 OVOCs。美国海洋与大气管理局（National Oceanic and Atmospheric Administration，NOAA）的 Goldan 和 Kuster 等在液氮制冷-低温采样的基础上，充分考虑影响 NMHCs 和 OVOCs 测量的许多因素，针对两类 VOCs 的不同特性采用不同的低温预浓缩，除去水、CO_2 和 O_3 的干扰等前处理技术[17, 18]。北京大学曾立民等自主开发了基于电制冷超低温冷阱的双通道 VOCs 采集和浓缩系统，利用配有 FID 和 MS 双检测器的气相色谱对 VOCs 进行分离和定量。不同于 DNPH-HPLC 通过衍生化反应来降低 OVOCs 物种的极性，在线 GC-MS/FID 系统采用中极性毛细管柱（DB-624）直接来分离 C_1～C_5 的醇、C_2～C_9 的醛和酮、C_1～C_7 的硝酸酯、乙腈以及 C_5～C_{12} 的 NMHCs，用四极杆质谱检测器定量[19]，避免了烦琐冗长的衍生化过程，同时降低分析检测限。测量的时间分辨率为 0.5~1h，且同步获得 C_2~C_5 的 NMHCs 监测数据，有利于研究大气光化学氧化的过程[20]。在线 GC-MS/FID 系统的不足之处是无法测量甲醛，只能通过乙醛来估算甲醛。

目前在线 GC-FID/MS 技术已成为国外 OVOCs 分析中应用较多的测量手段，很多研究者在城市地区、乡村地区、森林地区以及航测中利用该技术分析大气中的 OVOCs[21-25]。

2）质子转移反应质谱

质子转移反应质谱（PTR-MS）是由奥地利因斯布鲁克大学 Lindinger 等开发的一种快速在线测量大气中痕量挥发性有机物的分析技术[26-28]，因其具有高灵敏度、高时间分辨率等优点而被关注。质子转移反应电离技术主要应用了 VOCs 的质子亲和势，用 H_3O^+ 作为质子源，在离子漂移反应管中与 VOCs 反应产生 RH^+，转移反应的产物进入质谱检测器进行分析。PTR-MS 可测量甲醇、乙醛、丙酮、甲基乙烯基酮（methyl vinyl ketone，MVK）+甲基丙烯醛（methyl acrolein，MACR）、2-丁酮（methyl ethyl ketone，MEK）、乙腈等含氧物种以及异戊二烯、萜烯、苯系物等烃类物种。NOAA 研究小组将 PTR-MS 与在线 GC-MS/FID 的测量结果进行比对，发现甲醇、乙腈、丙酮、异戊二烯、苯和甲苯二者吻合较好；乙醛和 C_8 芳烃差别较大，PTR-MS 测得的乙醛是 GC-MS 观测浓度的 1.6 倍，C_8 芳烃为 3.2 倍，可能的原因是 PTR-MS 的测量结果受到其他化合物的干扰[29-31]。

PTR-MS 作为一种新技术，具备如下优点：快速响应时间（几秒），不需要样品预浓缩和色谱分析，大大缩短分析时间，整个测量时间只需 2.25min；检测限较低可达 10^{-8} 量级（体积分数），对 VOCs 物种有较宽范围的线性响应；尽管对甲醛的测量受湿度影响较大，但通过严格的标定可以对甲醛进行定量分析[32]。主要局限性在于：只能测量质子亲和势大于水的物种，测量物种较少；根据测量物种的特征离子进行定性，因此容易受到其他化合物的干扰，而且不能区分异构体物种。

3）GC-RGD

还原气体检测器（reduction gas detector，RGD）基本原理是在高于 200℃的温度下，醛酮、醇、CO 等目标物将固态 HgO 还原成汞蒸气。RGD 的灵敏度比 FID 高 20~30 倍，10~15min 完成一次样品分析。NASA 组织的多次综合观测里都采用了这项技术来测量含氧有机物，如西太平洋探索项目（PEM-West：B）[33]、北极边界层探索实验（ABLE）[34]及 TRACE-P[35]等。RGD 无法测量甲醛。

4）光谱法

光谱法主要是利用待测气体分子对光的特征吸收来进行定量的一种方法。与上述两类方法相比，光谱法在测量时无须破坏气体分子本身的化学结构，且利用气体分子的特征光谱来定量，因此它具有很强的专一性。同时，随着光学和信号采集技术的发展，光谱法的检测限在近年来也大为降低。光谱法中，差分光学吸收光谱法（DOAS）在甲醛和乙二醛的测量中有较广泛的应用[36]。该方法的优点在于它能在开放光路中实现对甲醛和乙二醛的测量，避免了采样过程中所有可能的干扰。同时，由于采用待测气体分子的差分吸收截面进行定量，因此它是一种绝对测量方法，无须标定，测量灵敏度较高。目前，已有 GOME、OMI、SCIAMACHY 等多个搭载在卫星上的设备采用 DOAS 方法对甲醛和乙二醛的全球分布进行常年测量。用于甲醛测量的光谱方法还包括傅里叶变换红外光谱法（Fourier transform infrared spectroscopy，FTIR）、可调二极管激光吸收光谱法（tunable diode laser absorption spectroscopy，TDLAS）、量子级联激光吸收光谱法（quantum cascade laser absorption spectroscopy，QCLAS）以及激光诱导荧光（laser-induced fluorescence，LIF）光谱法[37]。表 2-1 比较了上述不同 OVOCs 分析方法的优缺点。

表 2-1　不同 OVOCs 分析方法优缺点比较

分析方法	优点	缺点
衍生化：DNPH-HPLC	衍生反应具有专一性，衍生产物化学特性稳定，测量准确性高	检测限较高，采样时间长；无法辨认未知物结构；只能测量羰基化合物
衍生化：PFPH-热解析-GC/MS	衍生反应具有专一性，衍生产物化学特性稳定，测量准确性高；检测限较低	采样时间较长；操作过程易受污染；只能测量羰基化合物
在线 GC-MS/FID	无须衍生化反应，采用中极性色谱柱分离醛酮等极性物种；可测量多种醛、酮、醚、醇、硝酸酯等；时间分辨率为 0.5～1h，检测限低	极性物种测量精度易受湿度和壁效应等因素影响；不能测量甲醛；对技术要求较高
在线 PTR-MS	无须预浓缩和色谱分离，时间分辨率高；灵敏度高；检测限较低	测量物种有限，不能测量异构体
光谱法	利用气体分子对光的特征吸收进行定量，专一性较强；是一种绝对测量方法，无须标定	数据处理较为复杂，受天气影响较大

由于 OVOCs 在大气化学和城市空气质量评价中日趋重要，对它们的分析方法和手段的要求也不断提高。今后含氧有机物分析技术的发展方向是：①继续发展在线测量 OVOCs 的方法，避免或减少干扰因素，降低检测限，以满足对一些背景浓度地区分析的需要；②提高时间分辨率，满足研究大气高活性 NMHCs 和 OVOCs 大气化学过程的需要。

2.2　低温浓缩进样-气相色谱质谱联用

大气样品低温浓缩进样技术与气相色谱质谱联用的分析方法是目前用于分析大气中 VOCs 最有效的方法。其分析原理是：在一定的超低温条件下，一定体积的全空气样品通过一个富集冷阱，沸点高于该低温的组分被冷冻而富集停留在阱内，而沸点低于该低温条件的气体成分仍可自由通过。可在冷阱前加吸水聚合物或采用两步低温程序来去除水分的干扰。对冷阱加热，使富集的成分迅速气化进入气相色谱柱。VOCs 组分经过气相色谱分离后由载气带入离子阱或四极杆质谱，被电子轰击电离（electron ionization，EI）。通过扫描一定质量范围内的所有离子（SCAN）或选择离子（SIM）的方式对各组分定性和定量分析。相对于气相色谱，气质联用技术具有以下优点：①定性能力强，可分辨"共溢出"化合物；②检测限低 [10^{-12}（体积分数）量级]。但也存在进样量较大、线性范围较小、运行成本较高等缺点。

2.2.1　罐采样-离线 GC-MS/FID 系统

1. 样品的采集

根据美国 EPA 推荐分析环境空气中有毒有机物的标准方法（TO-14A 和 TO-15），采用不锈钢罐采集全空气样品[38, 39]。采样罐体积通常为 3.2L 或 6L，最大承受压强为 276kPa。采样罐内壁经电抛光和硅烷化处理（"SUMMA 处理技术"），以减少容器内壁表面活性区，保证罐中样品的稳定性和回收率，高活性的 NMHCs 在罐内的衰减很低。

采样前必须将罐清洗干净并抽成真空。参照 TO-15 提供的方法清洗采样罐[38]，使用高纯氮气作为清洗气体。在 90℃下将不锈钢罐抽成真空状态（内部压强＜40Pa），然后充入氮气逐渐加压至 207kPa，保持几分钟后再对其抽真空，重复上述步骤 3 次，最后一次抽真空时保证罐内压强低于 15Pa 备用。每一批采样罐要随机选择 1~2 个进行清洗空白检验。

根据采样方案的要求，既可利用采样罐自身的负压进行瞬时采样，也可以使用限流采样器来保证气体以恒定的流速进入采样罐。进行限流采样时，采样器由硅烷化处理过的 2μm 不锈钢过滤头、限流孔、不锈钢减压阀和真空压力表组成。根据采样时间的需要，采样前用皂膜流量计校正，将其调节到合适的流量。采样过程通过限流孔控流来实现恒流条件下的全空气采集，并通过调节流量控制每个样品的采样时间。另外，由于一些活泼烯烃如异戊二烯、萜烯的高反应活性以及 OVOCs 的不稳定性，可在上面采样方法基础上进行一些改进来尽量避免采样过程中目标分析物发生化学反应：①采样罐前端收集气体的管路改用 Teflon 材料，避免不锈钢材料对 OVOCs 的吸附；②在气体进入不锈钢罐前，增加除臭氧阱（ozone scrubber）装置去除臭氧的干扰。

臭氧的干扰主要出现于样品在罐内的储存和后续低温预浓缩过程中。后续分析中采用液氮冷阱富集全空气样品中的 VOCs。常压下，液氮沸点为-196℃，臭氧的熔点和沸点分别是-192.1℃和-111.9℃。大气中的臭氧和有机痕量气体一起被浓缩处理，臭氧浓度会提高几个数量级。在浓缩物经热解吸进入 GC 系统过程中，大气中与臭氧反应量级为 1h 的烯烃组分在此时的寿命只有几秒[40]。Goldan 等进行条件实验发现，在 100×10^{-9}（体积分数）浓度臭氧存在时，经冷阱预浓缩分析后样品中异戊二烯和 α-蒎烯几乎完全损失，其他烷烃和芳香烃无明显变化，同时可检测出有异戊二烯氧化反应后的特征产物甲基丙烯醛（MACR）和甲基乙烯基酮（MVK）[41]。因此需要在样品进入采样罐前，增加臭氧去除装置来降低或消除活泼烯烃和含氧物种的人为误差。一般采用化学反应除臭氧，比较常用的有碘化钾法和亚硫酸钠法。Goldan 等在十余种可能的臭氧脱除方法比较研究的基础上，综合考虑臭氧去除效率、对 VOCs 的干扰和耐用性方面的因素，选择采用无水 Na_2SO_3 管，加热后除去臭氧，发现在流动的湿空气下臭氧去除效率大于 98%[41]。

2. 样品的富集和预浓缩

参考美国 EPA 推荐的 TO-14A、TO-15 方法，可采用低温冷阱预浓缩和 GC-MS 技术分析大气中 NMHCs 及 OVOCs。样品中的水和二氧化碳会干扰 VOCs 样品的分析，通过预浓缩系统在富集 VOCs 样品同时脱除其中的水和二氧化碳，从而提高仪器的灵敏度、改善分离效果并降低分析方法的检测限。Entech 7100 预浓缩仪结构及前处理的过程如图 2-1 所示。

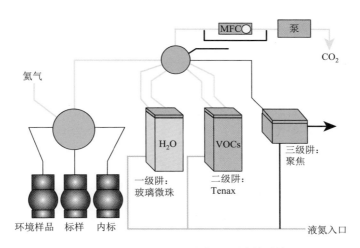

图 2-1　Entech 7100 三级低温预浓缩系统

MFC: mass flow controller，质量流量控制计

大气样品经过预浓缩仪三级冷阱处理来脱除水蒸气和二氧化碳，富集后的样品加热解吸后迅速注入气相色谱进行分析。具体步骤如下：

（1）利用液氮将第一级冷阱模块降温至−150℃，内标化合物和大气样品在质量流量控制下分别以恒定流速进入第一级冷阱富集，内标和样品进样体积分别控制在 100mL 和 300~500mL。大部分水汽富集过程中被多孔玻璃珠吸附，少量水、CO_2、内标、NMHCs 及 OVOCs 呈固态富集在第一级冷阱中。

（2）将第二级冷阱降温至–40℃，缓慢加热第一级至 20℃并维持，载气将第一级中内标和 VOCs 组分向第二级转移。转移中二级冷阱的 Tenax 吸附管将内标和样品气体完全吸附，此时呈气态的 CO_2 则被载气带出系统，从而去除 CO_2。

（3）将第三级冷阱降温至–180℃，加热第二级至 150℃，解吸出的内标和 VOCs 组分经载气转移至第三级聚焦。

（4）将第三级冷阱迅速升温至 60℃以上，内标和样品化合物以"闪蒸"方式注射进入色谱分析柱进行分析。

Entech 7100 预浓缩仪的主要参数包括：①各级冷阱的吸附、解吸温度；②进样时间和流量；③样品在各冷阱间转移时的流量大小等。设置不同参数来进样分析标气样品，反复对比总离子流色谱图响应、峰分离程度等，得到最佳的预浓缩条件。

3. GC-MS/FID 分析

气体样品中的目标化合物经过预浓缩仪低温富集，加热解吸后迅速注入 GC，气化后的 VOCs 物种先通过 DB-624 中极性色谱柱进行分离，然后通过微流控制板（Dean-Switch）将大部分 $C_2 \sim C_4$ NMHCs 物种切换至 PLOT（Al/KCl）色谱柱进行二次分离，再利用氢火焰离子化检测器（FID）进行定量，其他化合物则通过 DB-624 色谱柱分离后直接进入质谱检测器（MSD）进行定量。通过优化色谱中各项参数如进样口、载气流速、色谱柱升温程序，使有机物混合体系尽可能在气相色谱中被分离，同时在质谱或 FID 中有较好的响应。图 2-2 为微流控制板分析系统示意图。

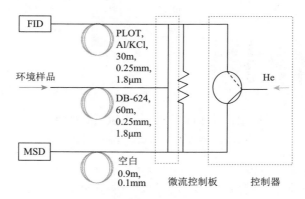

图 2-2　微流控制板分析系统示意图

2.2.2　在线 GC-MS/FID 系统

北京大学自主研发的在线 GC-MS/FID 系统（TH-300，武汉市天虹仪表有限责任公司）主要包括三部分：超低温冷阱、采样浓缩系统和 GC-MS/FID 分析系统。超低温冷阱为自行设计制作部件，也是该系统的核心部件之一。其采用多级循环制冷技术，通过制冷剂在冷阱内部的闭路循环来达到 –150℃的超低温，用于富集气体样品的目标 VOCs 组分。采样浓缩系统和 GC-MS/FID 分析系统采用双气路设计（图 2-3），大气样品分两路通过采样泵抽入仪器中，目标 VOCs 组分在超低温（–150℃）条件下富集和浓缩于捕集阱中，然后加热解析被载气带入气相色谱分析系统，利用不同的色谱柱进行分离，其中一路（气路Ⅰ）利用 FID 进行检测 $C_2\sim$ C_5 碳氢化合物，另外一路（气路Ⅱ）则由 MSD 定量 $C_5\sim C_{12}$ 碳氢化合物、OVOCs、卤代烃和烷基硝酸酯等。表 2-2 总结了该在线系统的目标化合物，以及除水阱、捕集阱、色谱分离柱和检测器的配置情况。

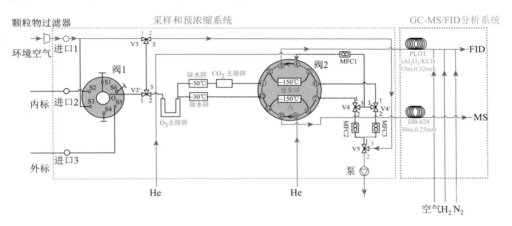

图 2-3　在线 GC-MS/FID 系统气路示意图：除水控温

绿色箭头表示载气流向

表 2-2　在线 GC-MS/FID 系统双气路配置情况及其目标化合物

气路	气路Ⅰ	气路Ⅱ
除水阱	石英管（外径 1/4 英寸①，长度约为 15cm）	石英管（外径 1/4 英寸，长度约为 15cm）
捕集阱	PLOT（Al₂O₃/KCl）柱（内径 0.53mm，长度约为 15cm）	去活石英毛细管空柱（内径 0.53mm，长度约为 15cm）
色谱分离柱	PLOT(Al₂O₃/KCl)（内径 0.32mm，长度 15m）	DB-624 色谱柱（内径 0.25mm，长度为 30m）
检测器	氢火焰离子化检测器（FID）	四极杆质谱检测器
目标化合物	$C_2\sim C_5$ NMHCs	$C_5\sim C_{12}$ NMHCs、OVOCs、卤代烃和烷基硝酸酯

① 1 英寸≈2.54cm。

　　一次完整的环境样品采集和分析过程包含五个步骤：除水控温、样品采集和预浓缩、加热解析（及 GC 分析）、空闲（及 GC 分析）和加热反吹（及 GC 分析）。

　　除水控温（3min）这一步的主要目的是为后续的样品采集和预处理流程做好准备：①使除水阱和捕集阱的温度稳定在设置值；②打开采样泵，使环境空气在采样管内流通，降低上一次采样残留空气样品的影响。除水阶段的气路示意图见图 2-3，空气样品通过采样管路和两个三通阀 V3 和 V5，然后通过采样泵排出采样和浓缩系统，流量为 5.5L/min。

　　样品采集及预浓缩（5min）的气路如图 2-4 中绿色箭头所示：六位阀的进气端与 S3 连接，V3 阀关闭，V3′、V4、V4′和 V5 这四个三通阀打开，环境空气样品在采样泵的动力下首先通过除水阱（气路 I：–50℃；气路 II：–30℃）去除空气样品中的水汽，然后通过超低温捕集阱（–150℃）冷冻富集空气样品中的 VOCs 组分，仍呈气态的其他组分（如氮气和氧气）则作为尾气被采样泵抽出系统排到室外。质量流量计 MFC3 和 MFC2 分别用来控制气路 I 和气路 II 的采样，流速为 60mL/min。

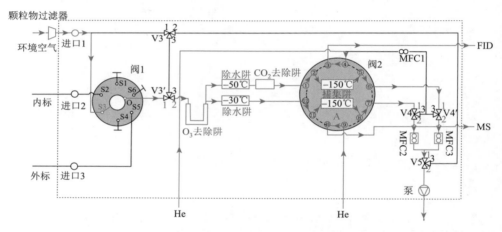

图 2-4　在线 GC-MS/FID 系统气路示意图：样品采集和预浓缩

绿色箭头表示载气流向

　　加热解析及 GC 分析（1min）：样品采集及预浓缩步骤完成后，采样泵关闭，六位阀（阀 1）的进气端与 S4 连接，而十二通阀（阀 2）由 A 状态切换至 B 状态。然后，捕集阱在 10～15s 时间从–150℃被加热至 110℃，气化后的目标 VOCs 组分经载气带入气相色谱系统进行分离和定量（图 2-5）。

　　空闲及 GC 分析：加热解析步骤结束后，GC 分析继续进行目标组分的分离和检测，而采样和预处理则进入闲置状态（图 2-6）。阀 1 的进气端与 S4 连接，阀 2 切换至 A 状态。除水阱和捕集阱停止加热，其温度逐渐降至–165℃。

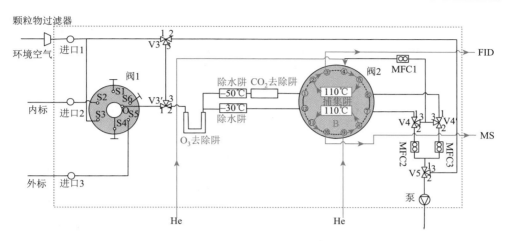

图 2-5　在线 GC-MS/FID 系统气路示意图：加热解析及 GC 分析

绿色箭头表示载气流向

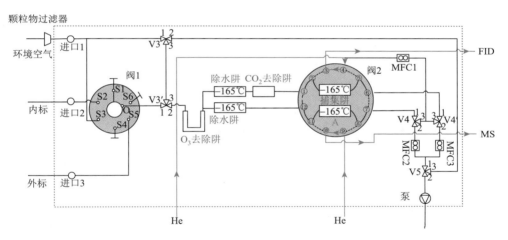

图 2-6　在线 GC-MS/FID 系统气路示意图：空闲及 GC 分析

绿色箭头表示载气流向

加热反吹及 GC 分析（5min）：本系统采用低温冷冻的方式除去环境样品中的水汽，采样与预浓缩步骤完成后除水阱内会残留被冷冻的水，而且由于全空气样品中的化学成分较为复杂，可能有其他组分（如 CO_2）也被捕集到除水阱中。为了保证除水阱的除水效率并去除气路中可能残留的杂质，会在两次采样中间（加热解析之后 20min）进行系统的加热反吹。在加热反吹的前 2min，气路 I 中的除水阱和捕集阱被加热至 110℃。载气通过三通阀 V4′、捕集阱、CO_2 去除阱、除水阱、O_3 去除阱、三通阀 V3、V3′和 V5，使残留在除水阱和气路中的水汽和杂质气化并混入载气中，然后利用采样泵将尾气抽出系统。质量流量计 MFC1 将载气流速控制为 180mL/min。气路 I 的加热反吹完成后，气路 II 被加热反吹 2min。最后，两个气路被同时加热反吹 1min（图 2-7）。加热反吹步骤完成后，采样和预浓缩系统再次切换至闲置状态，直至开始进行下一次进样。

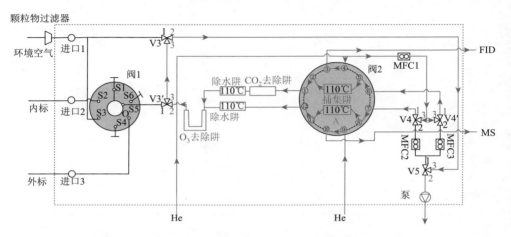

图 2-7　在线 GC-MS/FID 系统气路示意图：加热反吹及 GC 分析

绿色箭头表示载气流向

2.2.3　GC-MS/FID 系统的质量保证和质量控制

气体样品 VOCs 测量的质量保证（quality assurance，QA）和质量控制（quality control，QC）贯穿于样品采集、样品保存、样品分析和数据处理等整个分析过程中，保证分析测试和实验中数据精确可信。离线和在线 GC-MS/FID 系统测定环境大气中 VOCs 浓度和化学组成时所实施的 QA/QC 措施基本一致，主要包括：质谱调谐、系统标定、空白分析、日校准、同分异构体相关性分析，以及不同实验室之间或者不同测量仪器之间的比对实验。该部分主要介绍针对单台仪器的 QA/QC 措施，比对实验的相关内容在本章 2.5 节进行详细介绍。

1. 质谱调谐

质谱的响应会随着仪器运行时间的增加而降低。尤其是测量工作时间跨度较长时，在仪器分析过程中需要对质谱进行调谐。当质谱响应下降至初始响应的 50% 以下时，选择 BFB（1-溴-3-氟苯）方式对质谱进行调谐。检查调谐报告中轮廓图中峰形、同位素峰分离情况、EM 电压，以及质谱图中峰数目、基峰的绝对丰度、水和空气峰相对于质核比（*m/z*）为 69 的离子的比例，以及质量分配、相对丰度和同位素比。其中，要求轮廓图中半峰宽 PW_{50} 在 0.55±0.1 之间；质谱图中峰的个数小于 200；质核比为 69 离子的绝对丰度值在 20 万～60 万之间，而且必须是基峰；*m/z*219 和 *m/z*502 离子与 *m/z*69 的丰度比值应分别大于 40% 和 2%；水峰（*m/z*18）、氮峰（*m/z*28）的相对丰度低，应小于 10%。

2. 系统标定

在线和离线 GC-MS/FID 系统均结合两种方式对目标化合物进行定性：①对照标准气体样品中各 VOCs 物种色谱峰的保留时间；②将目标化合物的特征离子碎片与标准谱库中的质谱图进行比较（仅适用于质谱测定的化合物）。图 2-8 是利用在线 GC-MS/FID 系统（气路 I）测定的 56 种 NMHCs 混合标气和环境空气样品的气相色谱图，横坐标是保留时间（retention time），纵坐标是响应值（response）。从图中可以看出，该系统的 FID 气路可以有效分离 56 种 NMHCs 混合标气样品和环境空气样品中 $C_2 \sim C_5$ NMHCs 组分（图中的 1 组～3 组）。

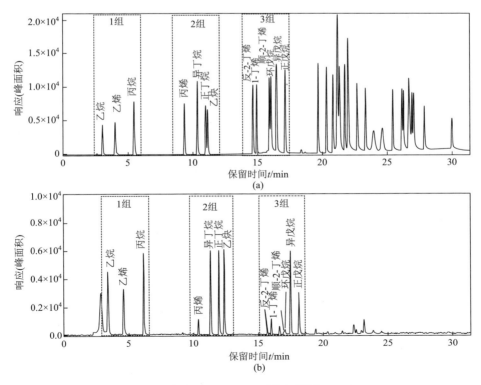

图 2-8　在线 GC-MS/FID 系统色谱图（FID）

（a）56 种 NMHCs 混合标气；（b）环境空气样品

　　离线和在线 GC-MS/FID 系统均采用外标法对 FID 测定的化合物进行标定，而 MS 测定的物种则用内标法进行标定。外标法对目标物种定量是指在 $0.5\times10^{-9}\sim8\times10^{-9}$（体积分数）范围内选择 5～6 个浓度点建立工作曲线，具体做法是：①将混合标气稀释成不同浓度级别分别置于采样罐中；②利用离线和在线 GC-MS/FID 系统中"标气进样"这一模式将同一浓度的混合标气重复进样 3～4 次并进行仪器分析；③以各目标化合物的响应因子（色谱图中的峰面积）为纵坐标，对应的标气浓度为横坐标作图，线性回归便可得到标定工作曲线(标准曲线)(图2-9)。内标法也是通过建立标准曲线对目标化合物进行定量，但是会先依据内标化合物的响应变化对质谱的响应变化进行校正，然后再定量目标化合物的浓度。

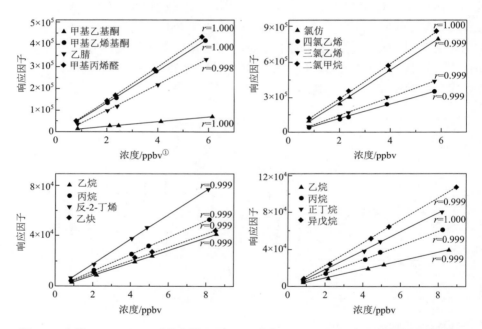

图 2-9　在线 GC-MS/FID 系统定量 OVOCs、卤代烃和 NMHCs 物种浓度的标准曲线

　　内标化合物是用来校正仪器状态或其他实验条件的变化给定量结果带来的偏差，以提高 VOCs 定量的准确度和精密度。内标化合物既可以是人为配制的一定浓度的标准物质，也可以是环境大气中本来就存在的化合物。人为内标化合物的选择需满足以下条件：①在实际环境样品中不存在；②与目标化合物的理化性质相似；③可与样品中的 VOCs 物种完全分开；④化学性质稳定；⑤仪器响应高，定量准确。常用的人为内标化合物有溴氯甲烷、1,4-二氟苯和 1-溴-3-氟苯等。天

---

① ppbv 表示按体积计算十亿分之一。

然内标化合物的选择主要有两个条件：①其在环境空气中的浓度在整个观测期间保持不变，即不会受到排放和去除的影响；②与其他 VOCs 化合物可以完全分开而且响应较高，能够准确定量。大气中的部分氟氯烃物种（如 CFC-11、CFC-113），会导致平流层臭氧空洞，因此联合国在 20 世纪 80 年代就已经制定了《蒙特利尔议定书》逐步禁止这些化合物在各国的生产和使用，但是由于这些污染物大气寿命长（约为几十年至几百年），因此在现阶段短时间内这些化合物的环境浓度会保持稳定，常被用作跟踪在线仪器响应状态和校正保留时间偏移的天然内标化合物[42, 43]。与人为内标化合物相比，选用天然内标化合物校正仪器状态的优势是：①不需要人为配制；②整个进样和分析流程与环境样品中的目标化合物完全一致，更能反映仪器的真实状态；③不会出现因内标受到污染而影响环境样品测量的问题。缺点是天然内标化合物的选择可能会因测量站点不同而存在差异。例如，Wang 等发现四氯化碳（CCl_4）在台湾地区可以作为天然内标物，但由于其在北京地区和珠江三角洲地区仍然有排放因此并不能用作天然内标物[44]。

环境空气中的 CFC-113（$C_2Cl_3F_3$）虽然比 CCl_4 的响应要低，但仍可准确定量，而且在我国 47 个城市进行的外场观测显示 CFC-113 在城市大气中的浓度波动小，约 $80×10^{-12}$（体积分数），因此可以被用作天然内标物[44]。在建立目标化合物标准曲线时，会穿插进行环境样品的分析，以确定天然内标物在该仪器状态下的响应。由于环境样品的 CFC-113 响应波动也可能是随机误差导致的，为了排除这一影响，首先要对 CFC-113 响应数据进行平滑处理，然后利用平滑后的响应来校正质谱响应状态的变化。平滑处理方法见公式（2-1）。

$$R_{VOC}^{cal} = \frac{R_{VOC}}{R_{CFC\text{-}113}^{smooth}} × R_{CFC\text{-}113}^{ref} \qquad (2\text{-}1)$$

式中，R_{VOC}^{cal} 为利用天然内标校正后的某个环境样品中目标化合物 VOC 的响应；R_{VOC} 为 VOC 的原始响应；$R_{CFC\text{-}113}^{smooth}$ 为经过平滑处理后的天然内标物 CFC-113 的响应；而 $R_{CFC\text{-}113}^{ref}$ 为天然内标物 CFC-113 在标准曲线建立时的响应。将 R_{VOC}^{cal} 代入标准曲线则可以定量目标化合物在大气中的浓度。

离线和在线 GC-MS/FID 系统所测量各挥发性有机物的工作曲线平方相关系数（r^2）在 0.995~1.000 之间。测量方法精密度的计算与所分析样品中目标化合物浓度有关。为了使精密度数据能够更加准确地反映仪器测量环境样品时的状态，利用不锈钢罐采集环境空气样品，重复分析 7 次，各目标化合物浓度的相对标准偏差（relative standard deviation，RSD）即为该系统的精密度。离线和在线 GC-MS/FID 系统各挥发性有机物的测量精密度在 1%~6%之间。方法检测限的计算方法参考美国 EPA TO-15 标准，将接近期望检测限浓度的样品重复进样 7 次，计算测量浓度的相对标准偏差，再乘以统计置信度系数 3.14（99%置信度），即为目标化合物的方法检测限（method detection limit，MDL）。GC-MS/FID 系统所测量的各挥发性有机物的方法检测限在 $1 \times 10^{-12} \sim 21 \times 10^{-12}$（体积分数）的范围内，低于目标化合物在环境空气中的浓度，可以实现准确定量。

3. 空白分析

空白分析包含两类：仪器空白和零气（稀释气）空白。仪器空白是指跳过进样和预浓缩阶段，直接进行加热解析和 GC 分析，这一操作用来检验捕集阱和 GC 分析系统是否受到污染。零气空白则是从清洗好的不锈钢罐中随机抽取 2 个进行空白分析，将经过碳氢捕集阱的高纯氮气（99.999%）充入不锈钢罐至常压，然后利用在线或离线 GC-MS/FID 系统进行分析。这一操作用来检验不锈钢罐、采样及预浓缩系统管路和稀释气是否受到污染。

4. 日校准

如果分析系统不稳定，其在运行过程中响应因子可能会存在一些波动，导致定量结果的不准确。因此，在利用在线或离线 GC-MS/FID 系统分析样品期间，每日应该分析一个稀释标气 [浓度通常为 $1 \times 10^{-9} \sim 2 \times 10^{-9}$（体积分数）] 作为日校准。这一操作目的是检验仪器长期运行的稳定性。利用建立的工作曲线对日校准样品进行定量，将定量结果与理论浓度相比，以 20% 为阈值考察其偏差范围（图 2-10）。若目标物种定量结果和理论值的比值在 1%±20% 之间浮动，则认为仪器状态稳定可靠，可进行样品的分析工作，若超出此范围，则需要重新调整仪器，进行系统标定，并建立新的工作曲线。

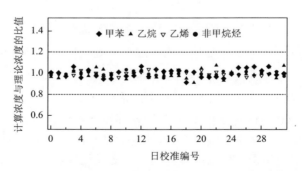

图 2-10　2010 年 8 月在线 GC-MS/FID 系统日校准计算浓度与理论浓度的比值

其中乙烷和乙烯利用 FID 进行测定，而甲苯利用 MS 定量，非甲烷烃为 56 种 NMHCs 物种浓度之和

5. 物种间的相关性分析

某些同分异构体 VOCs 物种对其比值在城市环境大气中是基本一致的，因此

将观测到的比值与文献中的比值进行比较，用于检验外场观测数据的准确性[45]。图 2-11 是在北京及近周边地区观测到的顺-2-丁烯/反-2-丁烯、顺-2-戊烯/反-2-戊烯/、间, 对-二甲苯/邻-二甲苯和异丁烷/正丁烷浓度水平的相关性。从图中可以看出，这些同分异构体物种对的浓度水平具有非常好的相关性（$r = 0.976 \sim 0.997$），而且其平均浓度比值（即斜率）与文献中报道的比值十分接近[45, 46]，从另一方面验证了 VOCs 观测数据的准确性。

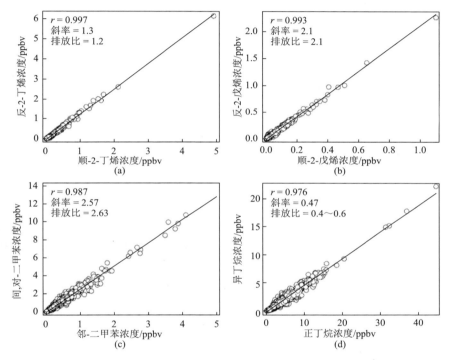

图 2-11　北京及近周边地区 42 个站点观测的特征 VOCs 物种对环境浓度水平之间的相关性
（a）顺/反-2-丁烯；（b）顺/反-2-戊烯；（c）间, 对/邻-二甲苯；（d）异/正丁烷

2.2.4　离线和在线 GC-MS/FID 系统的比较

离线和在线 GC-MS/FID 系统的差异主要体现在采样过程、样品富集和预浓缩，以及气路设计三个方面。

1. 采样过程

离线系统利用不锈钢罐采集全空气样品，罐内壁可能会对极性含氧组分有一定的吸附。另外，若采集的样品放置一段时间再进行仪器分析，全空气样品中的活泼 VOCs（如烯烃或醛类化合物）可能会在采样罐内发生衰减，而一些醇类的浓度会增加，影响测量结果的准确性。在线测量系统中空气样品的采集管路均为 Teflon 材料，避免或降低了管壁对 OVOCs 的吸附，而且样品经过低温富集后立即进行 GC-MS/FID 分析，避免了由于储存而造成的环境空气样品中活泼烯烃和含氧组分的浓度变化。

2. 样品富集和预浓缩

离线 GC-MS/FID 系统利用液氮作为制冷剂，而在线 GC-MS/FID 系统利用电制冷的方式来获得$-150℃$超低温，更加适用于制冷剂不太容易获得的野外观测。离线系统利用商品化 Entech 7100 预浓缩仪实现对空气样品中 VOCs 组分的富集，内部管路使用的是硅烷化处理的不锈钢材料，在一级和二级冷阱中分别填充玻璃珠和 Tenax-TA 作为吸附剂，可能会对 OVOCs 和高碳烃类的测量带来干扰。在线系统气路均采用 Teflon 材料，利用 PLOT 色谱柱或者石英空管作为捕集阱，未使用任何吸附材料，可以有效避免壁吸附的损失。

3. 气路设计

离线 GC-MS/FID 系统只有一套进样和分析气路，样品进入 GC-MS/FID 系统后经过 DB-624 的分离后，再利用微流控制板将一部分物种切入 PLOT 柱进行二次分离。而在线 GC-MS/FID 系统采用的是双气路设计，利用完全独立的捕集阱、色谱柱和检测器分别实现对 $C_2 \sim C_5$ NMHCs 和其他 VOCs 物种的富集、分离和检测，两个气路之间不会相互干扰。

2.3 DNPH-HPLC 方法离线测量大气中羰基化合物

羰基化合物离线分析方法中，应用最广泛、发展成熟的衍生化方法是 DNPH-HPLC 法，该方法被美国 EPA 作为测量大气中甲醛和其他羰基化合物的标准方法（TO-11）。

2.3.1 样品采集及预处理

利用 DNPH 方法主动采集大气中羰基化合物的系统主要包括：采样泵、质量流量控制计（MFC）、DNPH 采样柱和碘化钾臭氧去除管，见图 2-12。

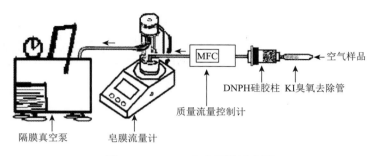

图 2-12　DNPH 主动采样示意图

根据采样要求，控制采样流速在 0.8～1.2L/min，采样时间为 1～3h，同时在采样点适当设置空白样品。采样完成后，迅速取下 DNPH 采样柱，堵上两端的堵头，包裹铝箔，放入冰箱或保温箱中保存。若使用 Airchek2000 自动采样泵，采样前需使用皂膜流量计（gilian gilibrator）进行流量校正。若使用隔膜真空泵，在采样刚开始和采样结束前均需使用皂膜流量计测定流速，采样前后流速偏差不超过 5%。

2.3.2　HPLC-UV 分析方法

样品采集后，应在一个月内进行分析。采用乙腈反向洗脱的方法，将目标羰基化合物的苯腙衍生物从采样管中洗脱下来。用注射器取 4～5mL 乙腈，并在采样管前端加 0.22μm 的 PTFE 过滤器进行过滤。缓慢将衍生物洗脱至 5mL 棕色容量瓶中，定容至刻度线。

1. 仪器分析条件

样品经洗脱后，采用高效液相色谱-紫外（HPLC-UV）检测器分析。色谱柱：Diamonsil C18 柱（5μm，250mm×4.6mm）。色谱柱温度：25℃。进样量：20μL。流动相（乙腈和水）梯度：乙腈与水体积比为 60/40 运行 0～20min，然后线性变化至乙腈与水体积比为 70/30 运行至 40min，乙腈与水体积比继续由 70/30 线性变化至 100% 乙腈运行至 41min；最后 100% 乙腈线性变化至乙腈与水体积比为 60/40；4 min 后运行流速为 1.2mL/min。检测波长：甲基乙二醛检测波长为 420nm，其他化合物检测波长为 360nm。

图 2-13 为标准样品和实际环境样品的色谱图，大部分羰基化合物的色谱峰可以完全分离。但个别物种分离度较低，或存在"共溢出"现象。标样中，浓度近似的丙烯醛和丙酮可以勉强分离。但是在本研究采集的环境样品中，对应的保留时间一般只能得到一个较高的峰。有研究结果显示，环境大气中丙酮/丙烯醛浓度比值在 3～90 之间[47]，除机动车尾气、餐饮源和生物质燃烧源烟气外[48-50]，环境

大气样品中丙烯醛的浓度远小于丙酮浓度。因此，我们在所测定的环境样品中，将此处的峰认定为丙酮，虽然会有丙烯醛的存在带来的偏差，但是可以认为其影响很小。此外，在此分析条件下异戊醛和环己酮不能分离，将保留时间对应的化合物表达为异戊醛＋环己酮。

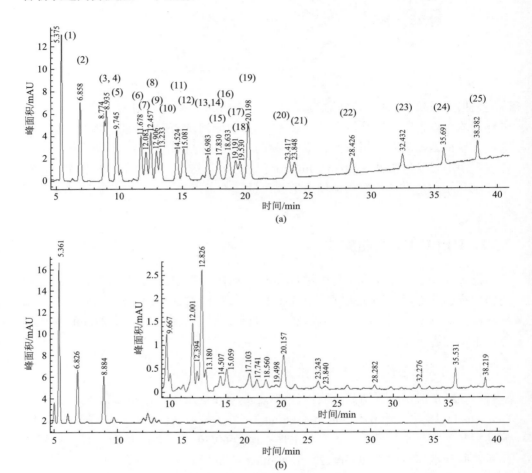

图 2-13 标准溶液（a）和典型环境大气羰基化合物（b）紫外吸收谱图

（1）甲醛；（2）乙醛；（3）丙烯醛；（4）丙酮；（5）丙醛；（6）丁烯醛；（7）甲基乙烯基酮；（8）甲基丙烯醛；（9）2-丁酮；（10）丁醛；（11）苯甲醛；（12）乙二醛；（13，14）异戊醛＋环己酮；（15）戊醛；（16）邻-甲基苯甲醛；（17）间-甲基苯甲醛；（18）对-甲基苯甲醛；（19）甲基乙二醛；（20）己醛；（21）2,5-二甲基苯甲醛；（22）庚醛；（23）辛醛；（24）壬醛；（25）癸醛

2. 仪器标定

本方法以衍生物保留时间定性，并通过外标法定量。单标溶液的配制方法：

按 DNPH 过量 20 倍的比例加入标准物质和 DNPH 溶液,并用 2mol/L 硫酸调节至 pH≈2.9,反应 12h 以上即可作为羰基化合物衍生物的标准溶液。配制标准溶液所用溶剂为乙腈,乙二醛和甲基乙二醛由于在乙腈中易发生聚合,故其母液采用甲醇作为溶剂。包含 25 种组分的混合标样,参考实际环境浓度,稀释为 6 个级别(甲醛、乙醛和丙酮浓度范围 20~5000ng/mL,其他组分浓度范围为 2~500ng/mL),每个浓度点平行分析 3 次。由于用于配制液态标准的 DNPH 衍生试剂对大气中的羰基化合物存在一定的吸附,通过分析 DNPH 溶液,扣除空白响应。以峰面积与相应质量浓度的线性关系建立标准曲线。

2.3.3　质量保证与质量控制

1. 采样流量控制

采样泵流量的准确度直接关系到样品定量结果,本研究对采样流量严格控制。若使用 Airchek2000 自动采样泵,采样前需使用皂膜流量计进行流量校正。自动采样泵流速非常稳定,偏差在 2%以内;若使用隔膜真空泵,在采样刚开始和采样结束前均需使用皂膜流量计测定流速,采样前后流速偏差不超过 10%。

2. 空白分析

DNPH 柱可能因为存放、运输或实验室操作引入背景污染,因此我们在分析样品时需要扣除这部分的采样柱空白。每次区域观测时,随机选取 5 个站点,采集现场空白。在连续日变化观测时,每日采集一个现场空白。空白样品与环境样品平行保存、分析。每批样品分析时,随机抽取 3 支空白柱作为实验室空白。结果表明,现场空白和实验室空白样品中,只检测到甲醛、乙醛和丙酮,并且浓度均为环境样品的 10%以内,背景来源可能主要为 DNPH 管制备过程。

3. 穿透试验

将两个 DNPH 采样柱串联起来,以流速 1L/min 采样 3h,看前柱是否存在穿透,造成目标化合物的损失。根据前柱羰基化合物占两柱总和的百分数来评价采集效率。本实验中,一些低浓度组分后柱中没有检出,采集效率 100%;甲醛、乙醛、丙醛、异戊醛 + 环己酮的采集效率在 90%以上。而丙酮、甲基乙烯基酮、甲基丙烯醛、丁酮的采集效率稍低,在 85%~90%之间。

4. 洗脱效率

连续两次用 5mL 乙腈洗脱样品柱,分别收集并分析洗脱液。本实验中,二次洗脱液中均没有发现目标化合物,洗脱非常完全。

5. 日校准

日常分析中，每次样品分析前，选用标准曲线中一个中等浓度级别的标准样品，并定量比较与理论浓度的偏差。分析期间日校准样品与理论浓度的偏差在 10% 以内，则认为样品分析期间仪器运行情况非常稳定。一般地，两次仪器分析间隔一个月以上时，需要重新配制标准溶液并绘制标准曲线，以保证样品定量准确性。

2.4　质子转移反应质谱

1995 年奥地利因斯布鲁克大学 Lindinger 教授的实验室首先成功研制开发了 PTR-MS[27]，1998 年 Lindinger 教授将其投入商用，PTR-MS 由实验室研发转入实际应用阶段。受益于它的高灵敏度和快速时间响应的特性，PTR-MS 非常适合观察活泼 NMHCs 和 OVOCs 组分短时间内的细微变化，目前越来越广泛地应用于诸多大型综合外场观测中，对大气 VOCs 的来源、传输和化学转化过程的研究起到巨大的推动作用。

2.4.1　基本原理

质子转移反应质谱主要由三部分构成：离子源、漂移管和质谱检测器，其基本构造如图 2-14 所示[28]。水蒸气在离子源中经空心阴极放电被转化成高浓度的 H_3O^+。H_3O^+ 在电场的作用下进入漂移管中与 VOCs 发生质子转移反应，生成子离子 RH^+。然后 H_3O^+ 和反应生成的 RH^+ 一起进入质谱检测器得到检测。

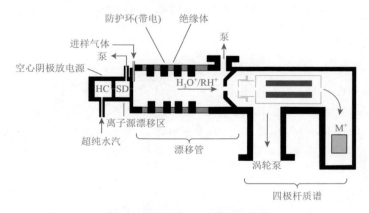

图 2-14　PTR-MS 的结构示意图

离子源的主要作用是为质子转移反应提供高强度的母离子 H_3O^+。水蒸气由盛有去离子水的不锈钢水罐上方顶空获得，质量流量计控制水蒸气的流量，一般设定为 5～10STP cm^3/min（STP 表示标准状态下）。水蒸气在空心阴极区（hollow cathode，HC）被电离成 H_3O^+，然后在电场的作用下进入离子源漂移区（source drift，SD），在这里各种离子（包括一些杂质离子，如 O_2^+、NO^+ 等）进一步转化为 H_3O^+。

漂移管是质子转移反应的发生区。大气中的 VOCs 物种（R）与水合氢离子发生如下质子转移反应，生成水分子和质子化 VOCs 离子 RH^+：

$$R + H_3O^+ \longrightarrow RH^+ + H_2O \tag{2-2}$$

漂移管由一系列的不锈钢金属圈和 Teflon 圈垫组成，长度一般为 10cm 左右。Teflon 圈主要提供密封和绝缘作用。漂移圈与一个电阻系统相连，将漂移管的总电压等分至每个漂移金属圈，从而在漂移管内有一个等电场强度的电场。漂移管的电压一般设定为 600V 左右，漂移管内压设定在 2.0～2.4mbar[①]。

在漂移管末端，大部分气体被分子涡轮泵抽走。一部分经质子转移反应后的母离子 H_3O^+ 和质子化的 VOCs 离子被聚焦后进入质谱检测器检测。最常用的质谱检测器为四极杆质谱，现在一些研究机构也搭建了以离子阱质谱（IT-MS）和飞行时间质谱（TOF-MS）作为检测器的 PTR-MS。Ionicon Analytik 公司也于 2008 年推出了商用化的 PTR-TOF-MS。

VOCs 能够被 PTR-MS 测量的基础是 VOCs 与母离子 H_3O^+ 发生质子转移反应，因此 PTR-MS 仅能测量质子亲和势大于水的物种。表 2-3 列出了大气中主要组分的质子亲和势。

表 2-3　常见气体和挥发性有机物的质子亲和势

物种	分子式	质子亲和势/(kcal[②]/mol)	物种	分子式	质子亲和势/(kcal/mol)
氢气	H_2	100.9	丙烯	CH_2CHCH_3	179.6
氧气	O_2	100.6	甲醇	CH_3OH	180.3
氮气	N_2	118.0	乙醛	CH_3CHO	183.8
氦气	He	42.5	乙醇	CH_3CH_2OH	185.6
二氧化碳	CO_2	129.2	乙腈	CH_3CN	186.2
一氧化碳	CO	141.7	甲苯	C_7H_8	187.4
甲烷	CH_4	123.0	丙醛	C_3H_6O	187.6
乙烷	CH_3CH_3	142.4	丁醛	C_4H_8O	189.5

---

① 1bar = 10^5Pa。

② 1kcal = 4184J。

物种	分子式	质子亲和势/(kcal/mol)	物种	分子式	质子亲和势/(kcal/mol)
乙烯	CH_2CH_2	153.2	二甲苯	C_8H_{10}	190.0
水	H_2O	165.2	乙酸	CH_3COOH	190.2
硫化氢	H_2S	168.5	丙酮	C_3H_6O	194.1
甲醛	HCHO	170.4	二甲基硫	$(CH_3)_2S$	198.6
甲酸	HCOOH	177.3	异戊二烯	C_5H_8	198.9
苯	C_6H_6	179.3			

大气中的主要无机组分，包括氮气、氧气、二氧化碳、氢气、一氧化碳等的质子亲和势均低于水的质子亲和势（165.2kcal/mol），这也是选择使用 H_3O^+ 进行质子转移反应的一大优点[28]。3 个碳以上的烯烃、芳香烃、醇类、醛类、酮类、有机酸等的质子亲和势均大于水，能够得到测量，而占大气中 VOCs 很大部分的烷烃由于其质子亲和势低，而不能够被测量[28]。

2.4.2　PTR-MS 测定的 VOCs 组分及其浓度计算

1. PTR-MS 测定的 VOCs 组分

VOCs 能够被 PTR-MS 测量的基础是 VOCs 与母离子 H_3O^+ 发生质子转移反应，PTR-MS 仅能测量质子亲和势大于水的物种。此外，研究表明乙腈、二甲基硫、PAN 等 VOCs 物种也能够被 PTR-MS 准确测量。

值得注意的是，在 PTR-MS 中经过质子转移反应后，VOCs 分子被离子化成质荷比为其分子量加 1 的离子，因而 PTR-MS 不能区分出具有相同分子量的组分。例如，乙苯和 3 种二甲苯的同分异构体，均被电离成质量数为 107 的离子。这也是 PTR-MS 相对传统 GC 方法来说最大的缺点。由于多种 VOCs 组分可能贡献相同的离子，仅根据 PTR-MS 测量的离子无法鉴别出离子对应的痕量气体。另外，虽然理论上 PTR-MS 通过质子转移将各种 VOCs 软电离为单一离子，但质子转移反应生成的 RH^+ 也可能会发生断裂，形成除质子化离子以外的碎片离子。例如，C_3 以上醇类的质子化离子倾向于脱去一个水分子（丙醇的主要离子在 43），而萜烯类物种在 PTR-MS 中形成的主要离子是 137 和 81。在漂移管发生的离子断裂现象和下面将要介绍的分子簇离子的生成，使得 PTR-MS 的离子谱图难以解释。

表 2-4 是 PTR-MS 扫描的离子质荷比和所代表的物种或离子。由于 H_3O^+

（m/z19，也写作 m19）和 $H_3O^+(H_2O)$（m37）的离子信号强度过大，直接扫描这两个离子会大大降低质谱电子倍增管（mass electron multiplier，SEM）的寿命。一般会选择扫描这两个离子的 ^{18}O 同位素离子：$H_3^{18}O^+$（m21）和 $H_3^{18}O^+(H_2O)$（m39）。在进行环境大气的测量时，PTR-MS 在各次观测中工作在多离子扫描状态（multiple ion detection，MID），即 PTR-MS 每个循环扫描数个用户设定的离子，扫描时间可自由设定。各离子所代表的物种判定主要根据文献报道资料[51]和对实际大气情况的判定。但是各离子所代表的物种在不同大气环境下可能会有所不同，如 m69 在一般环境大气中可代表异戊二烯，而在生物质燃烧烟羽中呋喃对 m69 的贡献更大[52]。因此，表 2-4 在实际应用中需要谨慎处理。

表 2-4　在各次观测中 PTR-MS 扫描的离子质荷比及所代表的物种或离子

离子/质荷比	描述或代表物种	离子/质荷比	描述或代表物种
21	$H_3^{18}O^+$	73	MEK
39	$H_3^{18}O^+(H_2O)$	77	PAN 的碎片
31	甲醛	79	苯
33	甲醇	81	单萜烯的碎片
42	乙腈	93	甲苯
43	离子碎片	105	苯乙烯
45	乙醛	107	C_8 芳香烃
46	NO_2^+，烷基硝酸酯	121	C_9 芳香烃
47	甲酸	137	单萜烯
57	离子碎片	54	丙烯腈
59	丙酮	83	甲基呋喃
61	乙酸	89	乙酸乙酯
63	DMS	95	苯酚
69	异戊二烯（或 + 呋喃）	129	萘
71	MVK + MACR	135	C_{10} 芳香烃

2. 浓度计算

根据 PTR-MS 测量得到的响应计算 VOCs 浓度主要包括 3 个步骤：响应标准化、背景扣除和浓度计算。

1）响应标准化

PTR-MS 直接测量的结果是检测器每秒检测到的离子个数（count per second，cps）。由于在离子源中产生的 H_3O^+ 浓度是变化的，这种变化会影响到生成的 RH^+ 的浓度，因此在定量 VOCs 浓度时需要将 RH^+ 的响应标准化［公式（2-3）］。$i[RH^+]_{norm}$ 是 RH^+ 标准化之后的响应（ncps），$i[RH^+]$ 和 $i[H_3O^+]$ 分别是仪器直接测量得到的 RH^+ 和 H_3O^+ 离子的响应。在离子源中也会产生 $H_3O^+(H_2O)$ 离子，并且 H_3O^+ 和 $H_3O^+(H_2O)$ 的相对比例随着大气湿度的变化而变化。因为 VOCs 物种与这两种离子发生质子转移反应的程度不同，所以在对 RH^+ 的响应进行标准化时也要考虑 $H_3O^+(H_2O)$ 离子的贡献。$i[H_3O^+(H_2O)]$ 是 $H_3O^+(H_2O)$ 的响应，X_R 是反映 VOCs 与 H_3O^+ 和 $H_3O^+(H_2O)$ 两种离子发生质子转移反应能力相对程度的一个参数。根据文献研究结果[29]，在本章中将芳香烃的 X_R 设为 0，其他物种的 X_R 设为 0.5。

$$i[RH^+]_{norm} = \frac{i[RH^+]}{i[H_3O^+] + X_R \times i[H_3O^+(H_2O)]} \times 10^6 \qquad (2\text{-}3)$$

2）背景扣除

由于 PTR-MS 在测量各个质核比的离子时均有一定的背景响应，因此在计算环境大气中 VOCs 的浓度时需要扣除背景的影响。背景响应可以通过测量去除 VOCs 的环境大气获得，将环境大气通过加热至 370℃ 的铂催化剂可以将其中的 VOCs 氧化为 CO_2 和 H_2O。选择这种 VOCs 去除方法是因为其不会对被测样品的湿度产生影响，而湿度的变化可能会导致仪器背景响应的改变。在观测期间，通过一个自动切换的电磁阀实现背景响应的定时测定：每测量 300 个循环的环境大气（约 2.5h）后测量 30 个循环的背景响应（约 15min）。假设背景响应的变化是均匀的，通过对相邻两次测量获得的背景响应做线性插值获得中间各个数据对应的背景响应。

3）浓度计算

VOCs 的浓度可以通过标准化的响应除以各个物种对应的响应因子获得，而响应因子通过使用 PTR-MS 测量已知浓度的标准气体得到。在本章中，PTR-MS 标定所使用的标准气体由两种途径获得，一种是通过稀释钢瓶标准气获得，另一种是通过加热渗透管获得。

本章中使用的是由 63 种 VOCs 组成的 TO-15 标气（Linde Electronics and Specialty Gases，USA），主要包含 OVOCs、芳香烃、卤代烃、一些烷烃和烯烃，其中用于 PTR-MS 标定的有：甲醇、乙腈、乙醛、丙酮、丙醛、异戊二烯、MVK、MACR、丁酮、丁醛、苯、甲苯、苯乙烯、乙苯、二甲苯（3 种同分异构体）和三甲苯（3 种同分异构体）。标气中各物种浓度为 1×10^{-6}（体积分数），标定时用加湿（30%RH～40%RH）的合成空气将其稀释至 1.5×10^{-9}、2×10^{-9}、3×10^{-9}、4×10^{-9}、5×10^{-9}、6×10^{-9}（体积分数），以及纯稀释气 $[0 \times 10^{-9}$（体积分数）] 共 7 个浓度梯度进行测量，然后通过回归分析得到响应因子。

通过标准气测量得到的各个物种的标准化响应与对应的标准气浓度有非常好的相关性，确定系数 r^2 都可以达到 0.99 以上。在观测期间，一般 10～15 天进行一次 7 个浓度点的标定，获得各个物种的响应因子；2～4 天进行一次 2 个浓度点 [零点和 2×10^{-9}（体积分数）] 的标定，以检查仪器的工作状态是否稳定。选取 PTR-MS 两年连续运行过程中进行标定获得的苯、乙醛和丙酮的响应因子变化数据，可以看出在近两年的时间内，PTR-MS 的响应因子非常稳定，除了少数两个浓度点标定的结果外，大部分获得的响应因子的变化范围都在 20%以内。由于两点标定仅根据两个点的值确定斜率，因此误差相对较大。总体而言，通过对 PTR-MS 响应因子变化的分析，说明仪器的工作状态稳定，确保了数据的可靠性。

利用渗透管的方式对甲醛、二甲基硫、甲酸、乙酸、α-蒎烯、β-蒎烯和苧烯（KIN-TEK，USA）进行标定。渗透管在渗透仪内（志尚 8000S）加热到一定温度时能够以恒定的速率释放出标气，释放的标气经合成空气稀释至不同浓度梯度后通入 PTR-MS 用于标定。一般选择 5 个浓度梯度对这些物种的响应进行标定。其中，甲醛的标定比较复杂：由于甲醛的质子亲和势（170.4kcal/mol）仅略高于水（165.2kcal/mol），所以甲醛与 H_3O^+ 之间的质子转移反应的逆反应非常重要，导致甲醛的响应因子随环境湿度的变化而变化。因此，在标定时不仅需要得到甲醛响应与甲醛浓度之间的关系，还需要获得甲醛响应因子随环境湿度变化的响应曲线。本章中通过调节两个针阀的流量比例，产生不同湿度（0～30mmol/mol）的甲醛标气，对 PTR-MS 进行标定。

2.4.3 质量保证与质量控制

1. 单个挥发性有机物物种的全扫描分析

利用 PTR-MS 自带的全扫描功能对高纯度的单一标准物进行扫描，考察各物种在 PTR-MS 中的裂解情况。

图 2-15 是丙醛和丁醛两种醛类在 PTR-MS 中获得的谱图。丙醛的分子量为 58，其与 H_3O^+ 反应生成 m/z59 的离子。从图中可以看出，反应生成的质子化丙醛离子发生了裂解，生成了 m/z31 和 m/z41 的离子。m/z59、m/z31 和 m/z41 占总离子强度的比例分别为 64.9%、19.9%和 12.6%。而丁醛的分子量为 72，其与 H_3O^+ 反应应生成 m/z73 的离子。但图 2-15（b）中可以发现，m/z73 的强度要远远低于

$m/z55$ 的强度，说明 $m/z73$ 离子发生了脱水（$-H_2O$）的裂解。$m/z55$ 和 $m/z73$ 占总离子强度的比例分别为 86.9% 和 6.3%。

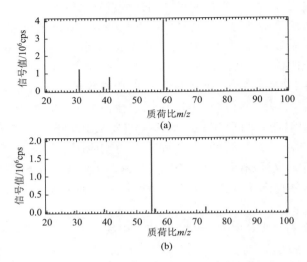

图 2-15　丙醛（a）和丁醛（b）的 PTR-MS 谱图

表 2-5 列出了几种重要的含氧有机物的主要离子碎片及其比例。从表中可以看出，相对于 C_3 和 C_4 的醛类，乙醛、丙酮和丁酮的质子化离子基本没有裂解发生。

表 2-5　PTR-MS 对几种含氧有机物全扫描的主要离子碎片及比例

物种	主要离子碎片及比例
乙醛	$m/z45$（100%）
丙醛	$m/z31$（19.9%）、$m/z41$（12.6%）、$m/z59$（64.6%）、$m/z60$（2.6%）
丁醛	$m/z53$（2.7%）、$m/z55$（86.9%）、$m/z56$（4.1%）、$m/z73$（6.3%）
异丁醛	$m/z55$（5.5%）、$m/z73$（94.5%）
丙酮	$m/z59$（100%）
丁酮	$m/z73$（100%）
乙酸乙酯	$m/z43$（23.0%）、$m/z61$（65.7%）、$m/z89$（11.3%）

2. 管路损失

为考察 VOCs 在线测量时 VOCs 浓度在管路中的损失，我们进行了管路损失实验。实验过程分为 3 个阶段，分别测量各离子的响应值。首先向 PTR-MS 中通入 2×10^{-9}（体积分数）的标气（A 阶段），然后标气进 PTR-MS 前经过一个 8m

的 1/4 英寸的 Teflon 管（B 阶段），最后再测量背景（C 阶段）。三个阶段的测量均持续足够时间，以使所有的离子响应稳定。

管路损失的大小可以由公式（2-4）计算：

$$RR = \frac{I_B - I_C}{I_A - I_C} \tag{2-4}$$

式中，RR 为响应剩余比例；I_A、I_B 和 I_C 分别为 3 个阶段各离子的平均响应值。计算结果如图 2-16 所示，各物种的残余比例均在 89% 以上。甲醛和甲酸的残余比例最低，分别为 90.6% 和 89.3%，说明二者在管路中的损失平均为 9.4% 和 11.7%。这与甲醛与甲酸的黏性较大有关。管路加热、增加管路直径和降低管路停留时间，均可降低管路的损失。通过条件实验表明，除黏性较大的物种外，大部分物种的管路损失在 5% 以下。

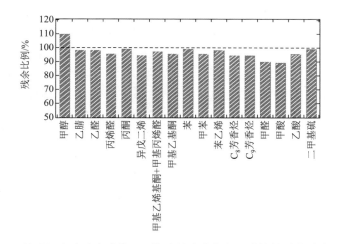

图 2-16　管路损失实验中连接 8m 管路的响应值与不连接管路的响应值之比

3. 检测限

PTR-MS 的精密度是由产物离子的计数误差决定的。产物离子的计数服从泊松分布，则产物离子强度的 1 倍标准误可以表示为

$$\Delta I = \frac{I}{\sqrt{I \times \tau}} = \sqrt{\frac{I}{\tau}} \tag{2-5}$$

式中，I 为产物离子的信号强度；而 τ 为质谱扫描该离子的时间（s）。PTR-MS 浓度计算通常是使用大气测量信号强度（$I_{ambient}$）减去测量背景大气时信号强度（$I_{background}$）。则其信号强度测量误差表示为[29]

$$\Delta(I_{ambient} - I_{background}) = \sqrt{\frac{I_{ambient}}{\tau_{ambient}} + \frac{I_{background}}{\tau_{background}}} \qquad (2\text{-}6)$$

而物种浓度 VMR 通过下式计算：

$$VMR = \frac{I_{ambient} - I_{background}}{N \times CF} \qquad (2\text{-}7)$$

式中，N 为母离子 H_3O^+ 的个数（cps）。为简便起见，在这里忽略了湿度的校正时对 $H_3O^+(H_2O)$ 信号强度的考虑。$H_3O^+(H_2O)$ 仅占 H_3O^+ 的 10%以下，这部分对计算仪器精密度影响应该很小。CF 为标定得到的响应因子。浓度计算的误差可表示为[29]

$$\Delta VMR = \frac{1}{N \times CF} \sqrt{\frac{I_{ambient}}{\tau_{ambient}} + \frac{I_{background}}{\tau_{background}}} \qquad (2\text{-}8)$$

仪器测量检测限（DL）定义为当仪器响应的信号是噪声水平的 3 倍时，VOCs 物种浓度水平，即测量 PTR-MS 背景时，背景浓度计算误差的 3 倍[29]。表 2-6 列出了 2010 年 8 月北京观测期间各物种的平均背景响应及其检测限。从表中可以看出，$m/z33$ 的背景响应最高，平均达到 1016cps，其他一些 OVOCs 物种，如乙醛、甲酸和乙酸的背景响应也较高。在北京观测期间，每个离子扫描时间为 1s（$m/z137$ 为 2s），一个循环的时间大约是 30s。在该状态下，苯、苯乙烯、单萜烯和丙酮等化合物的检测限可在 0.1×10^{-9}（体积分数）以下，其他的物种检测限在 $0.1 \times 10^{-9} \sim 0.75 \times 10^{-9}$（体积分数）之间。当将物种的浓度平均至时间分辨率为 5min 时，每个离子大约在 5min 内扫描了 10s。因此，5min 的平均后各离子的检测限约为 30s 的检测限的 0.316 倍（$1/\sqrt{10}$）。从表中可以看出，除甲醇 $[234 \times 10^{-12}$（体积分数）]和甲酸 $[141 \times 10^{-12}$（体积分数）]外，PTR-MS 的 5min 的检测限均可在 100×10^{-12}（体积分数）以下。

表 2-6 2010 年 8 月北京夏季观测期间各物种的平均背景响应及检测限

m/z	物种名称	背景响应/cps	30s 检测限 $[10^{-12}$（体积分数）]	5min 检测限 $[10^{-12}$（体积分数）]
33	甲醇	1016	740	234
42	乙腈	49	64	20
45	乙醛	703	186	59
47	甲酸	535	445	141
59	丙酮	96	93	29
61	乙酸	275	231	73
69	异戊二烯	33	60	19
71	MVK + MACR	29	64	20

续表

m/z	物种名称	背景响应/cps	30s 检测限 [10^{-12}（体积分数）]	5min 检测限 [10^{-12}（体积分数）]
73	丁酮	61	79	25
79	苯	13	40	12
93	甲苯	76	139	44
105	苯乙烯	17	62	19
107	C_8 芳香烃	93	158	50
121	C_9 芳香烃	59	130	41
137	单萜烯	12	78	25

2.5　VOCs 测量比对实验

如何检验并保证外场观测数据的准确性是大气化学领域的研究者们需要面对的一个普遍问题。在室内模拟实验中可以利用多次重复实验来检验数据的可靠性，但是该方法却不适用于外场观测：一方面因为环境大气的气象和化学条件不断地在发生变化，难以进行重复性实验；另一方面，尽管离线采样方法可以同步采集平行样品，但是这样会导致人力物力投入的增加。在外场观测中可以利用多套测量系统同步测定目标化合物的浓度，通过不同测量仪器之间的比对来评估数据准确性。

2.5.1　实验室之间的比对

1. 标气比对

仪器校准所用的标准气体是 VOCs 定量的核心，高质量和稳定的标准气体是保证分析精确度的前提。NMHCs 国际比对实验（Nonmethane Hydrocarbon Intercomparison Experiment，NOMHICE）发现，最大的分析差异来自那些使用自制标气做分析校正标准和（或）采用注射器进样的实验室[53]。校准气体的不稳定性和不同测量系统对标准气体的系统校准差异等原因都会增加测量结果的不确定性。为了进一步验证 VOCs 数据的可靠性，北京大学与美国加利福尼亚大学 Ivrine 分校 VOCs 研究组和中国台湾"中研院"环境变迁研究中心（RCEC）VOCs 研究组进行了标气比对的工作。

1）与美国加利福尼亚大学 Ivrine 分校混合标气的比对结果

美国加利福尼亚大学 Ivrine 分校 VOCs 研究组提供的参考气体来自美国一个洁净的高山站上实际的环境大气，用高压技术采集进钢瓶后，并适当补充了一些环境浓度的 NMHCs 标准气。由于储存于高压状态，在实验室被用于分析系统（GC-MS/FID）长时期运行程度的检验标准。

　　图 2-17 是比较了北京大学实验室 GC/MS 分析（SIM 扫描方式）测定 55 种 NMHCs 的结果（纵坐标）与美国加利福尼亚大学 Ivrine 分校 VOCs 研究组提供的参考浓度（横坐标），图中每个数据点代表一种 NMHCs，误差线是重复测定 7 次得到浓度的标准偏差。总体上来说，大多数物种的测量结果与参考浓度接近，相对误差在 12%以内。将比对结果做线性拟合，所得到的回归方程和相关系数如图 2-17 所示。图中个别偏离线性的"散点"可能是由被测标气与北京大学实验室分析系统校准标气之间的差异引起的。正丁烷、异丁烷、正戊烷、2-甲基戊烷、2-甲基己烷等烷烃的相对误差均小于 5%，大于 C_7 烷烃偏差在 5.7%~9.9%范围内，各烷烃物种的相对标准偏差（RSD）在 0.9%~9.6%范围内。异丁烯、顺-2-丁烯、1-戊烯和 2-甲基-1-丁烯的相对误差分别为 4.51%、9.14%、5.85%和 9.55%，RSD 均小于 10%。异戊二烯、α-蒎烯等活泼烯烃组分浓度波动相对大些，相对误差分别为 10.7%和 13.4%。苯、甲苯、间, 对-二甲苯的相对误差是 8.7%、9.4%和 11.6%。由于美国加利福尼亚大学 Ivrine 分校 VOCs 研究组的标气为洁净的环境大气样品，个别低浓度物种相对误差较大，如环戊烯的测量误差为 43.6%，它的浓度为 0.213×10^{-9}（体积分数）。

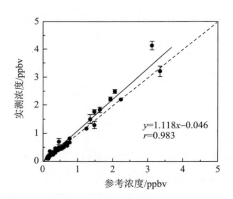

图 2-17　美国加利福尼亚大学 Ivrine 分校混合标气的比对结果（虚线为 1:1 线）

2）RCEC 标气比对结果

　　RCEC 使用美国 Spectra Gases 公司生产的 56 种 NMHCs 混合标气作为定量校准标气，浓度范围在 5×10^{-9}~12×10^{-9}（体积分数）。比对结果表明，大部分 NMHCs 物种的测量浓度与实际浓度对应良好，相对误差在 20%以内。

　　图 2-18 给出 29 种 NMHCs 的比对结果，纵坐标是北京大学实验室 GC-MS（DB-624 柱）测量浓度与各物种真实浓度之间比值；横坐标按照被测物种的大气寿命排序，从左至右寿命增加；实心圆点表示 7 次重复测量的平均浓度比，误差

线表示相对标准偏差，并用不同颜色表示真实浓度。可以看出，处于中间或高浓度的苯、异丁烷、正丁烷和几种戊烷等相对稳定物种的浓度比值更接近 1.0，误差线较短。活泼物种，尤其处于低浓度的活泼物种，如 1，3，5-三甲基苯、1，2，4-三甲基苯、1-戊烯和二甲苯浓度比值的误差线较长，说明浓度测量值波动较大；但这些物种的平均浓度比值仍在 1.0 附近。大部分活泼物种的相对标准偏差在 12%以内。

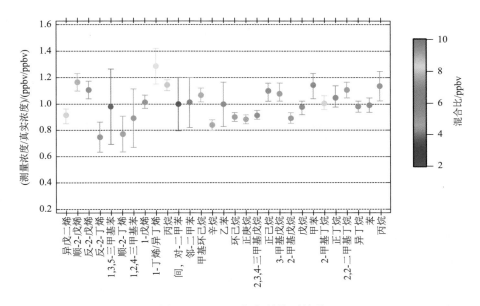

图 2-18　RCEC 标气的比对结果

2. 环境空气样品比对

环境空气样品的基质和 VOCs 化学组分要比标准气体（其基质通常为高纯氮气或者合成空气）复杂，因此在定量目标化合物时更容易受到某些化合物的影响，因此有必要开展环境空气样品的实验室比对。

2004 年 10 月珠江三角洲外场观测期间，在同一时间、地点用不锈钢罐平行采集两组大气全空气样品（每组 8 个样品），分别送回北京大学和 RCEC 进行分析。两个实验室都采用低温预浓缩 GC-MS/FID 系统定量分析 NMHCs 组分。图 2-19～图 2-21 分别给出部分烷烃、烯烃和芳香烃的比对结果，纵坐标为北京大学测定的浓度，横坐标为 RCEC 的测量结果，将图中给出物种的两组数据做线性拟合、回归方程和相关系数。从比对结果中可以看出：

（1）参与比对的 24 种烷烃数据表现出很好的线性相关性，平方相关系数 $R^2>$

0.977，斜率为 1.106。正丁烷、异丁烷、正戊烷和丙烷（图 2-19）的相对偏差均小于 5%；而个别低浓度物种（尤其浓度接近在检测限时）如正壬烷，相对偏差超过 25%。

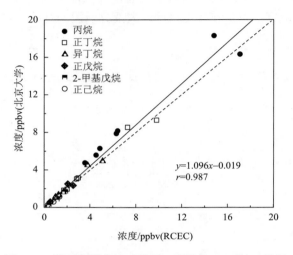

图 2-19　罐平行样的比对结果（虚线为 1∶1 线）：烷烃

（2）参与比对的 16 种烯烃两组数据表现出较好的一致性，平方相关系数 R^2 为 0.922、斜率为 1.084。图 2-20 中的 1-丁烯、顺-2-丁烯的相对偏差均在 5% 以内；异戊二烯的相对偏差均小于 14%；丙烯、反-2-戊烯等物种的偏差小于 20%；α-蒎烯的偏差为 30%。

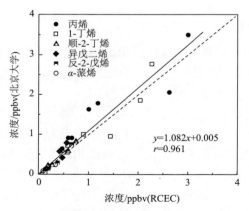

图 2-20　罐平行样的比对结果（虚线为 1∶1 线）：烯烃

（3）参与比对的芳香烃有 10 种，对北京大学和 RCEC 两组芳烃数据进行线性拟合的 R^2 为 0.989、斜率为 1.169，表现出很好的线性相关性，但两组数据的偏差相对大些，偏差主要来自于两实验室的系统误差。图 2-21 中苯、甲苯、间, 对-二甲苯、1, 2, 4-三甲基苯的平均偏差分别为 18%、16%、15%和 22%。

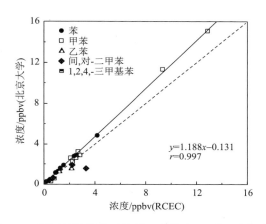

图 2-21　罐平行样的比对结果（虚线为 1:1 线）：芳香烃

2.5.2　不同 VOCs 测量系统之间的比对

1. 2010 年 8 月北京大学点进行的比对实验

2010 年夏季，北京大学 VOCs 课题组在北京大学点利用五套系统同步测量环境大气中的 VOCs 浓度。通过比对不同仪器的测量结果，检验 VOCs 数据的准确性，并探讨存在偏差的原因。这五套 VOCs 测量系统分别是：在线 GC-FID/PID 系统、在线 GC-MS/FID 系统、离线 GC-MS/FID 系统、PTR-MS 和 DNPH-HPLC 系统。在线 GC-FID/PID 系统是荷兰 Synspec 公司生产的 Syntech Spectras GC955 系列 611/811 VOCs 分析仪。其中，GC955-811 为低碳分析仪，配备低温捕集阱、双色谱柱，以及 PID 与 FID 双检测器，用于大气中 $C_2 \sim C_6$ 烷烃和烯烃的分离与分析；而 GC955-611 为高碳分析仪，配备常温捕集阱、双色谱柱，以及 PID 检测器，用于 C_6 以上组分的分离与分析[54]。该系统整个分析过程包括采样、预浓缩、脱附和分离、检测等环节，约需要 30min。另外四套系统的原理和分析流程在本章的前四节已进行了较为详细的介绍，此处不再赘述。表 2-7 总结了这五套测量系统的采样时间、时间分辨率和有效性百分数（即与在线 GC-MS/FID 的测量数据进行相关分析时所用到的该系统观测数据占其全部采集数据的百分数）。

表 2-7　　2010 年夏季北京大学点五套 VOCs 测量系统的采样时间、时间分辨率和覆盖率

测量系统	采样时间	时间分辨率	有效性百分数/%
在线 GC-FID/PID	20～30min	30min	50
在线 GC-MS/FID	5min	60min	—
离线 GC-MS/FID	1～2min	60min	100
PTR-MS	1s[a]	25s	8
DNPH-HPLC	60min	60min	—

a. PTR-MS 单个离子碎片的积分时间。

1）时间序列

图 2-22 是在线 GC-MS/FID、在线 GC-FID/PID、离线 GC-MS/FID 和 PTR-MS
所测量到的大气中苯、甲苯、C_8 芳香烃、C_9 芳香烃、苯乙烯和异戊二烯浓度的时

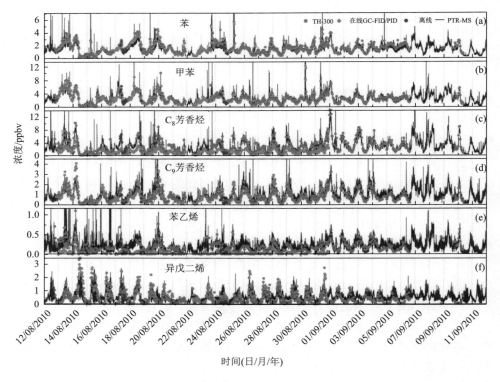

图 2-22　不同 VOCs 分析系统测量的大气中芳香烃和异戊二烯的浓度时间序列
（2010 年 08 月～09 月）

间序列图。从图中可以看出，这四套系统均能捕捉到环境大气中这些 VOCs 组分的浓度变化，而且苯、甲苯和 C_8 芳香烃的测量结果基本一致；但是，在线 GC-FID/PID 系统测定的苯乙烯浓度低于其他方法，而罐采样离线 GC-MS/FID 系统测定的苯乙烯、C_9 烯烃和异戊二烯的浓度水平略低于在线仪器的测量结果。

2）相关性分析

将不同分析系统测定的 VOCs 环境浓度进行相关性分析，可以通过相关系数（r）和拟合斜率量化不同仪器测量结果之间的符合程度。相关系数和拟合斜率越接近 1，说明两台仪器测定结果越吻合，可相互验证测定结果的准确性。

a）在线和离线 GC-MS/FID 之间的比较

在整个观测期间，用不锈钢罐采集了 24 个全空气样品，利用离线 GC-MS/FID 系统进行分析，并与在线 GC-MS/FID 系统比对 NMHCs 和卤代烃的浓度水平。如表 2-8 所示，这两台系统所测量烷烃、乙炔、$C_2 \sim C_3$ 烯烃、$C_6 \sim C_8$ 芳香烃和卤代烃浓度符合较好，相关系数和斜率的数值分别在 0.88~0.99 和 0.78~1.17 的范围内。但是，离线 GC-MS/FID 所测定的活性 NMHCs 物种浓度水平低于在线系统等的测量结果。这一现象可能是由于不锈钢罐采集的全空气样品在储存过程中会存在一定的损失[55, 56]。

b）在线 GC-MS/FID 和在线 GC-FID/PID 之间的比较

在对在线 GC-MS/FID 和在线 GC-FID/PID 测量结果进行相关分析之前，需要指出的是：在线 GC-MS/FID 系统的测量结果代表的是每小时前 5min 时间内 VOCs 的平均浓度，而在线 GC-FID/PID 系统的测量结果表示的是 30min 平均浓度。这两套系统采样时间的不同可能会造成比对结果有一定差异，尤其是当环境大气中 VOCs 浓度变化较为剧烈时。选择在线 GC-FID/PID 前 30min 的测量结果与在线 GC-MS/FID 进行相关性分析，比对结果见表 2-8。从表中可以看出，这两套系统所测量的 $C_2 \sim C_7$ 直链烷烃、$C_4 \sim C_5$ 支链烷烃、大部分 $C_2 \sim C_4$ 烯烃、异戊二烯和 $C_6 \sim C_8$ 芳香烃的浓度水平符合较好，相关系数和斜率分别在 0.80~0.96 和 0.70~1.23 的范围内。但是，在线 GC-FID/PID 测定的环烷烃和部分烯烃浓度水平却高于在线 GC-MS/FID 的测量结果。由于 GC-PID/FID 仅根据标准气体的出峰谱图（即出峰时间和顺序）对目标化合物进行定性判断，而环境大气中化合物组成相比标气更为复杂，容易受到杂质的影响产生共溢出的问题，导致某些组分的测量浓度偏高[57]。另外，从表 2-8 中可以看出，在线 GC-FID/PID 测量的 C_7 以上烷烃和芳香烃浓度高于在线 GC-MS/FID 的测量结果。与在线 GC-MS/FID 的去活石英空管捕集阱不同，在线 GC-FID/PID 利用吸附剂捕集和浓缩环境大气中的 VOCs，吸附剂的使用可能会导致一些测量误差，如高碳组分解析不完全，导致测量浓度偏低[58, 59]。

表 2-8　在线 GC-MS/FID 测量的环境大气中 VOCs 浓度与离线 GC-MS/FID、在线 GC-FID/PID 和 PTR-MS 测量结果的相关分析

化学组分	英文名称	离线 GC-MS/FID n = 24			在线 GC-FID/PID n = 548			PTR-MS n = 548		
		r	斜率	截距	r	斜率	截距	r	斜率	截距
乙烷	ethane	0.95	0.97	−0.13	0.94	1.22	−0.47	—	—	—
丙烷	propane	0.98	1.08	−0.01	0.96	1.12	−0.39	—	—	—
异丁烷	i-butane	0.97	1.10	−0.04	0.94	1.06	−0.23	—	—	—
正丁烷	n-butane	0.92	1.05	0.11	0.91	1.02	−0.25	—	—	—
异戊烷	i-pentane	0.97	0.98	0.05	0.91	1.00	−0.12	—	—	—
正戊烷	n-pentane	0.99	1.02	−0.09	0.93	1.02	−0.06	—	—	—
正己烷	n-hexane	0.98	1.04	−0.07	0.91	1.13	0.02	—	—	—
正庚烷	n-heptane	0.97	1.04	0.03	0.92	0.88	−0.04	—	—	—
正辛烷	n-octane	0.97	0.87	−0.01	0.57	1.05	−0.04	—	—	—
正壬烷	n-nonane	0.93	0.83	0.00	0.42	0.20	−0.01	—	—	—
乙炔	acetylene	0.96	1.17	0.12	—	—	—	—	—	—
乙烯	ethene	0.97	0.88	0.28	0.91	2.07	0.08	—	—	—
丙烯	propene	0.98	0.78	0.06	0.94	1.13	0.09	—	—	—
反-2-丁烯	trans-2-butene	0.64	0.66	−0.04	0.50	2.16	−0.15	—	—	—
1-丁烯	1-butene	0.95	0.73	−0.07	0.88	1.11	−0.03	—	—	—
顺-2-丁烯	cis-2-butene	0.54	0.62	−0.05	0.80	1.23	0.01	—	—	—
1,3-丁二烯	1,3-butadiene	0.75	0.62	−0.01	—	—	—	—	—	—
1-戊烯	1-pentene	0.72	0.75	−0.01	0.72	6.36	−0.17	—	—	—
反-2-戊烯	trans-2-pentene	0.53	0.44	0.01	0.64	1.22	0.02	—	—	—
顺-2 戊烯	cis-2-pentene	0.59	0.45	0.00	0.59	1.34	0.01	—	—	—
1-己烯	1-hexene	0.67	0.68	−0.01	—	—	—	—	—	—
异戊二烯	isoprene	0.83	0.63	−0.09	0.87	1.07	0.10	0.73	0.79	0.26
苯	benzene	0.99	0.98	−0.12	0.96	0.95	0.12	0.96	0.80	0.07
甲苯	toluene	0.98	1.02	−0.23	0.91	0.97	−0.03	0.99	0.94	0.05
乙苯	ethylbenzene	0.99	0.94	−0.10	0.92	0.73	−0.08	—	—	—
间,对-二甲苯	m,p-xylene	0.97	0.90	−0.02	0.93	0.75	0.06	—	—	—
邻-二甲苯	o-xylene	0.93	0.84	−0.04	0.88	0.70	−0.12	—	—	—
苯乙烯	styrene	0.87	0.55	−0.04	0.80	0.29	−0.03	0.88	0.93	0.02
异丙苯	i-propylbenzene	0.86	0.85	0.00	0.63	0.45	−0.01	—	—	—
正丙苯	n-propylbenzene	0.90	0.86	−0.01	0.82	0.51	−0.01	—	—	—
间-乙基甲苯	m-ethyltoluene	0.82	0.70	0.00	0.53	0.57	0.00	—	—	—
对-乙基甲苯	p-ethyltoluene	0.73	0.73	0.00	0.66	0.45	0.01	—	—	—
1,3,5-三甲基苯	1,3,5-trimethylbenzene	0.72	0.49	0.00	0.59	0.28	−0.01	—	—	—
邻-乙基甲苯	o-ethyltoluene	0.77	0.72	0.00	0.63	0.54	−0.01	—	—	—
1,2,4-三甲基苯	1,2,4-trimethylbenzene	0.91	0.58	0.00	0.90	0.41	−0.03	—	—	—
1,2,3-三甲基苯	1,2,3-trimethylbenzene	0.85	0.56	0.00	0.63	0.74	−0.04	—	—	—

续表

化学组分	英文名称	离线 GC-MS/FID $n = 24$			在线 GC-FID/PID $n = 548$			PTR-MS $n = 548$		
		r	斜率	截距	r	斜率	截距	r	斜率	截距
C_8 芳香烃	C_8 aromatics	—	—	—	—	—	—	0.98	0.87	0.09
C_9 芳香烃	C_9 aromatics	—	—	—	—	—	—	0.96	0.99	0.12
丙酮	acetone	—	—	—	—	—	—	0.90	1.29	−0.44
甲基乙基酮	MEK	—	—	—	—	—	—	0.89	1.39	−0.18
甲基乙烯基酮 + 甲基丙烯醛	MACR + MVK	—	—	—	—	—	—	0.93	0.83	0.15
二氯甲烷	CH_2Cl_2	0.91	0.89	0.02	—	—	—	—	—	—
氯仿	$CHCl_3$	0.90	1.03	0.00	—	—	—	—	—	—
三氯乙烯	C_2HCl_3	0.88	1.10	0.00	—	—	—	—	—	—
四氯化碳	CCl_4	0.89	0.83	0.00	—	—	—	—	—	—

c）在线 GC-MS/FID 和 PTR-MS 之间的比较

在线 GC-MS/FID 和 PTR-MS 共同测量的物种包括异戊二烯、$C_6 \sim C_9$ 芳香烃和 $C_3 \sim C_4$ 羰基化合物。具有高时间分辨率的 PTR-MS 数据首先会根据在线 GC-MS/FID 的采样时段（即每小时的前 5min）进行平均，然后再将两套系统的测量结果进行相关性分析（表 2-8 和图 2-23）。PTR-MS 和在线 GC-MS/FID 系统测定的芳香烃、丙酮、甲基乙烯基酮和甲基丙烯醛（MVK + MACR）的浓度基本一致，相关系数为 0.90～0.99，斜率为 0.80～1.29；PTR-MS 测量的甲基乙基酮（MEK）浓度与在线 GC-MS/FID 的测量结果呈现良好的相关性（$r = 0.89$），但是 PTR-MS 测量浓度偏高 39%。造成这一现象的一个可能原因是：PTR-MS 所测量到的 MEK 响应（$m/z73$）受到其他组分的干扰。有研究者发现甲基乙二醛也会产生 $m/z73$ 碎片，对 PTR-MS 的 MEK 测量造成干扰[31]。在线 GC-MS/FID 和 PTR-MS 测量的异戊二烯浓度相关性低于其他物种（$r = 0.73$），而且具有非常明显的正截距 [0.26×10^{-9}（体积分数）]。将两套系统测量的日间（7:00～19:00）和夜间（20:00～次日 6:00）异戊二烯浓度分别进行比较，发现白天的异戊二烯浓度符合良好，相关系数和斜率分别为 0.88 和 0.91；但是，PTR-MS 测量的夜间异戊二烯浓度显著高于在线 GC-MS/FID 的测量结果。由于夏季异戊二烯主要来自生物源排放，其排放强度受光照和温度的影响，因此在光照强烈、温度较高的日间呈现高浓度水平，而夜间的浓度较低，甚至仅为 10^{-12}（体积分数）量级。PTR-MS 夜间测量的异戊二烯浓度偏高，极有可能是由于某些组分其测量信号（$m/z69$）造成干扰，如呋喃、2-甲基-3-丁基-2-醇、环戊烯和戊醛都会产生 $m/z69$ 的碎片[31, 60]。

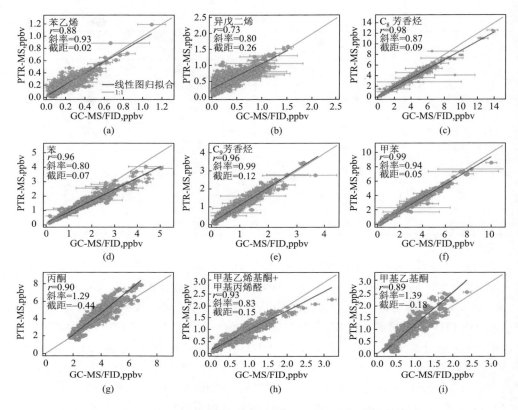

图 2-23　在线 GC-MS/FID 系统与 PTR-MS 测量结果的比对（2010 年 08 月～09 月）

　　d）DNPH-HPLC 和 PTR-MS 之间的比较

　　从比对结果来看，DNPH-HPLC 法测量的乙醛、丙酮和 2-丁酮浓度与 PTR-MS 基本一致，说明这两套系统对这些羰基化合物的测量较为准确。但是，DNPH-HPLC 法测量的 MACR + MVK 浓度显著低于 PTR-MS 和在线 GC-MS/FID 的测量结果。穿透实验的结果显示，DNPH 方法对 MACR 和 MVK 的采集效率稍低，这可能是造成 DNPH-HPLC 方法测量的这两种组分浓度偏低的原因。另外，需要指出的是：DNPH-HPLC 方法与其他几种仪器的采样时间、频率及分析流程上存在差异，也可能造成一定的测量偏差。

　　3）相对偏差与环境浓度之间的关系

　　图 2-24 给出了 PTR-MS 和在线 GC-MS/FID 系统的浓度测量偏差（PTRMS– GCMS，ppbv）与测量浓度之间的关系图及偏差分布图（以甲苯为例）。从图中可以看出目标化合物的环境浓度越高，二者的偏差越大，但是相对偏差却越小。偏差的概率分布基本符合高斯分布规律。

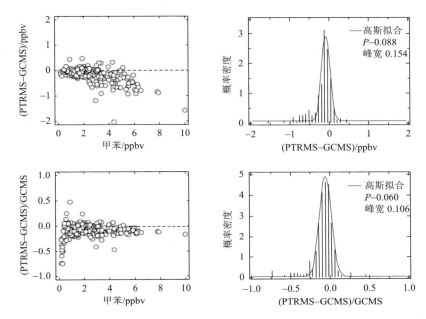

图 2-24　PTR-MS 与在线 GC-MS/FID 系统的浓度测量偏差和相对偏差与浓度的关系图以及偏差的频率分布图（以甲苯为例）

2. 大气甲醛测量的比对

甲醛（HCHO）是大气中结构最简单的单羰基化合物，其既是大气光化学反应的重要中间产物，对大气反应活性和氧化能力具有一定的指示作用，也是大气中过氧烷基（RO_2 和 HO_2）、有机酸、二次有机气溶胶的重要前体物，对 HO_x（$HO_x = OH + HO_2$）自由基的收支、酸雨的形成和有机细粒子的污染都具有重要影响。国际上自 20 世纪 60 年代已开始开展对大气 HCHO 的研究，由于起步较早，因此到目前为止已开发出许多种用于测量 HCHO 的方法，其中既有离线的干化学法，也有在线的湿化学法、光谱法、质谱法等。下面将介绍 DNPH-HPLC、PTR-MS、Hantzsch 荧光法和多轴差分吸收光谱技术（multi-axis differential optical absorption spectroscopy，MAX-DOAS）这四种甲醛测量技术的比对情况。

1）PTR-MS 与 DNPH-HPLC 的比对

DNPH-HPLC 测量法是美国 EPA 推荐的大气中羰基化合物浓度测量标准方法（TO-11A）。PTR-MS 是一种近年来迅速发展起来的质谱测量技术，可以用于测量质子亲和势高于水的物种。甲醛的质子亲和势仅略高于水，因此甲醛与水合氢离子间的质子转移反应是可逆的，所以用 PTR-MS 测量甲醛时受到水汽浓度的影响较大，需要根据环境湿度对甲醛的响应进行校正[32]。为了验证 PTR-MS 对甲醛测量结果的可靠性，将 PTR-MS 测量的高时间分辨率甲醛数据按照 DNPH 采样时间（1h）

进行平均，然后再进行二者的相关性分析（图 2-25）。从图中可以看出，PTR-MS 测量的甲醛浓度能够与 DNPH 的测量结果吻合得非常好，相关系数和斜率分别为 0.93 和 1.06，说明 PTR-MS 测量大气甲醛浓度的可靠性。

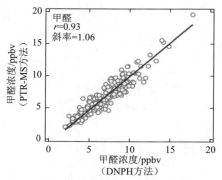

图 2-25　PTR-MS 与 DNPH 方法测量甲醛结果比对

图中蓝色实线为使用 ODR 拟合的结果

2）PTR-MS 与 Hantzsch 荧光法之间的比较

Hantzsch 荧光法是另一种常用的衍生化测量甲醛方法，其原理是：甲醛和 2, 4-戊二酮在乙酸铵-乙酸缓冲溶液中反应生成荧光物质（3, 5-二乙酰-1, 4-二氢二甲基吡啶），进而可以根据荧光强度对甲醛浓度进行定量。目前这种测量技术已经实现在线化，吸收效率高，检测不需要经过色谱分离，可以达到很高的时间分辨率。图 2-26 比较了 PTR-MS 与 Hantzsch 荧光法的测量结果，从图中可以看出，两种方法测量的大气甲醛浓度呈现出较好的一致性，相关系数和斜率分别为 0.89 和 0.88，也说明这两种方法测量甲醛的可靠性。

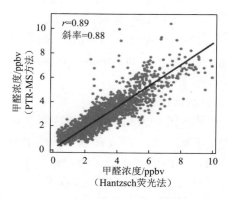

图 2-26　PTR-MS 与 Hantzsch 荧光法测量甲醛结果比对

图中蓝色实线为使用 ODR 拟合的结果

3）MAX-DOAS 与 Hantzsch 荧光法之间的比较

在 MAX-DOAS 对痕量气体的测量中，从直接测量得到的太阳散射光光谱到待测物种差分斜柱浓度（differential slant column density，DSCD）的转化较容易实现；而利用 DSCD 反演得到垂直柱浓度（vertical column density，VCD）和地表浓度则较为复杂，是该技术的难点所在。Li 等利用 MAX-DOAS 测量结果反演甲醛近地面浓度，并与 Hantzsch 荧光法的测量结果进行比较[61]，比对结果如图 2-27 所示。对所有的观测数据（$N=131$）而言，二者的相关系数为 0.85；过原点的线性回归的斜率为 0.83 ± 0.06，数据点在回归线两侧的离散分布也基本都可被各自的测量误差所解释。可见，MAX-DOAS 和 Hantzsch 荧光法在对甲醛近地面浓度的测量结果具有较好的一致性。

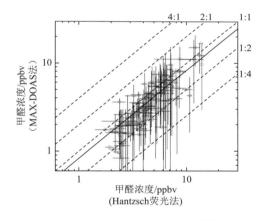

图 2-27 MAX-DOAS 与 Hantzsch 荧光法测量甲醛结果比对

图中蓝色实线为使用 ODR 拟合的结果

（陆思华）

参 考 文 献

[1] Bishop R W，Valis R J. A laboratory evaluation of sorbent tubes for use with a thermal desorption gas chromatography-mass selective detection technique[J]. Journal of Chromatographic Science，1990，28（11）：589-593.

[2] Possanzini M，Di Palo V，Petricca M，et al. Measurements of lower carbonyls in Rome ambient air[J]. Atmospheric Environment，1996，30（22）：3757-3764.

[3] Lamanna M S，Goldstein A H. *In situ* measurements of $C_2 \sim C_{10}$ volatile organic compounds above a Sierra Nevada ponderosa pine plantation[J]. Journal of Geophysical Research：Atmospheres，1999，104（D17）：21247-21262.

[4] Vairavamurthy A，Roberts J M，Newman L. Methods for determination of low molecular weight carbonyl

compounds in the atmosphere: a review[J]. Atmospheric Environment, Part A: General Topics, 1992, 26（11）: 1965-1993.

[5]　　Possanzini M, Di Palo V, Brancaleoni E, et al. A train of carbon and DNPH-coated cartridges for the determination of carbonyls from C_1 to C_{12} in air and emission samples[J]. Atmospheric Environment, 2000, 34（29-30）: 5311-5318.

[6]　　Lee S C, Ho K F, Chan L Y, et al. Polycyclic aromatic hydrocarbons（PAHs）and carbonyl compounds in urban atmosphere of Hong Kong[J]. Atmospheric Environment, 2001, 35（34）: 5949-5960.

[7]　　Ho K F, Lee S C, Louie P K K, et al. Seasonal variation of carbonyl compound concentrations in urban area of Hong Kong[J]. Atmospheric Environment, 2002, 36（8）: 1259-1265.

[8]　　Sin D W M, Wong Y C, Louie P K K. Trends of ambient carbonyl compounds in the urban environment of Hong Kong[J]. Atmospheric Environment, 2001, 35（34）: 5961-5969.

[9]　　Guo H, Lee S C, Louie P K K, et al. Characterization of hydrocarbons, halocarbons and carbonyls in the atmosphere of Hong Kong[J]. Chemosphere, 2004, 57（10）: 1363-1372.

[10]　Kölliker S, Oehme M, Dye C. Structure elucidation of 2, 4-dinitrophenylhydrazone derivatives of carbonyl compounds in ambient air by HPLC/MS and multiple MS/MS using atmospheric chemical ionization in the negative ion mode[J]. Analytical Chemistry, 1998, 70（9）: 1979-1985.

[11]　Sakuragawa A, Yoneno T, Inoue K, et al. Trace analysis of carbonyl compounds by liquid chromatography-mass spectrometry after collection as 2, 4-dinitrophenylhydrazine derivatives[J]. Journal of Chromatography A, 1999, 844（1-2）: 403-408.

[12]　Dong J Z, Moldoveanu S C. Gas chromatography-mass spectrometry of carbonyl compounds in cigarette mainstream smoke after derivatization with 2, 4-dinitrophenylhydrazine[J]. Journal of Chromatography A, 2004, 1027（1-2）: 25-35.

[13]　Ho S S H, Yu J Z. Feasibility of collection and analysis of airborne carbonyls by on-sorbent derivatization and thermal desorption[J]. Analytical Chemistry, 2002, 74（6）: 1232-1240.

[14]　Ho S S H, Yu J Z. Determination of airborne carbonyls: comparison of a thermal desorption/GC method with the standard DNPH/HPLC method[J]. Environmental Science & Technology, 2004, 38（3）: 862-870.

[15]　Zhou X, Huang G, Civerolo K, et al. Summertime observations of HONO, HCHO, and O_3 at the summit of Whiteface Mountain, New York[J]. Journal of Geophysical Research: Atmospheres, 2007, 112（D8）: D08311.

[16]　Dasgupta P K, Li J, Zhang G, et al. Summertime ambient formaldehyde in five US metropolitan areas: Nashville, Atlanta, Houston, Philadelphia, and Tampa[J]. Environmental Science & Technology, 2005, 39（13）: 4767-4783.

[17]　Goldan P D, Trainer M, Kuster W C, et al. Measurements of hydrocarbons, oxygenated hydrocarbons, carbon-monoxide, and nitrogen-oxides in an urban basin in Colorado-implications for emission inventories[J]. Journal of Geophysical Research: Atmospheres, 1995, 100（D11）: 22771-22783.

[18]　Goldan P D, Kuster W C, Fehsenfeld F C. Nonmethane hydrocarbon measurements during the tropospheric OH photochemistry experiment[J]. Journal of Geophysical Research: Atmospheres, 1997, 102（D5）: 6315-6324.

[19]　Wang M, Zeng L, Lu S, et al. Development and validation of a cryogen-free automatic gas chromatograph system （GC-MS/FID）for online measurements of ambient volatile organic compounds[J]. Analytical Methods, 2014, 6: 9424-9434.

[20]　Goldan P D, Kuster W C, Williams E, et al. Nonmethane hydrocarbon and oxy hydrocarbon measurements during the 2002 New England Air Quality Study[J]. Journal of Geophysical Research: Atmospheres, 2004, 109: D21309.

[21] Riemer D, Pos W, Milne P, et al. Observations of nonmethane hydrocarbons and oxygenated volatile organic compounds at a rural site in the southeastern United States[J]. Journal of Geophysical Research: Atmospheres, 1998, 103（D21）: 28111-28128.

[22] Apel E C, Riemer D D, Hills A, et al. Measurement and interpretation of isoprene fluxes and isoprene, methacrolein, and methyl vinyl ketone mixing ratios at the PROPHET site during the 1998 Intensive[J]. Journal of Geophysical Research: Atmospheres, 2002, 107（D3）: 4034.

[23] Apel E C, Hills A J, Lueb R, et al. A fast-GC/MS system to measure C_2 to C_4 carbonyls and methanol aboard aircraft[J]. Journal of Geophysical Research: Atmospheres, 2003, 108（D20）.

[24] Leibrock E, Slemr J. Method for measurement of volatile oxygenated hydrocarbons in ambient air[J]. Atmospheric Environment, 1997, 31（20）: 3329-3339.

[25] Wang M, Shao M, Chen W, et al. Validation of emission inventories by measurements of ambient volatile organic compounds in Beijing, China[J]. Atmospheric Chemistry and Physics Discussions, 2013, 13（10）: 26933-26979.

[26] Warneke C, Kuczynski J, Hansel A, et al. Proton transfer reaction mass spectrometry（PTR-MS）: propanol in human breath[J]. International Journal of Mass Spectrometry and Ion Processes, 1996, 154（1-2）: 61-70.

[27] Lindinger W, Hansel A, Jordan A. On-line monitoring of volatile organic compounds at pptv levels by means of proton-transfer-reaction mass spectrometry（PTR-MS）-medical applications, food control and environmental research[J]. International Journal of Mass Spectrometry, 1998, 173（3）: 191-241.

[28] Lindinger W, Jordan A. Proton-transfer-reaction mass spectrometry（PTR-MS）: on-line monitoring of volatile organic compounds at pptv levels[J]. Chemical Society Reviews, 1998, 27（5）: 347-354.

[29] de Gouw J A, Goldan P D, Warneke C, et al. Validation of proton transfer reaction-mass spectrometry（PTR-MS）measurements of gas-phase organic compounds in the atmosphere during the New England Air Quality Study（NEAQS）in 2002[J]. Journal of Geophysical Research: Atmospheres, 2003, 108（D21）: 4682.

[30] Kuster W C, Jobson B T, Karl T, et al. Intercomparison of volatile organic carbon measurement techniques and data at la porte during the TexAQS2000 Air Quality Study[J]. Environmental Science & Technology, 2004, 38（1）: 221-228.

[31] Warneke C, de Gouw J A, Kuster W C, et al. Validation of atmospheric VOC measurements by proton-transfer-reaction mass spectrometry using a gas-chromatographic preseparation method[J]. Environmental Science & Technology, 2003, 37（11）: 2494-2501.

[32] Warneke C, Veres P, Holloway J S, et al. Airborne formaldehyde measurements using PTR-MS: calibration, humidity dependence, inter-comparison and initial results[J]. Atmospheric Measurement Techniques, 2011, 4（10）: 2345-2358.

[33] Singh H B, Kanakidou M, Crutzen P J, et al. High-concentrations and photochemical fate of oxygenated hydrocarbons in the global troposphere[J]. Nature, 1995, 378（6552）: 50-54.

[34] Singh H B, O'hara D, Herlth D, et al. Acetone in the atmosphere: distribution, sources, and sinks[J]. Journal of Geophysical Research: Atmospheres, 1994, 99（D1）: 1805-1819.

[35] Singh H B, Salas L J, Chatfield R B, et al. Analysis of the atmospheric distribution, sources, and sinks of oxygenated volatile organic chemicals based on measurements over the Pacific during TRACE-P[J]. Journal of Geophysical Research: Atmospheres, 2004, 109: D15S07.

[36] Volkamer R, Molina L T, Molina M J, et al. DOAS measurement of glyoxal as an indicator for fast VOC chemistry in urban air[J]. Geophysical Research Letters, 2005, 32（8）: L08806.

[37] Hak C, Pundt I, Trick S, et al. Intercomparison of four different in-situ techniques for ambient formaldehyde

measurements in urban air[J]. Atmospheric Chemistry and Physics，2005，5（11）：2881-2900.

[38] McClenny W A，Holdren M W. Compendium of Methods for the Determination of Toxic Organic Compounds in Ambient Air：Compendium Method TO-15，Determination of Volatile Organic Compounds（VOCs）in Ambient Air Collected in Specially-Prepared Canisters and Analyzed by Gas Chromatography/Mass Spectrometry（GC/MS）. Washington，D. C.：U.S. Environmental Protection Agency，EPA/625/R-96/010b，1999[Z].

[39] Center for Environmental Research Information. Compendium of Methods for the Determination of Toxic Organic Compounds in Ambient Air：Compendium Method TO-14A，Determination of Volatile Organic Compounds （VOCs）in Ambient Air Using Specially Prepared Canisters with Subsequent Analysis by Gas Chromatography. Washington，D. C.：U.S. Environmental Protection Agency，EPA/625/R-96/010b，1999[Z].

[40] Helmig D. Ozone removal techniques in the sampling of atmospheric volatile organic trace gases[J]. Atmospheric Environment，1997，31（21）：3635-3651.

[41] Goldan P D，Kuster W C，Fehsenfeld F C，et al. Hydrocarbon measurements in the southeastern United States：the Rural Oxidants in the Southern Environment（ROSE）program 1990[J]. Journal of Geophysical Research：Atmospheres，1995，100（D12）：25945-25963.

[42] Colman J J，Swanson A L，Meinardi S，et al. Description of the analysis of a wide range of volatile organic compounds in whole air samples collected during PEM-Tropics A and B[J]. Analytical Chemistry，2001，73（15）：3723-3731.

[43] Wang J L，Lin W C，Chen T Y. Using atmospheric CCl₄ as an internal reference in gas standard preparation[J]. Atmospheric Environment，2000，34（25）：4393-4398.

[44] Wang C，Shao M，Huang D，et al. Estimating halocarbon emissions using measured ratio relative to tracers in China[J]. Atmospheric Environment，2014，89：816-826.

[45] Parrish D D，Trainer M，Young V，et al. Internal consistency tests for evaluation of measurements of anthropogenic hydrocarbons in the troposphere[J]. Journal of Geophysical Research：Atmospheres，1998，103（D17）：22339-22359.

[46] Monod A，Sive B C，Avino P，et al. Monoaromatic compounds in ambient air of various cities：a focus on correlations between the xylenes and ethylbenzene[J]. Atmospheric Environment，2001，35（1）：135-149.

[47] Grosjean D，Grosjean E，Moreira L F R. Speciated ambient carbonyls in Rio de Janeiro，Brazil[J]. Environmental Science & Technology，2002，36（7）：1389-1395.

[48] Ho S S H，Yu J Z，Chu K W，et al. Carbonyl emissions from commercial cooking sources in Hong Kong[J]. Journal of the Air & Waste Management Association，2006，56（8）：1091-1098.

[49] Schauer J J，Kleeman M J，Cass G R，et al. Measurement of emissions from air pollution sources. 3. C₁~C₂₉ organic compounds from fireplace combustion of wood[J]. Environmental Science & Technology，2001，35（9）：1716-1728.

[50] Spada N，Fujii E，Cahill T M. Diurnal cycles of acrolein and other small aldehydes in regions impacted by vehicle emissions[J]. Environmental Science & Technology，2008，42（19）：7084-7090.

[51] de Gouw J，Warneke C. Measurements of volatile organic compounds in the earths atmosphere using proton-transfer-reaction mass spectrometry[J]. Mass Spectrometry Reviews，2007，26（2）：223-257.

[52] Karl T G，Christian T J，Yokelson R J，et al. The tropical forest and fire emissions experiment：method evaluation of volatile organic compound emissions measured by PTR-MS，FTIR，and GC from tropical biomass burning[J]. Atmospheric Chemistry and Physics，2007，7（22）：5883-5897.

[53] Apel E C，Calvert J G，Gilpin T M，et al. The Nonmethane Hydrocarbon Intercomparison Experiment

（NOMHICE）: task 3[J]. Journal of Geophysical Research: Atmospheres, 1999, 104（D21）: 26069-26086.

[54]　Zhang Q, Yuan B, Shao M, et al. Variations of ground-level O_3 and its precursors in Beijing in summertime between 2005 and 2011[J]. Atmospheric Chemistry and Physics, 2014, 14（12）: 6089-6101.

[55]　Batterman S A, Zhang G Z, Baumann M. Analysis and stability of aldehydes and terpenes in electropolished canisters-determination of volatile organic compounds（VOCs）in ambient air using Summa passivated canister sampling and gas chromatographic analysis[J]. Atmospheric Environment, 1998, 32（10）: 1647-1655.

[56]　Hsieh C C, Horng S H, Liao P N. Stability of trace-level volatile organic compounds stored in canisters and Tedlar bags[J]. Aerosol and Air Quality Research, 2003, 3（1）: 17-28.

[57]　Wang D K W, Austin C C. Determination of complex mixtures of volatile organic compounds in ambient air: canister methodology[J]. Analytical and Bioanalytical Chemistry, 2006, 386（4）: 1099-1120.

[58]　Apel E C, Calvert J G, Gilpin T M, et al. Nonmethane Hydrocarbon Intercomparison Experiment（NOMHICE）: task 4, ambient air[J]. Journal of Geophysical Research: Atmospheres, 2003, 108（D9）.

[59]　Slemr J, Slemr F, Partridge R, et al. Accurate measurements of hydrocarbons in the atmosphere（AMOHA）: three European intercomparisons[J]. Journal of Geophysical Research: Atmospheres, 2002, 107（D19）.

[60]　Blake R S, Monks P S, Ellis A M. Proton-transfer reaction mass spectrometry[J]. Chemical Reviews, 2009, 109（3）: 861-896.

[61]　Li X, Brauers T, Hofzumahaus A, et al. MAX-DOAS measurements of NO_2, HCHO and CHOCHO at a rural site in Southern China[J]. Atmospheric Chemistry and Physics, 2013, 13（4）: 2133-2151.

第 3 章　VOCs 的浓度组成特征和化学活性

大气 VOCs 研究工作的一个重要内容就是测定城市地区，尤其是污染严重的城市大气 VOCs 浓度水平、组成特征和时空分布，揭示活泼组分和含氧有机物等对大气近地面臭氧形成的相对作用，为制定城市和区域尺度 VOCs 排放控制策略提供依据。本章以在珠江三角洲地区和北京地区开展的 VOCs 外场观测作为实际案例，分析我国典型地区环境大气中 VOCs 浓度水平、化学组成、化学活性及其时空分布特征。

3.1　概　　述

3.1.1　浓度分布及组成总体情况

一般来说，乡村地区 VOCs 受天然源影响较大，人为源排放低，VOCs 的浓度水平低于城市地区。饱和化合物是乡村区域 NMHCs 的主要组分，包括乙烷、丙烷、正丁烷、异戊烷和正戊烷等[1]。20 世纪 80 年代末开始的美国南部地区氧化剂研究项目（Southern Oxidant Study，SOS）中讨论了活泼 NMHCs 和含氧组分对美国西部森林地区 O_3 分布的影响。夏季天然源排放的异戊二烯和萜烯占总 NMHCs 的 50%左右[2]。白天异戊二烯是优势物种，受光强和温度的影响[3-5]，午后达到峰值浓度（约 7ppbv），日落后迅速降低。α-蒎烯的日变化规律与异戊二烯相反，在早晨和夜间出现峰值。由于上风城市污染物的传输扩散，人为排放源对该地区大气 VOCs 有一定贡献。白天人为源 NMHCs 占所测总 VOCs 的 21%，夜间占 55%。人为源 VOCs（以丙烷和苯为例）在早晨出现高值浓度，夜间由于边界层降低或辐射逆温的形成，不利于污染物的稀释和扩散；夜间缺少 OH 自由基，活泼人为源物种（如 BTEX）没有化学去除。这些因素使得它们的浓度在夜间累积[6]。乡村地区大气中含氧 VOCs 主要来自于植被直接排放和活泼烯烃的二次氧化。Alabama 西部森林地区夏季白天含氧物种占所测总 VOCs 的 46%，夜间占 40%左右。其中甲醇和丙酮来自当地天然源排放，甲基乙烯基酮（MVK）和 2-甲基丙烯醛（MACR）是异戊二烯氧化生成的中间产物。

城市区域是 VOCs 污染源排放集中的地区，其 VOCs 浓度水平通常比背景大气中高很多。城市大气中 VOCs 的组成和浓度水平受到当地源排放、气象条件、光化学反应以及干湿沉降等因素的共同影响，时空分布变化很不均匀。

城市 NMHCs 主要来自于机动车尾气、燃料挥发、溶剂使用和工业过程等一次人为源。城市大气碳氢化合物的组成基本一致，烷烃所占的比例最大（40%～50%），主要物种包括乙烷、丙烷、异丁烷、正丁烷、异戊烷和正戊烷等；芳香烃占 20%～30%，其中甲苯和二甲苯为主要组分；活性相对较高的烯烃占 6%～15%[1, 7]。通常来说，城市大气 NMHCs 冬季浓度高于夏季。除了局地源的变化，主要因为夏季 OH 自由基的浓度高于冬季，大气 NMHCs 去除速率增加；冬季大气层结更稳定，不利于污染物的稀释扩散，使得冬季的污染物累积浓度较高[8-10]。区域大范围内风向的改变能引起大气 VOCs 的季节变化。例如，Wang 等在中国南海背景站大澳观测到大气 VOCs 秋季和冬季的浓度出现高值，夏季浓度最低。受亚洲季风循环的影响，冬季来自中国大陆的西北风带来珠江三角洲地区的污染气团，使背景大气 VOCs 浓度升高；夏季盛行来自海洋的东南风，较洁净的气团输入使得大气 VOCs 浓度降低[11]。城市大气中芳香烃等人为源排放物种日变化规律明显，与交通流量有较好的相关性[12-14]。烃类在早晨和下午的交通高峰时浓度最高，午后大部分活泼物种被光化学反应去除，浓度降至最低。局地海陆风循环也会影响碳氢化合物的日变化趋势[15]。

城市地区 OVOCs 主要来自于机动车尾气、餐饮源、工业排放等一次人为源[16-18]和 NMHCs 的二次转化过程。城市大气中主要 OVOCs 物种是甲醛、乙醛和丙酮等低碳羰基化合物[19-21]。含氧有机物的环境浓度受排放源、温度、风速和光强等条件的影响。冬季 OVOCs 与 CO 和代表人为源排放的 NMHCs 如苯、甲苯等有较好的相关性，表明冬季大气 OVOCs 主要来自于机动车尾气排放[19, 21, 22]。冬季甲醛、乙醛等 OVOCs 的日变化规律与其他烃类物种类似，浓度在早晚交通高峰时出现高值。在光化学作用较强的夏季，醛酮的平均浓度比冬季高 1～2 倍，这说明除尾气等一次排放源外，光化学作用二次生成的 OVOCs 也占很大的比例[19, 21]。夏季醛酮等含氧有机物的日变化规律与臭氧一致，在中午至下午 3:00 之间出现峰值浓度。

3.1.2　大气中 VOCs 浓度单位及换算

大气中各种组分的浓度通常可采用体积浓度表示法、数浓度表示法和质量浓度表示法。

大气中低浓度物质一般采用体积浓度表示，即单位体积大气中含有污染物的体积分数，主要单位为 ppmv（1×10^{-6}）、ppbv（1×10^{-9}）和 pptv（1×10^{-12}）。数浓度表示法（molecule/cm^3）一般用于表示比 1pptv 更低水平的污染物浓度，如大气中自由基浓度等。国标一般采用质量浓度表示法，即每立方米的大气中含有污染物的质量数，常见污染物主要使用 μg/m^3 表示。在国际上，大气中 VOCs 浓度大多使用体积分数表示，因此本章 VOCs 的浓度水平除特别指明外，均以 ppbv

或 pptv 计。体积浓度与质量浓度之间的换算关系如公式（3-1）所示：

$$X = \frac{M \cdot C}{V_m} \tag{3-1}$$

式中，X 为 VOCs 的质量浓度（μg/m³）；C 为 VOCs 以体积浓度表示的浓度值（ppbv）；M 为 VOCs 的分子量；V_m 为在标准状况下单位摩尔的气体所占的体积，是 22.4L/mol。

3.2 珠江三角洲大气 VOCs 浓度组成

3.2.1 珠江三角洲外场观测概况

珠江三角洲位于我国南部沿海，毗邻香港，包括许多经济迅速发展的城市，其中广州地处珠江三角洲地区的核心。本研究是 2004 年 10 月和 2006 年 7 月在珠江三角洲地区进行国家重点基础研究发展计划（973）项目中的"区域大气复合污染的立体观测"课题的组成部分，VOCs 的观测数据主要来自于加强观测站。

VOCs 观测主要包括在城市及其下风地区的加强观测和与城市空气质量常规观测相结合的区域分布观测。2004 年秋季观测期间两个加强站点分别是省站（简称 GZ）和新垦（简称 XK），前者位于人口稠密的城区，四周交通发达，大气污染物受交通源排放影响较大，采样点设在广东省环境保护监测中心站 17 层的楼顶；后者位于广州市区东南约 40km 的海边，处在广州和东莞市的下风向，人口稀少，VOCs 采样点设在果树研究所二楼的平台上。此外，为研究珠江三角洲地区 VOCs 的空间分布，选取从化、惠州、佛山、中山和东莞作为 VOCs 区域采样点，具体分布情况见图 3-1。

图 3-1　2004 年 10 月珠江三角洲观测采样点位置

2006 年夏季观测两个加强站点分别是省站（简称 GZ）和后花园站（backgarden，简称 BG）。省站位置与 2004 年秋季观测相同；后花园站位于广州清远县最南端，南距广州市区约 48km，处在人口稀少的自然风景区。VOCs 采样点设在后花园酒店二楼的平台上。与 2004 年类似，观测期间选取从化、惠州、佛山、中山、珠海等地作为 VOCs 区域采样点。

两次观测中均用不锈钢罐采集全空气样品，随后运回实验室分析测定 VOCs 组分，各监测点采样情况见表 3-1。采集 VOCs 罐样品时，前端收集气体的管路使用 Teflon 材料，避免不锈钢材料对活性 VOCs 的吸附；在气体进入罐子前，加一段 U 形 Na_2SO_3 管去除样品中的臭氧；利用毛细管限流保证气体以恒定流速进入采样罐。

表 3-1　2004 年和 2006 年珠江三角洲加强观测 VOCs 样品明细表

采样时间	项目	采样地点	样品类型	样品数量
2004 年 10 月 4 日～ 11 月 3 日	加强观测点	广州，广东省环境保护监测中心站 17 层平台	每日 5:30、7:30 和 14:00 采集样品，限流采样 60min	58
			10 月 9 日、21 日和 11 月 3 日 6:00～22:00 间隔 2h 采集日变化样品，限流采样 30min	24
		新垦果树研究所二楼平台	每日 7:30 和 14:00 采集样品，限流采样 60min	43
			10 月 9 日、21 日和 11 月 3 日 6:00～22:00 间隔 2h 采集日变化样品，限流采样 30min	24
	区域点	从化、惠州、佛山、东莞、中山	在早晨和下午交通高峰时段采集 VOCs 样品	20
2006 年 7 月 3～30 日	加强观测点	广州，广东省环境保护监测中心站 17 层楼顶	每日 7:30 和 14:00 采集样品，限流采样 60min	38
			7 月 12～13 日和 7 月 20～21 日 6:00～22:00 间隔 2h 采集日变化样品，限流采样 30min	36
		清远后花园酒店二楼平台	每日 7:30 和 14:00 采集样品，限流采样 60min	31
			7 月 12～13 日和 7 月 20～21 日 6:00～22:00 间隔 2h 采集日变化样品，限流采样 30min	36
	区域点	惠州、从化、佛山、肇庆、珠海、江门、中山、深圳、白云山、万顷沙、东莞、荃湾、东涌	在早晨交通高峰（8:30）和午后臭氧高值时段（14:00）采集样品	149

VOCs 样品采用 2.2.1 小节介绍的低温预浓缩结合 GC-MS/FID 技术实现对 VOCs 物种的定性定量分析。PLOT 柱分离 $C_2 \sim C_4$ 的烷烃、烯烃和炔烃，用火焰离子化检测器（FID）定量；用中极性柱（DB-624，60m×0.32mm ID×1.8μm）分离 $C_4 \sim C_{12}$ 烷烃、$C_4 \sim C_{11}$ 烯烃、$C_6 \sim C_{10}$ 芳香烃，用质谱检测器（MSD）定量。

分析 2006 年夏季样品时，质谱采用 SIM 扫描方式，除上述物质以外，还可对 $C_1 \sim$ C_5 醇类、$C_2 \sim C_7$ 醛和酮进行定量。

3.2.2　珠江三角洲地区 NMHCs 整体浓度水平和空间分布

罐采样法定量分析了秋季珠江三角洲大气中 134 种 VOCs 化合物，包括饱和烷烃、烯烃、炔烃、单环芳香烃、卤代烷烃、卤代烯烃和卤代芳香烃。图 3-2 比较了 7 个监测点 VOCs 定量物种的总体积浓度（ppbv）和化学组成（体积浓度百分数）。图 3-2 中根据主导风向（北偏东风）从北向南排列各采样点。从化和惠州采样点分别位于郊区公园和生态农庄，处在主要城市的上风向，局地污染源较少。东莞地区工业发达，选取该采样点代表受工业排放影响较大的城市。佛山和中山采样点分别位于城市地区，与省站类似。

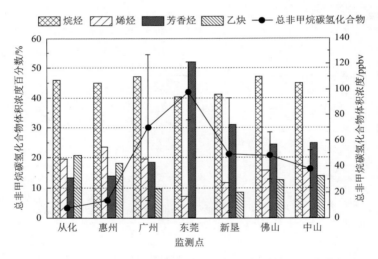

图 3-2　2004 年 10 月珠江三角洲 7 个监测点各类 VOCs 化学组成

从结果中可以看出，东莞 VOCs 的总浓度最高，各组分百分含量与其他地区有明显差异。总浓度次之的是位于广州市区的省站，反映了城市排放影响下的污染情况。新垦和佛山的浓度接近；位于城市上风向的从化和惠州 VOCs 总浓度最低。所有采样点都是人为源排放的物种占主导地位，天然源特征物质异戊二烯的体积百分数不到 3%。除东莞外，其余各点烷烃所占比例最大（＞40%）。东莞芳香烃平均含量最高，占总 VOCs 浓度 50%以上，这与当地工业结构有关。该地区纺织、皮革制品（制鞋等）、塑胶制品、金属制品、食品加工、造纸和印刷等工业比例占 90%以上。这些工业大多会使用大量的有机溶剂作为添加剂、黏合剂等，这是东莞芳香烃含量高的主要原因。新垦位于东莞的下风向，受到东莞工业区输送的影响，芳香烃所占的比例也相对较高（约 31%）。其他各点芳香烃含量（13%～25%）低于不饱和烯烃（烯烃＋乙炔）的含量（27%～40%）。

表 3-2 列出了 2004 年 10 月秋季省站和新垦 134 种 VOCs 化合物中浓度前十位的物种，并与 2001 年我国香港大澳监测点以及我国其他城市的测量结果相比较。总的来说，省站和新垦主要 VOCs 浓度均在我国 43 个城市大气 VOCs 浓度范围之内。新垦 VOCs 优势物种组成与香港大澳类似，甲苯浓度最高，其次是 C_2～C_4 的烷烃和烯烃。这是因为两地都处在珠江三角洲（Pearl River Dalta，PRD）工业排放的下风向，是污染的受体区域。新垦地处 PRD 之内，更靠近污染源，主要物种浓度水平比大澳相对高些。省站浓度最高的物种是丙烷，平均浓度超过 10ppbv，这可能与当地广泛使用 LPG 燃料的公交车和出租车有关。高浓度的乙炔、甲苯、乙烯和乙烷主要来自于人为源排放，如机动车尾气、工业溶剂挥发、石油化工等。异戊烷、乙炔、苯等主要来自于流动源排放。广州的 CO 浓度水平分别比新垦和大澳高约 40% 和 65%。

表 3-2　2004 年 10 月省站、新垦 VOCs 浓度前十位的物种（ppbv）及 CO 浓度水平

省站 [a] 市区点	平均浓度 /ppbv	新垦 [a] 沿海/郊区点	平均浓度 /ppbv	43 个中国 城市 [b]	浓度范围 /ppbv	大澳 [c] 中国香港大屿岛西北	平均浓度 /ppbv
丙烷	10.7±8.9	甲苯	8.3±9.9	乙烷	3.7～17.0	甲苯	5.7±7.1
乙炔	7.3±5.2	乙炔	4.1±2.6	乙炔	2.9～58.3	乙炔	2.8±2.0
甲苯	7.1±7.3	丙烷	3.5±2.9	乙烯	2.1～34.8	乙烷	2.1±1.0
乙烯	6.8±5.1	乙烷	3.1±1.3	丙烷	1.5～20.8	丙烷	2.1±2.2
乙烷	5.6±3.3	正丁烷	2.7±2.8	苯	0.7～10.4	乙烯	1.7±1.7
正丁烷	5.2±4.4	乙烯	2.7±2.2	甲苯	0.4～11.2	正丁烷	1.6±2.1
丙烯	3.2±3.0	间,对-二甲苯	1.9±2.9	正丁烷	0.6～14.5	氯甲烷	0.9±0.2
异丁烷	3.0±2.6	乙苯	1.6±2.1	异丁烷	0.4～4.6	乙苯	0.9±1.2
异戊烷	2.7±2.3	异戊烷	1.5±1.4	异戊烷	0.3～18.8	苯	0.9±0.9
苯	2.4±2.0	苯	1.4±1.0	对-二甲苯	0.2～10.1	异戊烷	0.8±1.4
CO	867±552	CO	597±388			CO	525±323

a. 本研究 2004 年 10 月珠江三角洲观测结果；

b. 43 个中国城市[23]；

c. 2001 年 10～12 月中国香港大澳[24]。

2006 年 7 月观测期间各监测点 VOCs 总浓度和化学组成如图 3-3 所示。夏季 PRD 地区以东南风为主，图 3-3 中按照由南向北的顺序排列各采样点。珠海位于珠江入海口西南部，采样点处在教育、住宅混合区内。万顷沙采样点靠近新垦。白云山在广州市区北部，距市区约 17km，采样点设在白云山最高峰摩星岭。惠州、佛山和从化采样点位均与 2004 年观测的采样点位相同。

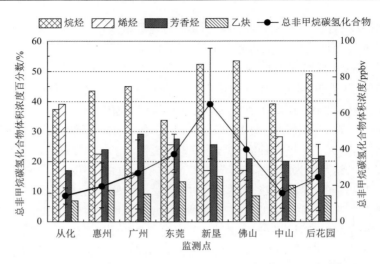

图 3-3　2006 年 7 月珠江三角洲 8 个监测点各类 VOCs 化学组成

2006 年夏季广州 VOCs 略低于 2004 年秋季的结果，惠州、佛山的总浓度水平比秋季低 23%和 50%，万顷沙也低于 2004 年 10 月新垦的浓度。夏季广州市区 VOCs 总浓度最高，与 2004 年秋季基本一致；其次是处在广州市区下风向的白云山以及佛山市区，惠州与后花园的总浓度接近，位于 PRD 城市群上风向的珠海总浓度最低。由于甲苯、C_9 芳烃还来自于非机动车尾气排放如工业溶剂挥发等，挥发源在高温的夏季排放相对高，广州、惠州和佛山芳香烃含量分别比秋季增加 7%、15%和 3%；广州和惠州烯烃所占比例有所降低，可能是由于夏季光化学反应比较活跃，更多的活泼烯烃被消耗。

3.2.3　珠江三角洲秋季 VOCs 的时间变化

1. 整体变化特征

2004 年秋季观测期间广州地区受高压气团控制，大气边界层高度较低而且比较稳定，高度通常在 1km 以内。天气以晴为主，阳光充足，未出现降水过程；平均气温 20℃左右，日最高气温 30℃以上。在广州省站楼顶，以偏北风为主，白天风力不大，不利于当地排放的污染物扩散。新垦的主导风向是北偏东风，来自此方向的污染物对新垦有较大影响；有时下午或傍晚出现来自东南方向（或 ESE）的海风。

在广州省站观测到两段 VOCs 高浓度时期，一段是从 10 月 11 日和 13 日前后，另一段是在 10 月 24 日、28 日至 11 月 3 日。这一规律与其他气体如 NO、CO、SO_2 和 O_3 的观测结果一致。在第一阶段，广州和新垦的 VOCs 最高峰值浓度均超过 200ppbv，此时风向以偏北风为主（东北或西北），风速较低（＜1.0m/s）。高浓度时期广州和新垦 VOCs 总平均浓度约是其余时间的 2 倍，但高浓度时期烷烃、烯烃和芳香烃的平均体积百分数基本不变或在较窄范围内波动（＜±5%），如图 3-4（a）所示。仔细观察广州三个采样时段 NMHCs 浓度组成，由图 3-4（b）可以看出，高浓度时期 5:30 和 7:30 芳香烃的含量比其余时间高了 10%～15%，14:00 芳香烃的百分数基本不变；三个时段烷烃和烯烃的变化较小。尽管在高浓度时期芳香烃的组成有所增加，但仍不能解释该时期总浓度增大 2～4 倍。可见高浓度 VOCs 并不是由排放量增大引起的，更有可能是由于当时气象条件造成污染物累积。

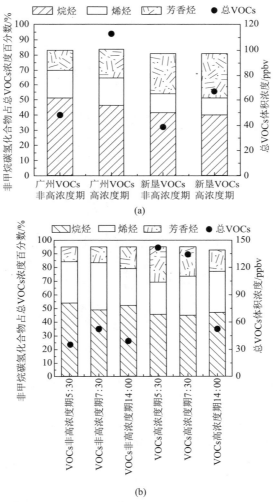

图 3-4　2004 年 10 月省站（a）和新垦（b）总 VOCs 高浓度时期与其余时间段的比较

2. NMHCs 日变化特征

1）广州省站

以 2004 年 10 月 21 日为例来说明广州省站一次污染物（CO、NO、VOCs）与二次污染物（O₃）的日变化特征。从图 3-5 中可以看出，总 VOCs 的日变化规律与 CO、NO 等一次污染物相似，在早晨和傍晚交通高峰时出现浓度峰值，说明主要的一次污染物均与机动车排放有关。值得注意的是，晚上（约 20:00）峰值浓度比早晨高 2～5 倍，这与广州晚间交通流量较高有关。另外，此时段混合层高度降低，也会造成污染物浓度升高。总 VOCs 浓度与 O₃ 变化规律相反，O₃ 最大浓度与光强有关。

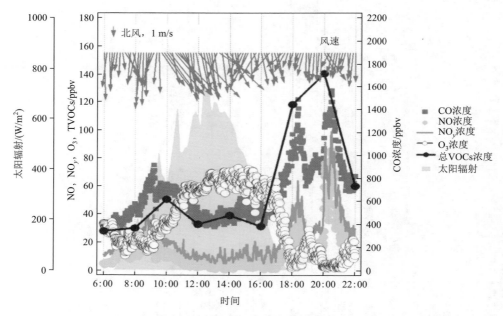

图 3-5　2004 年 10 月 21 日省站总 VOCs、CO、NO、NO$_y$、O₃ 浓度的日变化

图 3-6 是 2004 年 10 月 21 日省站丙烷、乙炔、丙烯、甲苯、苯、间, 对-二甲苯等主要 NMHCs 优势物种的日变化规律，它们表现出与总 VOCs 相似的变化趋势。丙烷和乙炔是广州大气浓度最高的两种化合物。丙烷是液化石油气（liquefied petroleum gas，LPG）的主要组分。在城市中，乙炔主要来自于机动车尾气的排放。从图中可以看出二者日变化基本一致，说明丙烷受到交通源影响，有可能来自于 LPG 燃料的公交车或出租车的排放。广州大气中主要芳香烃的组分，如苯、甲苯、间, 对-二甲苯等也受流动源的影响较大。

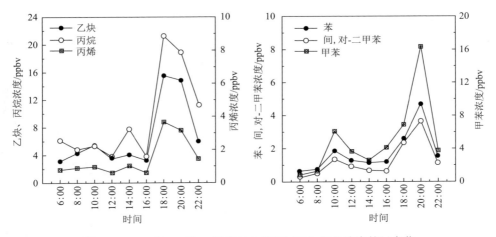

图 3-6　2004 年 10 月 21 日省站主要 NMHCs 组分浓度的日变化

通常认为异戊二烯是天然 VOCs 排放的示踪物，但也有文献及污染源的测量发现城市地区机动车尾气也是异戊二烯的来源之一[25]。从本次测量结果中可以看出，异戊二烯分别在早上、中午和傍晚出现浓度高值（图 3-7），说明城市地区其受到天然源和流动源的共同影响。

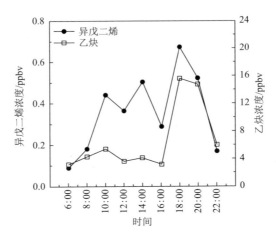

图 3-7　2004 年 10 月 21 日省站异戊二烯、乙炔浓度的日变化

2）新垦

新垦总 VOCs 的日变化趋势与广州省站存在差异，如图 3-8 所示。2004 年 10 月 9 日 VOCs 与 CO 的变化基本一致 [图 3-8（a）]，但 10 月 21 日二者并没有表现出相似的变化趋势。与广州省站不同，新垦 NO 浓度水平较低，低于 NO_y 浓

度，这说明新垦的气团经历了较长的光化学过程，光化学龄较大。10月9日和21日 10:00～11:00 新垦 NO 和 NO_y 的浓度均出现尖峰，由于 NO 的滴定作用 O_3 浓度明显下降。此时 SO_2 也表现出与 NO 类似的现象，然而 CO 和 VOCs 浓度并没有明显增加的趋势，说明 NO、SO_2 的增加可能来自上风地区工业源排放。可见，传输作用对新垦有较大影响。

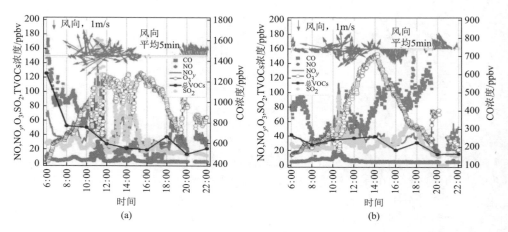

图 3-8　2004 年 10 月 9 日（a）和 21 日（b）新垦总 VOCs、CO、NO、NO_y、SO_2 浓度的日变化

　　新垦 O_3 平均浓度高于广州省站，且高浓度臭氧对应着相对较低的 VOCs 和 NO，表明新垦的臭氧不仅来自于当地光化学反应的贡献。新垦处于城市（东莞）的下风向，清晨 VOCs 的总浓度比省站同一时间高。这可能是受到夜间 VOCs 积累以及传输作用的共同影响，且该现象在北风出现时更为明显。从风矢量可以看出，新垦在傍晚或夜间风向常由偏北风转为偏南风，这种"陆海风"循环可能会造成该地区污染物的再循环，不利于污染物的扩散。

　　对照 10 月 9 日、21 日 6:00～22:00 每隔 2h 的气团轨迹相对于珠江三角洲地区主要固定源和流动源的位置变化，分析新垦主要 VOCs 组分的日变化规律（图 3-9 和图 3-10），进一步分析源排放对 VOCs 浓度变化的影响。利用 NOAA 提供的 HYSPLIT 模型得到气团轨迹。由于风场数据空间分辨率较低（40km，属中尺度），后向轨迹不能描述出新垦晚上（19:00 以后）局地风向的转变。但仍可用该方法初步讨论局地源和上风向工业源对新垦 VOCs 浓度变化的影响。

　　从图 3-9 来看，10 月 9 日新垦主导风向是东北风，全天气团轨迹均经过监测点上风向的工业点源。大部分 VOCs 组分在清晨（6:00）浓度较高，所测 VOCs 的总浓度超过 125ppbv，这主要是由上风工业源排放引起的。生物质燃烧标识物种氯甲烷[26]在 14:00 左右浓度较高，说明此时当地有生物质燃烧排放。10 月 21 日

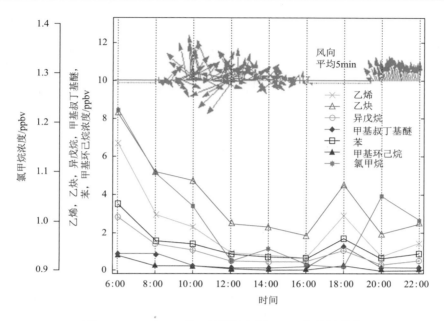

图 3-9　2004 年 10 月 9 日新垦主要 VOCs 物种日变化

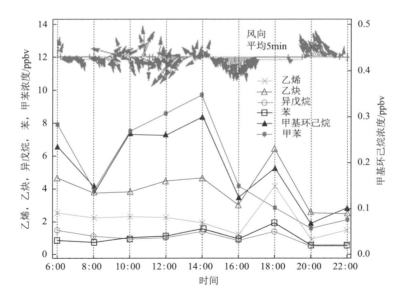

图 3-10　2004 年 10 月 21 日新垦主要 VOCs 物种日变化

6:00～14:00 气团轨迹没有经过工业点源,这段时间内新垦 VOCs 浓度主要由当地排放源贡献。由图 3-10 可见 8:00～14:00 甲基环己烷与甲苯变化基本吻合,与乙烯和乙炔的变化不一致。新垦当地渔船以柴油为主要燃料，Bravo 等研究发现柴油挥发排放出较高浓度的甲苯[27]，说明 8:00～14:00 较高浓度的甲基环己烷和甲苯受渔船排放影响比较大。下午气团轨迹发生改变，经过工业点源和流动源，18:00 乙炔、乙烯、异戊烷等物种浓度有所升高，可能是受到机动车尾气的影响。

3.2.4　珠江三角洲夏季 OVOCs 浓度水平和日变化特征

1. 整体浓度水平

2006 年 7 月用罐采样法定量分析了 23 种 OVOCs 化合物，包括 C_2～C_6 醛酮、C_1～C_4 醇、C_3 及 C_5 醛酮、醚等。省站和后花园 23 种 OVOCs 的总平均浓度分别为 27.2ppbv 及 15.9ppbv，分别占两个采样点大气总 VOCs 的 23.4%和 32.6%。总的来说，广州市区 OVOCs 浓度水平较高，丙酮是香港城区大气中的 9 倍，乙醛为香港的 2～3 倍[19]。省站酮类的浓度水平较高，居于前列的 OVOCs 物种是丙酮、乙醛、甲醇和 2-丁酮，它们的平均浓度分别为 5.56ppbv、5.02ppbv、4.81ppbv 和 3.97ppbv。后花园浓度最高的物种是丙酮（4.72ppbv），其次是乙醛（2.73ppbv）和甲醇（2.31ppbv）。表 3-3 总结了两个站点几种醛酮化合物的平均浓度，并与 2003 年 7～9 月广州地区 4 个采样点 DNPH 衍生化法的测量结果[20]相比较。

表 3-3　2006 年 7 月省站和后花园主要醛酮物种平均浓度（ppbv）

物种	平均浓度±SD					
	省站 [a]	后花园 [a]	白云区, 市区 [b]	荔湾居民区 [b]	植物园 [b]	番禺 [b]
乙醛	5.02±5.24	2.73±1.90	5.28±1.88	6.04±0.92	4.26±0.91	4.02±1.18
丙醛	2.03±2.38	0.87±0.49	0.82±0.34	1.16±0.19	0.66±0.24	0.84±0.34
正丁醛	1.13±2.05	0.51±0.54	0.48±0.14	0.69±0.15	0.44±0.15	0.50±0.21
n-戊醛	0.64±1.32	0.46±0.55	0.18±0.03	0.26±0.03	0.22±0.07	0.18±0.05
己醛	0.86±1.58	0.39±0.18	0.29±0.02	0.31±0.06	0.23±0.12	0.13±0.02
丙酮	5.56±3.71	4.72±1.76	10.95±1.62	7.48±2.67	6.55±1.52	5.08±1.68
2-丁酮	3.97±2.96	1.69±1.26	1.89±0.58	2.90±1.23	1.00±0.25	1.76±0.70

a. 本研究为罐采样方法测得结果；
b. DNPH-HPLC 法测量广州地区大气醛酮化合物结果[20]。

本研究用罐采样法测得的结果与 Feng 等[20]结果基本一致，省站乙醛平均浓度与白云区和荔湾居民区的浓度水平相当，丙醛和正丁醛比文献值高 1.5～2倍，丙酮浓度比文献中市区采样点低。后花园丙醛、正丁醛、丙酮等化合物浓度与番禺郊区点测量结果非常接近，偏差在 8%以内；后花园乙醛平均浓度比番禺结果低 30%左右。

2. 日变化特征

2006 年 7 月观测期间 PRD 地区以高温湿热天气为主，主导风向为东南风。采样期间有三次台风来临，7 月 9 日污染物处于累积阶段，12～13 日是重污染天气，15～16 日出现降雨。这里主要考察 7 月 12 日重污染天气下主要 OVOCs 物种的日变化特征。

图 3-11 分别给出 7 月 12 日省站和后花园乙醛、丙醛和丙酮的日变化。省站乙醛和丙酮在 10:00～14:00 出现高值浓度，这段时间内与臭氧浓度变化基本一致，这是由于中午光化学作用较强，二次生成的醛酮化合物增加；丙醛在正午时出现一个小峰。下午 18:00 三种醛酮化合物均出现浓度高峰，这可能与一次源排放增加以及气象条件有关。由于后花园离大城市较远，局地污染源相对较少，白天醛酮化合物的浓度变化主要受光化学作用和气象条件的影响。7 月 12 日后花园主要受南风的影响，风速较低（约 1.2m/s）。如图 3-11（b）所示，乙醛在正午出现峰值，10:00～14:00 范围内浓度较高；午后随光化学反应减弱，浓度逐渐降低，在20:00 达到低值；20:00 以后浓度升高是由于气象条件引起的，此时混合层高度降低、风速较小（约 0.58m/s）。丙酮在 10:00～18:00 较宽时间段内浓度维持在高浓度（>6ppbv），与 O_3 变化相似，20:00 以后浓度变化和乙醛相似。

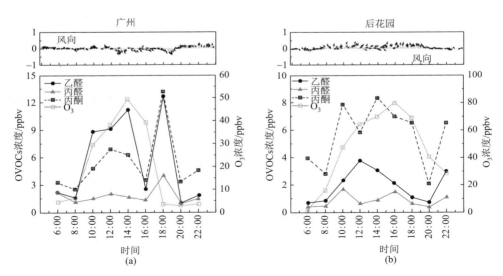

图 3-11 2006 年 7 月 12 日省站（a）和后花园（b）乙醛、丙醛和丙酮日变化

3.3　北京市及其近周边地区大气中 VOCs 浓度和组成特征

3.3.1　概况

北京市作为一个超大型城市，在近几十年的发展过程中，随着城市建设规模的不断扩大，城市人口和经济发展的持续增长，到 2012 年底常住人口超过 2000 万人，机动车保有量达到了 525 万辆，其环境空气质量一直受到广泛关注和重视。为了改善空气质量，自 1998 年起北京市已经连续实施了 16 阶段大气污染控制措施，力图改善环境空气质量，但二次污染问题（包括臭氧和细粒子）仍然十分严重。在 2009 年 8 月北大站点进行的臭氧观测发现，O_3 的日最高浓度大于 $300\mu g/m^3$[28]。已有研究通过对多年的 O_3 观测数据进行趋势分析，发现北京市的近地面 O_3 浓度水平在 2001~2010 年间以每年大于 1.0ppbv 的速率在上升[29]。另外，北京市 $PM_{2.5}$（粒径小于 $2.5\mu m$ 的可吸入颗粒物）的年平均浓度在 1989~1990 年间为 70~90$\mu g/m^3$，在 2001~2002 年间为 96.5~106.9$\mu g/m^3$，在 2005~2007 年间为 84.4~93.5$\mu g/m^3$[30, 31]，远远高于 2012 年刚出台的国家环境空气质量标准中的二级浓度限值 35$\mu g/m^3$。有机气溶胶是 $PM_{2.5}$ 中的重要组分，其中 SOA 的贡献占总有机物的 20%~80%[32, 33]。VOCs 在大气化学反应过程中扮演极其重要的角色，是 O_3 和 SOA 的重要前体物。基于外场观测数据研究 VOCs 浓度水平、化学组成和时空分布特征，对探讨北京地区二次污染的成因和制定有效控制措施具有重要意义。

为了解北京市及周边地区大气中 VOCs 的整体浓度水平和污染状况，2009 年 7 月至 2011 年 1 月在北京及其周边地区选取 42 个站点同步进行 16 次 VOCs 的区域观测，获得空间分辨率较高的 VOCs 数据，分析 VOCs 环境浓度和化学组成的时空分布特征，识别 VOCs 浓度水平的高值区，进而探讨 VOCs 来源、验证 VOCs 排放量及其空间分布特征。另外，为研究夏季 VOCs 组分的浓度水平和时间变化特征，估算 VOCs 组分对臭氧生成的影响，特选在 8~9 月进行 VOCs 加强观测，对进一步预测、治理和控制北京大气污染状况、改善空气质量、保障民众健康有重要意义。

1. VOCs 区域观测

北京市及其近周边的天津市和河北省（即京津冀地区）是华北地区主要经济中心。从地势上看，北京西部、北部和东北地区是山脉地形，而在南部和东南地区则是以平原地形为主，呈现出西北高、东南低的地势分布特征。从气候上看，北京市及其周边地区夏季和冬季的主导风向分别是东南风和西北风。该研究中西北郊区四个站点（昌平、定陵、八达岭和延庆）及东南方向上的站点（永乐店、唐山和天津等站点）就是沿着这一气团传输通道布设的。在冬季，西北郊区站点是位于北京市城区上风向的背景站点，而在夏季这些站点则会成为受到北京城区污染物排放影响的受体点。另外，由于北京市地处平原和山地的交界处，地形复杂，该地区的风向也呈现出局地性：夏季南风出现的频率也比较高，因此在北京市的上风向（即河北南部）布设了石家庄等 5 个站点，同时在北京城区的下风向（即北京东北郊区）布设了顺义、密云百亩公园和密云水库站点。总体来看，站点的布设是沿着西北—东南和西南—东北这两条主要传输途径，另外为了探讨河北省和天津市的污染物传输对北京市大气中污染物浓度的影响，本研究在北京市东部和南部地区布设了相对较多的观测站点。

在布设采样点时除了注意到污染物的传输以外，还综合考虑了功能区划对采样站点的影响。在北京周边省市设置的采样站点主要是为了代表该地区的典型大气环境。在北京市内共布设了 28 个采样点，除了设置能够代表北京城区大气环境的站点（如市委党校、古城等 8 个站点），还布设了一些位于特定功能区的站点：①可能受到工业排放影响的站点：位于房山区的燕山点（I）和大兴区的亦庄点（BOS1）分别位于燕山石化开发区和北京市经济技术开发区（Beijing Economic Technological Development Area，BDA）周边；②远郊北京点：位于北京西部旅游区的百花山和灵山（北京森林站）站点，周边没有局地污染源，而且位于北京城区的正西方，受到传输的影响也比较小，可以作为区域背景站；③受交通排放影响的站点：之前的研究表明北京地区交通排放是 VOCs 最重要的来源[34, 35]，因此本研究中在交通密集道路旁边设置了 3 个路边站，分别是五棵松、朝阳公园门口和车公庄，用于探讨交通排放 VOCs 的化学组成并验证交通源对 VOCs 的贡献。本研究在确定采样站点的具体位置时尽量避开局地排放源的影响（如烟囱口、餐饮行业排气口等），大部分站点位于公园、学校和事业单位内部。为了获得相应的气象和常规气体数据，北京市内采样站点的位置尽量与北京市环境保护监测中心的空气质量自动监测网络一致。本研究中 42 个采样站点的名称及编号、地理位置和分类见图 3-12 和表 3-4。

2. VOCs 夏季和冬季加强观测

利用在线仪器对大气中的 VOCs 进行较长时间的连续测量，获得时间分辨率相对较高的 VOCs 浓度及组成数据，是研究 VOCs 在大气中的来源、转化和大气化学行为的基础。本研究中进行 VOCs 在线测量的站点设在北京大学校园内理科一号楼六楼楼顶（39.99°N，116.31°E）。北大点（PKU）属于城市站点，周边主要是高校、居民区、商业区和城市公园等。在采样点东面约 200m 是中关村北大街，

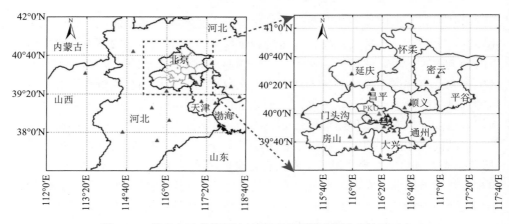

图 3-12　北京市及其近周边地区区域观测采样站点地图示意

表 3-4　北京及其周边地区区域观测采样站点名称及分类

站点类型	交通站（R）	城区站（BI）	北部郊区站（BON）	南部郊区站（BOS）	远郊背景站（BOW）	工业区站（I）	周边其他省市站（O）	
站点数目	3	8	8	6	2	1	14	
站点名称	朝阳公园	古城	顺义	亦庄*	百花山		涿州	燕郊
		北大	百亩公园	房山良乡	北京森林站		保定	香河
	五棵松	监测中心	密云水库	房山琉璃河			石家庄	天津
	车公庄	市委党校	青龙山	榆垡		燕山	河间	塘沽
		草桥	昌平	永乐店			衡水	曹妃甸
		东四	定陵	通州			张家口	唐山
		奥体	八达岭				大同	兴隆
		首都机场	延庆					

*亦庄点个别环境样品异常，可能受到工业排放影响。

南面约 750m 为北四环西路。北京市的城市中心位于北大点的东南方向。表 3-5 总结了 2010～2012 年在北大点所进行的四次 VOCs 在线观测的时间和主要测量系统。表 3-6 总结了本研究所用到的 VOCs 测量系统的分析原理及测量物种。

表 3-5　北大点 VOCs 在线测量时间及主要仪器

观测时间	VOCs 测量系统
2010-08-12～2010-09-12	在线 GC-MS/FID、PTR-MS、在线 GC-FID/PID、离线 GC-MS/FID、离线 DNPH-HPLC
2011-07-27～2010-09-12	在线 GC-MS/FID、PTR-MS

观测时间	VOCs 测量系统
2011-12-29~2012-01-18	在线 GC-MS/FID、PTR-MS
2012-07-23~2012-09-15	在线 GC-MS/FID、PTR-MS、在线 GC-FID 总烃测量仪

表 3-6　北大站点 VOCs 测量仪器的原理及测量物种

仪器	分析原理	测量物种
在线 GC-MS/FID	低温预浓缩（电制冷，−160℃）环境空气中的 VOCs，利用 GC-MS/FID 系统检测和定量	C_2~C_{10} NMHCs、卤代烃、烷基硝酸酯、C_3~C_6 羰基化合物、甲醇、甲基叔丁基醚
PTR-MS	VOCs 与 H_3O^+ 发生质子转移反应，利用质谱系统快速测量生成的质子化 VOCs 离子（RH^+）	芳香烃、异戊二烯、C_1~C_5 羰基化合物、甲醇
在线 GC-FID/PID	吸附剂富集 VOCs，GC-FID/PID 定量	C_2~C_{10} NMHCs
离线 GC-MS/FID	低温预浓缩（液氮制冷，吸附剂）环境空气中的 VOCs，利用 GC-MS/FID 系统定量	C_2~C_{10} NMHCs、卤代烃、烷基硝酸酯、甲基叔丁基醚
离线 DNPH-HPLC	DNPH 采集大气中的羰基化合物，HPLC 分离和定量目标化合物	C_1~C_8 羰基化合物
在线 GC-FID 总烃测量仪	气相色谱分离目标化合物，FID 定量	甲烷、总烃、CO 和 CO_2

3.3.2　大气中 VOCs 浓度及化学组成的时间变化特征

　　VOCs 浓度的时间变化规律是几个因素共同作用的结果：①污染物的排放强度的时间变化，包括一次直接排放和二次生成；②污染物的去除速率，如光解和 OH 自由基的氧化等过程；③一些气象因素会影响气团的对流、混合或者传输过程，如混合层高度、风速风向等。本小节将从季节变化和日变化两方面来分析这些因素对大气中 VOCs 浓度和化学组成的影响。

1. 环境大气中 VOCs 浓度及化学组成的季节变化特征

　　图 3-13 和图 3-14 分别给出了北京市城区大气中 NMHCs、羰基化合物等在不同月份的浓度水平及化学组成。从图中可以看出，冬季大气中的人为源 NMHCs 浓度要显著高于夏季（$p < 0.01$），可能是由以下三个原因造成的：①冬季边界层高度比较低，不利于污染物的扩散，造成 NMHCs 排放的积累。②冬季取暖会导致燃料燃烧过程 NMHCs 排放强度的增加。北京市统计年鉴结果显示在 2010 年 613 万 t 煤被用于集中供暖，206 万 t 用于农村居民的日常生活，占全年总用煤量的 31%。③冬季的光照强度弱，相对湿度低，大气中 OH 自由基的浓度显著低于

夏季[36]，因而 NMHCs 的氧化去除速率降低。与人为源 NMHCs 的季节变化特征相反，异戊二烯的浓度在夏季要显著高于冬季，这是由于夏季的强光照和高温环境会使异戊二烯的生物源排放强度增加[37]。大气中的烷基硝酸酯和羰基化合物可以通过光化学反应生成[38, 39]，因此其在夏季的浓度水平要显著高于冬季（$p <$ 0.01）。

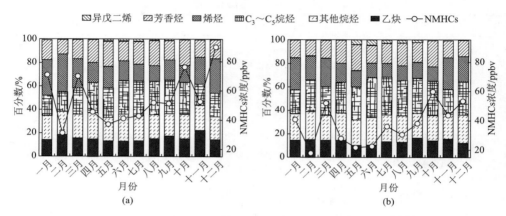

图 3-13　北京市城区大气中 NMHCs 浓度及化学组成的季节变化

（a）09:00；（b）13:00

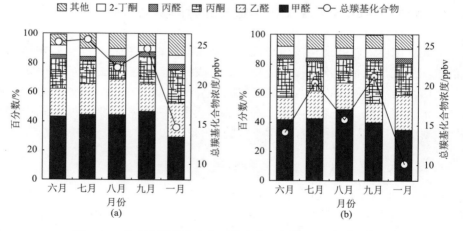

图 3-14　北京市羰基化合物环境浓度及化学组成的季节变化

（a）09:00；（b）13:00

从化学组成上来看，在整个观测期间对 NMHCs 贡献最大的物种是烷烃类化合物（35%～85%），其次是烯烃（4%～25%）、芳香烃（5%～18%）和乙炔（5%～

23%)。异戊二烯在夏季 13:00 时的总 NMHCs 浓度中所占的比例可以达到 2%～15%，但在冬季接近于零。另外，从图 3-13 中可以看出，C_3～C_5 烷烃和芳香烃在夏季所占的比例要显著高于冬季，而烯烃在夏季所占的比例则显著低于冬季（$p <$ 0.01)。甲醛、乙醛和丙酮是大气中浓度最高的三种羰基化合物，占总羰基化合物的 82%～87%。甲醛在夏季约占总羰基化合物浓度水平的 50%，显著高于冬季所占的比例（30%～40%)，而丙酮和乙醛所占的比例则在冬季要显著高于夏季。

　　传输扩散和稀释等物理过程对环境大气中不同 VOCs 物种浓度的影响通常被认为是同步的，因而不会导致 VOCs 化学组成的改变[40, 41]。但是由于不同 VOCs 物种的光化学去除速率不同，而且羰基化合物可以通过光化学反应生成，因此光化学反应会导致 VOCs 化学组成的改变。另外，不同污染源所排放 VOCs 的化学组成也存在较大差异[42]。因此，导致大气中 VOCs 化学组成呈现出显著季节变化特征的因素可能有两个：①光化学反应强度（大气氧化能力）的季节变化；②VOCs 来源构成的季节差异。本研究通过分析 VOCs 物种对季节变化规律来探讨这两个因素对 VOCs 化学组成的影响。

　　在城市地区，乙炔和乙烯都主要来自化石燃料的不完全燃烧过程（如机动车尾气和煤燃烧等）[43]，但二者的反应活性相差接近一个数量级［乙炔和乙烯的 k_{OH} 值分别是 $1 \times 10^{-12} cm^3/(molecule \cdot s)$ 和 $9 \times 10^{-12} cm^3/(molecule \cdot s)$］。乙烯与乙炔的比值的季节变化主要反映的是光化学反应强度的季节差异。图 3-15 给出了北大站点乙烯与乙炔浓度比（乙烯/乙炔）的季节变化特征。乙烯与乙炔的比值呈现出显著的季节变化，夏季的比值约为 0.6，而冬季的值大于 1.0。城市大气中，与 OH 自由基的氧化反应是 NMHCs 的最重要的去除途径[44]，因此乙烯与乙炔比值的季节变化说明北京城市大气中 OH 自由基浓度存在显著的季节变化。基于 NMHCs 与 OH 自由基的一级动力学反应可以推导出乙烯与乙炔的比值与 OH 自由基浓度（[OH]）的关系，见公式（3-2）：

$$\frac{乙烯}{乙炔} = ER_{乙烯} \exp\{-(k_{乙烯} - k_{乙炔})[OH]\Delta t\} \qquad (3-2)$$

式中，$ER_{乙烯}$ 为乙烯与乙炔的排放比，数值为 1.80（详见第 5 章）；$k_{乙烯}$ 和 $k_{乙炔}$ 分别为乙烯和乙炔与 OH 自由基的反应速率常数；Δt 为反应时间，即光化学龄。对上面的公式进行变形，则可以估算 7 月份与 1 月份[OH]的比值：

$$\frac{[OH]_{Jul}}{[OH]_{Jan}} = \frac{\ln(ER_{乙烯}) - \ln[(乙烯/乙炔)_{13:00,Jul}]}{\ln(ER_{乙烯}) - \ln[(乙烯/乙炔)_{13:00,Jan}]} \qquad (3-3)$$

　　利用上面的公式计算出[OH]$_{Jul}$ 与[OH]$_{Jan}$ 的比值约为 5。这一比值与东京地区观测到的 OH 浓度的季节差异基本一致，东京城区大气中夏季和冬季 OH 自由基日最大浓度分别为 6×10^6～$7 \times 10^6 molecule/cm^3$ 和 $1.5 \times 10^6 molecule/cm^{3[36]}$。

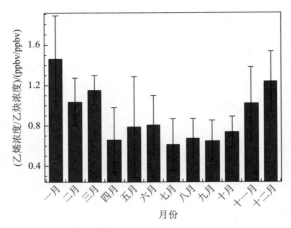

图 3-15　北大点的乙烯与乙炔浓度比值的季节变化特征

活性相近的 VOCs 物种对的比值可以用来识别 VOCs 的来源[35, 45]。已有研究表明以下几类 VOCs 排放过程的排放强度可能会呈现出比较显著的季节变化：①挥发过程有关的排放过程，如汽油挥发、溶剂和涂料挥发等[46]；②与采暖有关的一些燃烧过程，如煤和生物燃料燃烧等；③生物源排放[47]。本研究针对这三类排放过程选择了相应的 VOCs 物种对并分析其季节变化，探讨这几类源在北京地区的季节变化特征。

汽油及溶剂挥发源的季节变化：图 3-16（a）和（b）给出了异戊烷/乙炔和甲苯/乙烯的季节变化特征。异戊烷和甲苯除了来自燃烧过程外，还分别受到汽油挥发的影响[42]和溶剂及涂料使用排放的影响[48]。而城市大气中的乙炔和乙烯则主要来自燃料的不完全燃烧。从图中可以发现，异戊烷与乙炔的比值在夏季（约 0.5）显著高于冬季（约 0.2），说明汽油挥发对异戊烷的贡献在夏季显著高于冬季。与

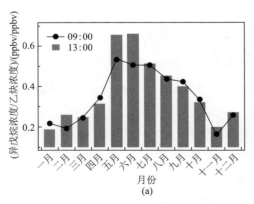

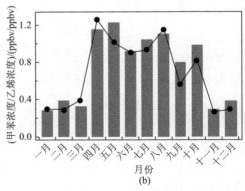

图 3-16　北京市特征 VOCs 比值的季节变化

（a）异戊烷/乙炔；（b）甲苯/乙烯

异戊烷/乙炔的比值类似，甲苯与乙烯的浓度比也呈现出夏季高、冬季低的季节变化规律，夏季的值为冬季的 5～6 倍。造成异戊烷/乙炔和甲苯/乙烯在夏季出现高值的主要原因是夏季的高温环境导致汽油和溶剂涂料的挥发速率增加[46]，因而有更多的异戊烷和甲苯排放进入环境大气中，造成异戊烷/乙炔和甲苯/乙烯的增加。

生物源排放：有研究表明机动尾气可以排放异戊二烯[25]。冬季观测获得的异戊二烯与 1,3-丁二烯浓度水平呈现出显著的正相关（$p<0.01$），二者的平均比值为 0.28，与机动车尾气中二者的比值接近（0.34），说明机动车尾气排放可能是冬季异戊二烯的主要来源。但是，夏季观测到的异戊二烯与 1,3-丁二烯浓度未呈现出显著的相关性，异戊二烯与 1,3-丁二烯的比值显著高于机动车尾气中的比值（图 3-17），说明夏季生物源排放是异戊二烯最重要的来源，机动车排放的贡献较小。

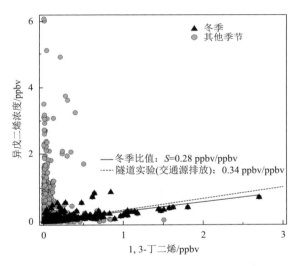

图 3-17　夏季和冬季异戊二烯与 1,3-丁二烯的比值及与机动车尾气的比较

通过以上分析，本研究发现北京地区 VOCs 的化学组成呈现出明显的季节差异，除了与大气氧化能力的季节变化有关外，VOCs 来源结构的季节差异也是重要的原因。关于 VOCs 来源构成季节变化的定量分析将在第 6 章进行详细介绍。

2. 环境大气中 VOCs 浓度及化学组成的日变化特征

以北大点 2011 年夏季和冬季的 VOCs 在线观测数据为例，分析 VOCs 浓度和化学组成的日变化特征及其季节差异，探讨边界层高度、排放强度和光化学反应对 VOCs 日变化的影响。

1）边界层高度和排放强度

对于活性较弱的 NMHCs 物种，如图 3-18（a）和（b）中的乙炔和苯，其浓度水平的日变化主要是由边界层和排放强度的变化造成的，光化学消耗的影响较小。已有观测和模拟研究表明：在夏秋季节，北京城区大气边界层高度的日变化显著，夜间较低，白天较高，中午最高值与夜间最低值的比值为 4～6[49, 50]。机动车排放被认为是北京夏季最重要的 NMHCs 排放源[34, 35]，而且 Liu 等[51]和 Huo 等[52]的研究显示北京市白天碳氢化合物的排放强度是夜间的 3～6 倍。排放强度和边界层高度这两种作用的综合影响，使得夏季北大点观测到的乙炔和苯浓度水平的日变化较小，最大值与最小值的比值分别为 1.26 和 1.17（图 3-18）。而在冬季观测到的乙炔与苯的浓度水平却呈现出比夏季更加明显的日变化，夜间最大值与中午最低值的比值为 2～3。北京冬季边界层高度比较稳定（0.5～1.4km），日变化不如夏季显著[53]，因此边界层变化的季节差异不能解释乙炔和苯的日变化在冬季更加明显这一现象。唯一可能的原因是冬季大气中的乙炔和苯除了来自机动车尾气外，还受到另外的排放过程的影响。为了检验这一推测，我们将冬季观测到乙炔与苯的日变化与机动车尾气示踪物 2, 2-二甲基丁烷[54]的日变化进行比较（图 3-18）。2, 2-二甲基丁烷的浓度在上午 8:00～10:00 和下午 18:00～19:00 出现两个峰值，对应着北京城区的两个交通高峰时段，最高值与最低值的比值仅为 1.3，显著小于乙炔和苯浓度的最高值与最低值的比值（2～3）。这说明冬季凌晨观测到的高浓度乙炔与苯是由夜间边界层高度低和排放强度高两个原因共同造成的。3.2.1 小节通过对北京城区 VOCs 化学组成季节变化的分析发现冬季大气中的 VOCs 可能受到燃煤排放的影响，乙炔和苯在夜间的浓度高值极有可能与夜间的燃煤排放在边界层内的积累有关。

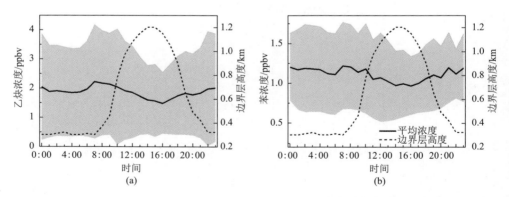

图 3-18　夏季北大点乙炔（a）与苯（b）浓度水平和边界层高度的平均日变化特征

　　北大点观测到的异戊二烯浓度在夏季和冬季呈现出完全不同的日变化特征（图 3-19）。在 3.2.1 小节通过对异戊二烯季节变化特征的分析，发现冬季大气中的异戊二烯主要来自人为源，可能是机动车尾气，因此冬季异戊二烯的日变化特征与人为源 NMHCs 物种相似，浓度最高值出现在夜间，而最低值出现在下午 14:00。夏季的异戊二烯主要来自天然源排放，因此异戊二烯在白天的浓度显著高于夜间的水平，其浓度最高值出现在上午 10:00 而并非光照强度最高的正午则是生物源排放强度与光化学消耗博弈的结果。

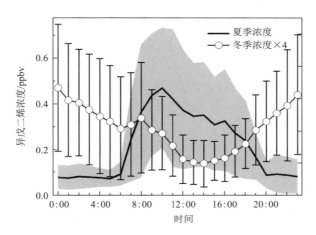

图 3-19　北大点夏季和冬季异戊二烯浓度的平均日变化

2）光化学过程

对于活性较强的 NMHCs 物种，其浓度水平的日变化不仅受到边界层和排放的影响，还会受到光化学消耗的影响。北大点夏季和冬季观测到的甲苯和反-2-戊烯的浓度水平均在中午（13:00～14:00）出现显著下降（"V"形）（图 3-20）。夏季 14:00 时甲苯和反-2-戊烯的浓度与上午 7:00 时的水平相比分别下降约 40% 和 90%，高于乙炔浓度的下降幅度（约 20%）。反-2-戊烯的下降幅度之所以高于甲苯，与其

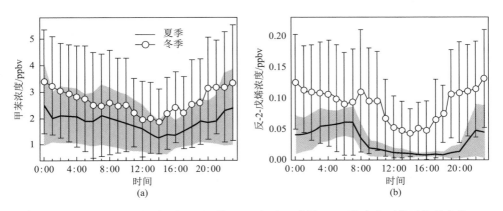

图 3-20　北大点夏季和冬季观测甲苯（a）和反-2-戊烯（b）浓度水平的平均日变化

反应活性 [$k_{OH} = 5.6 \times 10^{-12} \text{cm}^3/(\text{molecule·s})$] 比甲苯 [$k_{OH} = 6.7 \times 10^{-11} \text{cm}^3/(\text{molecule·s})$] 强有关。由于冬季大气中的 VOCs 还受到燃煤排放的影响，冬季观测到的反-2-戊烯浓度在中午的下降幅度（41%）反而低于甲苯（62%）。

与烃类化合物不同，二次污染物（如烷基硝酸酯和臭氧）主要来自光化学反应生成，其浓度水平的最高值出现在下午（"∧"形）[图 3-21（c）和（d）]。由于羰基化合物既可以来自一次排放也可以通过光化学反应生成，因此其浓度水平的日变化在凌晨和正午出现两个高值（"W"形）。羰基化合物在凌晨的峰值是由一次排放在边界层内的积累导致的，而正午的峰值（比臭氧的峰值提前 2～4h）则是其光化学生成和光化学消耗博弈的结果。夏季，乙醛和丙酮浓度的正午峰值要高于凌晨的浓度水平，而在冬季则是凌晨的峰值最高 [图 3-21（a）和（b）]。

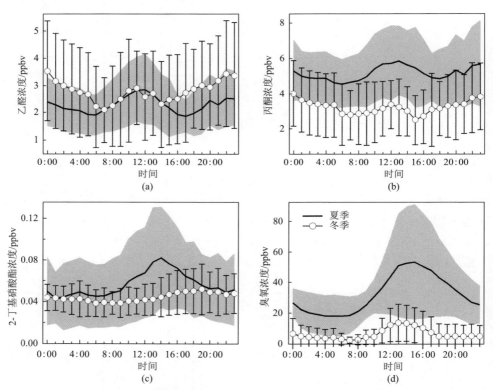

图 3-21　北大点夏季和冬季观测乙醛（a）、丙酮（b）、2-丁基硝酸酯（c）和臭氧（d）浓度
水平的平均日变化特征

3.3.3　北京及其近周边地区 VOCs 的空间分布特征

环境大气中污染物浓度的空间分布特征受污染物排放源强空间分布特征和气

象因素或光化学反应过程的共同影响。本研究中给出的污染物浓度空间分布是根据北京市内 27 个站点（不包括燕山点）观测到的目标化合物的浓度利用地理信息系统（geographic information system，GIS）中的克里格（Kriging）插值法绘制而成。克里格插值又称空间局部插值，是以变异函数理论和结构分析为基础，在有限区域内对区域化变量进行无偏最优化估计的一种方法，具有插值和估计的双重特点，是地统计学中最常用的插值方法之一。克里格法是根据待插值点与邻近实测浓度点的空间位置，对待插值点的浓度值进行线性无偏最优估计，通过生成一个关于浓度的克里格插值图来表达研究区域目标污染物的浓度空间分布特征，计算公式是

$$c_{x_0} = \sum_i^N \lambda_i c_{x_i} \tag{3-4}$$

式中，c_{x_0} 为未知站点目标污染物的浓度值；c_{x_i} 为未知站点周围采样站点的该污染物浓度值；N 为采样点的个数；λ_i 为第 i 个采样点的权重，其数值是通过半方差图分析来确定的，根据统计学上无偏和最优的要求，利用拉格朗日极小化原理，可推导出权重值和半方差之间的公式。为了验证克里格差值结果的准确性，本研究选择 8 个站点（位于城区的 BI1、BI4、BI6 和 BI7 站点和位于北部郊区的 BONW1、BONW3、BONE2 和 BONE3）作为验证站点。图 3-22 比较了这 8 个站点观测到的 NMHCs 浓度和基于另外 19 个站点的 NMHCs 浓度利用普通克里格插值法预测的浓度，二者符合较好（相关系数和拟合斜率均接近 1），说明克里格插值方法能够较好地预测北京城区和北部郊区站点的 NMHCs 浓度。

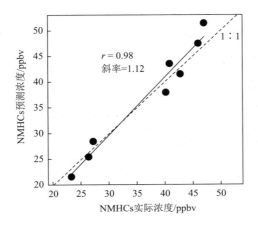

图 3-22 比较克里格插值预测的北京城区和北部郊区 8 个验证站点 NMHCs 浓度与实际测量到的 NMHCs 浓度

　　考虑到北京及其近周边地区的 VOCs 主导风向在不同季节存在差异，因此通过对 2010 年 4 月（春季）、2010 年 8 月（夏季）、2009 年 10 月（秋季）和 2011 年 1 月（冬季）这四次采样获得的 NMHCs 浓度水平的空间分布特征的比较来初步判断气象条件的影响。2010 年 4 月和 8 月（春夏，气团来向偏南，见图 3-23），NMHCs 浓度高值出现在北京城区以及南部郊区，显著高于北部郊区点以及西部的远郊背景点；2009 年 10 月和 2011 年 1 月（秋冬，气团来向西北），NMHCs 的浓度水平在空间上呈现南高北低的分布特征。北京市秋冬与春夏 NMHCs 浓度空间分布规律的最大区别体现在位于北京城区南面的榆垡和琉璃河这两个郊区点。2010 年 4 月和 8 月这两个站点的 NMHCs 浓度水平显著低于城区点，但在 2009 年 10 月和 2011 年 1 月其 NMHCs 浓度水平与城区点相当甚至略高于城区点（图 3-23）。对这个现象的一个可能的解释是在 2009 年 10 月和 2011 年 1 月这两次采样时北京市的气团来向为西北方向，榆垡和琉璃河站点恰好处在北京市南部工业区聚集区的下风向，这两个站点受到上风向传输的影响因此观测到较高浓度的 NMHCs。尽管 NMHCs 浓度的空间分布特征在不同季节略有差异，但总体来看空间分布特征具有相似性，浓度最高值出现在北京南部郊区。因此为了能够与源清单给出的 VOCs 年排放量的空间分布特征进行比较，本研究利用在各站点 16 次采样获得的 VOCs 浓度平均值来绘制北京市 VOCs 浓度的空间分布图并与清单中的结果进行比较。

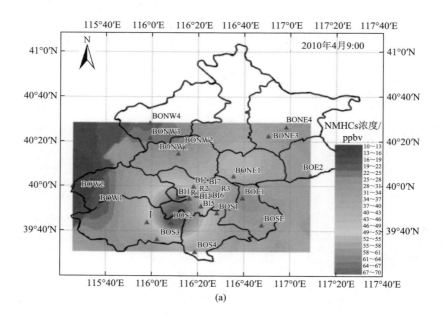

(a)

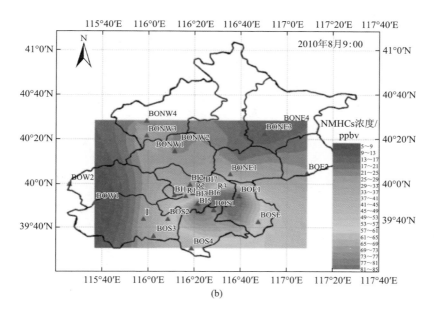

(b)

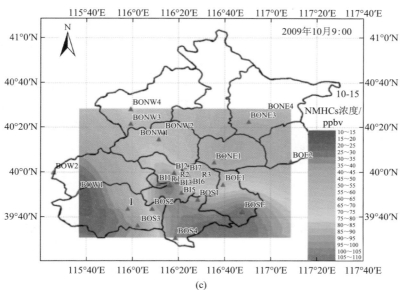

(c)

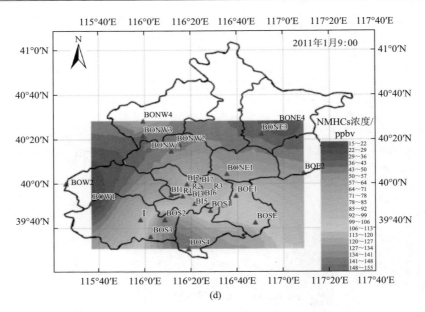

(d)

图 3-23　2010 年 4 月（春）、2010 年 8 月（夏）、2009 年 10 月（秋）和 2011 年 1 月（冬）
北京市 NMHCs 浓度水平空间分布图

BI：北京城区站点（7 个）；BOS：北京城区外南部郊区站点（4 个）；BOSE：北京城区外东南部郊区站点（1 个）；
BOE：北京城区外东部郊区站点（2 个）；BONE：北京城区外东北部郊区站点（4 个）；BONW：北京城区外西北
部郊区站点（4 个）；BOW：远郊背景站点（2 个）；R：交通道路边站点（3 个）；I：工业区站点（1 个）

　　最后需要指出的是：由于 VOCs 排放的局地性强，而且 VOCs 在环境大气中
的寿命较短、传输距离较近，造成 VOCs 环境浓度的空间差异性高。本研究基于
各站点浓度利用克里格插值法所绘制的空间分布地图可能与 VOCs 浓度分布的真
实情况存在一定的差异。本研究中北京市南部站点（包括亦庄、良乡、琉璃河、
榆垡和通州）的 VOCs 浓度最高，所以在克里格插值获得的空间分布图中距离这
几个站点最近的大兴区成为 VOCs 浓度的高值区，但是由于在大兴区布设的采样
点较少，所以需要谨慎对待这一结论。建议在后续的研究工作中加强在这一区域
的 VOCs 外场观测。

　　2, 2-二甲基丁烷（2, 2-DMB）主要来自机动车尾气排放[54]，因此其浓度水平的
空间分布特征能反映机动车排放的空间分布。北京市 2, 2-二甲基丁烷的最高浓度
出现在城区站点以及靠近城区位于北京南面的亦庄（BOS1）和良乡（BOS2）
点［图 3-24（g）］。NO_x 和羰基化合物浓度水平的空间分布特征与 2, 2-二甲基
丁烷类似，高值出现在北京城区点（BI1～BI7）、亦庄和良乡点［图 3-24（b）
和（d）］，说明机动车排放可能是 NO_x 和羰基化合物的重要来源。四氯乙烯是工
业上常用的有机溶剂和化学中间体，因此常被用作工业排放的指示物[55]，其浓度最
高值出现在位于北京市经济技术开发区（BDA）内的亦庄站［图 3-24（e）］。正己烷

也是一种常用的工业溶剂，主要通过石油和油田气中的分馏，北京市正己烷浓度的最高值出现在房山站点和亦庄站点［图 3-24（f）］，分别靠近燕山石化和 BDA。总 NMHCs、总 VOCs 和 CO 的浓度高值出现在北京南部郊区，可能是因为南部郊区同时受到机动车尾气和工业排放的共同影响。

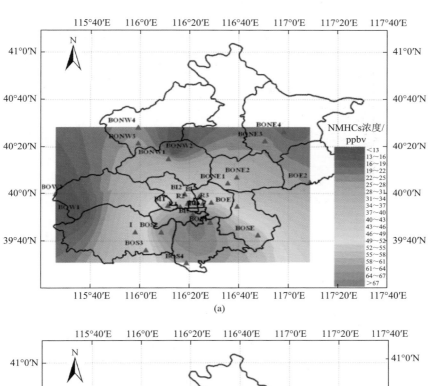

(a)

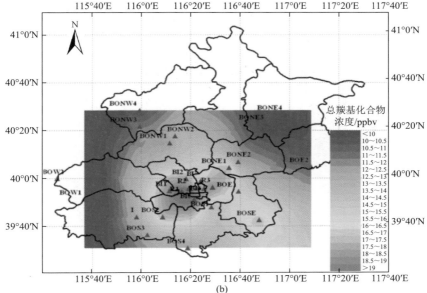

(b)

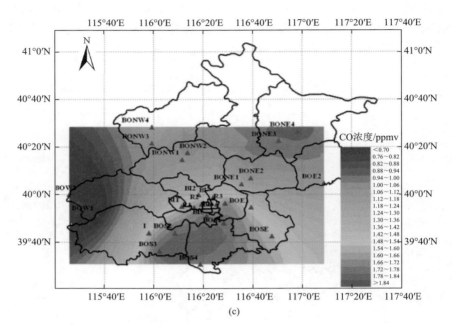

(c)

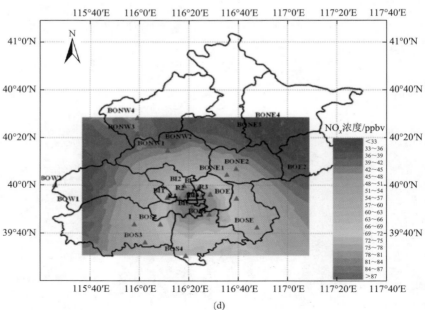

(d)

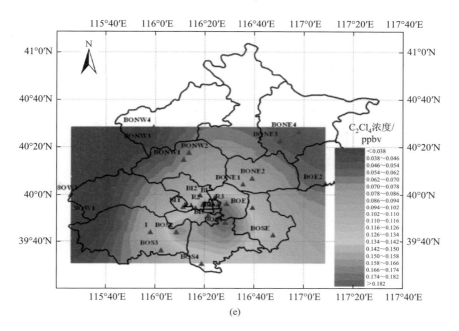

(e)

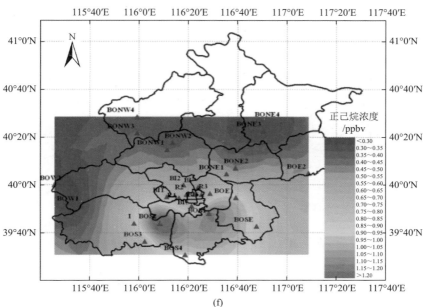

(f)

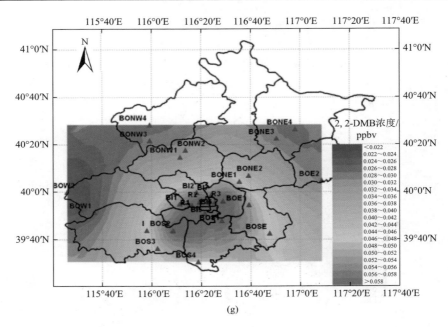

(g)

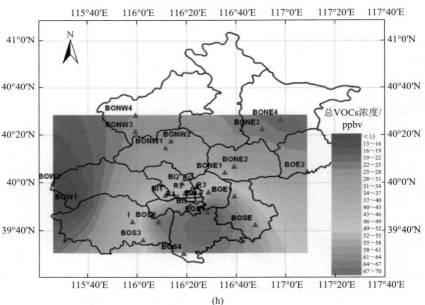

(h)

图 3-24　北京市特征污染物浓度水平的空间分布图

（a）总 NMHCs；（b）总羰基化合物（carbonyls）；（c）CO；（d）NO$_x$；（e）四氯乙烯（C$_2$Cl$_4$）；（f）正己烷（n-hexane）；
（g）2, 2-二甲基丁烷（2, 2-DMB）；（h）总 VOCs（NMHCs + carbonyls）

BI：北京城区站点（7 个）；BOS：北京城区外南部郊区站点（4 个）；BOSE：北京城区外东南部郊区站点（1 个）；
BOE：北京城区外东部郊区站点（2 个）；BONE：北京城区外东北部郊区站点（4 个）；BONW：北京城区外西北
部郊区站点（4 个）；BOW：远郊背景站点（2 个）；R：交通道路边站点（3 个）；I：工业区站点（1 个）

3.4　珠江三角洲和北京地区 VOCs 反应活性

3.4.1　OH 自由基反应活性和增量反应活性

大气 VOCs 各组分的化学反应活性差异非常大，对臭氧生成的贡献也不同。墨西哥城市大气 VOCs 污染来自于当地液化石油气（LPG）的泄漏，其中烯烃含量虽然极少，但却是该城市 VOCs 化学活性的最主要贡献者[56]；造成美国 Houston 夏季持续高浓度 O_3 的关键前体物是由石油化工行业排放的活性有机物[57]；Atlanta 光化学烟雾生成过程主要由天然源排放的异戊二烯控制[58]。由此可见，分析大气 VOCs 各组分的反应活性、找出对城市地区臭氧生成过程贡献较大的关键组分，是研究大气 VOCs 的一个非常重要的任务。

目前用观测数据估算 VOCs 的反应活性及其对臭氧生成贡献的方法主要有两大类，OH 自由基反应活性和增量反应活性。

由于各类 VOCs 的起始反应一般都是与 OH 自由基的反应，OH 自由基反应活性是把所有 VOCs 物种置于一个平等的基点上来进行比较，常用方法有等效丙烯浓度和 OH 自由基的消耗速率。VOCs 物种 OH 自由基消耗速率（s^{-1}）是其大气浓度与 OH 自由基反应速率常数的乘积，用该方法可估算初始 RO_2 自由基的生成速率，表征 VOCs 的 OH 自由基活性。很多研究中采用"OH 自由基消耗速率"简单评价某地区 VOCs 对日间光化学反应的相对贡献[59-62]。

OH 自由基反应活性是从 VOCs 与 OH 自由基初始反应快慢的角度来评估其活性，没有考虑到生成 RO_2 自由基的后续反应，也忽略了大气中其他反应过程如光解反应、NO_3 自由基和 O_3 与 VOCs 的反应，以及生成硝酸酯、PAN 等的反应。最直接量化 VOCs 在 O_3 形成机制中作用的方法是通过在烟雾箱模拟实验中改变 VOCs 加入的量来观察臭氧生成的实际变化。在此基础上研究者提出增量反应活性（IR）的概念，定义为在给定气团的 VOCs 中，加入或去除单位 VOCs 所产生的 O_3 浓度的变化，它能够综合衡量 VOCs 化合物对臭氧生成的贡献能力[63, 64]。对于给定的 VOCs，IR 可以用动力学反应活性和机理反应活性的乘积表示，反映了单位 VOCs 物种生成臭氧的量。动力学反应活性即在一定时间内 VOCs 生成 RO_2 自由基的比例；机理反应活性是指当 VOCs 参加反应时 NO 转化成 NO_2 的分子数以及生成的 OH 自由基和其他反应产物的分子数，不依赖于 VOCs 的初始反应。

Carter 等经研究发现，IR 与给定气团的性质、VOCs/NO_x 的比值有关[65]。改变 VOCs/NO_x 比值，使 IR 达到最大值，即最大增量反应性（MIR），此时 VOCs 物种在臭氧生成中的作用最大。研究者用 MIR 来计算 VOCs 的臭氧生成潜势

（OFP），OFP 是某种 VOCs 的大气浓度与最大增量反应活性的乘积，以此衡量某地区 VOCs 具有生成臭氧的最大能力[66-68]。OFP 计算方法如式（3-5），式中 MIR 单位是 g O$_3$/g VOCs。

$$OFP_i = MIR_i \times [VOCs]_i \tag{3-5}$$

本研究用 OH 自由基消耗速率讨论了北京和珠江三角洲大气 VOCs 的 OH 自由基反应活性及各 VOCs 物种的相对重要性；用 MIR 法估算 VOCs 对臭氧生成的贡献，并与臭氧的实测浓度相比较。计算过程中用到的 OH 自由基反应速率常数和 MIR 分别来自于 2003 年 Atkinson 的研究结果[69]和 1994 年 Carter 的研究[63]及 2007 年更新的 MIR，参见 https://intra.cert.ucr.edu/~carter/SAPRC/index.htm。

3.4.2　珠江三角洲秋季 NMHCs 反应活性

1. OH 自由基消耗速率

计算 2004 年 10 月广州和新垦大气中三类 NMHCs（烷烃、烯烃和芳香烃）的 OH 自由基反应活性，发现烯烃是广州大气 NMHCs 总 OH 自由基反应活性的最大贡献者。在广州大气 NMHCs 混合比在从 24.7ppbv 到 305.5ppbv 的范围内，烯烃只占总混合比的 20%左右，但在 NMHCs 总 OH 自由基消耗速率中的比例达70%以上。与之相对的是，占总混合比 47%的烷烃仅贡献 12%的 OH 自由基反应活性。芳香烃对 OH 自由基消耗贡献 17%，这与它在总混合比中的比例相当。

新垦 NMHCs 总 OH 自由基反应活性比广州低，烯烃和芳香烃对 NMHCs 化学活性的相对贡献接近，平均值分别为 45%和 41%。NMHCs 总浓度较低时，烯烃对大气 OH 自由基消耗的贡献超过芳香烃。随着总混合比的增加，芳香烃的贡献增加。因而，在污染越严重的大气中，芳香烃对 OH 自由基反应活性的作用显得越重要。两个采样点的差异是由它们活性物种的来源不同带来的。省站代表典型的城市源排放，不饱和烯烃主要来自机动车尾气；新垦的芳香烃受其上风向东莞影响较大。

由于烯烃和芳香烃分别对广州和新垦大气 NMHCs 的化学活性有重要贡献，下面对两个采样点的烯烃和芳香烃主要活性组分进行进一步分析。根据碳数将广州样品的烯烃组分归类，计算各类烯烃在所有烯烃的 OH 自由基消耗速率中所占的百分数，即各类烯烃相对贡献率之和等于 100%。图 3-25（a）以累计叠加的方式给出了这些烯烃类物质的相对重要性，图中每根柱代表一个大气样品。由于二烯烃物种反应活性大大高于碳数相同的单烯烃，如 C$_4$ 的 1, 3-丁二烯和 C$_5$ 的异戊二烯，将它们单独列出分析。从结果中看，广州大气中烯烃内各组化合物对总烯烃的 OH 自由基反应活性贡献率变化并不大。其中，丙烯是对烯烃 OH 自由基反应活性贡献最大的单个组分（＞19%），C_5、C_4 烯烃的贡献分别是 31%和 21%。尽管异戊二烯的 OH 自由基反应速率常数很大，但在市区它的排放较低，因此它并不是活性的主要贡献者。在污染较低的时期，异戊二烯和蒎烯的贡献有所增加。

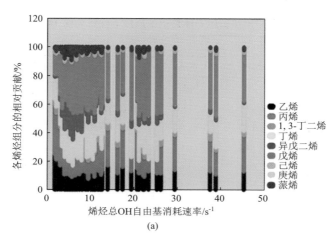

(a)

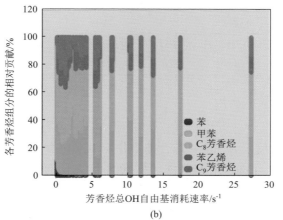

(b)

图 3-25　烯烃和芳香烃化合物对广州（a）、新垦（b）OH 自由基消耗速率的相对贡献

对新垦的芳香烃组分做同样的分析，如图 3-25（b）所示二甲苯和甲苯对芳香烃的活性贡献占主导地位。虽然三甲苯的反应速率常数较大，但它们的大气浓度很低，因而它们对活性的相对贡献较低。芳香烃中苯的 OH 自由基反应常数最低，随着污染低到污染严重的过渡，它对活性的相对贡献逐渐降低。

表 3-7 中给出 2004 年 10 月广州市区和新垦 OH 自由基反应活性排名前 10 位物种的平均 OH 自由基消耗速率及其对总 NMHCs 化学活性的贡献。10 个物种对

两个采样点总 NMHCs 的 OH 自由基活性贡献约为 70%。广州大气中对 OH 自由基消耗速率贡献最大的是丙烯和顺-2-戊烯，均大于 13%。新垦大气中 OH 自由基反应活性最大的是甲苯，间, 对-二甲苯和顺-2-戊烯的活性接近。

表 3-7　2004 年 10 月广州和新垦 OH 自由基反应活性排名前 10 位 NMHCs 物种

排名	省站，广州市区			新垦，沿海郊区		
	物种名称	OH 消耗速率/s^{-1}	贡献率/%	物种名称	OH 消耗速率/s^{-1}	贡献率/%
1	丙烯	2.05	13.3	甲苯	1.16	14.3
2	顺-2-戊烯	2.03	13.2	间, 对-二甲苯	0.89	11.0
3	乙烯	1.43	9.3	顺-2-戊烯	0.78	9.7
4	1-丁烯/异丁烯	1.04	6.8	丙烯	0.61	7.5
5	甲苯	0.98	6.4	乙烯	0.56	6.9
6	间, 对-二甲苯	0.71	4.6	异戊二烯	0.44	5.5
7	反-2-丁烯	0.63	4.1	1-丁烯/异丁烯	0.37	4.6
8	2-甲基-2-丁烯	0.58	3.8	苯乙烯	0.32	3.9
9	异戊二烯	0.54	3.5	乙苯	0.28	3.4
10	顺-2-丁烯	0.54	3.5	α-蒎烯	0.27	3.4
	10 个物种加和	10.53	68.5	10 个物种加和	5.68	70.2
	全部 NMHCs	15.4	100.0	全部 NMHCs	8.1	100.0

2. 臭氧生成潜势

如前文所述，增量反应活性能够综合衡量各 VOCs 化合物的反应活性和它们对臭氧生成的贡献能力。下面采用 MIR 法计算 2004 年秋季广州市区和新垦 NMHCs 的臭氧生成潜势（OFP），表 3-8 给出排名前 10 位的物种，并与 2002 年 10 月台湾高雄地区的结果相比较[70]。省站大气中甲苯 OFP 最大，占总 NMHCs 的 18%，其次是乙烯（12.1%）和丙烯（10.7%）。结合 OH 自由基反应活性的分析，丙烯、乙烯、甲苯、1-丁烯/异丁烯和间, 对-二甲苯是广州市区大气 NMHCs 关键活性组分，它们贡献了 OH 自由基反应活性的 40.4%，贡献了 MIR 方法中 53.5%的活性。与 OH 自由基反应活性前 10 位的物种（表 3-7）相比，省站 OFP 排名前 10 位的物种发生了变化（表 3-8），顺-2-戊烯、2-甲基-2-丁烯、异戊二烯和顺-2-丁烯不在前 10 位之内，取代它们的是邻-二甲苯、正丁烷、乙苯和异戊烷。顺-2-戊烯等低浓度烯烃物种 k_{OH} 比烷烃高 15～20 倍，是芳香烃的 5～14 倍，高 k_{OH} 使它们的 OH 自由基反应活性较高。但这些烯烃 MIR 是烷烃的 8 倍左右，仅为芳香烃的 2～3 倍甚至接近；而芳香烃、烷烃质量浓度比它们高 5～30 倍，从而使得低浓度烯烃 OFP 排名靠后。

表 3-8　2004 年 10 月广州和新垦臭氧生成潜势（OFP）排名前 10 位 NMHCs 物种

排名	省站，广州市区			新垦，沿海郊区			台湾高雄地区，城市下风向[70]		
	物种名称	OFP/ppbv	贡献率/%	物种名称	OFP/ppbv	贡献率/%	物种名称	OFP/ppbv	贡献率/%
1	甲苯	53.9	18.0	甲苯	63.5	30.3	甲苯	25.2	17.8
2	乙烯	36.0	12.1	间, 对-二甲苯	31.3	14.9	二甲苯	18.0	12.6
3	丙烯	32.1	10.7	乙烯	14.1	6.7	乙烯	14.9	10.5
4	间, 对-二甲苯	24.9	8.3	邻-二甲苯	11.5	5.5	丙烯	13.0	9.2
5	1-丁烯/异丁烯	13.0	4.4	乙苯	9.9	4.7	1, 2, 4-三甲基苯	10.0	7.1
6	邻-二甲苯	8.8	2.9	丙烯	8.8	4.2	异丁烯	9.8	7.0
7	正丁烷	8.2	2.8	正丁烷	4.3	2.0	异戊二烯	5.5	3.9
8	乙苯	7.3	2.4	1-丁烯/异丁烯	4.3	2.0	1-丁烯	5.3	3.7
9	异戊烷	6.7	2.3	异戊烷	3.6	1.7	苯乙烯	4.5	3.2
10	反-2-丁烯	6.5	2.2	1, 2, 4-三甲基苯	3.2	1.5	异戊烷	4.1	2.9
	10 个物种加和	197.4	66.1	10 个物种加和	154.5	73.5	10 个物种加和	110.3	77.9
	全部 NMHCs	298.7	100.0	全部 NMHCs	209.7	100.0	全部 NMHCs	141.4	100.0

在新垦，用 MIR 法和 OH 自由基反应活性法得到活性贡献最大的两物种都是甲苯和间, 对-二甲苯，分别占总 NMHCs 臭氧生成潜势的 30.3% 和 14.9%。新垦的结果与 2002 年 10 月用 MIR 法评价台湾高雄地区 NMHCs 对臭氧生成的贡献结果一致[70]，新垦的芳香烃组分（甲苯、间, 对-二甲苯、乙苯、邻-二甲苯以及 1, 2, 4-三甲基苯）对总 OFP 的贡献高达 56.9%。这说明高浓度的芳香烃对新垦臭氧生成的影响较大。结合 OH 反应活性，甲苯、间, 对-二甲苯、乙烯和丙烯成为新垦大气关键活性组分，它们贡献了 OH 活性的 39.8%，贡献了 OFP 的 56.1%。

从以上计算可以看出，广东省站的 OH 自由基反应活性和最大臭氧生成潜势均高于新垦，省站大气 NMHCs 具有较高的活性以及生成臭氧的潜在的能力。选取两个站点 12:00 和 14:00 的总碳氢化合物 OFP 与相应的 O_3 浓度数据相比，如图 3-26 所示，在臭氧高峰时段，省站总 OFP 在 67～330ppbv 之间，大部分在 155ppbv 左右，而实测 O_3 浓度范围是 53～90ppbv，总 OFP 与臭氧浓度存在一定负相关趋势（$R^2 = 0.20$），某些较高的 OFP 对应较低的 O_3 浓度，这可能是因为 NO_x 的抑制作用，将 O_3 限制在低浓度范围之内。新垦的臭氧浓度高于省站，浓度范围在 60～150ppbv 之间，总 OFP 与臭氧浓度存在比较明显的相关性（$R^2 = 0.58$），说明该地区光化学反应进行得更加充分。新垦当地 VOCs 排放源相对少，具有高 OFP 的芳香烃和 NO_x 等 O_3 前体物从东莞等上风地区输送至新垦，在光照充足的条件下进行反应，生成高浓度臭氧。在香港地区、台湾高雄地区也观察到类似现象[70, 71]。

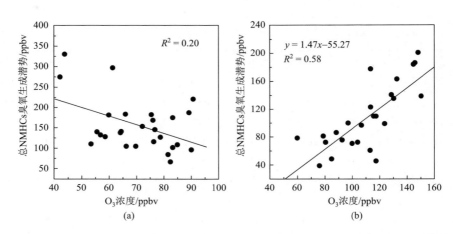

图 3-26　2004 年 10 月广州（a）和新垦（b）总 NMHCs 臭氧生成潜势与 O_3 浓度的比较

3.4.3　珠江三角洲夏季 VOCs 反应活性

　　2006 年夏季珠江三角洲观测中增加了 OVOCs 组分的测量，表 3-9 和图 3-27 分别是各监测点不同类别 VOCs 的平均 OH 自由基去除速率及其贡献率。从结果中可以看出，在相对清洁的郊区，如万顷沙、惠州、从化等醛酮组分对 OH 自由基消耗速率的贡献可占总 VOCs 的 41%～63%；在城市（广州市区、佛山）等污染较重的地区烯烃所占的比例最大（>50%），醛酮的贡献也可占到 20% 以上。芳香烃在 VOCs 总 OH 自由基活性中贡献 4.6%～16.0%，随着污染的加重，芳香烃的作用逐渐增加。这些现象与美国新英格兰地区的测量结果基本一致[59]。

表 3-9　2006 年 7 月珠江三角洲各监测点 VOCs 组分的 OH 自由基去除速率
（平均值±标准偏差，s^{-1}）

采样点	烷烃	烯烃	芳香烃	醛+酮	总 L_{OH}
珠海	0.39±0.18	8.82±2.56	0.64±0.42	3.94±0.77	13.79±2.75
万顷沙	0.40±0.40	2.59±0.49	0.65±0.66	6.24±0.39	9.88±1.15
惠州	0.91±0.74	4.30±1.62	1.91±1.93	5.44±1.72	12.55±3.79
佛山	1.07±0.28	9.70±1.46	2.86±1.71	4.30±0.65	17.93±2.31
广州市区	2.66±1.57	10.85±5.20	3.80±2.72	5.10±2.49	22.98±10.33
白云山	2.21±0.66	9.78±1.47	3.02±1.95	6.24±0.39	21.25±3.69
从化	0.45±0.34	5.52±0.78	0.78±0.77	4.81±0.92	11.57±1.62
后花园	1.10±1.25	6.30±3.24	1.60±1.87	2.73±1.32	11.97±5.32

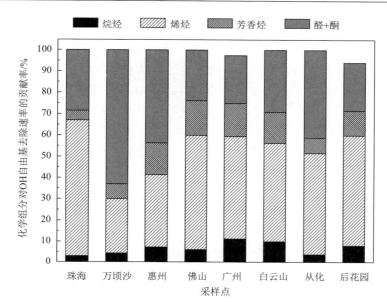

图 3-27　2006 年 7 月珠江三角洲各监测点 VOCs 组分对 OH 自由基去除速率的贡献率

　　表 3-10 给出 2006 年 7 月省站 OH 自由基去除速率和 OFP 排名前 10 位的物种。与秋季结果相似，甲苯、乙烯、丙烯和间, 对-二甲苯是广州市区大气中活性较高的 NMHCs 物种；乙醛对总 OH 自由基去除速率和臭氧生成潜势的贡献率相当（8%~9%），超过大部分烯烃组分，丙醛的作用也比较大。

表 3-10　2006 年 7 月省站 OH 自由基消耗速率和最大生成潜势排名前 10 位物种

排名	物种	OH 自由基消耗速率/s^{-1}	贡献率/%	物种	OFP/ppbv	贡献率/%
1	顺-2-戊烯	2.57	11.19	甲苯	52.26	13.66
2	乙醛	1.95	8.50	乙醛	34.58	9.04
3	丙烯	1.30	5.65	乙烯	29.94	7.83
4	甲苯	1.22	5.33	间, 对-二甲苯	25.20	6.59
5	乙烯	1.19	5.16	丙醛	20.38	5.33
6	丙醛	1.00	4.34	丙烯	17.64	4.61
7	异戊二烯	0.88	3.83	正丁醛	12.44	3.25
8	间, 对-二甲苯	0.86	3.76	邻-二甲苯	10.48	2.74
9	反-2-丁烯	0.85	3.69	乙苯	7.81	2.04
10	2-甲基-2-丁烯	0.72	3.13	反-2-丁烯	7.60	1.99

　　图 3-28 总结了 2006 年夏季广州市区（省站）主要 NMHCs 和 OVOCs 组分的大气浓度、OH 自由基消耗速率和臭氧生成潜势，图中按照物种浓度将各组分排序。可以看出，大气浓度最高的丙烷和乙炔由于相对低的 k_{OH} 和 MIR，对总 OH

自由基去除速率和 OFP 的贡献较小；甲苯、乙烯和乙醛浓度仅次于丙烷和乙炔，同时具有相对高的 k_{OH} 和 MIR，因而它们的 OH 自由基去除速率和 OFP 最高，是广州市区大气的主要活性组分；$C_3 \sim C_4$ 烷烃虽然在城市大气中浓度水平比较高（3～5ppbv），但这些物种与 OH 反应速率常数和 MIR 均比较低，对活性的贡献与丙烷相当；丙醛、丙烯、间,对-二甲苯的大气浓度在 2ppbv 左右，k_{OH} 和 MIR 略高于乙醛、乙烯和甲苯，它们的化学活性与乙醛、乙烯、甲苯接近或略低；大气浓度较低（0.4～0.5ppbv）$C_4 \sim C_5$ 烯烃，k_{OH} 是 C_8 芳香烃的 5～10 倍，它们对 VOCs 总 OH 自由基反应活性贡献较大。

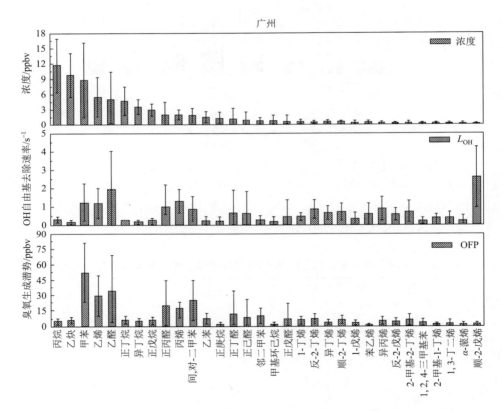

图 3-28　2006 年 7 月广州市区（省站）主要 VOCs 组分浓度、OH 自由基消耗速率和臭氧生成

　　表 3-11 是后花园 OH 自由基去除速率和 OFP 排名前 10 位的物种。与市区不同的是，异戊二烯对 VOCs 总 OH 自由基活性和臭氧生成的影响都比较大，对二者的贡献率分别为 19.3%和 7.2%，这是因为后花园地处风景区，植被覆盖率比市区高，异戊二烯浓度相对较高。乙醛、丙烯、丙醛对 VOCs 总 OH 自由基活性和

臭氧生成的影响相当，这与广州的情况类似。甲苯、间,对-二甲苯等活泼芳烃对 OFP 的贡献较大。采用前面的方法，总结了后花园主要 NMHCs 和 OVOCs 组分的大气浓度、OH 自由基消耗速率和臭氧生成潜势（图 3-29），可以直观考察各物种间的区别。

表 3-11　2006 年 7 月后花园 OH 自由基消耗速率和最大生成潜势排名前 10 位物种

排名	物种	OH 自由基消耗速率/s^{-1}	贡献率/%	物种	OFP/ppbv	贡献率/%
1	异戊二烯	2.31	19.29	甲苯	20.41	10.47
2	乙醛	1.06	8.87	乙醛	17.11	8.78
3	顺-2-戊烯	0.69	5.80	异戊二烯	14.06	7.22
4	丙烯	0.58	4.87	乙烯	13.16	6.75
5	异丁烯	0.56	4.66	间,对-二甲苯	11.26	5.77
6	乙烯	0.52	4.36	丙烯	9.12	4.68
7	丙醛	0.43	3.59	丙醛	8.32	4.27
8	甲苯	0.37	3.10	邻-二甲苯	5.75	2.95
9	α-蒎烯	0.31	2.57	正丁醛	5.08	2.61
10	间,对-二甲苯	0.30	2.52	1-丁烯	4.67	2.27

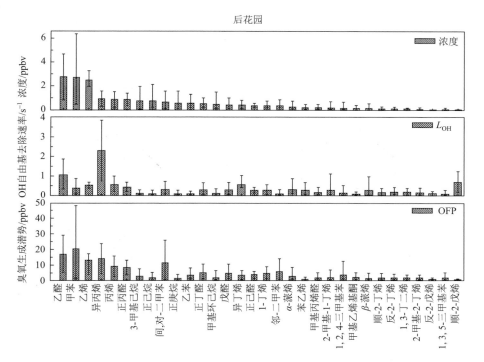

图 3-29　2006 年 7 月后花园主要 VOCs 组分浓度、OH 自由基消耗速率和臭氧生成潜势

3.4.4　北京及其近周边地区 VOCs 反应活性

　　基于 3.3 节所介绍在北京及其近周边地区所进行的区域观测 NMHCs 和羰基化合物数据，利用 OH 自由基消耗速率和 OFP 两种方法计算不同类 VOCs 对总活性的贡献，并与广州地区的结果进行比较（图 3-30）。对总 OH 自由基消耗速率贡献最大的 VOCs 是烯烃，其在夏季的贡献率是 40.6%，在冬季这一值高达 58.4%。其次是羰基化合物，在夏季的贡献高达 36.8%，在冬季这一值为 17.5%。芳香烃的贡献率在夏季和冬季分别为 12.9% 和 6.5%，烷烃的贡献率为 9.7% 和 17.5%。在夏季对 OFP 贡献最大的 VOCs 物种是羰基化合物（39.2%），其次是芳香烃（25.3%）和烯烃（25.1%），烷烃的贡献率仅占 10.4%。在冬季，对 OFP 贡献最大的是烯烃（44.7%），其次是芳香烃（31.7%）和羰基化合物（16.2%），烷烃的贡献率仅占 7.4%。通过比较，我们两种计算结果都显示羰基化合物、烯烃和芳香烃是影响臭氧生成的最重要组分。但是两种方法所计算出烯烃和芳香烃对总活性的贡献存在较大差异，原因在于 OH 自由基消耗速率仅考虑了 VOCs 与 OH 自由基第一步反应的反应速率，而未考虑生成后的 RO_2 自由基的循环。烯烃与 OH 自由基的反应速率很快，因而在计算的总 L_{OH} 中占的比例高；而对于芳香烃类化合物虽然与 OH 自由基的反应速率低于烯烃，但所生成的 RO_2 自由基会在后续的循环过程中导致更多 O_3 的产生，因而在利用 OFP 进行评价时，芳香烃和烯烃的贡献相当。

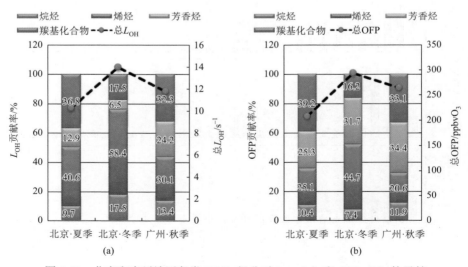

图 3-30　北京和广州地区各类 VOCs 组分对 L_{OH}（a）和 OFP（b）的贡献

　　表 3-12 总结了不同季节 CO、CH_4 和 NMHCs 在不同类型站点对全空气样品

的总 OFP 的贡献。除远郊背景点外的四类站点：上午 9:00，NMHCs 对全空气样品的总 OFP 贡献率为 66%～82%，CO 的贡献率为 16%～28%，CH$_4$ 的贡献率仅为 5%左右，其中北部郊区点 NMHCs 对全空气样品的总 OFP 的贡献率略低于其他三类站点；与上午 9:00 相比，下午 13:00 NMHCs 对全空气样品的 OFP 贡献率略有降低，为 61%～77%，甲烷的贡献率为 4%～10%，CO 的贡献率为 18%～30%。远郊背景点：NMHCs 对全空气样品的 OFP 贡献率在 46%～70%，CO 的贡献率为 20%～40%，CH$_4$ 的贡献率为 11%～21%。同一类型站点的全空气样品 OFP 组成在不同季节差异不大。通过上面的分析发现尽管 NMHCs 对 OFP 贡献占主导，但在人为源影响较小的郊区，CO 和 CH$_4$ 随臭氧生成的作用不容忽视。其中，烯烃和芳香烃是对 NMHCs 的 OFP 贡献率最大的两类物种，大约分别占 30%～50%，而对浓度的贡献占绝对优势的烷烃对 OFP 的贡献率仅为 15%～20%，乙炔对 NMHCs 浓度的贡献率大于 10%，但是对其 OFP 值的贡献率仅为 2%左右。异戊二烯在夏季 13:00 对 OFP 的贡献率可达 10%～30%。除远郊背景点其他四类站点 NMHCs 的 OFP 组成基本一致，在郊区点异戊二烯对 OFP 的贡献率明显高于城区和交通点。远郊背景点芳香烃对 NMHCs 的 OFP 值的贡献率仅为 20%～30%，低于其他四类站点（30%～50%），异戊二烯的贡献率比其他站点高，在夏季 13:00 高达 40%。所有类型站点 NMHCs 活性构成的季节变化特征基本一致：冬季人为源烯烃对 NMHCs 的 OFP 值的贡献率为 39%～51%，而在夏季 13:00 仅为 16%～30%，春/秋季为 28%～42%；因为异戊二烯主要来自天然源排放，所以对全空气样品 OFP 贡献的季节变化规律与其他来自人为源的 VOCs 物种的变化规律相反。在夏季，由于光化学反应剧烈，活泼人为源烯烃被消耗，因此下午 13:00 人为源烯烃对 OFP 的贡献小于上午 9:00。在夏季，羰基化合物 OFP 水平为 NMHCs 的 OFP 值的 65%，而在冬季这一比值为 21%，说明羰基化合物对夏季近地面臭氧的生成起着非常重要的作用。

表 3-12　各类站点在不同季节 NMHCs、CO 和 CH$_4$ 的 OFP 值（ppbv O$_3$）

站点类型	季节	炔烃	烷烃	芳香烃	异戊二烯	人为源烯烃	一氧化碳	甲烷	全空气样品 OFP
					采样时间：9:00				
交通站	夏季	3.15	32.57	95.65	8.52	59.16	40.97	11.67	251.70
	春季/秋季	6.23	39.83	95.90	6.54	85.14	72.37	11.18	317.20
	冬季	5.35	38.49	139.27	1.93	144.45	84.37	11.51	425.39
城市站	夏季	2.96	28.22	78.67	7.27	47.15	37.95	11.05	213.26
	春季/秋季	4.08	29.01	68.07	4.03	57.86	55.62	11.19	229.87
	冬季	5.14	29.84	98.73	1.47	120.89	68.50	12.16	336.72
北部郊区站	夏季	1.77	12.78	35.98	7.46	26.25	29.15	10.04	123.43
	春季/秋季	2.59	16.89	42.87	4.35	37.64	44.32	10.29	158.95
	冬季	2.92	16.85	43.05	1.15	68.54	40.19	9.76	182.47

站点类型	季节	炔烃	烷烃	芳香烃	异戊二烯	人为源烯烃	一氧化碳	甲烷	全空气样品 OFP
					采样时间：9:00				
南部郊区站	夏季	2.80	30.31	70.15	14.03	45.88	38.15	11.19	212.53
	春季/秋季	4.06	41.11	113.66	6.67	60.76	48.70	11.67	286.63
	冬季	6.60	52.96	183.09	3.45	223.81	94.74	11.89	576.55
远郊背景站	夏季	0.81	8.35	15.81	7.71	18.02	13.97	8.22	72.89
	春季/秋季	0.79	8.14	10.01	5.48	13.57	34.39	10.33	82.71
	冬季	0.50	4.00	4.41	0.11	9.14	9.31	7.13	34.59
					采样时间：13:00				
交通站	夏季	2.14	28.24	55.19	21.14	44.57	35.82	10.17	197.27
	春季/秋季	3.35	25.92	60.40	10.33	57.68	57.28	10.46	225.42
	冬季	3.15	26.96	78.50	2.52	91.00	51.84	10.37	264.33
城市站	夏季	1.93	19.84	42.82	12.76	26.43	30.75	10.43	144.97
	春季/秋季	2.81	20.65	45.45	5.85	34.75	41.62	10.40	161.54
	冬季	3.06	21.69	56.59	0.74	67.15	41.13	10.17	200.52
北部郊区站	夏季	1.42	10.45	23.12	11.41	15.00	25.63	9.96	96.99
	春季/秋季	1.64	11.21	23.74	9.36	24.57	34.84	10.04	115.41
	冬季	1.84	9.90	18.06	0.42	31.53	30.27	9.65	101.68
南部郊区站	夏季	1.43	10.92	30.62	22.55	16.26	25.03	9.86	116.66
	春季/秋季	2.75	21.34	51.63	8.38	36.80	37.07	10.86	168.82
	冬季	3.98	26.74	78.33	2.13	83.56	56.55	10.35	261.65
远郊背景站	夏季	0.52	3.87	5.84	10.20	7.08	13.37	9.23	50.12
	春季/秋季	0.89	5.93	8.09	3.82	10.90	24.61	9.55	63.80
	冬季	0.70	5.26	7.31	0.41	12.81	11.75	8.19	46.44

　　在大部分站点乙炔、乙烷和乙烯是浓度排名前三的化合物，接下来是 $C_3 \sim C_5$ 的烷烃、甲苯和苯。在夏季的郊区异戊二烯也会出现在浓度排名前十的列表中，在春季/秋季和夏季的部分站点二氯甲烷会排在前十，而在冬季丙烯会出现在这一列表中。在夏季下午 13:00，异戊二烯的 OFP 值排名前三，在夏季上午 9:00 和春季/秋季，异戊二烯 OFP 值也会排在前十位。除远郊背景点外，甲苯、乙烯和间，对-二甲苯是除异戊二烯以外 OFP 排名前三的物种，接下来是 $C_3 \sim C_4$ 烯烃、$C_8 \sim$ C_9 芳烃和 $C_4 \sim C_5$ 烷烃，尽管乙炔活性低，但由于其浓度高，因此在冬季，乙炔的 OFP 值也排在前十位。对于远郊背景点，丙烯和 $C_4 \sim C_5$ 烷烃的 OFP 值排名更加靠前。如表 3-13 所示，羰基化合物 OFP 主要是由 $C_1 \sim C_3$ 醛类贡献的。甲醛、乙醛由于具有较高的环境大气浓度和高最大增量反应活性，因此对羰基化合物 OFP 的贡献占绝对优势，二者之和贡献总羰基化合物 OFP 的 74% 左右，成为各类站点活性最高的羰基化合物。夏季和冬季，甲醛对羰基 OFP 的贡献率分别为 51.2%～54.2%、35.7%～54.5%，乙醛对羰基 OFP 的贡献率分别为 20.7%～23.0%、25.5%～31.3%，

其次是甲基乙烯基酮、甲基乙二醛、丙醛和丁醛。综合考虑化合物浓度水平和 OFP 值的排名，$C_1 \sim C_3$ 醛类、$C_7 \sim C_8$ 芳香烃、$C_4 \sim C_5$ 烷烃以及 $C_2 \sim C_4$ 的烯烃是影响北京地区挥发性有机物浓度水平和近地面臭氧生成的关键物种，需要进行优先控制。

表 3-13　北京市各类站点的羰基化合物 OFPs（ppbv O_3）

物种名称	夏季/秋季						冬季					
	城区	北郊	南郊	远郊背景	工业	路边	城区	北郊	南郊	远郊背景	工业	路边
甲醛	54.5	35.5	41.8	21.6	49.6	58.2	23.2	10.3	25.1	4.5	20.5	23.2
乙醛	23.4	13.6	16.8	8.3	21.0	23.8	17.2	8.0	22.9	2.1	22.7	14.7
丙酮	1.23	0.99	0.97	1.00	1.13	1.27	0.85	0.49	1.16	0.25	1.41	0.80
丙醛	4.71	2.38	3.21	1.62	4.16	4.92	3.69	1.67	4.47	0.36	5.18	3.15
丁烯醛	0.33	0.43	0.59	0.13	0.93	0.44	N.D.[b]	N.D.	N.D.	N.D.	N.D.	N.D.
甲基乙烯基酮	4.70	3.99	6.04	2.93	4.49	5.29	2.13	1.30	3.25	0.43	4.77	2.30
异丁烯醛	1.08	0.81	1.59	0.60	0.96	1.24	0.51	0.35	0.69	N.D.	1.32	0.55
2-丁酮	1.40	1.11	1.21	0.58	1.44	1.64	0.85	0.40	1.44	0.11	2.24	0.91
丁醛	1.75	1.03	1.31	0.63	1.99	1.83	1.64	0.89	2.21	0.12	2.06	1.41
异戊醛+环己酮	1.22	0.72	1.31	0.48	0.96	1.37	1.69	0.77	2.11	N.D.	3.16	1.42
正戊醛	0.80	0.52	0.74	0.40	0.61	0.74	0.67	0.39	0.81	N.D.	0.58	0.54
甲基乙二醛	4.77	3.73	4.53	1.70	5.20	5.56	1.83	1.36	3.31	0.28	N.D.	3.12
己醛	0.92	0.37	0.55	0.45	0.62	0.82	0.75	0.34	0.50	0.47	0.62	0.63
庚醛	0.29	0.17	0.20	0.25	0.25	0.27	N.D.	N.D.	N.D.	N.D.	N.D.	N.D.
辛醛	0.40	0.23	0.27	0.33	0.33	0.34	N.D.	N.D.	N.D.	N.D.	N.D.	N.D.
总和	101.51	65.52	81.10	40.98	93.66	107.83	55.00	26.33	67.92	8.67	64.57	52.66

注：N.D. 代表未检出。

3.5　VOCs 多效应评估体系

3.5.1　VOCs 的环境效应评估简介

1. VOCs 的臭氧生成贡献评估

挥发性有机物是大气光化学反应中的重要前体物，VOCs 可以作为前体物与氮氧化物（NO_x）反应生成臭氧，且不同的 VOCs 的大气光化学反应活性不同，其臭氧生成潜势也存在差异。早期已开展大量烟雾箱实验研究及模型研究定量分析挥发性有机物的光化学反应活性[72]。在 $C_2 \sim C_{12}$ 物种中，烯烃、芳香烃和长链烷烃等与羟基自由基的反应速率大，容易发生光化学反应，从而促使臭氧的生成。

挥发性有机物对于臭氧生成贡献的定量评估通常有以下两种方式：①VOCs 的臭氧生成潜势（OFP）；②VOCs 与 OH 自由基反应的活性（L_{OH}）。其中 OH 自由基反应活性表征了 VOCs 与 OH 自由基反应过程中生成有氧自由基（RO_2）的能力，RO_2 自由基作为生成臭氧和二次有机气溶胶的关键中间产物，其值越大，VOCs 生成臭氧的潜力越大。OFP 表征了 VOCs 物种对臭氧生成的相对贡献，可以作为评估臭氧生成的重点源及关键物种。相比之下，VOCs 的 L_{OH} 值主要反应 VOCs 昼间光化学反应中 VOCs 对臭氧生成的贡献，而且由于大气光化学反应涉及的物种及反应十分复杂，计算过程中没有考虑到 RO_2 的后续反应、光解反应、NO_3 自由基的反应、生成硝酸酯及 PAN 的反应，并忽略了部分 OH 自由基的反应。而 OFP 则主要反应 VOCs 对臭氧生成的相对贡献，可以用于评估各 VOCs 物种的相对贡献程度[73, 74]。因此，OFP 方法在评估臭氧生成能力方面具有一定优势，本研究选用臭氧生成潜势来评估 VOCs 对臭氧生成的贡献。

对于 VOCs 臭氧生成潜势的评估较为常用的参数有光化学臭氧生成潜势（photochemical ozone creation potentials，POCP）及最大增量反应活性（MIR）两种方式。其中，光化学臭氧生成潜势（POCP）是 Derwent 等运用光化学轨迹模型计算得出的，其值为某一挥发性有机物相对于同等质量的乙烯对臭氧生成的贡献程度[75]。POCP 的值很大程度上受研究地区的地理参数、环境变量的基本假设的影响，其可以作为 VOCs 控制策略制定的参考，适用于环境条件与研究地区相近的区域。

最大增量反应活性作为衡量挥发性有机物对臭氧生成贡献的另一重要参数。增量反应活性的定义由加拿大的 Carter 等提出，既考虑了 VOCs 的机理反应活性，即特定 VOCs 产生 O_3 的分子数，又考虑了 VOCs 的动力反应活性，即 VOCs 生成 RO_2 自由基的快慢及混合物的相互作用[65]。此外，VOCs 的增量反应活性与给定气团的性质、NO_x 浓度有很大关系，当 VOCs/NO_x 的比值使 O_3 生成达最大值时，成为 VOCs 的最大增量反应活性，即 MIR 是指给定的 NMHCs 气团中，增加单位量的 NMHCs 所产生的 O_3 浓度的最大增量。基于多个城市 100 余种 VOCs 物种在不同 NO_x 浓度下对臭氧生成的贡献，Carter 等提出：基于臭氧峰值浓度所建立的方法依赖于 NO_x 的水平，但基于臭氧累计浓度的标准对 NO_x 的浓度并不敏感，其与最大增量反应活性的标准类似。这说明了基于 MIR 对臭氧生成潜势的评估适用于需要单一反应活性量度的情况[76]。

基于以上讨论，本研究选用 VOCs 的臭氧生成潜势（OFP）作为评估 VOCs 对臭氧生成贡献的关键物种，OFP 的计算采用某 VOCs 物种的大气环境浓度与其最大增量反应活性的乘积［式（3-6）］。本研究选用了 Carter 实验室 2013 年的最新研究成果，在大量研究的基础上更新的 1000 余种 VOCs 物种的 MIR 值，表 3-14 列出了本研究涉及的 75 种 VOCs 物种相应的 MIR 值[77]。

$$OFP_i = \sum_{j=1}^{m}(E_{ij} \times MIR_j) \qquad (3-6)$$

式中，OFP_i 为排放源 i 的臭氧生成贡献；E_{ij} 为排放源 i 中物种 j 的排放量；MIR_j 为单位 VOCs 物种浓度的增加产生的最大 O_3 浓度（g O_3/g VOCs）。

表 3-14　本研究中 VOCs 物种及其对应的 MIR 值

序号	物种	MIR/(g O₃/g VOCs)	序号	物种	MIR/(g O₃/g VOCs)
1	乙烷	0.281	25	正辛烷	0.899
2	丙烷	0.489	26	正壬烷	0.781
3	异丁烷	1.230	27	正癸烷	0.684
4	正丁烷	1.151	28	正十一烷	0.611
5	环戊烷	2.392	29	乙烯	8.995
6	异戊烷	1.446	30	丙烯	11.665
7	正戊烷	1.313	31	1, 3-丁二烯	12.612
8	甲基环戊烷	2.191	32	1-丁烯	9.727
9	环己烷	1.250	33	顺-2-丁烯	14.241
10	2, 2-二甲基丁烷	1.173	34	反-2-丁烯	15.163
11	2, 3-二甲基丁烷	0.969	35	异戊二烯	10.607
12	2-甲基戊烷	1.502	36	1-戊烯	7.207
13	3-甲基戊烷	1.805	37	顺-2-戊烯	10.384
14	正己烷	1.244	38	反-2-戊烯	10.565
15	甲基环己烷	1.698	39	1-己烯	5.492
16	2, 3-二甲基戊烷	1.344	40	乙炔	0.954
17	2, 4-二甲基戊烷	1.549	41	苯	0.721
18	2-甲基己烷	1.190	42	甲苯	4.005
19	3-甲基己烷	1.614	43	间, 对-二甲苯	9.750
20	正庚烷	1.074	44	乙苯	3.038
21	2, 2, 4-三甲基戊烷	1.261	45	邻-二甲苯	7.640
22	2, 3, 4-三甲基戊烷	1.030	46	苯乙烯	1.733
23	2-甲基庚烷	1.073	47	1, 2, 3-三甲基苯	11.971
24	3-甲基庚烷	1.239	48	1, 2, 4-三甲基苯	8.872

续表

序号	物种	MIR/(g O₃/g VOCs)	序号	物种	MIR/(g O₃/g VOCs)
49	1, 3, 5-三甲基苯	11.763	63	甲醛	9.456
50	异丙苯	2.516	64	乙醛	6.539
51	间-乙基甲苯	7.391	65	丙烯醛	7.451
52	正丙苯	2.025	66	丙醛	7.081
53	邻-乙基甲苯	5.586	67	丁醛	5.974
54	对-乙基甲苯	4.444	68	戊醛	5.082
55	间-二乙基苯	7.098	69	异戊醛	4.972
56	对-二乙基苯	4.431	70	苯甲醛	0.000
57	四氯化碳	0.000	71	己醛	4.353
58	氯仿	0.022	72	丙酮	0.356
59	二氯甲烷	0.041	73	甲基乙基酮/丁酮	1.481
60	氯甲烷	0.038	74	异丙醇	0.614
61	四氯乙烯	0.031	75	乙酸乙酯	0.626
62	氯乙烯	2.827			

2. VOCs 的气溶胶生成贡献评估

大气中挥发性有机物如高碳烷烃、烯烃、芳香烃等具有被氧化成二次有机气溶胶（颗粒物）（SOA）的潜力[78, 79]，VOCs 可与大气中的羟基自由基、氮氧自由基以及臭氧等发生反应生成 SOA[80]。随着 SOA 实验室模拟研究和示踪物测量技术的发展，国内外学者开展了大量有关 VOCs 物种对 SOA 生成的化学机理及贡献程度的定量分析研究[72, 81, 82]。

基于烟雾箱实验研究 SOA 的生成，使 VOCs 与其中的氧化剂在烟雾箱中反应，并提供非均相成核表面，测量颗粒物的生成量，建立 SOA 与 VOCs 前体物之间的关系。Grosjean 等假设 VOCs 生成 SOA 的产率是固定不变的，并根据烟雾箱实验的结果提出了气溶胶生成系数的概念，用来反映 SOA 生成与 VOCs 初始浓度之间的关系，并对多种 VOCs 的气溶胶生成系数进行了测定[82, 83]。近期 Derwent 等运用光化学轨迹模型研究了大量人为排放的挥发性有机物对 SOA 生成的相对贡献程度，研究获得了理想条件下 113 种 VOCs 物种的 SOA 生成潜势（secondary organic aerosol potential，SOAP）[84]。二次有机气溶胶生成潜势是指某挥发性有机物物种生成 SOA 的潜势与同等质量甲苯生成 SOA 的潜势之比，其计算公式如式（3-7）所示，某类排放源的二次有机气溶胶生成计算公式如式（3-8）所示。

$$\text{SOAP}_j = \frac{\text{挥发性有机物} j \text{生成SOA的潜势}}{\text{甲苯生成SOA的潜势}} \times 100 \qquad (3\text{-}7)$$

$$\text{SOAP}_i = \sum_{j=1}^{m}(E_{ij} \times \text{SOAP}_j) \qquad (3\text{-}8)$$

式中，SOAP_i 为排放源 i 的 SOA 生成潜势；E_{ij} 为排放源 i 中 VOCs 组分 j 的排放量；SOAP_j 为某挥发性有机物组分 j 的相对于同等质量的甲苯生成 SOA 的潜势。

本研究用到的 SOAP 数据是 2010 年 Derwent 等对主要 VOCs 物种的最新研究成果(表 3-15)[84]，其中有准确 SOAP 数值对应的 VOCs 排放量占排放总量的 87%，且覆盖了 SOA 生成潜势较大的芳香烃、高碳烷烃、烯烃物种，确保了分析结果的可靠性。

表 3-15　本研究中 VOCs 物种及其对应的 SOAP 值

序号	物种	SOAP	序号	物种	SOAP
1	乙烷	0.1	23	2-甲基庚烷	0
2	丙烷	0	24	3-甲基庚烷	0
3	异丁烷	0	25	正辛烷	0.8
4	正丁烷	0.3	26	正壬烷	1.9
5	环戊烷	0	27	正癸烷	7
6	异戊烷	0.2	28	正十一烷	16.2
7	正戊烷	0.3	29	乙烯	1.3
8	甲基环戊烷	0	30	丙烯	1.6
9	环己烷	0	31	1,3-丁二烯	1.8
10	2,2-二甲基丁烷	0	32	1-丁烯	1.2
11	2,3-二甲基丁烷	0	33	顺-2-丁烯	3.6
12	2-甲基戊烷	0	34	反-2-丁烯	4
13	3-甲基戊烷	0.2	35	异戊二烯	1.9
14	正己烷	0.1	36	1-戊烯	0
15	甲基环己烷	0	37	顺-2-戊烯	3.1
16	2,3-二甲基戊烷	0.4	38	反-2-戊烯	3.1
17	2,4-二甲基戊烷	0	39	1-己烯	0
18	2-甲基己烷	0	40	乙炔	0.1
19	3-甲基己烷	0	41	苯	92.9
20	正庚烷	0.1	42	甲苯	100
21	2,2,4-三甲基戊烷	0	43	间,对-二甲苯	84.5
22	2,3,4-三甲基戊烷	0	44	乙苯	111.6

续表

序号	物种	SOAP	序号	物种	SOAP
45	邻-二甲苯	95.5	61	四氯乙烯	0
46	苯乙烯	212.3	62	氯乙烯	0
47	1, 2, 3-三甲基苯	43.9	63	甲醛	0.7
48	1, 2, 4-三甲基苯	20.6	64	乙醛	0.6
49	1, 3, 5-三甲基苯	13.5	65	丙烯醛	0
50	异丙苯	95.5	66	丙醛	0.5
51	间-乙基甲苯	100.6	67	丁醛	0
52	正丙苯	109.7	68	戊醛	0
53	邻-乙基甲苯	94.8	69	异戊醛	0
54	对-乙基甲苯	69.7	70	苯甲醛	216.1
55	间-二乙基苯	0	71	己醛	0
56	对-二乙基苯	0	72	丙酮	0.3
57	四氯化碳	0	73	甲基乙基酮/丁酮	0.6
58	氯仿	0	74	异丙醇	0.4
59	二氯甲烷	0	75	乙酸乙酯	0.1
60	氯甲烷	0			

此外，大量的研究中发现在计算得到的二次有机气溶胶生成中，芳香烃生成的 SOA 所占比例最大，如对希腊雅典地区的研究显示 SOA 的生成 60%～90%来自芳香烃，美国南加州地区研究显示 61% SOA 的生成来自芳香烃，在加拿大英属哥伦比亚地区，这个比例约为 80%[85, 86]，且由于低碳 VOCs 氧化后的产物由于其饱和蒸汽压太高，不易凝结成颗粒相而无法生成 SOA。虽然本研究中所涉及 VOCs 物种仅获得了较全面的烷烃、烯烃、炔烃、芳香烃数据，并无含氧 VOCs、卤代烃的数据，但对分析挥发性有机物对二次有机气溶胶生成贡献的影响并不大。

3. VOCs 的毒害效应评估

挥发性有机物不仅具有间接的环境及健康危害，部分 VOCs 物种还具有直接的毒害效应。但是由于 VOCs 来源复杂，种类繁多，目前尚无完整的 VOCs 物种的毒理学数据，且各种毒理学研究的数据研究条件不同，不易比较。由于各个国家及地区经济社会发展模式的不同，其挥发性有机物排放特征也不尽相同，各国在进行 VOCs 毒害效应分级时侧重的物种有所不同，不可能涵盖所有的 VOCs 物种。因此本研究在整合目前各国家和地区 VOCs 毒害效应分级方法的基础上对本研究主要关注的 75 种 VOCs 组分进行毒害效应的分级及赋值。

　　本章中对于 VOCs 物种的赋值和分级主要参考了以下国家和地区的控制标准。欧洲成员国建立了 VOCs 分级标准，即：按健康毒性的大小，将 VOCs 分为高毒害、中等毒害和低毒害 3 类，排放标准分别控制在 5mg/m³、20mg/m³ 和 100mg/m³。此外，美国大气污染物质的控制对象是 188 种有毒空气污染物，其中的 28 种属于有机有毒空气污染物（hazardous air pollutants，HAPs）。

　　对于 VOCs 物种的分级及赋值主要参照了英国 VOCs 物种分级中的健康风险数据，因为其涉及的物种较为全面，包括了本研究主要关注的大部分物种，对于其中未涉及的物种，则参照国际癌症研究机构（International Agency for Research on Cancer，IARC）、欧盟人类健康影响分类、欧盟有机化合物按最高允许浓度（maximum allowable concentration，MAC）的毒性分级、美国有机 HAPs 目录等对应进行补充。对于不同的 VOCs 毒害级别，合理附以相应的值，以便对不同 VOCs 物种的毒害影响进行量化比较，各物种赋值对照情况见表 3-16。

　　一级毒害（4 分）：一级、二级致癌、致畸、致突变，高毒性物种；二级毒害（3 分）：三级致癌、致畸、致突变物种；三级毒害（2 分）：IARC 2B 级、三级致癌，毒性物种；四级毒害（1 分）：有害物种，刺激性物种。

表 3-16　本研究中 VOCs 物种及其对应的毒性分级

序号	物种	MAC 毒性	序号	物种	MAC 毒性
1	乙烷	0	18	2-甲基己烷	0
2	丙烷	0	19	3-甲基己烷	0
3	异丁烷	0	20	正庚烷	0
4	正丁烷	0	21	2, 2, 4-三甲基戊烷	1
5	环戊烷	0	22	2, 3, 4-三甲基戊烷	0
6	异戊烷	0	23	2-甲基庚烷	0
7	正戊烷	0	24	3-甲基庚烷	0
8	甲基环戊烷	0	25	正辛烷	0
9	环己烷	0	26	正壬烷	0
10	2, 2-二甲基丁烷	0	27	正癸烷	0
11	2, 3-二甲基丁烷	0	28	正十一烷	0
12	2-甲基戊烷	0	29	乙烯	1
13	3-甲基戊烷	0	30	丙烯	0
14	正己烷	1	31	1, 3-丁二烯	4
15	甲基环己烷	0	32	1-丁烯	0
16	2, 3-二甲基戊烷	0	33	顺-2-丁烯	0
17	2, 4-二甲基戊烷	0	34	反-2-丁烯	0

续表

序号	物种	MAC 毒性	序号	物种	MAC 毒性
35	异戊二烯	1	56	对-二乙基苯	0
36	1-戊烯	0	57	四氯化碳	3
37	顺-2-戊烯	0	58	氯仿	3
38	反-2-戊烯	0	59	二氯甲烷	3
39	1-己烯	0	60	氯甲烷	3
40	乙炔	0	61	四氯乙烯	2
41	苯	4	62	氯乙烯	4
42	甲苯	2	63	甲醛	3
43	间, 对-二甲苯	2	64	乙醛	3
44	乙苯	2	65	丙烯醛	2
45	邻-二甲苯	2	66	丙醛	1
46	苯乙烯	2	67	丁醛	1
47	1, 2, 3-三甲基苯	1	68	戊醛	0
48	1, 2, 4-三甲基苯	1	69	异戊醛	0
49	1, 3, 5-三甲基苯	1	70	苯甲醛	2
50	异丙苯	1	71	己醛	0
51	间-乙基甲苯	0	72	丙酮	0
52	正丙苯	1	73	甲基乙基酮/丁酮	1
53	邻-乙基甲苯	0	74	异丙醇	0
54	对-乙基甲苯	0	75	乙酸乙酯	0
55	间-二乙基苯	0			

3.5.2　VOCs 多效应评估体系的建立

本研究对于挥发性有机物重点行业的筛选主要是基于挥发性有机物排放清单及现有的源成分谱，获得基于组分的 VOCs 排放清单。结合各 VOCs 物种的臭氧生成潜势（OFP）、二次有机气溶胶生成潜势（SOAP）及毒性数据，计算得出各组分对臭氧生成、气溶胶生成、毒性的贡献以及各类源总贡献的绝对值。其中某一组分的单一环境影响均以其排放量与相应系数的乘积作为绝对贡献值，而该组分的贡献程度则以该源类所有组分的贡献程度进行归一化处理后的结果作为衡量指标。

综合环境影响是考虑以上三方面环境影响的重要程度分别赋予不同的权重计

算得出，依此确定各源类减排控制需要关注的重点源类及物种。

$$综合环境影响 = 0.4×臭氧生成的相对贡献 + 0.4×气溶胶生成的相对贡献$$
$$+ 0.2×毒性相对贡献 \qquad (3-9)$$

各类 VOCs 环境效应的权重采取专家打分的形式获得，由于 O₃ 及 SOA 是形成 PM₂.₅ 的关键前体物，其环境效应极为重要，且已有大量的研究对 VOCs 的臭氧生成潜势及二次有机气溶胶生成潜势进行定量评估，具有充分的数据支持，因此以上两类环境效应赋予了 40% 的权重。对于 VOCs 的毒性效应的评估则缺少相应的定量研究，没有足够的毒性数据支持，且 VOCs 的人类健康效应受到多种毒理学因素的影响，因此对毒害效应赋予了 20% 的权重。随着未来对 VOCs 各类环境效应的深入研究，以上权重数据可以进行进一步的调整，以获得更为准确的评估结果。

基于以上技术路线，本研究构建了综合考虑 VOCs 的排放量及 VOCs 的各类环境效益的评估方法，实现了基于环境目标的挥发性有机物排放重点行业及源类的筛选。

可以通过进一步的结果分析为控制技术和减排策略提供具有指导性意义的结果，其具体的技术路线图如图 3-31 所示。

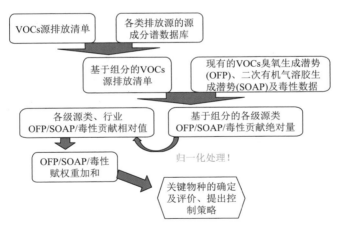

图 3-31　挥发性有机物重点行业、源类筛选技术路线

3.5.3　VOCs 多效应评估体系在我国的应用

1. 我国 VOCs 排放的重点区域评估

运用本研究建立的挥发性有机物多效应评估方法，获得了我国 31 个省市的综合环境效应及各方面环境影响，其中对综合环境影响贡献较大的四个地区分别为

山东、广东、江苏和浙江，其总贡献率达 36.7%，而海南、宁夏、青海及西藏的综合环境影响贡献最小，其总贡献率仅为 1.3%。由于我国 VOCs 排放量巨大，对各地区环境效应的评估起到了主导性的作用，因此，考虑 VOCs 环境效应的评估结果与仅考虑挥发性有机物排放量评估得到的重点区域一致。

　　为了评估我国不同地区 VOCs 的排放特征及综合环境影响，本研究分别从单位 VOCs 排放所产生的臭氧生成贡献、气溶胶生成贡献、毒性贡献及综合环境影响四方面出发进行了重点地区筛选，其与仅考虑 VOCs 排放量所得到的评估结果有明显差异。就 VOCs 排放所造成的臭氧生成而言，北京市及我国的东北、西北及西南部地区的贡献较大；就 VOCs 排放所造成的二次有机气溶胶生成而言，我国的东部地区贡献最大，其中重庆的二次有机气溶胶生成贡献最大。考虑 VOCs 排放造成的综合环境效应，北京、重庆、上海、江苏及广东是五大重点区域，且排名前三的区域均为直辖市，以上地区的环境效应需要给予高度关注。此外，本研究分析了单位 VOCs 排放造成的各类环境效应，北京地区的臭氧生成贡献、毒害影响及综合环境影响均最为严重，有必要对北京市的产业结构进行进一步的研究及调整，以使北京地区的环境有所改善。

　　2. 我国 VOCs 排放的重点行业评估

　　基于以上评估方法，本研究获得了我国 VOCs 控制的重点人为源及重点行业，溶剂使用源及工艺过程源是需要控制的重点源类，其对综合环境效应的贡献率分别为 24.2%、23.1%。生物质燃烧源、移动源及化石燃料燃烧源的综合环境影响相对较小，其贡献率均在 16.7%～18.6% 之间。本研究得到的单位质量 VOCs 排放造成的环境效应与各人为源 VOCs 排放量有明显差异（图 3-32）。因此，在制定挥发性有机物的减排策略时需要综合考虑 VOCs 的排放量及其多方面的环境效应的评估。

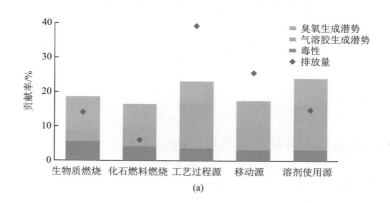

(a)

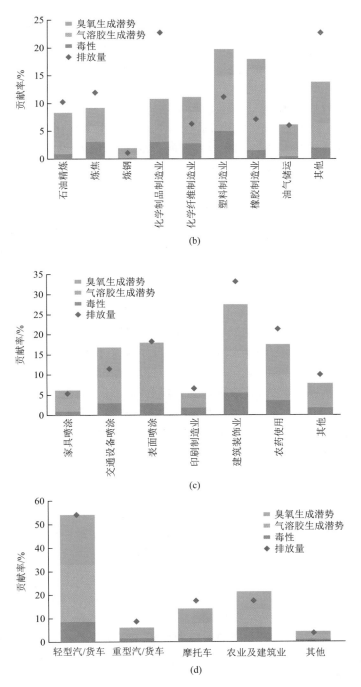

图 3-32　我国 VOCs 排放的重点行业的环境效应及排放量在各类主要源的占比

（a）五大类主要源类；（b）各类工艺过程源；（c）各类溶剂使用源；（d）各类移动源

　　分别考虑各排放源的臭氧生成潜势、二次有机气溶胶生成潜势及毒性影响，不同源类存在明显的差异。就臭氧生成贡献而言，移动源的贡献最为显著，其次分别为工艺过程源、生物质燃烧源、溶剂使用源及化石燃料燃烧源，其贡献率分别为 29.3%、24.6%、21.6%、17.1%、7.3%。就二次有机气溶胶生成贡献而言，工艺过程源的贡献最为显著，贡献率为 42.5%。其次分别为溶剂使用源、移动源，其贡献率分别为 25.6%、21.5%，而另外两类源的贡献仅为 10.3%。就毒性影响而言，工艺过程源、生物质燃烧源和移动源的贡献较为相似，分别为 28.0%、24.7%、24.0%。由此可见，除 VOCs 的排放量外，不同源类的排放特征导致了其对不同环境效应的贡献有所差异。

　　此外，本书分别研究了重点源类中各具体行业的环境影响。工艺过程源中，塑料制造业、橡胶制造、化学纤维制造、化工行业及炼焦是环境影响最为显著的五类行业，其对综合环境影响的贡献率达 70%。其中，塑料制造、橡胶制造、化学纤维制造的 VOCs 排放量很低，但以上行业大量的芳香烃组分排放导致了其显著的环境效应。图 3-32（c）则展示了溶剂使用源中各行业的综合环境影响，其中建筑装饰业的溶剂使用 VOCs 排放量及综合环境效应均最大，其次分别为电气机械及器材制造业、农药使用及交通运输设备制造业，以上四个行业对综合环境影响的贡献率就可以达到 80.3%。值得关注的是，农药使用过程的 VOCs 排放及综合环境影响均较大，但其本地化的源排放特征研究却极为缺乏，需要对此类源进行进一步的研究。就移动源排放造成的环境影响，轻型客车及货车的贡献最大，其贡献率达到 54.0%，其次非道路移动源中的农业及建筑业排放，及摩托车排放也是重点的排放源，其对综合环境影响的贡献率分别为 17.5%、17.0%。可以看出，不同移动源的 VOCs 排放与其造成的环境影响十分接近，这主要是由于不同移动源的排放特征较为相似。

　　此外，在制定挥发性有机物减排策略时，不同排放源的国民经济生产总值（GDP）也是进行重点源类筛选的关键因素。基于我国 2012 年的国民经济生产总值，本研究计算了 36 个重点行业单位 GDP 产生的综合环境效应，其中行业分类是参照我国国民经济行业分类的划分得到的。考虑每亿元产值的 VOCs 排放，筛选出了 VOCs 排放超过 200t/亿元的 8 个重点行业（图 3-33），其中化学纤维制造、石油加工、炼焦及核燃料加工业，橡胶制造业的 VOCs 排放超过了 400t/亿元。考虑每亿元产值的产生的综合环境效应，筛选出的重点行业，其中橡胶制造业、化学纤维制造、塑料制造业的环境效应最为显著。综合考虑单位产值的 VOCs 排放及综合环境效应，筛选出来的重点行业较为一致，在制定 VOCs 控制策略时，需要对以上行业给予重点关注。

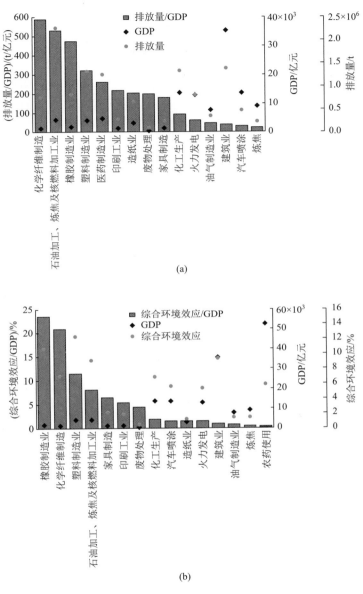

图 3-33　基于 GDP 的我国重点行业的评估

（a）单位 GDP 的 VOCs 排放；（b）单位 GDP 的 VOCs 综合环境效应

3. 我国 VOCs 排放的关键物种评估

本研究分析了不同 VOCs 组分对于臭氧生成、二次有机气溶胶生成、毒性影响及综合环境效应的贡献，如图 3-34 所示。烯烃、炔烃及芳香烃对臭氧生成的贡献较为显著，贡献率分别为 45.7%、35.2%，这主要是由于以上组分的 VOCs 排放量较大且其自身较高的增量反应活性。此外，由于较低的最大增量反应活性，烷烃对臭氧生成的贡献率仅为 6.3%，而其排放量占 VOCs 总排放的 21.1%。对二次有机气溶胶生成贡献而言，其由芳香烃组分所主导，贡献率高达 97.7%。显而易见，芳香烃是实施颗粒物控制政策中的关键前体物。对毒性影响而言，芳香烃、烯烃、炔烃、含氧 VOCs 的贡献均较为显著，以上三种组分对毒性效应的

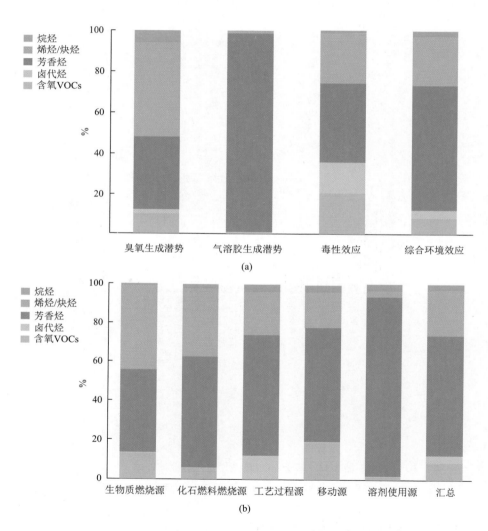

图 3-34　不同 VOCs 组分的贡献程度

（a）不同组分对各类环境效应的贡献；（b）不同组分对各类源的贡献

贡献率达 84.1%，值得一提的是，含氧 VOCs 及卤代烃的排放量较低，但以上两种组分中含有大量的高毒害物种。总体而言，烯烃、炔烃及芳香烃是对综合环境影响贡献较大的关键组分，其贡献率达 84.4%。而烷烃的排放量虽为 VOCs 排放总量达 21.1%，但其对综合环境影响的贡献率仅为 2.9%。

对于挥发性有机物排放的五大类源，不同 VOCs 组分的贡献程度如图 3-34（b）所示，烯烃及芳香烃在每个源类中均是关键组分，其对综合环境效应的贡献率达 77.4%～94.7%。其中，溶剂使用源的环境效应几乎全部来自于芳香烃组分的贡献，其贡献率高达 91.8%。

表 3-17 中列出了对综合环境效应及各类环境效应起主要贡献作用的 10 个关键组分。乙烯、丙烯、甲苯、间,对-二甲苯及甲醛是对我国臭氧生成贡献较大的 5 个关键物种，其中乙烯的贡献率达到了 21.3%。而对二次有机气溶胶生成起主要贡献作用的 10 个物种均为芳香烃类化合物，包括苯乙烯、甲苯、苯、乙苯及间,对-二甲苯，仅以上 10 个芳香烃物种对二次有机气溶胶生成的贡献率就可达到 95.0%，其中苯乙烯的贡献率最大，为 35.3%。对毒性影响而言，贡献较大的 10 个物种的总贡献率高达 89.9%，包括乙烯、苯、甲醛、氯乙烯及甲苯，毒性效应的贡献主要集中在 30 个高毒害物种。对综合环境效应而言，苯乙烯、甲苯、乙烯及苯是我国进行 VOCs 减排控制需要削减的关键物种，贡献较大的前 10 个物种还包括间,对-二甲苯、乙苯、甲醛、丙烯、邻-二甲苯、1,3-丁二烯，其对综合环境效应的总贡献率达到 76.5%。

表 3-17　我国需要重点控制的关键 VOCs 物种

物种	臭氧贡献/%	物种	SOA 贡献/%	物种	毒性/%	物种	综合环境影响/%
乙烯	21.3	苯乙烯	35.3	乙烯	18.4	苯乙烯	16.4
丙烯	9.3	甲苯	20.2	苯	14.1	甲苯	12.8
甲苯	7.4	苯	12.8	甲醛	13.1	乙烯	12.3
间,对-二甲苯	7.4	乙苯	8.6	氯乙烯	9.4	苯	8.3
甲醛	5.7	间,对-二甲苯	7.0	甲苯	8.8	间,对-二甲苯	6.4
1,3-丁二烯	4.6	邻-二甲苯	4.7	乙醛	6.5	乙苯	4.9
邻-二甲苯	3.4	间-乙基甲苯	2.3	苯乙烯	6.4	甲醛	4.9
1-丁烯	3.3	邻-乙基甲苯	1.6	1,3-丁二烯	5.9	丙烯	3.8
乙醛	2.9	正丙苯	1.4	二氯甲烷	4.3	邻-二甲苯	3.6
1,2,4-三甲基苯	2.8	对-乙基甲苯	1.1	间,对-二甲苯	3.1	1,3-丁二烯	3.1

（袁　斌）

参 考 文 献

[1]　　Sexton K，Westberg H. Nonmethane hydrocarbon composition of urban and rural atmopheres[J]. Atmospheric Environment，1984，18（6）：1125-1132.

[2]　　Montzka S A，Trainer M，Goldan P D，et al. Isoprene and its oxidation products，methyl vinyl ketone and metharcrolein，in the rural tropospher[J]. Journal of Geophysical Research: Atmospheres，1993，98（D1）：1101-1111.

[3]　　Lamb B，Guenther A，David G，et al. A national inventory of biogenic hydrocarbon emission[J]. Atmospheric Environment，1987，21：1695-1705.

[4]　　Guenther A B，Monson R K，Fall R. Isoprene and monoterpene emission rate variability：observations with eucalyptus and emission rate algorithm development[J]. Journal of Geophysical Research：Atmospheres，1991，96：10799-10808.

[5]　　Shao M，Czapiewski K V，Heiden A C，et al. Volatile organic compound emissions from Scots pine: mechanisms and description by algorithms[J]. Journal of Geophysical Research：Atmospheres，2001，106（D17）：20483-20491.

[6]　　Goldan P D，Kuster W C，Fehsenfeld F C，et al. Hydrocarbon measurements in the southeastern United States：The Rural Oxidants in the Southern Environment（ROSE）program 1990[J]. Journal of Geophysical Research：Atmospheres，1995，100（D12）：25945-25963.

[7]　　Seila R L，Lonneman W A，Meeks S A. Determination of C_2 to C_{12} ambient air hydrocarbons in 39 U. S. cities，from 1984 through 1986. Washington, D. C.：U. S. Enviromental Protection Agency，EPA/600/S3-89/059，1989[Z].

[8]　　Cheng L，Fu L，Angle R P，et al. Seasonal variations of volatile organic compounds in Edmonton，Alberta[J] . Atmospheric Environment，1997，31（2）：239-246.

[9]　　Liu C M，Xu Z L，Du Y G，et al. Analyses of volatile organic compounds concentrations and variation trends in the air of Changchun，the northeast of China[J] . Atmospheric Environment，2000，34（26）：4459-4466.

[10]　Ho K E，Lee S C，Guo H，et al. Seasonal and diurnal variations of volatile organic compounds（VOCs）in the atmosphere of Hong Kong[J]. Science of the Total Environment，2004，322（1-3）：155-166.

[11]　Wang T，Guo H，Blake D R，et al. Measurements of trace gases in the inflow of South China Sea background air and outflow of regional pollution at Tai O，Southern China[J]. Journal of Atmospheric Chemistry，2005，52（3）：295-317.

[12]　Brocco D，Fratarcangeli R，Lepore L，et al. Determination of aromatic hydrocarbons in urban air of Rome[J] . Atmospheric Environment，1997，31（4）：557-566.

[13]　Rappengluck B，Fabianal P，Kalabokasa P，et al. Quasi-continuous measurements of non-methane hydrocarbons（NMHCs）in the greater Athens area during MEDCAPHOT-TRACE[J]. Atmospheric Environment，1998，32（12）：2103-2121.

[14]　Lee S C，Chiu M Y，Ho K F，et al. Volatile organic compounds（VOCs）in urban atmosphere of Hong Kong[J]. Chemosphere，2002，48（3）：375-382.

[15]　Jobson B T，Berkowitz C M，Kuster W C，et al. Hydrocarbon source signatures in Houston，Texas：influence of the petrochemical industry[J]. Journal of Geophysical Research：Atmospheres，2004，109：D24305.

[16]　Ho K F，Lee S C，Tsai W Y. Carbonyl compounds in the roadside environment of Hong Kong[J]. Journal of Hazardous Materials，2006，133（1-3）：24-29.

[17]　Ho S S H，Yu J Z，Chu K W，et al. Carbonyl emissions from commercial cooking sources in Hong Kong[J]. Journal

of the Air & Waste Management Association，2006，56（8）：1091-1098.

[18] Zhang J F，Smith K R. Emissions of carbonyl compounds from various cookstoves in China[J]. Environmental Science & Technology，1999，33（14）：2311-2320.

[19] Ho K F，Lee S C，Louie P K K，et al. Seasonal variation of carbonyl compound concentrations in urban area of Hong Kong[J]. Atmospheric Environment，2002，36（8）：1259-1265.

[20] Feng Y L，Wen S，Chen Y，et al. Ambient levels of carbonyl compounds and their sources in Guangzhou，China[J]. Atmospheric Environment，2005，39（10）：1789-1800.

[21] Possanzini M，Palo V D，Petricca M，et al. Measurements of lower carbonyls in Rome ambient air[J]. Atmospheric Environment，1996，30（22）：3757-3764.

[22] Anderson L G，Lanning J A，Barrell R，et al. Sources and sinks of formaldehyde and acetaldehyde：an analysis of Denver's ambient concentration data[J]. Atmospheric Environment，1996，30（12）：2113-2123.

[23] Barletta B，Meinardi S，Rowland F S，et al. Volatile organic compounds in 43 Chinese cities[J]. Atmospheric Environment，2005，39（32）：5979-5990.

[24] Guo H，Wang T，Blake D R，et al. Regional and local contributions to ambient non-methane volatile organic compounds at a polluted rural/coastal site in Pearl River Delta，China[J]. Atmospheric Environment，2006，40（13）：2345-2359.

[25] Borbon A，Fontaine H，Veillerot M，et al. An investigation into the traffic-related fraction of isoprene at an urban location[J]. Atmospheric Environment，2001，35（22）：3749-3760.

[26] Woo J H，Streets D G，Carmichael G R，et al. Contribution of biomass and biofuel emissions to trace gas distributions in Asia during the TRACE-P experiment[J]. Journal of Geophysical Research：Atmospheres，2003，108（D21）.

[27] Bravo H，Sosa R，Sanchez P，et al. Concentrations of benzene and toluene in the atmosphere of the Southwestern area at the Mexico City Metropolitan Zone[J]. Atmospheric Environment，2002，36（23）：3843-3849.

[28] Feng Y，Zhang W，Sun D，et al. Ozone concentration forecast method based on genetic algorithm optimized back propagation neural networks and support vector machine data classification[J]. Atmospheric Environment，2011，45（11）：1979-1985.

[29] Zhang Q，Yuan B，Shao M，et al. Variations of ground-level O_3 and its precursors in Beijing in summertime between 2005 and 2011[J]. Atmospheric Chemistry and Physics，2014，14（1）：1019-1050.

[30] Duan F K，He K B，Ma Y L，et al. Concentration and chemical characteristics of $PM_{2.5}$ in Beijing，China：2001-2002[J]. Science of the Total Environment，2006，355（1-3）：264-275.

[31] 陈文泰，邵敏，袁斌，等. 大气中挥发性有机物（VOCs）对二次有机气溶胶（SOA）生成贡献的参数化估算[J]. 环境科学学报，2013，33（3）：163-172.

[32] Lin P，Hu M，Deng Z，et al. Seasonal and diurnal variations of organic carbon in $PM_{2.5}$ in Beijing and the estimation of secondary organic carbon[J]. Journal of Geophysical Research：Atmospheres，2009，114（D2）.

[33] Sun Y L，Wang Z F，Fu P Q，et al. Aerosol composition，sources and processes during wintertime in Beijing，China[J]. Atmospheric Chemistry and Physics，2013，13（1）：2077-2123.

[34] Song Y，Shao M，Liu Y，et al. Source apportionment of ambient volatile organic compounds in Beijing[J]. Environmental Science & Technology，2007，41（12）：4348-4353.

[35] Wang B，Shao M，Lu S H，et al. Variation of ambient non-methane hydrocarbons in Beijing city in summer 2008[J]. Atmospheric Chemistry and Physics，2010，10（13）：5911-5923.

[36] Kanaya Y，Cao R，Akimoto H，et al. Urban photochemistry in central Tokyo：1. Observed and modeled OH and

HO₂ radical concentrations during the winter and summer of 2004[J]. Journal of Geophysical Research: Atmospheres, 2007, 112（D21）.

[37] Fuentes J D, Wang D, Neumann H H, et al. Ambient biogenic hydrocarbons and isoprene emissions from a mixed deciduous forest[J]. Journal of Atmospheric Chemistry, 1996, 25（1）: 67-95.

[38] Bertman S B, Roberts J M, Parrish D D, et al. Evolution of alkyl nitrates with air mass age[J]. Journal of Geophysical Research: Atmospheres, 1995, 100（D11）: 22805-22813.

[39] Yuan B, Shao M, Gouw J D, et al. Volatile organic compounds（VOCs）in urban air: how chemistry affects the interpretation of positive matrix factorization（PMF）analysis[J]. Journal of Geophysical Research: Atmospheres, 2012（D24）: D24302.

[40] Roberts J M, Fehsenfeld F C, Liu S C, et al. Measurements of aromatic hydrocarbon ratios and NO_x concentrations in the rural troposphere: observation of air-mass photochemical aging and NO_x removal[J]. Atmospheric Environment, 1984, 18（11）: 2421-2432.

[41] Warneke C, Mckeen S A, Gouw J D, et al. Determination of urban volatile organic compound emission ratios and comparison with an emissions database[J]. Journal of Geophysical Research: Atmospheres, 2007, 112（D10）.

[42] Liu Y, Shao M, Fu L, et al. Source profiles of volatile organic compounds（VOCs）measured in China: part I [J]. Atmospheric Environment, 2008, 42（25）: 6247-6260.

[43] Baker A K, Beyersdorf A J, Doezema L A, et al. Measurements of nonmethane hydrocarbons in 28 United States cities[J]. Atmospheric Environment, 2008, 42（1）: 170-182.

[44] Parrish D D, Stohl A, Forster C, et al. Effects of mixing on evolution of hydrocarbon ratios in the troposphere[J]. Journal of Geophysical Research: Atmospheres, 2007, 112（D10）.

[45] Liu Y, Shao M, Li S, et al. Volatile organic compound（VOC）measurements in the Pearl River Delta（PRD）region, China[J]. Atmospheric Chemistry and Physics, 2008, 8（6）: 1531-1545.

[46] Na K, Kim Y P. Seasonal characteristics of ambient volatile organic compounds in Seoul, Korea[J]. Atmospheric Environment, 2001, 35（15）: 2603-2614.

[47] Legreid G, Folini D, Staehelin J, et al. Measurements of organic trace gases including oxygenated volatile organic compounds at the high alpine site Jungfraujoch（Switzerland）: seasonal variation and source allocations[J]. Journal of Geophysical Research: Atmospheres, 2008, 113（D5）.

[48] Yuan B, Shao M, Lu S, et al. Source profiles of volatile organic compounds associated with solvent use in Beijing, China[J]. Atmospheric Environment, 2010, 44（15）: 1919-1926.

[49] 张鑫, 蔡旭晖, 柴发合, 等. 北京市秋季大气边界层结构与特征分析[J]. 北京大学学报（自然科学版）, 2006, 42（2）: 220-225.

[50] 王珍珠, 李炬, 钟志庆, 等. 激光雷达探测北京城区夏季大气边界层[J]. 应用光学, 2008, 29（1）: 96-100.

[51] Liu H A, He K B, Barth M. Traffic and emission simulation in China based on statistical methodology[J]. Atmospheric Environment, 2011, 45（5）: 1154-1161.

[52] Huo H, Zhang Q, He K, et al. High-resolution vehicular emission inventory using a link-based method: a case study of light-duty vehicles in Beijing[J]. Environmental Science & Technology, 2009, 43（7）: 2394-2399.

[53] 韩道文, 刘文清, 张玉钧, 等. 激光雷达监测北京城区冬季边界层气溶胶[J]. 大气与环境光学学报, 2007, 2（2）: 104-109.

[54] Chang C C, Chen T Y, Chou C, et al. Assessment of traffic contribution to hydrocarbons using 2, 2-dimethylbutane as a vehicular indicator[J]. Terrestrial Atmospheric and Oceanic Sciences, 2004, 15（4）: 697-711.

[55] Blake N J, Black D R, Simpson I J, et al. NMHCs and halocarbons in Asian continental outflow during the

Transport and Chemical Evolution over the Pacific（TRACE-P）field campaign：comparison with PEM-west B[J]. Journal of Geophysical Research：Atmospheres，2003，108（D20）.

[56]　Blake D R，Rowland F S. Urban leakage of liquefied petroleum gas and its impact on Mexico-City air-quality[J]. Science，1995，269（5226）：953-956.

[57]　Ryerson T B，Trainer M，Angevine W M，et al. Effect of petrochemical industrial emissions of reactive alkenes and NO_x on tropospheric ozone formation in Houston，Texas[J]. Journal of Geophysical Research：Atmospheres，2003，108（D8）：4249.

[58]　Chameides W L，Lindsay R W，Richardson J L. The role of biogenic hydrocarbons in urban photochemical smog：Atlanta as a case study[J]. Science，1988，241：1473-1475.

[59]　Goldan P D，Kuster W C，Williams E，et al. Nonmethane hydrocarbon and oxy hydrocarbon measurements during the 2002 New England Air Quality Study[J]. Journal of Geophysical Research：Atmospheres，2004，109：D21309.

[60]　Goldan P D，Kuster W C，Fehsenfeld F C. Nonmethane hydrocarbon measurements during the tropospheric OH photochemistry experiment[J]. Journal of Geophysical Research：Atmospheres，1997，102（D5）：6315-6324.

[61]　Winkler J，Blank P，Glaser K，et al. Ground-based and airborne measurements of nonmethane hydrocarbons in BERLIOZ：analysis and selected results[J]. Journal of Atmospheric Chemistry，2002，42（1）：465-492.

[62]　Riemer D，Pos W，Milne P，et al. Observations of nonmethane hydrocarbons and oxygenated volatile organic compounds at a rural site in the southeastern United States[J]. Journal of Geophysical Research：Atmospheres，1998，103（D21）：28111-28128.

[63]　Carter W P L. Development of ozone reactivity scales for volatile organic-compounds[J]. Journal of the Air & Waste Management Association，1994，44（7）：881-899.

[64]　Carter W P L，Atkinson R. An experimental study of incremental hydrocarbon reactivity[J]. Environmental Science & Technology，1987，21（7）：670-679.

[65]　Carter W P L，Atkinson R. Computer modeling study of incremental hydrocarbon reactivity[J]. Environmental Science & Technology，1989，23（7）：864-880.

[66]　Na K，Moon K C，Kim Y P. Source contribution to aromatic VOC concentration and ozone formation potential in the atmosphere of Seoul[J]. Atmospheric Environment，2005，39（30）：5517-5524.

[67]　So K L，Wang T. $C_3 \sim C_{12}$ non-methane hydrocarbons in subtropical Hong Kong：spatial-temporal variations，source-receptor relationships and photochemical reactivity[J]. Science of the Total Environment，2004，328（1-3）：161-174.

[68]　Wu B Z，Chang C C，Sree U，et al. Measurement of non-methane hydrocarbons in Taipei city and their impact on ozone formation in relation to air quality[J]. Analytica Chimica Acta，2006，576（1）：91-99.

[69]　Atkinson R，Arey J. Atmospheric degradation of volatile organic compounds[J]. Chemical Reviews，2003，103（12）：4605-4638.

[70]　Chang C C，Chen W T，Lin C Y，et al. Effects of reactive hydrocarbons on ozone formation in southern Taiwan[J]. Atmospheric Environment，2005，39（16）：2867-2878.

[71]　Wang T，Wu Y T，Cheung T F，et al. A study of surface ozone and the relation to complex wind flow in Hong Kong[J]. Atmospheric Environment，2001，35（18）：3203-3215.

[72]　Derwent R G，Jenkin M E，Saunders S M. Photochemical ozone creation potentials for a large number of reactive hydrocarbons under European conditions[J]. Atmospheric Environment，1996，30：181-199.

[73]　徐敬，马建中. 北京地区有机物种人为源排放量及 O_3 生成潜势估算[J]. 中国科学：化学，2013：104-115.

[74]　罗玮，王伯光，刘舒乐，等. 广州大气挥发性有机物的臭氧生成潜势及来源研究[J]. 环境科学与技术，2011，34：80-86.

[75]　Derwent R G，Jenkin M E，Derwent R G，et al. Hydrocarbons and the long-range transport of ozone and pan across Europe[J]. Atmospheric Environment，Part A：General Topics，1991，25：1661-1678.

[76]　Carter W P，Pierce J A，Luo D，et al. Environmental chamber study of maximum incremental reactivities of volatile organic compounds[J]. Atmospheric Environment，1995，29：2499-2511.

[77]　Carter W P，SAPRC Atmospheric Chemical Mechanisms and VOC Reactivity Scales[EB/OL]. http://intra.engr. ucr.edu/～carter/SAPRC/[2020-02-01].

[78]　Kroll J H，Seinfeld J H. Chemistry of secondary organic aerosol：formation and evolution of low-volatility organics in the atmosphere[J]. Atmospheric Environment，2008，42：3593-3624.

[79]　Zhang X，Liu J，Parker E T，et al. Evidence for different SOA formation mechanisms in Los Angeles and Atlanta with contrasting emissions[C]// AGU Fall Meeting. AGU Fall Meeting Abstracts，2011.

[80]　王扶潘，朱乔，冯凝，等. 深圳大气中 VOCs 的二次有机气溶胶生成潜势[J]. 中国环境科学，2014，34（10）：2449-2457.

[81]　Grosjean D. In situ organic aerosol formation during a smog episode：estimated production and chemical functionality[J]. Atmospheric Environment，Part A：General Topics，1992，26（6）：953-963.

[82]　Grosjean D，Seinfeld J H. Parameterization of the formation potential of secondary organic aerosols[J]. Atmospheric Environment，1967，23（8）：1733-1747.

[83]　Pandis S N，Harley R A，Cass G R，et al. Secondary organic aerosol formation and transport[J]. Atmospheric Environment，Part A：General Topics，1992，26：2269-2282.

[84]　Derwent R G，Jenkin M E，Utembe S R，et al. Secondary organic aerosol formation from a large number of reactive man-made organic compounds[J]. Science of the Total Environment，2010，408（16）：3374-3381.

[85]　Dechapanya W，Russell M，Allen D T. Estimates of anthropogenic secondary organic aerosol formation in Houston，Texas[J]. Aerosol Science & Technology，2004，38：156-166.

[86]　Weber R J，Sullivan A P，Peltier R E，et al. A study of secondary organic aerosol formation in the anthropogenic-influenced southeastern United States[J]. Journal of Geophysical Research，2007，112：125-138.

第 4 章　VOCs 源排放化学成分谱数据库的建立

VOCs 是多种有机组分的总称，主要有烃类、醛酮类、酯类、醇类等。这些组分在排放源中贡献率不同，在大气中反应活性也存在显著差异。排放源成分谱（source profile），也可称为"源指纹"，国内外目前尚没有标准定义，一般是指各类大气污染源排放的复杂污染物（如 PM$_{2.5}$ 和 VOCs）中各化学组分相对于这类污染物总排放量的比例，以质量分数的形式表示[1]。某类排放源成分谱是由同类排放源的测试样品进行归一化后取平均值所得，由于不同排放源或同一排放源中不同排放过程中 VOCs 排放强度存在差别，源采集样品中 VOCs 的浓度也有较大差异，将各 VOCs 组分进行归一化后获得每个 VOCs 组分相对于总 VOCs 质量浓度的百分数，使各样品在 VOCs 化学组成上具有可比性，通过统计平均手段获得某类源成分特征谱，以识别不同排放源的特征组分。源成分谱是同类排放源排放物的统计平均结果，可以反映污染源排放的整体特征，VOCs 源成分谱表征的是各排放源 VOCs 的化学组成，即各组分排放相对贡献，是识别排放源示踪物和估算 VOCs 反应活性的重要信息，同时也是建立细化到组分的 VOCs 排放源清单和运行空气质量模型的基础数据。对于了解大气 VOCs 来源和评估其对 O$_3$ 和 PM$_{2.5}$ 生成贡献，构建各排放源的成分特征谱都具有重要作用。

早在 20 世纪 80 年代，美国重点地区就开展了源成分谱的测量和研究。加利福尼亚州空气能源委员会（California Air Resources Board，CARB）建立了包含多个排放源的源谱数据库。随后美国环境保护局将源谱进行总结后建立 SPECIATE 数据库，是目前排放源类别和 VOCs 组分最全面的成分谱数据库（https://www.epa.gov/air-emissions-modeling/speciate）。

VOCs 的人为源十分复杂，根据生态环境部 2014 年颁布的《大气挥发性有机物源排放清单编制技术指南》，可将 VOCs 排放源分为生物质燃烧源、化石燃料燃烧源、工艺过程排放源、溶剂使用源和移动源五大类。其中，生物质燃烧源主要包括了不同农作物的燃烧；化石燃料燃烧源主要包括了煤、燃料油、液化气等燃料的燃烧源；工艺过程排放源包括石油化工业和其他工艺过程；溶剂使用源主要包括了表面涂层、农药等工艺过程；移动源主要为道路机动车和非道路移动源。本章选取了燃烧排放、石油化工、溶剂和涂料使用、移动源等排放源来详细介绍其 VOCs 排放特征和化学成分谱的测量和成分谱数据库建立方法。

4.1　VOCs 源排放化学成分谱测量

4.1.1　燃烧排放

燃烧排放主要包括生物质燃烧和煤炭燃烧，源谱测量方法分为现场采样和实验室模拟采样。野外采样是到靠近野外秸秆燃烧的下风向采集 VOCs 样品或在煤炭锅炉烟囱直接采集样品。实验室模拟则是选取特定燃料在一定的燃烧条件下模拟燃烧过程，从而测定源成分谱。表 4-1 总结了现场采样和实验室模拟的优缺点。尽管现场采样能够采集到代表实际排放情况的样品，但是外场实际条件很难进行控制；实验室模拟的优势是能够设定各种燃烧条件，探讨燃烧条件对 VOCs 排放特征的影响，但是实验室模拟的缺点是无法避免与实际情况存在一定的差异。

表 4-1　燃烧排放现场采样和实验室模拟的优缺点比较

	优点	缺点
现场采样	采集实际情况下的排放样品	受外场实际条件（如燃料类型、扩散条件、其他排放源等）影响
实验室模拟	能够设定各种燃烧条件	无法避免与实际情况存在差异

1. 煤燃烧

1）现场采样实例[2]

燃煤源按照排放形式可以分为锅炉点源燃烧和居民面源两类。煤种、锅炉类型、燃烧条件、运行负荷以及控制措施都可能影响污染物排放，其中燃烧条件对 VOCs 的影响最大。由于锅炉点源和居民面源排放的 VOCs 无论从烟气浓度还是物种构成上都有较大差异，因此以下对这两类燃煤源分别进行了分析和讨论。

a）燃煤锅炉

在北京 5 个燃煤锅炉用不锈钢采样罐采集烟气样品，每个点采集 2 个平行样品，表 4-2 是详细的锅炉情况。采样时，为了避免烟气中的冷凝水进入采样罐，在采样罐前端连接了一段 20cm 左右的 U 形玻璃管，使烟气中的水汽尽可能冷凝在管壁上。采样时，采样管直接伸入烟囱的测孔，采样罐前加 Teflon 膜过滤烟气中的颗粒物。

表 4-2　燃煤锅炉情况

编号	吨位/(t/h)	类型	燃料	灰分/%	含硫量/%	烟气温度/℃	烟气含湿量/%	烟气含氧量/%
1	40	链条炉	煤（山西大同）	12.53	0.34	105	—	10.4
2	30	链条炉	烟煤（山西大同）	<13	0.3	130	9.8	9~12
3	6	链条炉	低硫煤（陕西神府）	≈9	0.31	132	3	13.6
4	830	煤粉炉	煤（陕西神府）	7	0.4	140	3	4.4
5	820	煤粉炉	煤（陕西神府）	11	0.5	99	9.1	5.3

　　表 4-3 是燃煤锅炉烟气中测量到的主要 VOCs 物种的浓度水平。从表中可以看出，不同烟气样本的 VOCs 浓度差异显著，最高值为 476.51μg/m³，而最低值仅为 45.41μg/m³。对比 5 个样品的锅炉吨位和总 VOCs 浓度，可以发现总 VOCs 浓度随着锅炉吨位增大而降低，浓度最高的 3 号样品是社区小型煤炉，而 4 号、5 号样品都是大型发电厂锅炉烟气样品，原因是锅炉吨位越大，一般燃烧温度也越高，燃烧进行得越充分，从而不完全燃烧产物（包括 VOCs）的排放也越少。但是值得注意的是，4 号、5 号样品的总 VOCs 和低碳部分物种的浓度虽然较低，但是 C_9 以上烷烃和芳烃的浓度却明显高于样品 1 号、2 号、3 号，从这一趋势判断，4 号、5 号样品很可能在 C_{10} 以上高碳部分有较强的排放。

表 4-3　燃煤锅炉烟气中主要 VOCs 组分的质量浓度（μg/m³）

VOCs 组分	锅炉 1	锅炉 2	锅炉 3	锅炉 4	锅炉 5
乙烷	4.13	14.00	36.53	0.69	0.19
乙烯	15.67	4.07	83.43	0.38	0.23
丙烷	2.83	30.52	17.38	N.D.	N.D.
丙烯	8.74	17.93	43.10	N.D.	N.D.
乙炔	22.66	21.17	70.25	N.D.	N.D.
苯	7.17	53.03	91.28	6.38	0.90
庚烷	0.57	5.48	3.17	1.48	N.D.
甲苯	4.58	20.22	40.33	8.65	3.27
乙苯	0.87	2.32	3.40	1.37	0.78
间, 对-二甲苯	1.88	5.93	9.92	2.65	3.92
邻-二甲苯	0.63	2.37	3.25	0.83	1.47
3-乙基甲苯	0.25	0.78	1.17	0.32	2.13

续表

VOCs 组分	锅炉 1	锅炉 2	锅炉 3	锅炉 4	锅炉 5
癸烷	0.47	1.92	1.30	5.05	2.72
1, 2, 4-三甲基苯	0.32	1.12	1.28	0.67	12.13
1, 2, 3-三甲基苯	0.13	0.77	0.90	0.27	4.25
1, 4-二乙苯	0.27	0.78	0.57	0.47	4.48
十一烷	0.47	1.78	1.38	16.28	2.85
总 VOCs	81.95	249.41	476.51	56.50	45.41

注：N.D. 表示未检出。

对比本实验和 Garcia 等[3]以及 Fernandez-Martınez 等[4]的研究结果，本研究测定的 VOCs 浓度低于后两者的结果，但大部分 VOCs 物种浓度在相同量级上。Garcia 以及 Fernandez-Martınez 等研究表明，大部分烟气样品的甲苯浓度高于苯，T/B 值最大可以达到 50，而美国 EPA 对燃煤研究显示苯的排放因子大于甲苯，B/T 的值为 5.4。在本研究中，B/T 值在 1.6～2.6 之间。不同燃煤源研究之间存在如此大的差异，一方面可以说明不同燃烧条件下烟气 VOCs 组分有很大差别，另一个可能的原因是不同地区煤的成分差异较大。

b）居民燃煤

民用燃煤实验选择在北京郊区一农户家中的小型煤炉进行。燃烧实验用农户日常使用的煤炉进行，实验选择了烟煤、清烟煤、无烟煤、蜂窝煤 4 种当地常用的煤种，每次燃烧实验进行 1～2h，VOCs 样品采集在燃烧稳定后开始，样品采集时间为 30min。样品采集方法与上述工业燃烧源相似，考虑到民用燃烧源由于燃烧效率较低，VOCs 的浓度较高，没有直接采集烟气，而是在下风向烟羽处采样。

所有居民燃煤样品中的总 VOCs 浓度都在 mg/m³ 量级，最高值达到 15.3mg/m³。居民燃煤的烟气中 VOCs 浓度要高于锅炉燃烧烟气中的浓度 1～2 个数量级，这是因为民用煤炉较为简陋、通风情况差，因而燃烧进行得不充分，另外煤的质量也很难保证，进而导致大量的 VOCs 排放。低碳组分（乙烯、乙烷、乙炔、丙烯）和苯系物（包括苯、甲苯、乙苯，间,对-二甲苯等）是居民燃煤排放的最重要组分。此外，无烟煤样品中还有较高含量的萘、茚和 2-醛基呋喃。

图 4-1 比较了不同类型的煤燃烧排放的 VOCs 化学组成。无烟煤排放 VOCs 中芳香烃比例很高，达到 50.9%，而其他煤种都比较一致，介于 20%～30% 之间；清烟煤的烯烃类物种比例是四类燃煤中最高的，超过 40%；蜂窝煤和烟煤的排放规律比较接近。尽管居民燃煤样品中的总 VOCs 浓度显著高于锅炉燃煤的结果，但两者各类 VOCs 化合物的比例却比较相似（图 4-2）。

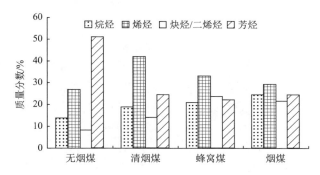

图 4-1　居民燃煤：不同种类煤排放的 VOCs 化学组成

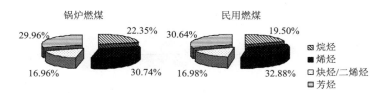

图 4-2　比较锅炉燃煤和居民燃煤 VOCs 化学组成

　　表 4-4 给出了各煤种烟气样品中质量浓度最高的前 10 位物种，按照质量浓度从高到低排列。乙烯、乙炔、乙烷、丙烯、丙烷以及苯系物是重要的排放物种，只是煤种不同，各物种的前后顺序有差别，比较特殊的是无烟煤样品的萘含量很高，是该样品中仅次于苯的 VOCs 物种。对比锅炉燃烧源的 VOCs 组分，可以发现两种燃煤源排放的 VOCs 物种差别不大。

表 4-4　居民燃煤排放的主要 VOCs 物种

无烟煤		清烟煤		蜂窝煤		烟煤	
物种	质量分数/%	物种	质量分数/%	物种	质量分数/%	物种	质量分数/%
苯	17.6	乙烯	24.4	乙炔	22.4	乙炔	20.3
萘	17.0	乙炔	10.2	乙烯	20.6	乙烯	8.83
乙烯	12.6	苯	9.83	苯	10.9	丙烷	8.12
甲苯	8.50	丙烯	8.94	丙烯	7.51	丙烯	7.41
丙烯	7.27	乙烷	7.41	丙烷	6.96	甲苯	7.26
乙炔	5.51	甲苯	6.61	甲苯	6.47	苯	5.97
乙烷	4.91	丙烷	4.44	乙烷	2.78	间, 对-二甲苯	3.72
间, 对-二甲苯	3.10	1, 异-丁烯	3.67	丁烷	2.76	1, 异-丁烯	3.18
十二烷	2.16	1, 3-丁二烯	2.68	间, 对-二甲苯	2.09	丁烷	2.87
1, 异-丁烯	2.08	间, 对-二甲苯	2.31	1, 异-丁烯	1.80	戊烷	1.82

2）实验室模拟实例

Wang 等实验室模拟所用到的煤样品分别来自山西大同、内蒙古东胜、宁夏银川、贵州织金和北京的煤矿。这些煤的挥发分含量在 4.44%~32.07%的范围内，包括 3 种烟煤和 2 种无烟煤[5]。实验所采用的炉灶是比较常见的家用炉灶，外壳是金属材质，内部是隔热陶瓷。外壳底部有一可调的直径约 6cm 的洞，用于控制燃烧时空气的供给量。炉灶上部的烟囱将烟气引入稀释通道系统（图 4-3），然后利用不锈钢罐采集稀释后的全空气样品用于后续的 NMHCs 分析。另外，由于 Zhang 等的研究显示羰基化合物也是煤燃烧排放的重要 VOCs 物种[6]，因此在本实验中还利用 DNPH 管采集了样品气中羰基化合物，然后利用 HPLC 定量其浓度和化学组成。

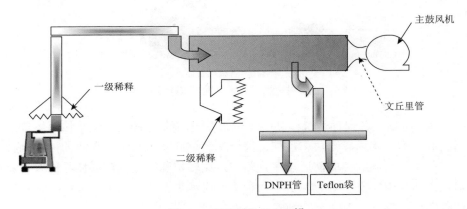

图 4-3　稀释通道示意图[5]

实验结果显示烟煤和无烟煤燃烧排放的 VOCs 化学组成特征并未呈现出规律性差异，因此将其进行平均，得到代表煤燃烧过程的 VOCs 排放特征。如图 4-4 所示，实验结果显示羰基化合物贡献了 42%的总 VOCs 排放，在质量分数排名前十的 VOCs 组分中，羰基化合物占了四席，分别是甲醛（12%）、丙酮（10%）、乙醛（5%）和丁醛（3%），说明羰基化合物是燃煤排放 VOCs 的重要组成部分。至于 NMHCs 物种，Wang 等的实验室模拟结果[5]与付琳琳等所进行的现场采样结果[2, 7]比较相似：煤燃烧所排放的 NMHCs 化学组成相对简单，以 C_2~C_3 低碳 NMHCs 物种、苯和甲苯为主，占总 NMHCs 质量浓度的百分数约为 80%。

2. 生物质燃烧

生物质燃烧污染物排放特征的研究方法包括：外场观测（或现场测试）、实验室模拟和模式研究。研究方法的选择与生物质燃烧的类型有关：森林大火和草原大火一般以外场观测为主；家庭燃烧和露天焚烧则现场测试与实验室模拟相结合；

研究某一生物质燃烧源排放的烟羽因空间迁移转化对其他地区的影响一般采用模式研究。

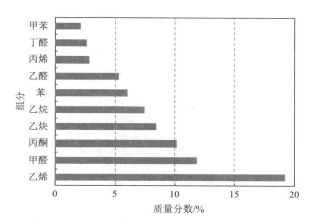

图 4-4　煤燃烧排放质量分数位于前十位的 VOCs 组分

相对于现场观测方法，实验室模拟方法能够通过设定各种燃烧条件来探讨其对 VOCs 排放特征的影响；另外，家庭炉灶生物质燃烧很难完全做到现场测试，有必要进行实验室模拟研究。生物质燃烧排放特征的实验室模拟方法包括箱式法（chamber test）、烟尘罩法（hood method）以及碳元素平衡法（carbon balance approach）。箱式法基于单箱质量平衡模型，因此存在许多前提假设，而且机理比较复杂。碳元素平衡法是目前比较流行的方法，其难点在于要求测量所有含碳物种的浓度以及掌握燃料、灰分甚至燃料残余中的碳含量。相比之下，烟尘罩法计算简洁直接，没有过多的假设，而且能提供更多的污染物信息。它的基本原理是采用烟尘罩收集全部排放的气体并使之通过烟道排放，并在这个过程中污染物样品被伸入烟道的采样头采集。

1）外场观测实例[8]

a）农作物秸秆野外燃烧

秸秆野外燃烧实验在开阔的农田中进行，周围没有其他人为排放源，燃烧实验尽可能模拟农作物收获后的烧荒过程，每次秸秆的燃烧过程在 1h 以上。燃烧的农作物秸秆是当地主要农作物玉米和小麦秸秆，秸秆在农作物收割后就堆放在室外自然风干。VOCs 样品在秸秆燃烧稳定之后开始采集，采样点位于燃烧点下风向烟羽处，距离燃烧点 5m 左右，样品用 3.2L 不锈钢采样罐采集，用限流阀控制采样时间为 30min，采样罐前连接不锈钢过滤头，采样高度约 2m。背景样品在燃烧秸秆之前进行，采样时间同样为 30min。

秸秆野外燃烧实验样品中能够定量的总 VOCs 浓度范围为 209～1674μg/m³，

其中小麦秸秆燃烧样品的浓度高于玉米秸秆。采样期间环境本底的浓度为 21～64μg/m³，样品浓度一般高于背景浓度一个数量级。图 4-5 显示了两种秸秆燃烧样品中质量浓度前十位的 VOCs 物种的分布情况。两种秸秆燃烧排放的 VOCs 物种比较相似，主要的排放物种包括乙烷、乙炔、丙烯、氯甲烷以及苯和甲苯。小麦燃烧样品中浓度最高的 VOCs 物种是氯甲烷，占总 VOCs 的 19.5%，其次是丙烯和乙炔。玉米燃烧样品中浓度最高的物种是丙烯，占总 VOCs 的 16.9%，其次为乙炔、氯甲烷。

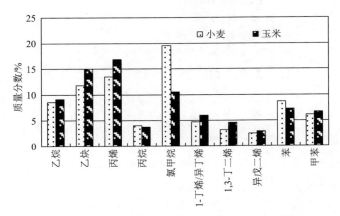

图 4-5　小麦和玉米秸秆野外燃烧样品中主要 VOCs 组分的质量分数

b）民用炉灶燃烧

用玉米秸秆和薪柴作为能源来取暖和做饭在我国北方农村非常普遍，燃烧实验就在农户家中的灶台中进行，点火、添柴等操作都由农户本人进行，因此整个燃烧实验可以代表实际情况。烟囱出口距离燃烧点 3m 左右，采样点在烟囱出口处下风向 1m 左右，样品用 3.2L 不锈钢采样罐采集，用限流阀控制采样时间为 30min，采样罐前连接 1m 左右的不锈钢进气管，用 Teflon 膜过滤烟气中的颗粒物。由于烟羽处 VOCs 浓度很高，可以忽略背景的影响。

图 4-6 对比了玉米秸秆和薪柴炉灶燃烧样品中主要的 VOCs 物种的质量分数。这两种生物质燃烧样品的 VOCs 排放特征比较相似，质量分数位于前三位的组分都是乙烯、丙烯和苯。另外，值得注意的一点是：秸秆和薪柴炉灶燃烧样品中氯甲烷所占总 VOCs 的比例仅为 1.5%～3.9%，显著低于秸秆野外燃烧实验的结果（10%～20%），说明不同燃烧条件对生物质燃烧 VOCs 排放特征的影响。

2）实验室模拟实例

Lin 等[9, 10]和 Zhang 等[11]建立了一套烟尘罩稀释采样系统,用于模拟生物质燃烧，测定不同生物质燃料的 VOCs 源成分谱。Zhang 等利用该系统测量了水稻秸

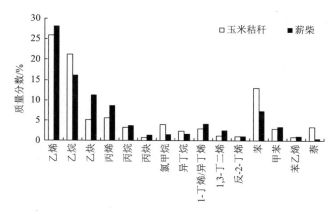

图 4-6　玉米秸秆和薪柴炉灶燃烧样品中主要 VOCs 组分的质量分数

秆和甘蔗秸秆燃烧的 NMHCs 和羰基化合物排放源成分谱。利用不锈钢罐采集稀释后的样品气，然后利用离线 GC-MS/FID 系统定量 $C_2 \sim C_{11}$ 烃类组分的浓度；利用 DNPH-HPLC 方法采集和测定样品中的羰基化合物浓度。如表 4-5 所示，水稻秸秆和甘蔗秸秆燃烧的 VOCs 化学组成存在较大差异：水稻秸秆燃烧排放的 NMHCs 中质量分数最高的是乙烯（18.1%），其次是甲苯（12.1%）、乙烷（11.8%）、丙烯（11.3%）、苯（7.0%）、丙烷（4.74%）、异戊二烯（4.74%）、间, 对-二甲苯（3.86%）、乙炔（3.03%）和 1-丁烯（2.41%），这十种组分贡献了总 NMHCs 质量浓度的 79.0%；而甘蔗秸秆燃烧样品中，质量分数排名最高的是乙烷（14.6%）、丙烷（5.66%）、正丁烷（4.16%）、甲苯（4.08%）、异戊烷（3.99%）、乙烯（3.9%）、间, 对-二甲苯（3.87%）、正己烷（3.63%）、正戊烷（3.54%）和 2-甲基戊烷（3.22%）。水稻秸秆和甘蔗秸秆燃烧的羰基化合物的排放特征较为相似，丙酮和乙醛是浓度最高的两种化合物，质量分数之和约为 40%（表 4-6）。

表 4-5　水稻秸秆和甘蔗秸秆样品中质量分数排名前十的 VOCs 物种

水稻秸秆		甘蔗秸秆	
组分	质量分数/%	组分	质量分数/%
乙烯	18.1	乙烷	14.6
甲苯	12.1	丙烷	5.66
乙烷	11.8	正丁烷	4.16
丙烯	11.3	甲苯	4.08
苯	7.00	异戊烷	3.99
丙烷	4.74	乙烯	3.90
异戊二烯	4.70	间, 对-二甲苯	3.87

续表

水稻秸秆		甘蔗秸秆	
组分	质量分数/%	组分	质量分数/%
间, 对-二甲苯	3.86	正己烷	3.63
乙炔	3.03	正戊烷	3.54
1-丁烯	2.41	2-甲基戊烷	3.22
总计	79.0	总计	50.6

表 4-6　水稻秸秆和甘蔗秸秆样品中质量分数排名前十（前九）的羰基化合物物种

水稻秸秆		甘蔗秸秆	
组分	质量分数/%	组分	质量分数/%
丙酮	21.6	丙酮	22.6
乙醛	19.6	乙醛	17.0
甲基乙二醛	16.4	甲醛	13.2
甲醛	9.06	2-丁酮	13.2
丙醛	7.31	丁酮	11.3
苯甲醛	6.43	甲基乙烯基醛	7.55
甲基乙烯基醛	6.14	丙醛	5.66
丁酮	4.09	甲基乙二醛	5.66
乙二醛	2.92	苯甲醛	3.77
2, 5-二甲基苯甲醛	2.63	—	—
总计	96.2	总计	100

4.1.2　石油炼制与基础化工行业

石油化工工业一般可分为石油精炼和化工产品生产两个过程。石油精炼是以石油为原料，通过物理、化学的过程把原油中各种成分分离的过程，主要产品有以下三类：①燃料类，包括汽油、柴油、煤油、渣油、液化石油气等；②非燃料类产品，包括各类溶剂、润滑油、石蜡、凡士林、沥青；③半成品，用作进一步加工的原料，包括乙烷、丙烷、乙烯、苯等。石油精炼得到的原料和半成品被输送到下游化工厂进一步加工，得到乙烯、聚乙烯、苯酚、橡胶等化工原料，这是化工产品生产过程。由于石油化工工业工艺复杂、产品多样，导致在生产过程中VOCs 排放环节（主要排放途径是生产过程、储罐的泄漏以及废气、废水处理）

也复杂多样，所以要充分了解石化工业源的 VOCs 排放特征需要深入到石化行业的生产工艺，对每个生产单元开展源样品收集，以获取与生产工艺、产品相适应的排放特征[12]。

本章的研究选取了我国生产规模较大的石油炼制和基础化工类企业——石油化工厂、基础化工厂和氯化工厂开展了 VOCs 源样品测试，以了解典型石油炼制和基础化工行业的 VOCs 排放特征。

石油化工厂拥有 2300 万 t/a 原油加工能力，100 万 t/a 乙烯、20 万 t/a 聚丙烯生产能力。其中，1000 万 t/a 常减压、300 万 t/a 催化裂化、50 万 t/a 对二甲苯、20 万 t/a 聚丙烯、410t/h 循环流化床锅炉等都是中国规模领先、技术领先的炼油、化工和热电装置，集中代表了中国炼油业的先进水平。在上述加工能力下，该炼化厂主要生产及销售石油产品（包括汽油、柴油、煤油、石脑油、液化气、溶剂油、燃料油），中间石化产品有沥青、尿素以及对-二甲苯（PX）、聚丙烯（PP）及其他石化产品。

基础化工厂是主要生产 ABS 树脂（丙烯腈-丁二烯-苯乙烯共聚物）、SAN 树脂（苯乙烯-丙烯腈共聚物）和 SBL 树脂（丁苯胶乳），表 4-7 总结基础化工厂主要生产单元及其原料和产品。

表 4-7　基础化工厂主要生产单元及其原料和产品

生产单元	原料	产品
PBL（poly butadiene latex）	丁二烯单体	聚丁二烯胶乳
SBL（styrene butadiene copolymers latex）	聚丁二烯胶乳，苯乙烯单体	丁苯胶乳
SAN（styrene acrylonitrile copolymers）	苯乙烯，丙烯腈	苯乙烯-丙烯腈共聚物
ABS（acrylonitrile butadiene styrene copolymers）	聚丁二烯胶乳或丁苯胶乳，苯乙烯，丙烯腈，苯乙烯-丙烯腈共聚物	丙烯腈-丁二烯-苯乙烯共聚物

氯化工厂主要产品包括甲烷氯化物（一氯甲烷、二氯甲烷、氯仿）和四氯乙烯，可年产 20 万 t 甲烷氯化物和年产 8 万 t 四氯乙烯。

基于对各行业实际生产过程中的工艺特征以及调研情况，在厂区内典型生产装置布置了采样点。图 4-7 给出了厂区内各采样点位置，基本上遍布了整个生产厂区，能够全面了解 VOCs 的各重要环节的排放特征。由于石化行业集中排放口（烟囱）均采用焚烧处理，而且采样人员无法采集高空排放筒样品，因此采样点均设置在典型生产单元（装置）的旁边，能够识别石油化工行业无组织排放的特征。样品的采集是在企业正常生产和离生产单元尽可能近（少于 5m）的情况下，采样人员做好安全措施，手持不锈钢采样罐在 1.5m 的高度处进行采样。为了减少各装置间 VOCs 扩散传输的影响，采样在风速较低（＜0.5m/s）的情况下进行。

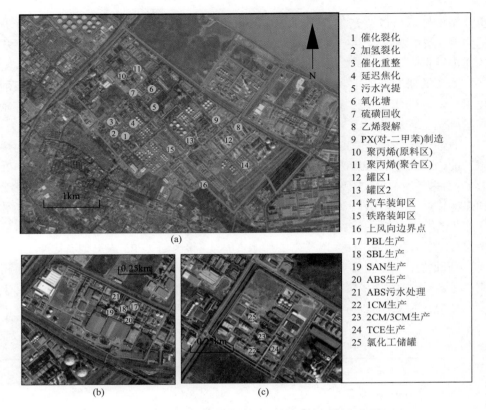

图 4-7　石油炼制与基础化工行业厂区内采样点位置

（a）石油化工厂；（b）基础化工厂；（c）氯化工行业

PBL（聚丁二烯胶乳）；SBL（丁苯胶乳）；SAN（苯乙烯-丙烯腈共聚物）；ABS（丙烯腈-丁二烯-苯乙烯共聚物）；
1CM（一氯甲烷）；2CM/3CM（二/三氯甲烷）；TCE（四氯乙烯）

1. 浓度水平及源特征样品的识别

表 4-8 列出了石油化工、基础化工、氯化工行业厂区内不同采样点的 VOCs 总浓度。由表可见，各采样点所收集的样品浓度差异很大。浓度最高的是催化重整单元，VOCs 总浓度为 3817.2μg/m³；其次是炼油区的污水处理厂和硫磺回收，VOCs 总浓度为 2085.3μg/m³ 和 1674.9μg/m³；另外延迟焦化和污水汽提单元浓度也超过 1000μg/m³。由表 4-8 可知，大部分样品的 VOCs 浓度是上风向点浓度（32.1μg/m³，样品 16）的数倍到几百倍，说明厂区生产装置存在明显管线和元件泄漏，导致生产装置附近所采集的样品浓度很高。我们把浓度明显高于上风向点的样品作为"源样品"，而把浓度与上风向点浓度差不多的样品去除，包括汽车装卸区（84.6μg/m³）、铁路装卸区（53.5μg/m³）、ABS 污水处理（41.9μg/m³），这些样品可能由于采样期间未发生泄漏，因而认为并没有捕捉到源排放特征而不作讨

论。特别地，聚丙烯（聚合区）的样品 VOCs 总浓度仅为 61.8μg/m³，但丙烯浓度为 31.2μg/m³，远远高于上风向点的丙烯浓度（1.0μg/m³），因此被认为有效采集到源排放特征而作为源样品。

表 4-8　各生产单元采集的排放源样品 VOCs 总浓度（μg/m³）

行业类别	工艺单元	序号	总 VOCs 浓度	行业类别	工艺单元	序号	总 VOCs 浓度
石油化工	催化裂化	1	509.5		汽车装卸区	14	84.6
	加氢裂化	2	459.1		铁路装卸区	15	53.5
	催化重整	3	3817.2		上风向边界	16	32.1
	延迟焦化	4	1674.9	基础化工	PBL 生产	17	167.8
	污水汽提	5	186.3		SBL 生产	18	383.6
	氧化塘	6	1200.8		SAN 生产	19	236.6
	硫磺回收	7	104.8		ABS 生产	20	204.3
	乙烯裂解	8	175.7		污水处理	21	41.9
	PX 制造	9	216.2	氯化工	一氯甲烷	22	301.3
	聚丙烯（原料区）	10	2085.3		二/三氯甲烷	23	238
	聚丙烯（聚合区）	11	61.8*		四氯乙烯	24	652.2
	罐区 1	12	415		储罐	25	2794.3
	罐区 2	13	164.6				

*聚丙烯（聚合区）样品 VOCs 总浓度为 61.8μg/m³，丙烯浓度为 31.2μg/m³，远远高于上风向点丙烯浓度（1.0μg/m³）。

2. 排放成分特征

图 4-8 给出了石油化工、基础化工和氯化工行业厂区内各排放样品的化学组成。由图可见，不同生产工艺的 VOCs 化学组成差异很明显。

在石化厂中，催化裂化、加氢裂化和延迟焦化的主要组分为烷烃，占总 VOCs 排放的 63.8%～85.9%。这个结果与 Wei 等[13]在北京燕山石化厂测量的烷烃占 62.4%～75.4%的结果类似。污水处理过程中的氧化塘单元排放的烷烃比例（67.0%）比污水汽提的烷烃比例（38.7%）高，而烯烃的比例在两个单元排放 VOCs 中比例类似（24%～28%），芳香烃的分别占两个单元排放 VOCs 的 6.1%和 7.7%，大大低于 Wei 等[13]在污水处理装置测量的结果（35.9%）。对于储罐单元，储罐 1 和储罐 2 采集的样品的 VOCs 组成存在很大的差异。储罐 1 以烯烃为主，而储罐 2 则以烷烃为主。这很有可能是由储罐内装的产品或原料不同而造成的。在石化厂

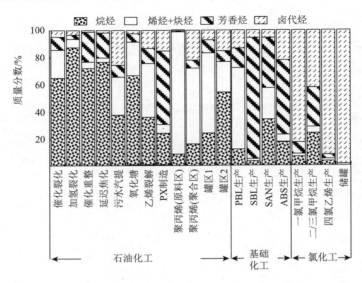

图 4-8　石油化工、基础化工和氯化工行业厂区内各样品的化学组成

的化工部，乙烯裂解、PX 制造和聚丙烯生产单元显示出各自的特点，乙烯裂解单元排放的 VOCs 以烯烃和烷烃为主，PX 制造单元以芳香烃为主，而聚丙烯生产单元以烯烃为主，这说明 VOCs 排放与生产单元的原料和产品是息息相关的，而乙烯裂解产生的烷烃很可能来自原料或生产过程中副产品的排放。

在基础化工厂，主要生产 PBL（聚丁二烯胶乳）、SBL（丁苯胶乳）、SAN（苯乙烯-丙烯腈共聚物）和 ABS（丙烯腈-丁二烯-苯乙烯共聚物），其中 PBL 单元排放的 VOCs 主要是烯烃，占总 VOCs 的 60.2%，而 SBL 和 ABS 生产单元则以芳香烃为主，分别占总 VOCs 的 89.4% 和 55.1%。SAN 单元排放的 VOCs 含有相同比例的烷烃和芳香烃，分别为 34.6% 和 37.1%。在氯化工厂中，卤代烃是最重要的组分，在 1CM 装置、2/3CM 装置、PCE 装置和储罐装置排放的 VOCs 中分别为 82.2%、41.8%、91.6% 和 98.2%。其中 2/3CM 装置中烷烃和烯烃分别占 24.1% 和 29.2%，这很可能是装置生产过程中产生的副产物或采样点受到了其他未知污染源的影响。

以上部分只针对各生产装置排放的 VOCs 进行了总体化学组成的分析。为了进一步了解石油化工、基础化工和氯化工行业厂区内不同生产单元或装置排放的 VOCs 的组分特征，识别各生产单元的 VOCs 组成差异，我们将石化厂内采集的样品根据生产工艺分类，分析了不同源样品的各 VOCs 物种组成特征。

1）石油化工行业

图 4-9 给出了石油化工厂内采集的各源样品的主要 VOCs 组成，这些生产单元主要分为炼油工艺、污水处理工艺、基础化工原料生产工艺和储罐。

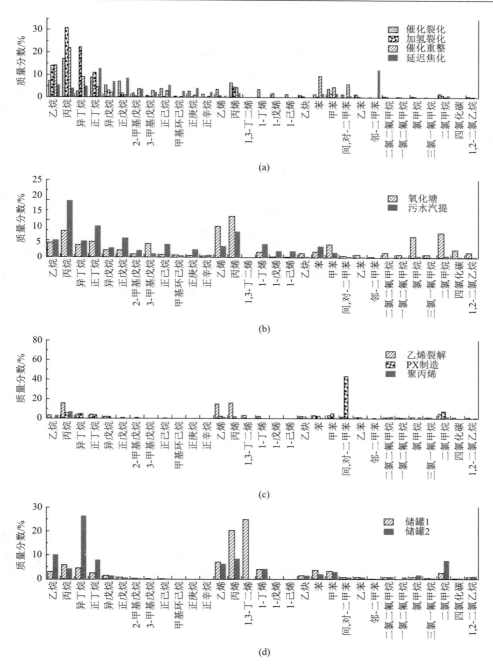

图 4-9　石油化工厂区内典型生产单元排放的主要 VOCs 组分特征

在每个源样品组成中贡献小于 2% 的 VOCs 组分在图中未列出

a）炼油工艺

炼油工艺是石油化工厂最重要的生产工艺，主要包括催化裂化、加氢裂化、催化重整和延迟焦化。催化裂化以直馏汽油、常压渣油、减压渣油、有二次加工的焦化蜡油等为原料，经过与催化剂的反应，获得不同的产品，主要包括汽油、柴油等。加氢裂化能够对油品进行精制，改善其使用性能和环保性能，也对下游原料进行处理，改善下游装置的操作性能。按原料不同可分为馏分油加氢裂化和渣油加氢裂化。加氢裂化可以加工各种重质及劣质油，生产各种优质燃料油、煤油、润滑油等化工原料。催化重整以石脑油（直馏汽油）为原料，有氢气和催化剂的存在下，在一定温度、压力下使烃类分子重新排列，将石脑油转化为富含芳烃的重整生成油的过程。延迟焦化是以重质油为原料，在高温条件下进行热裂化和缩合反应，生产富气、粗汽油、柴油、蜡油和焦炭的过程，主要以焦化汽油和焦化柴油为主要产品[14]。

图 4-9（a）给出了在石油化工厂内炼油工艺各生产单元采集的样品中主要 VOCs 物种组成。由图可以看出，催化裂化和加氢裂化的 VOCs 组成具有相似性，主要以 $C_2 \sim C_5$ 的烷烃、乙烯、丙烯为主要化合物，这些组分加起来占总 VOCs 的 50%以上。具体来说，催化裂化中所占比例最大的前 5 种组分是丙烷、正丁烷、乙烷、正戊烷和丙烯，分别占总 VOCs 的 17.1%、8.8%、7.4%、7.2%和 6.5%；加氢裂化中占比例最大的前 5 种组分是丙烷、乙烷、异丁烷、正丁烷和丙烯，分别占总 VOCs 的 31.0%、22.2%、14.0%、12.4%和 4.6%。这两个工艺成分特征相似的原因主要是生产产品具有一定的相似性，均有汽油、液化石油气等，同时也产生一些裂解气，如低碳的烷烃和丙烯等。

催化重整的 VOCs 成分组成中所占比例较高的组分包括丙烷、乙烷、苯、异丁烷、间, 对-二甲苯，分别占总 VOCs 的 22.0%、14.3%、9.5%、9.1%、5.9%。与催化裂化和加氢裂化工艺相比，可看出苯、甲苯、二甲苯在催化重整源谱中所占的比例更高，这是由于芳烃类物质是重整工艺的重要产物。

与其他炼油工艺相比（催化裂化、加氢裂化、催化重整），延迟焦化的主要成分存在明显的差别。正丁烷（13.0%）、邻-二甲苯（12.4%）、正戊烷（8.7%）、异戊烷（7.3%）、正己烷（5.7%）和异丁烷（5.1%）是延迟焦化最重要的组分，这些组分共占总 VOCs 的 50%以上。而且 $C_6 \sim C_{11}$ 的烷烃所占比例明显较高，占总 VOCs 的 20%以上，这是区别于其他炼油工艺的重要特征。

b）污水处理工艺

石油化工行业是污水排放的"大户"，而污水处理的措施相当复杂，有专门的污水处理厂对生产废水进行处理，主要污水处理装置包括污水汽提和氧化塘等。汽提法让废水与蒸汽直接接触，使废水中的挥发性有毒有害物质按一定比例扩散到气相中去，从而达到从废水中分离污染物的目的。而氧化塘则是利用水塘中的微生物和藻类对污水和有机废水进行需氧生物处理的方法。

如图 4-9（b）所示，污水汽提和氧化塘的 VOCs 成分有所不同。在污水汽提的成分中，前 5 种 VOCs 组分为丙烷、正丁烷、丙烯、正戊烷和乙烷，分别占总 VOCs 的 18.6%、10.3%、8.5%、6.4% 和 5.7%。而在氧化塘中，前 5 种 VOCs 组分为丙烯、乙烯、丙烷、二氯甲烷和氯甲烷，分别占总 VOCs 的 13.6%、10.2%、8.7%、8.1% 和 6.2%。由此可见污水汽提的主要成分与炼油工艺排放的主要成分有所不同，氧化塘产生了较高水平的氯代烷烃，这可能是微生物处理或使用了含氯溶剂作为污水处理材料所导致的。

c）基础化工工艺

在石化工业中，乙烯装置、芳烃装置、聚丙烯等化工单元是生产化工材料及其下游产品的基础生产工艺，其生产能力很大程度上体现了石化厂的规模和技术水平。因此，认识这些基础化工原料生产单元的 VOCs 排放特征显得非常重要。

乙烯裂解主要是把天然气、炼厂气、原油及石脑油等各类原材料加工成裂解气，并提供给其他装置，最终加工成乙烯、丙烯及各种副产品。PX 装置附属于芳烃联合装置，芳烃联合装置是化纤工业的核心原料装置之一，它以直馏、加氢裂化石脑油或乙烯裂解汽油为原料，生产苯、对-二甲苯和邻-二甲苯等芳烃产品。而聚丙烯（PP）装置则分为原料区和聚合区，它是以丙烯为原料生产的一种热塑性合成树脂的生产单元。

图 4-9（c）给出了乙烯裂解装置、PX 制造装置和聚丙烯装置的成分特征。在乙烯裂解装置排放中，乙烯、丙烷和丙烯是所占比例最大的组分，分别占总 VOCs 的 16.2%、15.8% 和 15.1%，这是由于生产乙烯产品过程中产生了丙烷、丙烯等产品。而 PX 制造装置成分谱中，间, 对-二甲苯的比例最高，占总 VOCs 的 43.7%，其他组分均占 10% 以下。聚丙烯装置区中，丙烯在原料区和聚合区分别占 89.3% 和 50.4%，这进一步说明了基础化工原料生产工艺所呈现的 VOCs 组分特征是由生产原料和生产产品所决定的，并与生产工艺息息相关。

d）储罐挥发

储罐区的挥发是石化行业 VOCs 排放的重要排放源，有关储罐区 VOCs 的控制一直是减少石化厂无组织排放的重点工作。图 4-9（d）给出了在石化厂储罐区两处位置所采样品的成分特征。可以看出，储罐区 1 的主要成分为烯烃类物质，如丙烯（20.3%）、1, 3-丁二烯（24.8%）和乙烯（7.2%）。而储罐区 2 的主要成分则为烷烃，如异丁烷（26.4%）、正丁烷（10.3%）和乙烷（8.1%）这些特征很可能反映了附近储罐所存储的油品产品或原料的类型。储罐区 1 位置附近的油罐存储主要是烯烃类物质，而储罐区 2 则主要存储烷烃类的物质。

2）基础化工行业

本研究选取了具有代表性的有机基础原料化工企业主要生产 ABS 树脂（丙烯

脂-丁二烯-苯乙烯共聚物）、SAN 树脂（苯乙烯-丙烯腈共聚物）和 SBL 树脂（丁苯胶乳），表 4-7 总结了某化工厂主要生产单元及其原料和产品，为构建与生产工艺/产品相适应的源谱和识别特征 VOCs 组分提供依据。

　　如图 4-10 所示，基础化工原料（ABS）生产行业的 VOCs 排放环节包括 PBL 工程、SBL 工程、SAN 工程和 ABS 工程。这些工艺的排放组分都具有不同的特点，可识别各生产单元的特征 VOCs。在 PBL 单元排放的 VOCs 中，主要以 1,3-丁二烯和乙烯为主，分别占总 VOCs 的 30.9% 和 21.5%。而 SBL 生产单元则主要排放苯乙烯，占总 VOCs 的 80% 以上。在 SAN 工程中，甲苯和苯乙烯是最重要的 VOCs，占总 VOCs 的 17.0% 和 15.0%。ABS 生产单元 SBL、PBL 和 SAN 工程的最终产品生产装置，排放的 VOCs 以苯乙烯和甲苯为主，分别占总 VOCs 的 23.1% 和 12.8%。这些结果进一步反映了 VOCs 的排放与生产单元的原材料和产品有关（表 4-7），这与石化行业中的乙烯生产、PX 生产、丙烯生产单元类似。甲苯在 SAN 和 ABS 生产单元中占的比例较大，可能是由于副产品的产生或受到未知源的影响。而特别需要指出的是，ABS 其中的一个重要原料——丙烯腈，由于没有标气并受限于仪器分析能力，本研究中并没有进行识别和定量，因此很可能导致忽略了丙烯腈在无组织排放中的影响，在以后研究中应着重注意。

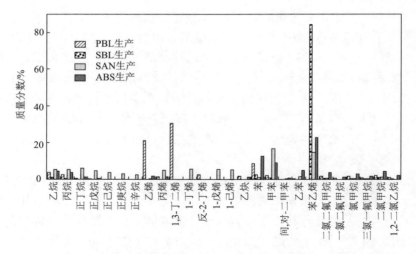

图 4-10　基础化工厂区内典型生产单元排放的主要 VOCs 组分特征

3）氯化工行业

　　图 4-11 列出了典型氯化工企业的典型生产单元的主要 VOCs 排放成分。这些源谱与以上化工企业的成分特征存在明显的差别，氯化工企业主要以卤代烃的排

放为主。如图所示，1CM（一氯甲烷）装置排放成分中主要 VOCs 为氯甲烷、二氯甲烷和三氯甲烷，分别占总 VOCs 的 33.2%、23.6% 和 15.9%。2CM/3CM（二/三氯甲烷）装置排放成分则主要以二氯甲烷（23.7%）为主。PCE（四氯乙烯）装置最重要的 VOCs 组分是四氯乙烯和三氯乙烯，分别占总 VOCs 的 53.6% 和 26.0%。由此可见，基础化工原料生产单元的 VOCs 排放特征与生产工艺和产品是具有一致性的。因而在必须考虑工艺过程的差异基础上，建立与生产工艺/产品相适应的排放源成分谱。

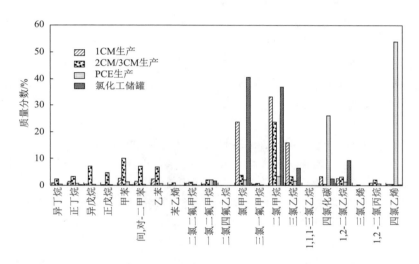

图 4-11　氯化工厂区内典型生产单元排放的主要 VOCs 组分特征

4.1.3　溶剂和涂料使用

我国溶剂和涂料使用源包括较为广泛的行业类别，可分为喷涂工艺行业（如家具喷涂、汽车喷涂）和非喷涂工艺（如印刷、制鞋）。其中，印刷源是溶剂源中非常重要的一类源。印刷排放挥发性有机物主要来源于油墨挥发和清洗剂的使用。油墨一般都是由颜料、填充料、黏结剂和溶剂四部分组成，其中前三部分是油墨的主体媒介成分，溶剂主要作用是溶解颜料、填充料和黏合剂，在使用过程中逐渐挥发到大气中。清洗剂主要作用是印刷过程中换墨、换色、停机时，对印刷版材附着的油墨进行洗涤，清洗过程中一部分清洗剂也会挥发到大气中。现在大部分印刷企业淘汰了毒性更大、更易燃易爆的汽油和煤油，主要使用"洗车水"作为清洗剂。"洗车水"是由有机溶剂、水、乳化剂、表面活性剂等成分混合而成的乳液状印刷清洗剂。印刷业按照产品最终用途可以分为书刊印刷和包装装潢印刷两大类。书刊印刷主要包括对书籍、报纸、杂志、广告的印刷，包装装潢印刷主要是对纸、塑料、纸板、金属箔片等包装物进行印刷。家具涂料主要用于木质家具的生产，起到保护家具表面和美观的作用。现在主要使用的家具涂料有聚氨酯漆、硝基漆、醇酸清漆三大类。近年来由于聚氨酯漆具有硬度大、耐久性、耐黄变等优点，逐渐取代过去普遍使用的硝基漆、醇酸清漆，使用比例不断上升。现在聚氨酯漆占家具涂料市场的75%以上。除聚氨酯漆、硝基漆、醇酸清漆之外，以水作稀释剂的水性木器涂料出现在市场上，但是由于水性涂料在硬度、饱和度上无法与传统涂料相比，大多数家具生产厂家仍然采用传统的聚氨酯漆等家具涂料。家具涂料使用排放挥发性有机物除一部分来源于油漆外，更大的部分来源于使用的稀释剂。稀释剂是在涂料使用前，以一定的比例与涂料混合，使涂料具有更大的流动性，便于喷涂。使用的稀释剂大部分会在喷涂完成后挥发到大气中。在家具涂料使用时，最为常用的稀释剂为天那水（也称香蕉水），天那水是由酯类、醇类、芳香烃、酮类等有机溶剂混合而成。

目前测量溶剂使用工业源谱的方法主要有顶空实验、车间内采集或烟囱采集和下风向布点采样（表4-9）。Liu等通过采集建筑涂料使用时的环境样品来分析其VOCs化学组成[7]；Zheng等在数十家溶剂使用和喷涂企业的车间内和废气收集烟囱采集样品，建立了分行业工艺的溶剂使用源成分谱[15]；Yuan等通过分别在印刷和家具生产车间采集相应的空气样品来获得代表印刷和家具涂料的VOCs成分谱，另外Yuan等还在北京汽车喷涂工厂的上下风向分别布点采样，根据上下风向化学组分的差异获得汽车喷涂工业的源成分谱[16]。较少研究进行溶剂组分顶空测定，这是由于溶剂使用和喷涂生产工艺条件差异大，溶剂的成分在使用过程中会产生较大变化，可能不能很好地反映实际排放特征[17]。

表 4-9　溶剂和涂料使用样品采样方式总结

采样方式	优点	缺点
顶空实验	实验室内操作、较准确	与实际条件下油品挥发存在差别
生产车间内采集	接近排放源，反映无组织排放特征	不能反映处理后的废气排放特征
烟囱采集	实际排放到大气中的废气成分特征	烟囱采样具有一定难度
下风向采集	反映排放源综合情况	受到其他排放源和气象条件等影响，测量结果存在较大

1. 溶剂和涂料使用过程中的VOCs排放特征

溶剂和涂料使用过程中的VOCs排放环节相当复杂，而且由于不同用途的溶剂和涂料排放VOCs的化学组成可能差异显著。这里将以Yuan等在北京地区开展的溶剂和涂料 VOCs 排放化学成分谱研究[16]为基础来分别介绍每类溶剂和涂料使用过程的 VOCs 排放特征。

1）建筑涂料

所采集的 27 个建筑涂料样品中有 22 个样品代表水性涂料的 VOCs 排放特征，另外 5 个样品代表溶剂型涂料的排放特征。表 4-10 列出了水性涂料和溶剂型涂料使用所排放的主要 VOCs 组分及其质量分数。水性涂料排放的主要 VOCs 组分是 $C_6 \sim C_8$ 芳香烃和 $C_3 \sim C_6$ 烷烃；而溶剂型涂料主要排放 $C_7 \sim C_8$ 的芳香烃，甲苯、二甲苯、乙苯和苯乙烯贡献了总 VOCs 质量浓度的 91%。

表 4-10　水性涂料和溶剂型涂料使用所排放的主要 VOCs 组分

水性涂料		溶剂型涂料	
组分	质量分数/%	组分	质量分数/%
甲苯	13.3	间, 对-二甲苯	28.8
苯	11.1	甲苯	27.1
正丁烷	7.86	邻-二甲苯	17.8
丙烷	6.14	乙苯	15.4
正戊烷	5.42	苯乙烯	1.93
2-甲基戊烷	4.60	正庚烷	1.50
乙苯	4.10	苯	0.83
间, 对-二甲苯	3.53	2-甲基己烷	0.66
异戊烷	3.26	正辛烷	0.60
正己烷	3.26	3-甲基庚烷	0.43
总计	62.6	总计	94.9

2）印刷行业

选择两家印刷厂（A 和 B）的印刷车间和一个打印室利用采样罐采集全空气，然后利用 GC-MS/FID 分析 VOCs 化学组分。表 4-11 总结了各印刷样品的 VOCs 化学组成。从表中可以看出，醇类物质在各印刷厂样品中所占质量分数均在 50% 以上，其中醇类物质所占的质量分数最高的 B 印刷厂进口机车间达到 95%，打印室样品中醇类物质的质量分数也达到 48%。醇类物质主要为甲醇和乙醇两个物种，这主要是由于印刷厂使用的印刷器械清洗剂"洗车水"中主要的溶剂为甲醇和乙醇两种物质。除了醇类，在印刷厂样品中质量分数较高的两类物质是烷烃和芳香烃，其他一些组分的质量分数很小。在打印室样品中，虽然芳香烃和烷烃的质量分数分别位于第二和第三，但是烯烃、醛、酮、卤代烃等四类组分的质量分数之和达到 28%。这是由于打印室的 VOCs 排放不仅来源于打印墨粉的挥发，还来自于装订的黏合剂以及高温下复印纸的挥发。

表 4-11　印刷源各样品的物种组成（全部物种，%）

物种分类	A1	A2	B1	B2	打印室
醇	86.8	72.2	51.9	95.5	48.3
烷烃	5.62	14.2	25.6	3.17	11.4
芳香烃	5.72	10.2	12.2	0.25	12.0
其他	1.85	3.32	10.3	1.10	28.3

如果仅考虑 NMHCs 排放，印刷厂排放的主要组分是高碳烷烃：正癸烷（16.9%）、正壬烷（14.8%）、正十一烷（13.0%）和正辛烷（6.7%），这四种烷烃贡献了 NMHCs 质量浓度的 66.7%。芳香烃在 NMHCs 所占比例为 31.6%，主要组分是间, 对-二甲苯、甲苯和 1, 2, 4-三甲基苯。

3）家具喷涂

家具喷涂样品采集于北京某家具厂喷涂车间，该家具厂主要从事办公家具的生产。采样时间为 2007 年，共采集 6 个样品，底漆喷涂车间、面漆喷涂车间、干燥室各 2 个样品。除 2 个干燥室样品外，其他 4 个样品均采集于喷涂过程中。使用的涂料为聚氨酯漆，使用稀释剂为商品化天那水。聚氨酯漆和天那水按照一定比例混合均匀后，利用高压喷涂机进行喷涂。采样时，各室基本处于密闭状态，与外界空气交换较小。

家具涂料各样品中，质量分数最高的组分是芳香烃，占总 VOCs 质量浓度的90.4%，占总 NMHCs 浓度的 99.3%。表 4-12 列出了家具涂料各样品排放的主要VOCs 组分及其占总 NMHCs 的质量分数。各样品中丰度最高的 5 种物种均是甲苯、间, 对-二甲苯、乙苯、邻-二甲苯、苯（苯在干燥室样品中的质量分数比苯乙烯低），这 5 个物种在各样品中的质量分数之和均在 98%以上。

表 4-12　家具涂料各样品中丰度最高的 10 种物种及其占 NMHCs 排放的质量分数

底漆		面漆		干燥室		平均	
物种	质量分数/%	物种	质量分数/%	物种	质量分数/%	物种	质量分数/%
甲苯	64.2	间, 对-二甲苯	35.4	间, 对-二甲苯	36.5	甲苯	45.2
间, 对-二甲苯	19.7	甲苯	35.4	甲苯	36.0	间, 对-二甲苯	30.6
乙苯	7.56	乙苯	14.4	乙苯	13.8	乙苯	11.9
邻-二甲苯	5.09	邻-二甲苯	12.5	邻-二甲苯	12.5	邻-二甲苯	10.0
苯	2.46	苯	0.54	苯乙烯	0.33	苯	1.09
苯乙烯	0.23	苯乙烯	0.46	苯	0.27	苯乙烯	0.34

续表

底漆		面漆		干燥室		平均	
物种	质量分数/%	物种	质量分数/%	物种	质量分数/%	物种	质量分数/%
甲基环戊烷	0.13	正丁烷	0.16	异丙基苯	0.10	正丁烷	0.09
正己烷	0.13	异戊烷	0.13	正辛烷	0.07	异丙基苯	0.09
异丙基苯	0.09	1, 3, 5-三甲基苯	0.11	正壬烷	0.05	正己烷	0.09
正丁烷	0.09	正己烷	0.11	1, 2, 4-三甲基苯	0.03	正辛烷	0.08

　　从表 4-12 可以看出，面漆样品和干燥室样品各物种的质量分数较为接近，而底漆样品与这另外两个采样点样品存在较大差异，主要表现在底漆样品中甲苯的质量分数达到 64.2%，远远高于面漆和干燥室的 36.5%，而底漆样品中间, 对-二甲苯、乙苯、邻-二甲苯 3 个物种的质量分数则小于面漆和干燥室的相应值。这主要是由于面漆和干燥室两个车间是连通的，存在空气交换，故两个采样点的结果较为一致；而底漆车间则使用了有别于其他两个车间的油漆和稀释剂，排放物种与其他两个采样点有一定差异。

　　4）汽车喷涂

　　在汽车制造厂的上风向和下风向采集环境空气样品，分别代表背景大气和受汽车喷涂排放逸散性排放影响的 VOCs 化学组成。在下风向点所采集空气样品中的 VOCs 浓度显著高于上风向点的测量结果，尤其是芳香烃的浓度明显增加（大于一个数量级），烷烃和烯烃浓度的增加相对较小。将在下风向点所采集样品的 VOCs 浓度扣除上风向点测量的背景浓度，以代表汽车喷涂排放的 VOCs 化学组成。间, 对-二甲苯是最重要的组分，占总 NMHCs 排放的 35.2%，接下来是甲苯（25.7%）、乙苯（11.1%）和邻-二甲苯（6.8%），芳香烃贡献了 96.9%的总 NMHCs 排放。

2. 我国溶剂和涂料使用 VOCs 排放源成分谱的变化

　　1）芳香烃化学组成的变化

　　苯、甲苯、乙苯和二甲苯（BTEX，即苯系物）是溶剂和涂料使用排放芳香烃的主要组分。将 2003 年[7]和 2007 年[16]溶剂和涂料使用排放的 BTEX 化学组成进行比较（图 4-12），可以发现：①苯在 BTEX 中所占的质量分数显著下降，从 2003 年的约 18%下降至 2007 年的约 1%；②二甲苯和乙苯的质量分数显著增加，二甲苯的比例从约 28%上升至约 47%，乙苯则从约 8%增加至约 12%；③甲苯的比例没有明显变化，占 BTEX 质量浓度的 40%～42%。

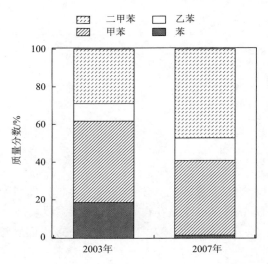

图 4-12　比较 2003 年[7]和 2007 年[16]溶剂和涂料使用所排放 BTEX 的化学组成

　　溶剂和涂料排放的 BTEX 中苯所占比例的下降与我国采取的一系列措施加强了对苯的控制有关，包括加强对油漆涂料中苯含量的控制。我国现行的大部分涂料标准对苯含量有明确要求，而且与旧版的标准相比苯含量的限值在逐渐加严[17]。例如，在 2001 年颁布的《室内装饰装修材料 溶剂型木器涂料中有害物质限量》标准中（GB 18581—2001）苯的限值为 0.5%（体积比），在 2009 年的版本中苯的限值下降至 0.3%（GB 18581—2009）。另外，由于水性树脂生产技术的进步和发展、公众环保意识的增强和我国相关政策的推动，水性涂料的市场占有率在逐年上升，而水性涂料中苯含量显著低于油性涂料[15]，因而会导致溶剂涂料使用排放的 BTEX 中苯所占的比例呈现下降趋势。

　　2）含氧 VOCs 比例的增加

　　以往很多研究都表明苯系物（苯、甲苯、二甲苯、乙苯）是溶剂使用源最重要的特征 VOCs，比例超过 80%[7, 16]。但近年我国加强了对溶剂和涂料中芳香烃含量（尤其是苯）的控制，造成溶剂和涂料使用排放的 VOCs 化学成分产生了显著的变化。Zheng 等在珠江三角洲地区测量的典型溶剂使用行业排放成分谱显示，在非喷涂工艺如印刷和制鞋行业中，含氧 VOCs（包括酯类、醇类、醚类和羰基化合物等）是最重要的组分，所占比例达 80%以上，特别是乙酸乙酯、丙酮、异丙醇的排放比例很高[15]。酯类和酮类等物质在近年来作为苯系物溶剂的代替成分，它们的使用量大大增加，特别是一些稀释剂和清洗剂，是造成含氧 VOCs 比例增大的重要原因。另外，Zheng 等还发现家具喷涂和金属表面涂装中芳香烃类物质所占比例仍然最大，占 50%以上。其次是含氧 VOCs，占 30%以上，以乙酸乙酯、乙酸丁酯等为主。由此可见含氧 VOCs 很可能成为我国溶剂使用源的排放成分，是过往溶剂源成分谱研究中容易忽视的一类组分。因此，在以后溶剂使用行业源成分谱研究中，需要加强对含氧 VOCs 的测量，识别该行业 VOCs 排放的变化特征。

4.1.4 移动源 VOCs 排放特征和排放因子

移动源 VOCs 指机动车燃料的燃烧、挥发和泄漏过程产生的挥发性有机物。按照排放方式的差异，通常又把移动源划分为尾气排放（tailpipe emission）和非尾气排放（non-tailpipe emission）两部分，其中后者主要为燃料挥发和泄漏。移动源是城市大气 VOCs 的重要来源，在大部分城市地区流动源对环境大气中 VOCs 的贡献超过 50%。汽油和柴油的不完全燃烧产物和未燃烧组分是移动源 VOCs 的主要产生途径，其中汽油车贡献显著高于柴油车，通常是柴油车的 4 倍以上[1]。除了燃料燃烧过程的排放，汽油挥发也是重要的 VOCs 来源，在实际行驶过程中，一般占总 VOCs 排放的 10%～15%。挥发具体包括以下五种途径：①停放时的恒定挥发；②热浸排放（hot soak）；③行驶时的挥发；④昼夜温差造成的挥发排放；⑤加油过程的挥发排放。本节将介绍采用台架测试、隧道实验、道路实验和挥发实验测定流动源 VOCs 的排放特征和排放因子的实验和结果。

如表 4-13 所示，测量机动车排放的方法主要包括：隧道实验、道路实验和台架实验。隧道实验获得的源成分谱同时包含了尾气和油品挥发的信息。隧道实验通过在隧道的出入口测定 VOCs 化学组分，了解了隧道内反映采样时段车流量、车速、行驶工况综合情况的源排放组成特征。我国已有研究针对广州珠江隧道[2, 18]、北京谭裕沟隧道[19]、上海市延安东路隧道和打浦路隧道[20]、厦门 7 个隧道[21]等开展源谱测量，获得当地隧道的 VOCs 排放组成特征。道路实验则是选取典型城市街道，在交通高峰时段直接采集路边大气样品[22]。台架实验是利用底盘测功机在设定工况、行驶速度等条件下针对特定车型进行测量的方法，它能识别不同车辆尾气排放的差异。我国很多研究已开展机动车尾气台架实验，获得了不同车型和不同行驶条件下尾气排放的源成分谱[23-27]。

表 4-13 机动车排放和油品挥发排放 VOCs 源成分谱测试方法

移动源类型	测试方式	优点	缺点
机动车排放	台架实验	测定不同车型、不同工况和不同行驶条件下的排放结果	测试车型及采集样品有限
	道路实验	反映道路上车辆实际行驶状况	受其他排放源、扩散条件及化学反应等影响
	隧道实验	反映隧道内车辆排放的实际情况	难以准确识别各种车型及不同行驶条件下 VOCs 排放差异

续表

移动源类型	测试方式	优点	缺点
油品挥发	化学组分测试	分析简单、准确	与实际条件下油品挥发存在差别
	顶空测试	实验室内操作、较准确	与实际条件下油品挥发存在差别
	汽车密室挥发	模拟汽车实际挥发泄漏	测试车型及采集样品有限
	加油站测量	反映加油站挥发特征	测量样品数量有限

　　测试油品挥发排放特征的方法主要包括油品组分测量、顶空实验、汽车昼夜挥发实验、加油站油气回收系统测量等。组分测量是直接对汽油进行化学组分分析；顶空实验则是将液体汽油滴入密封瓶，待瓶内达到饱和气压时采集样品进行分析。汽车昼夜挥发实验是指在密封室内模拟日温度变化，在密室内测定汽车在不同工况停止后 1h 和 24h 后的室内空气 VOCs 组成，以识别汽车泄漏挥发的排放特征[7]。近来，Zhang 等在珠江三角洲地区通过汽油组分测量、汽油顶空实验和加油站油气回收系统等方法建立了汽油挥发源排放成分谱，进一步认识了我国汽油挥发的组成特征[28]。

　　1. 台架实验

　　台架实验是在底盘测功机上采用不同测试工况模拟公路上机动车行驶状态（加速、减速、匀速和怠速）。大量的台架测试能够得到不同车型、不同行驶状态下的 VOCs 排放特征，并且可以直接计算得到单车排放因子。但也有不足之处，由于首先受到机动车类型、运行工况、燃料、维护保养状况等因素的影响，测定结果的差异很大，必须保证足够的样本量，并且结合机动车模型得到城市机动车综合排放因子。美国和欧洲的一些国家开展了大量汽油车和柴油车台架实验[29,30]，并且建立了机动车排放因子数据库。下面以付琳琳在 2004 年 4 月至 2005 年 1 月期间进行的机动车台架实验作为实际案例进行详细介绍。

　　1）台架实验

　　2004 年 4 月至 2005 年 1 月期间，付琳琳等对三大类（轻型车、重型车、摩托车）30 余辆机动车进行了台架测试[2]。测试依据《轻型汽车污染物排放限值及测量方法Ⅱ》（GB 18352.2—2001）和《摩托车排气污染物排放限值及测量方法（工况法）》（GB 14622—2002）有关规定进行。

　　台架实验的基本原理是机动车尾气在实验控制的条件下用环境空气连续地稀释，并采用定容取样系统（constant volume sampler，CVS）收集稀释排气。在台架实验中，需要同步采集样气和环境空气，分析计算后根据污染物在样气和环境空气中的浓度以及实验期间的稀释排气总容积确定污染物排放质量，进一步结合运行工况的行驶距离确定排放因子。采样系统的原理图如图 4-13 所示。

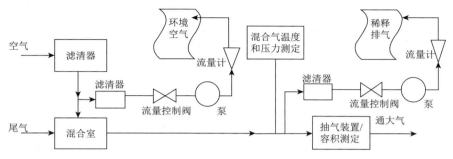

图 4-13　台架测试稀释采样系统示意图

该研究采用 ECE（Economic Commission for Europe）和 EUDC（Extra Urban Driving Cycle）工况作为测试工况，是欧洲实行的汽车行驶油耗测试工况的试验法，它代表的是一种模态工况，参见图 4-14。其中 ECE 为低速工况，代表城市行驶状况，平均车速为 19km/h，总行驶时间 780s，理论行驶距离为 4.052km；EUDC 为高速工况，代表城郊行驶状况，平均车速为 62.6km/h，总行驶时间 400s，理论行驶距离 6.955km。三种类型机动车在工况选择上有一些差异：对于轻型车，一部分进行 ECE + EUDC 的测试，同时为了比较更好地对比高速和低速行驶状态下 VOCs 排放特征的差异，一部分车辆分开进行 ECE 和 EUDE 工况的测试；对摩托车和重型车则根据测试标准的规定，仅进行 ECE 工况测试。

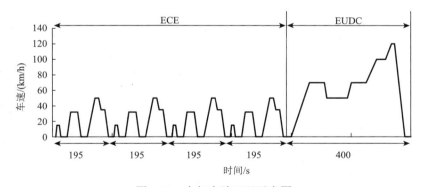

图 4-14　台架实验工况示意图

该研究共包括 37 辆机动车：其中轻型车（LD）26 辆，包括 23 辆汽油车和 3 辆柴油车；重型车（HD）6 辆，包括 3 辆汽油车和 3 辆柴油车；摩托车（M）5 辆。具体的机动车样本分布情况和车辆的基本参数见表 4-14。测试的 5 辆摩托车全部为新车，燃料为 93#汽油；重型车为 6 辆在用机动车，其中汽油车 3 辆（90#汽油），柴油车 3 辆（0#柴油），车龄分布为 1～8 年，最大总质量 4.0～9.8t。26 辆轻型车主要为电喷汽油车，也包括部分化油器车和柴油车，所用燃料为 93#汽油和 0#柴油。轻型车的车龄分布为 0～6 年，大部分车辆维护状况良好。

表 4-14　台架测试机动车样本分布情况

	车型	样本量	测试工况	实验设备	实验地点
轻型车 （<3.5t）	轻型汽油车	23	ECE + EUDC	Horiba 机动车尾气测试系统	中国环境科学研究院，中国 （天津）机动车测试中心
	轻型柴油车	3	ECE + EUDC	MICTONROT 稀释取样系统	中国（天津）机动车测试中心
重型车 （>3.5t）	重型汽油车	3	ECE	ASM-P-EURU 型底盘测功 机流动源稀释通道（中国 环境科学研究院研制）	北京金凯星科技有限公司
	重型柴油车	3	ECE		
摩托车	摩托车	5	ECE	DPC-1 型底盘测功机 Pierburg CVS	中国（天津）摩托车 测试中心

2）机动车尾气排放 VOCs 化学组成特征

轻型汽油车台架测试样品共定性检出 C_2～C_{12} 的挥发性有机物 80 余种，其中烷烃 37 种，烯烃 24 种，芳烃 17 种，炔烃 2 种，二烯烃 2 种。图 4-15 是轻型汽油车排放的主要 VOCs 组分的质量分数，计算时把所有能够定量的总 VOCs 浓度作为 100%。从图中可以看出：①乙烯是首要的排放物种，质量分数为 10.22%±2.98%，丙烯、1-丁烯/异丁烯也是比较重要的烯烃，C_5 以上烯烃排放很少。②甲苯是芳香烃中比例最高的物种，质量分数为 9.60%±1.90%，其次为苯（8.69%±3.40%）、间,对-二甲苯（4.78%±2.41%）、1,2,4-三甲基苯（3.60%±1.25%），甲苯/苯浓度比值为 1.10。③烷烃主要集中于 C_4～C_7 部分，质量分数最高的是异戊烷（6.43%±1.33%），这一部分烷烃应该主要来自汽油组分，乙烷的质量分数在各个样本间差别很大，由于乙烷是燃烧产物，所以应该主要和燃烧条件有关。④1,3-丁二烯的质量分数为

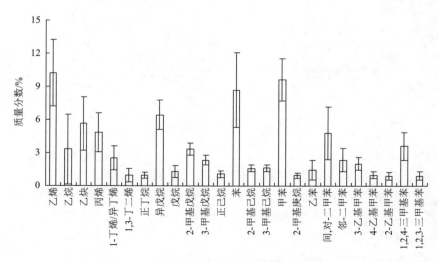

图 4-15　轻型汽油车尾气 VOCs 排放特征

0.96%±0.62%，虽然比例不高但是几乎所有的样本中都能检出，可以确定是尾气排放的产物，而且 1,3-丁二烯在汽油顶空样品中没有检出，所以主要来源是汽油燃烧。⑤异戊烷、2-甲基戊烷的标准偏差明显低于乙烯、乙烷、乙炔和苯。因为异戊烷和 2-甲基戊烷来源比较单一，主要来自未燃烧的汽油组分，受车型的影响较小，而乙烯、乙炔、乙烷、苯等燃烧产物受燃烧情况影响，因此差别较大。

　　对比新车和在用车 VOCs 排放情况，可以看出乙烯、乙炔、异戊烷、2-甲基戊烷、苯、甲苯、间,对-二甲苯都是主要排放的 VOCs 物种（图 4-16）。但其中也存在一些差异：①在用车的低碳部分烯烃和烷烃的排放高于新车，乙烯是在用车排放的首要物种，而在新车尾气排放中比例较低，在用车中乙烯的质量分数是新车的 2 倍左右，乙烷、丙烯和丁烯的情况类似。因为低碳烷烃和烯烃是不完全燃烧的产物，因此这一差异可以说明新车车况较好，汽油燃烧更充分。②两者的甲苯相对含量接近，但新车苯含量较高，而且各样本间的差异巨大，目前还不知道确切的原因。可能是因为新车的排放本身较低，导致不同车型的差别被放大化了，此外样本量少也是造成偏差大的原因。

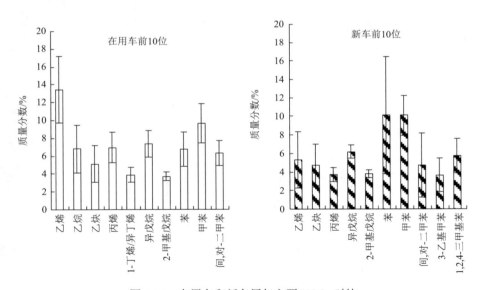

图 4-16　在用车和新车尾气主要 VOCs 对比

　　为了比较低速和高速行驶状态下机动车尾气排放 VOCs 的差异，本研究选取了部分轻型汽油车进行了 ECE/EUDC 工况的对比实验。实验中，ECE 和 EUDC 运行工况是连续进行的，只是两个阶段的样品被采集到不同采样罐中，由于 EUDC 工况下采集到的尾气中浓度本身很低，所以没有考虑空白的影响。

图 4-17 对比了 3 辆轻型汽油车（LD.13、LD.15、LD.16）ECE/EUDC 工况排放的特征物种，结果比较一致：①大部分芳烃类物种（甲苯、间,对-二甲苯、1,2,4-三甲基苯）在低速行驶状态（ECE）下比例高于高速状态（EUDC），而苯的情况相反，高速状态下比例高于低速状态，在个别样本中（LD.15）差别达到 2 倍以上。②异戊烷在高速行驶状态下比例明显高于低速行驶。其他烷烃类物种（戊烷、2-甲基戊烷、3-甲基戊烷、己烷）受速度影响不大，高速状态下排放的比例略高。③由于没有分析 C_2 化合物，所以丙烯是分析物种中最主要的烯烃类物质，丙烯在低速状态下排放比例更高。以上都只是从相对质量分数的角度进行的讨论，如果从绝对排放量来看，低速状态下各 VOCs 物种的排放量都低于高速状态。

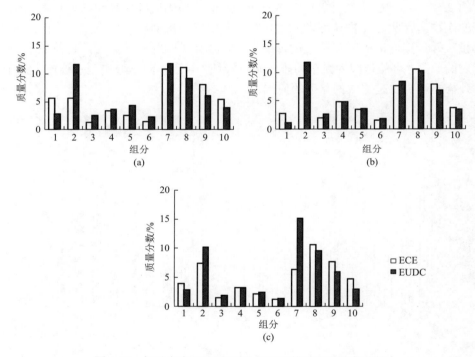

图 4-17　机动车在 ECE/EUDC 工况下排放 VOCs 的比较

（a）LD.13；（b）LD.16；（c）LD.15。1. 丙烯；2. 异戊烷；3. 戊烷；4.2-甲基戊烷；5.3-甲基戊烷；6. 己烷；7. 苯；8. 甲苯；9. 间,对-二甲苯；10.1,2,4-三甲基苯

图 4-18 是轻型汽油车排放的主要 VOCs 组分的质量分数：①异戊烷是首要的排放物种，质量分数为 7.93%±0.53%；②间,对-二甲苯是芳香烃中比例最高的物种，质量分数为 5.32%±0.86%，其次为甲苯（4.48%±0.62%）。甲苯/苯浓度比值为 3.07；③乙烯是烯烃中比例最高的物质，质量分数为 5.80%±0.56%。

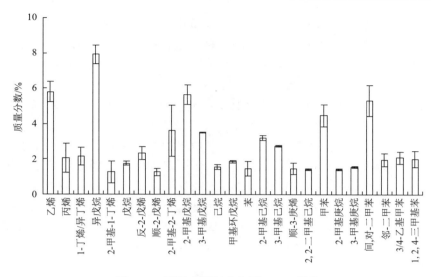

图 4-18　摩托车尾气中主要 VOCs 组分

重型柴油车台架实验共定量检出挥发性有机物 53 种，其中烷烃 20 种，烯烃 16 种，芳烃 15 种，炔烃 2 种。图 4-19 是重型柴油车台架样品中主要 VOCs 组分。柴油车尾气排放具有以下特征：①丙烯是首要的排放物种，质量分数达到 10.39%±0.67%，其次为乙烯（9.01%±0.61%）；②高碳部分的烷烃，包括壬烷、癸烷、十一烷和十二烷排放显著，质量分数仅次于丙烯和乙烯；③苯是芳香烃中排放最高的物种，质量分数超过甲苯，甲苯/苯浓度比值为 0.48。

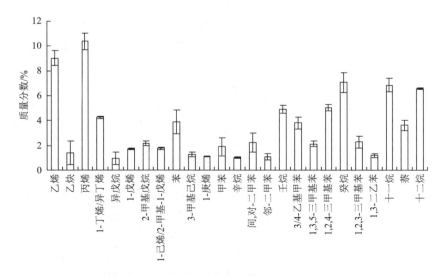

图 4-19　重型柴油车尾气中的主要 VOCs 组分

　　从以上台架测试尾气的主要成分可以看出，$C_2 \sim C_3$化合物、苯以及苯系物是各类机动车尾气中普遍比较重要的物种，但各种车型之间也存在明显差异。虽然台架测试的轻型汽油车和摩托车所采用的燃料相同（93#汽油），测试工况相近（ECE/EUDC），但是两者排放VOCs的组成有较大的差别（图4-20）。把所有能够定量的VOCs总浓度作为100%，选择了15种比较重要的物种进行比较，所选物种占轻型汽油车总VOCs排放质量的64.3%，占摩托车总VOCs排放质量的51.7%。对比结果如下：轻型汽油车的苯、甲苯等芳烃以及乙烯、丙烯的质量分数明显高于摩托车；异戊烷、2-甲基戊烷等烷烃在摩托车尾气中的比例高于轻型汽油车。也可以说，燃烧产物在汽车尾气中的比例明显较高，而汽油组分在摩托车尾气中的比例较高。由此推断，摩托车燃烧不充分，很多汽油中的组分没有充分燃烧就直接排放，因此主要由燃烧途径生成的物种（如乙烯、苯等）比例较低。对照摩托车尾气VOCs和汽油组分也可以发现，摩托车和汽油顶空的组分更为相似。

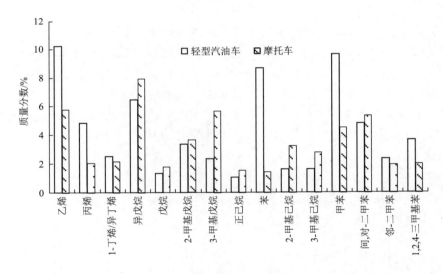

图4-20　轻型汽油车和摩托车的对比

　　因为燃料不同，汽油车和柴油车尾气的VOCs组成差别明显（图4-21）。由于能够定量的柴油车尾气排放VOCs种类大大少于汽油车，所以为了便于比较，图4-22把按照柴油车排放VOCs作为参照，对汽油车和柴油车中共同的VOCs进行对比，包括53个VOCs物种。从对比的结果来看，汽油车排放多集中在C_8以下，异戊烷、苯、甲苯是汽油车排放的重要VOCs，而柴油车排放在C_8以后明显加强，尤其是正构烷烃（壬烷、癸烷、十一烷）的排放。

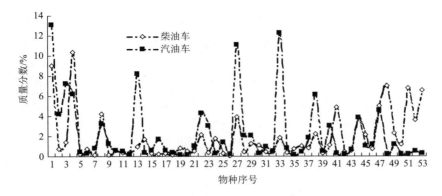

图 4-21　汽油车和柴油车尾气 VOCs 组分对比

1. 乙烯；2. 乙烷；3. 乙炔；4. 丙烯；5. 丙烷；6. 丙炔；7. 异丁烷；8. 1-丁烯/异丁烯；9. 丁烷；10. 反-2-丁烯；11. 顺-2-丁烯；12. 3-甲基-1-丁烯；13. 异戊烷；14. 1-戊烯；15. 2-甲基-1-丁烯；16. 戊烷；17. 反-2-戊烯；18. 顺-2-戊烯；19. 2,2-二甲基丁烷；20. 环戊烯；21. 2,3-二甲基丁烷；22. 2-甲基戊烷；23. 3-甲基戊烷；24. 2-甲基-1-戊烯/1-己烯；25. 己烷；26. 反-2-己烯；27. 苯；28. 2-甲基己烷；29. 3-甲基己烷；30. 1-庚烯；31. 庚烷；32. 甲基环己烷；33. 甲苯；34. 2-甲基庚烷；35. 2,2,5-三甲基己烷；36. 辛烷；37. 乙苯；38. 间,对-二甲苯；39. 苯乙烯；40. 邻-二甲苯；41. 壬烷；42. 异丙苯；43. 正丙苯；44. 3/4-乙基甲苯；45. 1,3,5-三甲基苯；46. 2-乙基甲苯；47. 1,2,4-三甲基苯；48. 癸烷；49. 1,2,3-三甲基苯；50. 1,3-二乙苯；51. 十一烷；52. 萘；53. 十二烷

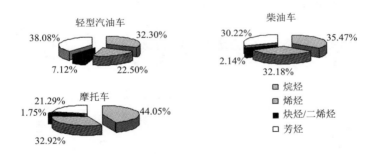

图 4-22　台架测试各种车型排放 VOCs 分类结果

　　图 4-22 按照烷烃、烯烃、炔烃/二烯烃、芳烃来划分尾气中的 VOCs 组分。轻型汽油车尾气中芳烃比例最高，其次为烷烃、烯烃、炔烃/二烯烃。摩托车尾气中烷烃比例最高，其次为烯烃、芳烃，如前所述，这一构成和汽油的顶空成分非常接近。柴油车尾气中也是烷烃比例最高，其次为烯烃、芳烃、炔烃/二烯烃。

2. 隧道实验和道路实验

　　隧道实验和道路实验是通过对环境大气的监测来获得机动车的排放特征，属于间接测试法。公路隧道是相对封闭的环境，机动车排放的污染物在隧道内积累，不易扩散和发生反应，因此隧道非常适合进行机动车 VOCs 排放特征研究。此外，根据质量守恒原理可以计算一段时间内隧道内机动车排放污染物的总质量，结合车流量、行驶里程等参数就可以得到车队整体的排放因子。隧道实验是在机动车实际道路行驶状态下进行的，样本量大，并且包含了当地机动车构成、交通状况、气象条件的影响，从而得到的源成分谱和排放因子可以较好地代表当地的情况。隧道实验的不足之处在于难以得到各类机动车的源谱和排放因子。道路实验是选取典型城市街道，在交通高峰时段直接采集路边大气样品。交通繁忙时段，路边大气中 VOCs 浓度显著高于环境大气浓度，因此可以忽略背景的影响。实验道路的选择有以下几个原则：①车流量较大，并且能够代表城市机动车构成。②道路选择要避开其他的污染源，如工厂、加油站等。此外，遥感测量也是常用的道路采样方法。遥感测量快速方便，样本量大，能够测定实际行驶状态下的排放情况，但是只能得到 HC 排放因子，不能得到各种 VOCs 的排放情况。由于除了尾气，挥发排放在机动车实际行驶过程也占有一定比例，所以上述实验方法得到的源谱和排放因子实际上包含了汽油挥发的贡献。

1）隧道实验

付琳琳等选取广州珠江隧道进行了隧道实验[31]。广州珠江隧道位于广州市区西部，是连接芳村区和黄沙区的过江隧道。珠江隧道全长为 1238.5m，其中隧管长 724m，入口和出口坡度不超过 3%，隧道内单向通车，没有新风通入口，总体来说是比较适合进行隧道实验。隧道宽 9.1m，高 5.8m，机动车行驶方向为由北至南，限速 15～50km/h（图 4-23）。

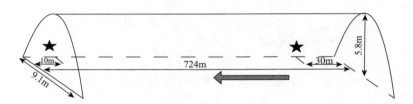

图 4-23　广州珠江隧道采样点示意图

采样点设置在入口出口同侧路边，距离入口 30m，距离出口 10m，采样高度 1.5m。采样时间为 2004 年 9 月 16 日和 18 日两天（早 7:30 到晚 23:00），共采集 15 组隧道机动车样品，包括了工作日和休息日，交通高峰时段和非高峰时段，可以比较完整地反映珠江隧道各个时段的交通状况。9 月 18 日采集两个环境背景样品，背景采样点位于珠江隧道中控室楼顶平台，距离隧道口约 200m，高度 20m。VOCs 样品用预先抽成真空的 3.2L 不锈钢采样罐采集，使用限流阀来控制流速，采样前对入口和出口的限流阀进行了校准，保证每个样品的采集时间为 90min。采样期间，为了减少隧道内空气扰动的影响，隧道内射流风机没有运转。采样点的风速、温度、湿度等气象参数由大气颗粒物采样器（武汉天虹环保产业股份有限公司）自带的风速仪和温湿传感器测定，每 5min 记录一次数据。用摄像机记录采样期间的隧道车流量。

在此次采样时段内，隧道内平均车流量为 2528 辆/h，交通高峰时段出现在 17:30～19:00，车流量达 3200 辆/h。车辆按重型车（包括大货车和大客车）轻型车（包括小货车、小客车、轿车）和摩托车 3 类统计。隧道机动车的构成以轻型车为主，平均比例 60.3%，除早晚比例较低之外，其他时段比较稳定；摩托车平均比例 24.0%，早上（7:30～9:00）和下午交通高峰（17:30～19:00）时段摩托车比例有明显的增加；重型车平均比例 15.7%，在下午交通高峰时段比例最低，这与广州市区在这一时段对重型车的限制有关。除 12 号样本采样时段内出现堵塞，车速降至 10 km/h 左右，其他采样时段车速稳定在 30～60km/h。

隧道样品中，79 种 VOCs 物种在出口处的浓度高于入口浓度，对比其他隧道实验的结果，可以认定为机动车尾气排放产物，包括烷烃 33 种，烯烃和炔烃 29 种，芳香烃 17 种。图 4-24 和图 4-25 是隧道样品中主要的 VOCs 物种以及化合物分类结果。由图可见：①烯烃是最主要的化合物类别，其次为烷烃、芳烃、炔烃和二烯烃。②乙烯（10.11%±0.74%）是首要的排放物种，其次为异戊烷（7.97%±1.14%）；甲苯（6.05%±0.62%）是芳香烃中最主要的物种，其次为间,对-二甲苯、苯，T/B 的比值为 1.69ppbv/ppbv。③整体来说，隧道样本的偏差较小，这是因为每个样本中都是大量机动车的平均结果。

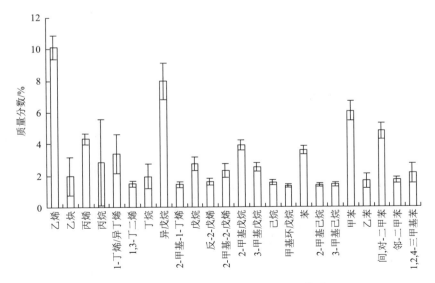

图 4-24　隧道机动车排放主要 VOCs 物种

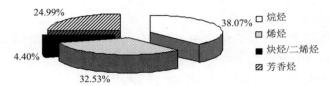

图 4-25　隧道机动车排放 VOCs 分类

2）道路实验

2005 年 1 月冬季和 4 月两次选择北京市海淀区中关村大街路边进行道路测试。采样时间为下午交通高峰时段，采样地点为北京大学东门外交通指示灯南行 200m 路边。下午交通高峰时段该路段车流量较大，单向车流量大约为 1200 辆/h，绝大部分是轿车，比例超过 80%，其余基本为公交车，接近 20%，货车和摩托车很少。

春季（4 月）路边采集的大气样品共定量检出 88 种 VOCs：包括烷烃 32 种、烯烃 23 种、芳香烃 16 种、卤代烃 13 种、炔烃和二烯烃 3 种。冬季（1 月）路边采集的大气样品共定量检出 93 种 VOCs：包括烷烃 32 种、烯烃 23 种、芳香烃 16 种、卤代烃 13 种、炔烃和二烯烃 3 种。对比春季和冬季两组样品的结果（图 4-26 和图 4-27），可以发现烷烃在春季比例较高，异戊烷在春季样品中含量为 11.1%，而在冬季样品中仅为 4.9%，其他烷烃以及烯烃也一般是在春季样品中的比例高于冬季，这与冬季气温低、汽油不易挥发有关。芳香烃在冬季比例较高，甲苯尤其突出，冬季和春季样本中的比例分别为 16.7% 和 12.0%。在道路实验中，春季样品苯/甲苯浓度比值为 0.50，乙苯/甲苯浓度比值为 0.16；而冬季样品苯/甲苯浓度比值为 0.31，乙苯/甲苯浓度比值为 0.10。一般认为苯/甲苯的浓度特征比值为 0.50 和乙苯/甲苯浓度特征比值为 0.20 能够代表机动的车尾气的排放特征[32]，所以冬季样品很可能受到机动车尾气以外其他排放源的影响。

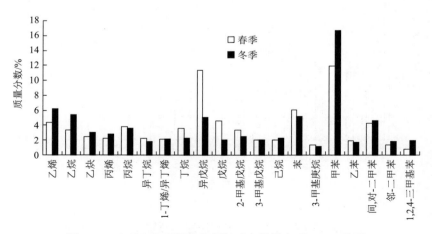

图 4-26　春季和冬季道路实测机动车排放主要 VOCs 物种

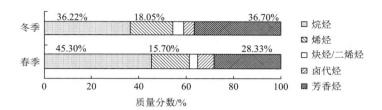

图 4-27　春季和冬季道路实测机动车排放 VOCs 各类化合物的比例

3. 挥发实验

密闭室蒸发实验（sealed housing evaporative determination，SHED）是测试汽油机动车挥发排放方法，测试期间机动车停放在密闭室内，通过测定一段时间内室内累积的碳氢化合物浓度，并结合密闭室参数计算挥发排放因子。

机动车挥发实验于 2005 年在中国汽车技术研究中心进行，考虑了两种挥发模式：24h 昼夜挥发和 1h 热浸挥发，两个实验采用同一辆车进行。机动车 VOCs 蒸发排放实验是在一个气密的矩形测量室内进行，密闭室表面为不吸附、不渗透的材料，体积 61.5m³，室内温度可以调节。昼夜挥发试验首先将待测车辆在 20～30℃温度条件下浸车 10h 以上，然后在测量室内停放 24h，在试验期间控制温度（20℃→35℃→20℃）来模拟昼夜温度变化。热浸挥发实验要求待测车辆完成ECE＋EUDC 工况循环后立即停放到测量室内，实验期间恒温 27℃，静置时间为 1h。

在进行机动车台架测试和挥发实验的同时，对测试的实验汽油（93#汽油）的顶空成分也进行了分析。采样方法是把样品汽油装于玻璃小瓶内（小瓶顶部开口和大气相通），放置于一个内表面抛光处理的不锈钢容器内，不锈钢容器进口一端连接高纯氮气，出口一端和大气连通。调节合适的氮气流量，放置 15min 以保证不锈钢容器内的空气被氮气置换且容器内的成分趋于稳定，之后将出气口和采样罐连接采样，图 4-28 为采样装置的示意图。

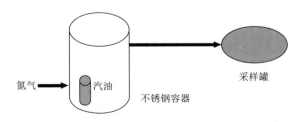

图 4-28　汽油顶空成分测定采样系统示意图

挥发排放主要取决于汽油的组分，这里把热浸挥发、昼夜呼吸排放和汽油顶空组分放在一起进行比较（图 4-29 和图 4-30）。从整体上看，这三种源排放主要的组分均为 $C_4 \sim C_7$ 的烷烃和烯烃以及苯系物，其中首要的物质为甲苯和异戊烷。热浸排放的芳香烃类物质所占比例较大，排放最高的组分为甲苯，占总 VOCs 的10.6%，其次为异戊烷 8.5%；昼夜呼吸排放源的异戊烷和甲苯的排放相当，都是10.3%，烯烃类物质排放中所占份额较大。热浸和昼夜挥发的甲苯/苯浓度比值分别为 2.73 和 1.64。

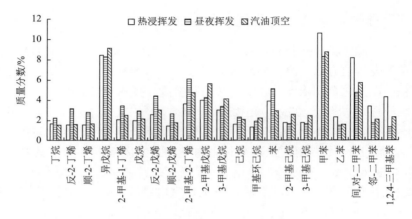

图 4-29　汽油车挥发和汽油顶空主要 VOCs 组分对比

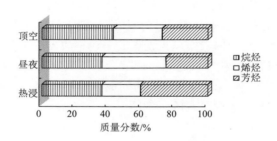

图 4-30　挥发排放 VOCs 分类对比

对比汽油顶空和轻型汽油车尾气的 VOCs 主要组分（图 4-31），可以发现两者的主要差别在于：①汽油挥发（汽油顶空）在 C_4 以下几乎没有排放，说明 C_4 以下的 VOCs 仅来自汽油燃烧过程；②芳香烃在尾气中的比例普遍高于汽油顶空，尤其是苯，尾气中的质量分数是顶空中 2 倍多，说明汽油燃烧对苯的贡献更为重要；③挥发对 $C_4 \sim C_6$ 的烷烃和烯烃的贡献大于汽油燃烧，而在 C_6 以上部分，随着碳数的增大，VOCs 的挥发性降低，因此汽油挥发的贡献也逐渐降低。

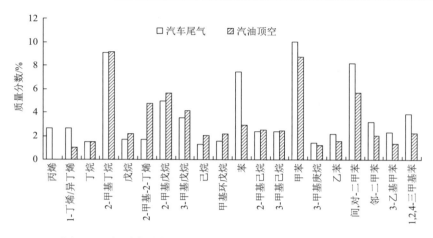

图 4-31　轻型汽油车尾气和汽油顶空 VOCs 主要组分的对比

　　图 4-32 是汽油车尾气和汽油顶空组分按照化合物种类划分的结果：烷烃类汽油车尾气略高于挥发组分比例，尾气中为 43.1%，汽油顶空中为 39.5%；烯烃在汽油顶空中的组分明显高于尾气，在汽油顶空中烯烃比例达到 29.2%，而在尾气中仅为 17.6%；芳香烃在尾气中的比例为 42.9%，汽油顶空中为 27.7%。总的来说，汽油中烷烃和烯烃比例较高，而尾气组分中芳香烃比例较高，由此推断，尾气中的烷烃、烯烃主要来自汽油中未燃烧的成分，而芳香烃则更多地来自燃烧过程。

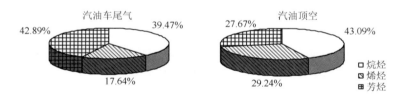

图 4-32　汽油车尾气和汽油顶空组分对比

4. 各类移动源 VOCs 排放特征汇总

　　图 4-33 对比了流动源各类化合物的化学组成情况。流动源的基本排放特征：
　　(1) 机动车排放 VOCs 和使用的燃料有很大关系，汽油车和柴油车排放差别较大：乙烯、异戊烷、苯、甲苯是汽油车尾气中的主要 VOCs 物种；乙烯、丙烯和高碳的烷烃是柴油车尾气中的主要 VOCs 物种。苯系物在汽油车中的比例明显高于柴油车。隧道实验、道路实验中因为汽油车占绝大多数，因此和汽油车排放非常相似。

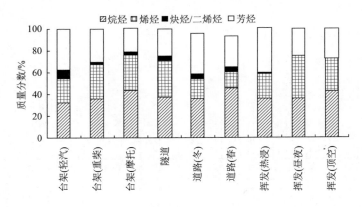

图 4-33　各类流动源排放 VOCs 的分类对比

图中道路实验各种化合物的比例之和不到 100%

（2）乙烯是燃烧产物，在汽油车和柴油车中都是重要的物种，而且比例差别不大。乙烯在台架和隧道实验中的比例显著高于道路实测，而且冬季道路＞春季道路，说明乙烯在大气条件下很容易发生光化学反应而衰减。

（3）1,3-丁二烯和乙烯情况类似：隧道实验和台架实验中比例高于实际道路情况；道路情况下，冬季＞春季。1,3-丁二烯只在汽油车尾气中检出，可以作为汽油燃烧的特征物种。

（4）异戊烷在汽油顶空、热浸、昼夜挥发中的比例普遍高于尾气中的比例，说明其主要来自于汽油中未燃烧的成分。隧道实验＞台架实验，主要是因为隧道样品中还包括了 10%～15%汽油挥发的成分。春季道路情况下异戊烷比例最高，可能是因为活泼烯烃发生光了化学反应，而导致异戊烷比例相对增加。

（5）BTEX 在汽油尾气和挥发中都占有重要的比例。尾气中的 BTEX 来自燃烧产物和未燃烧汽油组分的共同贡献。其中甲苯是最主要的物种，甲苯在汽油车台架、隧道、道路（春季）、挥发中比例差别不大，但在冬季样品中比例明显偏高，很有可能是其他源的影响。苯在尾气中的比例普遍高于汽油组分，比例最高的是轻型汽油车台架样品，高于隧道和道路样品，可以说明燃烧在苯的生成中作用大于汽油中未燃烧成分和挥发的贡献。

5. 国内外移动源 VOCs 排放特征的比较

1）我国机动车尾气中的特征 VOCs 组分

油品种类、质量、车型、行驶工况等因素都影响汽车尾气的排放，导致不同条件下建立的机动车尾气成分谱存在差异。由于隧道实验和道路实验都有可能受到其他排放源的影响，而台架试验采集的汽车尾气直接反映尾气 VOCs 化学组成，因此更有助于识别影响汽车排放组成的关键因素。比较国内外通过台架测试获得的汽油车和柴油车尾气排放成分谱，发现我国汽油车尾气源谱中烷烃占 29.1%～43.3%，芳香烃占 21.3%～39.1%，烯烃占 17.7%～27.9%，炔烃占 2.21%～5.88%。与国外源谱相比，我国汽油车尾气排放的特点是烯烃比例与国外 20 世纪 90 年代报道的源谱比例相当[33, 34]，但明显高于国外 2000 年后的源谱中烯烃的比例[30, 35, 36]。在柴油车源谱中，国内外研究的差异比较大，有研究显示烯烃含量达 50%以上[25, 37]，有些源谱中则只占 20%～30%。造成国内外汽车尾气源谱差异可能的原因主要包括源谱测量时国内外油品质量的差异大，汽车行驶工况、行驶速度、内燃机效率等条件的不同。因此规范源谱采样流程、保证源谱质量，使源谱结果具有可比性显得尤为重要。特别地，汽油车源谱中烯烃含量高，这很可能反映了我国汽油中烯烃含量高的特点。

从汽油车尾气特征物种来看，国内汽油车尾气源谱中重要特征物种所占比例较相似，如异戊烷约占 6%、乙烯约占 10%、乙炔约占 4%、甲苯约占 10%等。国外汽油车尾气源谱则差别明显，例如，乙烯在 Scheff 和 Wadden[34]建立的源谱中占 18.2%，而在 Schmitz 等[36]的源谱中只占 2.8%；乙炔在 Duffy 等[38]建立的源谱中占 8.4%，而在 Schmitz 等的源谱中仅占 2.4%，这些物种所占比例相差 3 倍以上。国内外柴油车尾气源谱中特征组分的比例差异显著，造成这些差异的原因还是与油品质量、测量条件等不同有关。但从汽油车和柴油车尾气源谱中可以看出，特征的低碳组分如乙烷、乙炔、乙烯、丙烯等的比例还是相对较大，占总 VOCs 约 20%。

除了碳氢化合物，大量研究表明汽车尾气中也排放出较多醛酮化合物的不完全燃烧的产物[39, 40]。另外，近年来随着乙醇和甲醇汽油、生物质柴油等含有含氧有机物燃油的使用，使醛酮化合物成为汽车尾气更为突出的一类化合物，甲醛、乙醛、丙酮、丙醛是这些醛酮化合物的主要组分[41, 42]。这些组分的排放会随着燃油类型、行驶速度、负载条件、尾气处理装置等不同而产生变化。Pang 等对使用了乙醇汽油和生物柴油的发动机进行测试，这些含有含氧物质的油品排放更多的醛酮化合物[43]。也有研究指出柴油车尾气中醛酮化合物贡献比例比汽油车的更高，这可能与柴油车发动机效率相对较低有关[37]。提高发动机的燃烧效率和机动车行驶速度将有效减少醛酮化合物的排放。由此可见，我国机动车尾气源谱中低碳烃类和醛酮化是尾气中特征 VOCs 组分。

2）油品挥发中的烯烃类和芳香烃类化合物

随着我国油品标准的不断加严，车用燃油质量产生了快速变化。GB 17930—2016《车用汽油》（国 VI 标准）代替 GB 17930—2013（国 V 标准），油品的各项指标要求有明显提高。与国 V 标准相比，国 VIA 标准中烯烃含量限值由 24%降为 18%，苯含量限值由 1.0%降为 0.8%，芳烃含量限值由 40%降为 35%；国 VIB 标准中烯烃含量限值由 24%降为 15%，苯和芳烃的含量限制变化与国ⅥA 一致。GB 19147—2016《柴油标准》（国Ⅵ标准）则限定多环芳烃含量不大于 7%。虽然我国油品质量有很大改善，但与国外油品相比，我国汽油仍呈现高硫、高烯烃含量的特点，这是由我国石油加工行业普遍使用催化裂化、催化重整等工艺所决定的。我国油品挥发排放测试结果中烯烃占总 VOCs 的比例为 11.2%～58.8%，大大高于国外报道的 0.36%～18.6%。近年来汽油挥发源谱中烯烃含量较早前的有所降低，在一定程度上反映了我国汽油质量的改善。同时汽油车尾气排放源谱中的烯烃含量，也呈现出一定的下降趋势，可能与汽油中烯烃含量降低有一定关系。此外，芳烃的含量高也是我国油品挥发排放的重要特点，这是由于芳烃类化合物能提高汽油抗爆性能，因而油品中含有一定量的芳烃类物质。总的来说，目前我国油品挥发源仍呈现烯烃类和芳香烃类化合物比例高的特点，与国外油品挥发源存在明显差异。

4.2　主要人为源的 VOCs 成分谱数据库的建立

4.2.1　编制方法与数据来源

1. 排放源分类

排放源分类是有效识别源排放特征的重要前提，考虑与 VOCs 排放源清单编制的一致性，采用《大气挥发性有机物源排放清单编制技术指南（试行）》中建议的排放源分类，划分为移动源、生物质燃烧源、化石燃料燃烧源、溶剂使用源和工业过程排放源五大类。其中，移动源又分为道路机动车和非道路移动源，而源谱测量时则根据车型和燃料类型进一步划分为轻型汽油车、重型汽油车、轻型柴油车、重型柴油车、摩托车、液化石油气（LPG）车及其他非道路移动源；生物质燃烧源根据统计口径分为生物质露天燃烧和生物质燃料燃烧，而源谱则根据燃料类型进一步划分为水稻秸秆、玉米秸秆、小麦秸秆及其他薪柴/木材燃烧；化石燃料燃烧根据使用对象分为工商业消费、火力发电，供暖、居民生活消费，源谱则根据燃料类型进一步划分为工业燃煤、居民燃煤和液化石油气（LPG）燃烧；工业过程源的二级分类划分为石油化工业和其他工艺过程，而源谱则根据工艺过程的不同进一步分为挥发源、加油站、炼焦、石油炼制、有机化工等；溶剂使用源分为农药使用、表面涂层、染色过程、沥青铺路，其中表面涂层的源谱根据行业类别分为建筑涂料、沥青、汽车喷涂、印刷、制鞋、涂料生产等。源谱数据的排放源分类及典型源谱见表 4-15。

表 4-15　源谱数据库的排放源分类及典型源谱

第一级	第二级	源谱分类依据	典型源谱
移动源	道路机动车	车型和燃料类型	轻型汽油车、轻型柴油车、重型柴油车、摩托车、LPG 车
	非道路移动源	车型和燃料类型	飞机、轮船
生物质燃烧源	生物质露天燃烧源	燃料类型	薪柴/木材
	生物质燃料燃烧源	燃料类型	水稻秸秆、小麦秸秆、玉米秸秆
化石燃料燃烧源	工商业消费	燃料类型	工业燃煤、居民燃煤
	火力发电	燃料类型	工业燃煤
	供暖	燃料类型	居民燃煤
	居民生活消费	燃料类型	居民燃煤
工艺过程源	石油化工业	工艺过程	石油炼制、有机化工
	其他工艺过程	工艺过程	油品挥发、加油站、炼焦
溶剂使用源	农药使用	—	—
	表面涂层	行业类别	建筑涂料、汽车喷涂、印刷、制鞋、涂料生产、家具喷涂、表面喷涂
	染色过程	—	—
	沥青铺路	—	沥青
	其他	—	干洗

2. 源成分谱数据来源

近十年来，我国在 VOCs 源成分谱研究中取得了初步成果，主要集中在京津冀、长江三角洲地区和珠江三角洲地区[15, 17, 35]。这里根据实测数据和广泛的文献调研，总结和归纳了我国本土测量的源成分谱结果，为构建适用于我国大气污染研究的 VOCs 源成分谱数据库提供数据支撑。

1）移动源

由于我国对移动源的研究主要集中在道路移动源，而非道路移动源的研究非常有限，因此数据库主要收录了道路移动源的成分谱。机动车排放源成分谱的测量方法包括台架实验、车载尾气测量、隧道实验、道路实验等。由于隧道实验和路边实验不能区分不同车型的 VOCs 排放成分，因而本研究并未将这些源谱进行收录。针对不同车型和工况的单车测试，陆思华等较早地在北京地区的机动车进行了尾气样品采集，并构建了汽油车和柴油车尾气 VOCs 成分谱[23]。随后，Liu 等[7]和乔月珍等[24]也针对汽油车、柴油车和摩托车尾气进行了 VOCs 源成分谱测试，高爽等[44]和 Wang 等[27]则专门针对轻型汽油车尾气开展研究。这些研究主要利用罐采样或气袋采样后进行 GC-MS 分析，测量的 VOCs 组分主要为非甲烷碳氢化合物（NMHCs）[45]。而 Dai 等[46]则使用 DNPH 衍生化的方法对汽油车尾气进行采样，获得了含氧 VOCs（主要是醛酮化合物）的排放因子和排放源成分谱。近年来，Dong、Tasi、Yao 等则对重型柴油车、轻型柴油车、摩托车和乡村三轮、四轮车，同时分析了碳氢化合物和含氧化合物（OVOCs）的排放特征，构建了组分更加全面的 VOCs 源成分谱[37, 47-49]。由于醛酮类化合物在机动车尾气排放中占有重要地位，因此本研究将 Wang 等[27]和 Dai 等[46]的研究结果进行了综合，构建了一个含有 NMHCs 和 OVOCs 的较全面的源成分谱。将两个研究中每个 VOCs 组分的排放因子进行归一化，获得各组分相对于 NMHCs 和 OVOCs 总量的比例，计算公式如下：

$$X_i = \frac{EF_i}{\sum_i EF_i + \sum_j EF_j} \tag{4-1}$$

$$X_j = \frac{EF_j}{\sum_i EF_i + \sum_j EF_j} \tag{4-2}$$

式中，i 为 NMHCs 组分；j 为 OVOCs 组分；X_i 和 X_j 分别为组分 i 和 j 的质量分数；EF_i 和 EF_j 分别为组分 i 和 j 的排放因子。

此外，油品挥发也是机动车的重要 VOCs 排放环节，因此源谱测量一般与机动车尾气同期进行[7, 23]。张靖、陆思华等针对液体汽油和汽油蒸气进行了源谱测量[23, 50]，这些结果均收录在数据库中。

2）化石燃料燃烧源

化石燃料源谱测量在我国十分不足。Liu 等[7]对大型燃煤和居民燃煤烟囱采集了 VOCs 样品，构建了包含 92 种 VOCs 组分（主要是 NMHCs）的燃煤源成分谱。近年来，很多研究开始使用燃烧模拟系统测量居民燃煤的源成分谱，如 Wang 等[5]同时测量了 5 种燃煤的 NMHCs 和 OVOCs 排放特征，获得了居民燃煤的源成分谱。

3）生物质燃烧源

在我国，生物质燃烧的 VOCs 排放很早就受到了关注，但主要集中在总 VOCs 排放因子的研究[6, 51]。Liu 等[7]测量了玉米秸秆、小米秸秆、水稻秸秆、木材的源成分谱。Zhang 等[9]和 Wang 等[52]则使用了燃烧排放模拟系统，测定了水稻秸秆、甘蔗秸秆、花生壳等生物质燃料的 NMHCs 和 OVOCs 的源成分谱，本书收录了以上的源成分谱。

4）工艺过程排放源

工艺过程排放源行业类别多，VOCs 排放环节复杂，目前关于工艺过程排放的源成分谱在我国的研究相当薄弱。本书收录的源谱主要包括：Mo 等[53]对石油化工、基础化工、氯化工的工厂开展了较为全面的样品收集，测定的基于工艺过程的源成分谱。Tsai 等[54]在台湾地区的炼铁厂内针对的炼焦、烧结、热固、冷固等工艺测量的源成分谱。最近，Shi 等[55]在辽宁省针对炼焦厂、炼铁厂、热电站、火电厂利用稀释通道在烟囱进行样品收集，构建了相对应工艺的源成分谱。Hsu 等[56]在台湾地区的化工厂，测量了精对苯二甲酸（PTA）、聚氯乙烯（PVC）、聚苯乙烯（PS）、丙烯腈-丁二烯-苯乙烯共聚物（ABS）、合成纤维（SYF）、丙烯酸树脂（ACR）和氯乙烯（VC）等工艺的源谱。此外，也有研究在北京燕山石化的催化裂化、催化重整、污水处理和储罐区建立了源成分谱[13]，在聚氨酯合成革厂和印刷电路板厂的生产车间内测量成分谱[57, 58]，但由于并没有全面报道数据，因此本书并没能获取这些源谱。

5）溶剂使用源

溶剂使用源在近年来受到广泛关注，本书收录的源谱来源如下：Zheng 等[15]在数十家溶剂使用和喷涂企业的车间内和废气收集烟囱采集样品，建立了凹版印刷、平板印刷、凸版印刷、表面喷涂、家具喷涂、制鞋等分行业工艺的溶剂使用源成分谱。Yuan[16]在北京市测量了建筑涂料、家具涂料、汽车喷涂、印刷厂和印刷店的源成分谱。Wang等[17]则在上海市测定了室内喷漆、家具喷涂、汽车喷涂、印刷过程的源成分谱。

3. VOCs 组分的选择

由于 VOCs 含有多种化学组分，不同源成分谱研究中测试组分不尽相同。如图 4-34 所示，在国外较早的研究中，限于测量技术和手段，测量的 VOCs 组分只有 23 种[59]，到后来研究的 100 多种[60]，为了解决源成分谱测量组分不一的乱象，Watson 等[1]提出使用 56 种光化学反应较强的 PAMS 目标碳氢化合物①进行统一的源谱测量组分，以便不同研究的测量的源成分谱相互比较，识别源特征的变化。经过近二十多年来源谱测量，美国 EPA 将本地测量的源成分谱进行归类总结，形成了 SPCIATE 的源谱数据库，其中收录了超过 1000 种 VOCs 组分，虽然不是每一个源成分谱中均含有 1000 多种组分，但由于 SPCIATE 中源成分谱数量巨大，来源广泛，因此 1000 多 VOCs 的组分测量是很多研究测量源谱的综合结果。相似地，欧洲研究者也将本地测量的源成分谱进行了总结，编制了欧洲 VOCs 源成分谱数据库，其中每个源谱包含 306 个 VOCs 组分，实际上欧洲测量的结果也并不是每个源成分谱均对 306 种 VOCs 组分进行了测量。对于没有测量的 VOCs 组分，欧洲源成分谱对其进行归零处理，这给源成谱的使用带来了一定的不确定性。

而在我国，源成分谱测量的组分也参差不齐，不同研究中难以比较。从 50多种到 100 多种不等。因此本书将我国的源成分谱组分进行了归类，选取统一的VOCs 组分作为源成分谱测量的组分名录。这些组分一般是能够实际测量、环境大气中浓度水平较高、光化学反应活性和毒性较高的 VOCs，划分为烷烃、烯烃、炔烃、芳香烃、卤代烃、含氧 VOCs 和其他 VOCs 七大类。表 4-16 给出了本书中所建立的源谱数据库的 VOCs 组分名录，其中烷烃 28 种，烯烃 11 种，炔烃 1 种，芳香烃 16 种，

---

① PAMS 目标碳氢化合物：在光化学评价监测站（photochemical assessment monitoring stations，PAMS）测量的 56 种目标碳氢化合物。

卤代烃 6 种，OVOCs13 种，一共为 75 种单一组分，其他组分归为其他烷烃、其他烯烃、其他炔烃、其他芳香烃、其他卤代烃、其他含氧 VOCs 和其他未知 VOCs 共 7 类。

表 4-16　源成分谱 VOCs 组分名录

编号	组分	编号	组分	编号	组分	编号	组分
	烷烃	20	正庚烷	39	1-己烯	57	四氯化碳
1	乙烷	21	2,2,4-三甲基戊烷	40	乙炔	58	氯仿
2	丙烷	22	2,3,4-三甲基戊烷		芳香烃	59	二氯甲烷
3	异丁烷	23	2-甲基庚烷	41	苯	60	氯甲烷
4	正丁烷	24	3-甲基庚烷	42	甲苯	61	四氯乙烯
5	环戊烷	25	正辛烷	43	间,对-二甲苯	62	氯乙烯
6	异戊烷	26	正壬烷	44	乙苯		含氧 VOCs
7	正戊烷	27	正癸烷	45	邻-二甲苯	63	甲醛
8	甲基环戊烷	28	正十一烷	46	苯乙烯	64	乙醛
9	环己烷		烯烃/炔烃	47	1,2,3-三甲基苯	65	丙烯醛
10	2,2-二甲基丁烷	29	乙烯	48	1,2,4-三甲基苯	66	丙醛
11	2,3-二甲基丁烷	30	丙烯	49	1,3,5-三甲基苯	67	丁醛
12	2-甲基戊烷	31	1,3-丁二烯	50	异丙苯	68	戊醛
13	3-甲基戊烷	32	1-丁烯	51	间-乙基甲苯	69	异戊醛
14	正己烷	33	顺-2-丁烯	52	正丙苯	70	苯甲醛
15	甲基环己烷	34	反-2-丁烯	53	邻-乙基甲苯	71	己醛
16	2,3-二甲基戊烷	35	异戊二烯	54	对-乙基甲苯	72	丙酮
17	2,4-二甲基戊烷	36	1-戊烯	55	间-二乙基苯	73	丁酮
18	2-甲基己烷	37	顺-2-戊烯	56	对-二乙基苯	74	异丙醇
19	3-甲基己烷	38	反-2-戊烯		卤代烃	75	乙酸乙酯

4.2.2　VOCs 化学成分谱数据库

结合实际测量及文献结果，本书建立了一个适用于我国的本地化 VOCs 排放源成分谱数据库。本数据库共收录了 101 个单独源成分谱，分别归入五大类。以下将针对不同排放源进行源成分谱特征介绍。

1. 交通排放

图 4-34 给出了源谱数据库中汽油车尾气、柴油车尾气和摩托车尾气源谱的平均特征。由图可知，汽油车尾气排放的 VOCs 组分分布广泛，烷烃、烯烃、芳香烃、卤代烃和含氧 VOCs 均占一定比例。其中，甲苯和乙烯、异戊烷平均含量较高。柴油车尾气源谱中则以乙烯、乙醛为主，特别是高碳烷烃（如正十一烷）的比例较大，这是柴油车区别于汽油车的重要特征。摩托车源谱中乙炔的比例非常高，平均能达到20%以上，这是乔月珍等[24]测量的摩托车源谱中乙炔比例达39%所造成的。除此之外，由于摩托车使用汽油燃料，因而排放的组分分布于汽油车尾气有一定的相似性，即烷烃、烯烃、芳香烃和醛酮化合物均有所排放。

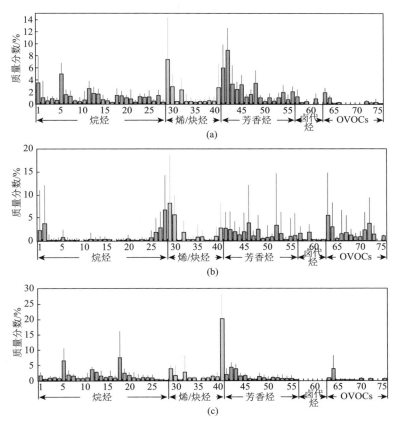

图 4-34　机动车尾气 VOCs 成分谱的平均特征

（a）汽油车尾气；（b）柴油车尾气；（c）摩托车尾气

图 4-35 给出了汽油蒸气源谱的平均组分比例。可以看出，异戊烷是汽油挥发最重要的组分，占源谱平均值的 15% 以上，甲苯、乙苯等芳香烃也是汽油挥发的重要组成部分。2,2,4-三甲基戊烷（编号 21）的不确定性很高，这是由于陆思华等[23]测量的汽油挥发源谱中含量较高，导致偏差较大。另外，汽油挥发的源谱中没有测量 OVOCs 组分，但有研究表明 OVOCs（主要是醛酮化合物）在普通汽油挥发中排放很少，是碳氢化合物的 0.1 倍以下[46]，在甲醇汽油中醛酮化合物的排放也较少，因而醛酮类在汽油源谱中所占比例不大。但随着甲醇、乙醇等汽油的推广，并加如甲基叔丁基醚和乙基叔丁基醚等添加剂，其他醇类、酯类、醚类组分也可能成为汽油挥发的重要特征组分。然而，需要指出的是油品经过机动车内燃机燃烧后的尾气中醛酮类组分大大增加，因而需要同时测量 NMHCs 和 OVOCs 才能全面反映尾气排放的 VOCs 特征。

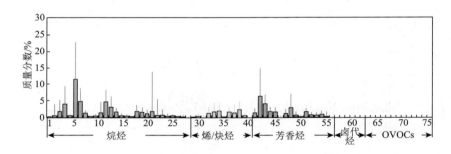

图 4-35　汽油蒸气 VOCs 成分谱的平均特征

近年来我国油品质量进行了重大调整，对汽油中的苯、烯烃、芳香烃含量有明确的限定。本章针对苯在源谱中的含量进行了分析，讨论了在不同时期测量的汽油源谱，以期识别源谱中苯含量的变化情况。

图 4-36 给出了 2003 年、2008 年、2013 年和 2015 年报道的汽油源谱比较图。图 4-36 是指将同一源谱中某一挥发性有机物组分与其他挥发性有机物组分做比

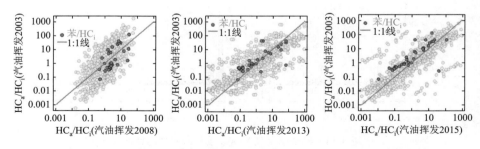

图 4-36　不同时期测量的汽油挥发源谱中苯与其他 VOCs 组分比值的比较

值，获得 HC_a/HC_i，再将两个不同源谱的 HC_a/HC_i 做相关关系图所得，其中红色点表示苯/HC_i，具体方法可参考文献[61]。由图可知，随着油品的升级，源谱中苯与其他组分的比值总体来看在降低，苯/HC_i 的值在 2003 年源谱中基本都大于 2014 年源谱中的值，表明苯相对于其他组分的含量在降低。这与油品升级过程中对苯的限值不断加严的措施是相符合的，也说明我国油品中对苯的限定收到了一定的成效，苯在汽油中的含量呈下降的趋势。

2. 化石燃料燃烧

图 4-37 给出了源谱数据库中居民燃煤和工业燃煤等煤燃烧源谱的平均特征。可以看到，燃煤排放的 VOCs 成分较为明显，主要以乙烷（编号 1）、乙烯（编号 29）、苯（编号 41）、甲醛（编号 63）、丙酮（编号 72）为主。这些组分燃烧过程中产生的 VOCs 重要成分，可作为识别燃煤排放源的特征组分。

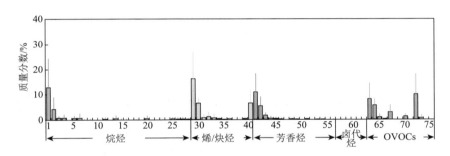

图 4-37　燃煤 VOCs 成分谱的平均特征

3. 生物质燃烧

图 4-38 给出了各种秸秆燃烧源谱的平均特征。乙烯（编号 29）是生物质燃烧源谱中比例最大的组分，占总 VOCs 排放的 25%以上。其次是乙炔（编号 40）、乙醛（编号 64）、乙烷（编号 1）和甲醛（编号 63），分别占总 VOCs 的 12%、12%、

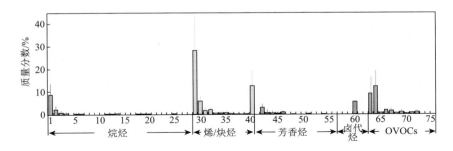

图 4-38　生物质燃烧 VOCs 成分谱的平均特征

11%和 9%。由此可见，生物质燃烧的 VOCs 主要是低碳的烷烃、烯烃及醛类组分。特别是乙烯和乙炔的比例较高，这与燃煤源谱的特征有所类似。

4. 溶剂使用

图 4-39 给出了溶剂使用源中各源谱的平均特征。可以看到芳香烃和含氧 VOCs（主要是乙酸乙酯和异丙醇）是溶剂源的特征 VOCs。已有大量研究表明甲苯、二甲苯、乙苯等苯系物是溶剂最重要的成分，但关于含氧 VOCs，特别是醇类和酯类，在溶剂源中的比例尚不清楚。Zheng 等[15]在珠江三角洲多家溶剂使用和喷涂工厂采集了样品，测量结果表明 OVOCs 在印刷行业中能占 70%以上，说明酯类和醇类等也是溶剂使用的关键组分。然而，关于醛酮类组分在溶剂使用源谱中未有报道，因而亟须开展醛酮类化合物在溶剂使用生产工业中的测量，以了解溶剂使用对大气中醛酮化合物的贡献。

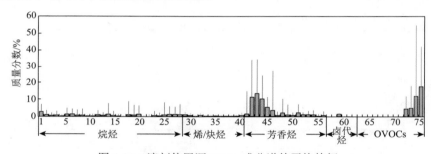

图 4-39　溶剂使用源 VOCs 成分谱的平均特征

在我国，工业使用的溶剂中苯及芳香烃类组分的含量被严格控制。与汽油成分不同，溶剂的成分更加复杂多样并且不同工厂生产的溶剂配方不一、使用过程中加入的添加剂也会影响溶剂喷涂源谱的成分特征。图 4-40 比较了在不同地区测量的汽车喷涂、家具喷涂和印刷过程源谱中的苯及其他芳香烃组分的

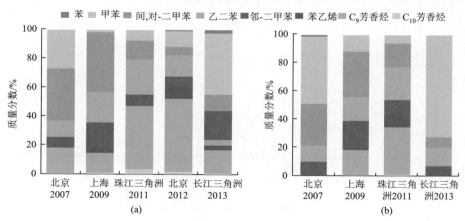

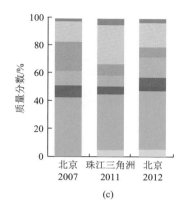

图 4-40　不同地区测量的溶剂使用源谱中芳香烃类组分比例的比较

（a）汽车喷涂；（b）家具喷涂；（c）印刷

比例。汽车喷涂、家具喷涂中芳香烃类组分的比例差异较大，在北京测量的汽车喷涂源谱主要以甲苯和二甲苯为主，而上海的源谱则以间, 对-二甲苯、乙基苯为主，珠江三角洲地区的源谱以 C$_9$ 芳香烃为主，而长江三角洲地区则以甲苯为主。而且北京在 2012 年报道的源谱与 2007 年报道的源谱也存在明显的区别。家具喷涂的源谱特征也与汽车喷涂类似，由此可见汽车和家具喷涂行业的源谱具有地域差异和时间的差异，因此建立喷涂行业的源成分谱，应考虑当地工厂生产的实际情况，建立与地域相适应的源成分特征谱。印刷行业的源谱差异则相对较小，主要以 C$_9$ 芳烃、甲苯为主，这可能与不同地区使用的印刷油墨和生产工艺类似有关。

5. 工业过程源

我国工业行业类别多样、工业复杂，本书收集的工业过程源成分谱数据有限，仅代表了部分工业行业的源谱特征，因而具有一定的局限性。将数据库中收录的工业过程源成分进行平均，获得的工业过程源的 VOCs 总体排放特征，如图 4-41 所示。由图可知，工业过程源成分谱主要以卤代烃（如氯乙烯）、芳香烃（如苯乙烯）和含氧 VOCs（如丙酮）为主。其中，这些组分的不确定性非常大，这是由于工业过程的差异较大，造成不同源谱的特征 VOCs 差别也很大，从而导致进行平均时标准偏差较大。这也说明了我国工业源 VOCs 排放的复杂性，亟须全面铺开我国工业源成分谱研究，以识别重点 VOCs 组分并减少对源谱认识的不确定性。此外，醛酮类等含氧 VOCs 在工业源成分谱中鲜有报道，但最新研究显示工业源是北京地区和上海地区大气羰基化合物的重要来源[17, 62, 63]。因此，加强工业过程源醛酮化合物的测量，构建包含 NMHCs 和 OVOCs 的工业源成分谱，对于进一步认识我国大气含氧 VOCs 来源具有关键的意义。

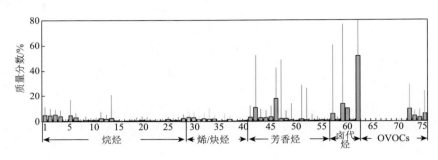

图 4-41　工业过程源 VOCs 成分谱的平均特征

6. NMHCs 和 OVOCs 在源谱中的比例

从源谱的收集和 VOCs 组分分析的讨论可知，我国 VOCs 源成分谱的测量主要集中在 NMHCs，有关 OVOCs 的测量在部分排放源（如工业排放源）中有所缺失，造成对 OVOCs 在源谱中所占比例十分不清晰。以往也鲜有研究针对 NMHCs 和 OVOCs 在源谱中的比例进行讨论。因此，图 4-42 给出了本书收集的同时包含 NMHCs 和 OVOCs 的源谱中两者的平均比例。由图可知，NMHCs 在各排放源中比例在 50%～70% 范围内，均比 OVOCs 的比例高。而 OVOCs 在各排放源的比例在 10%～40% 的范围内，可见 OVOCs 在各排放源中不容忽视。然而，以往研究构建的源成分谱只包含 NMHCs，而缺乏对 OVOCs 的测量，因而造成了对 OVOCs 的低估。所以增加 OVOCs 在各排放源的测量对于进一步完善我国源成分谱数据成果和准确认识我国排放源 VOCs 排放特征十分重要。

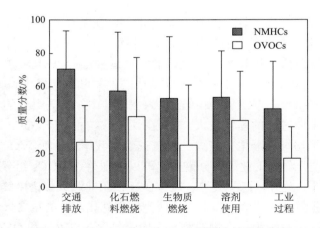

图 4-42　NMHCs 和 OVOCs 在源谱中的平均比例

7. 源谱数据库的比较

以往研究基于有限的本地测量的 VOCs 源成分谱，并大量引用国外的源谱结果，编制了用于估算 VOCs 组分排放清单的源成分谱数据库。表 4-17 比较了国内外的 VOCs 源成分谱数据库特征。由表可知，美国 EPA 编制的 SPCIATE 数据库 VOCs 组分全面、源谱数量多，是较为全面系统的源谱数据库。欧洲也基于本地的测量结果编制了 VOCs 源成分谱，包含 306 种组分和 87 个源谱。在我国，Wei 等[13]结合本地源谱和 EPA SPECIATE 的成分谱，将每个源成分谱中的 VOCs 组分统一为 33 种，但大部分均是混合组分（lumped species），并不是实际测量单一组分。类似地，Li 等[64]也是基于本地源谱和 SPECIATE 数据库，编制了含有 55 个源谱，每个源谱含有近 700 个组分的 VOCs 源成分谱数据库，但这些组分分类不清晰，大量组分在实际中难以测量。而本书则全部以本地测量结果为基础，收录了来源可靠、报道较为全面的源成分谱，并将每个源谱中的 VOCs 组分统一为能够实际测量、在大气中浓度较高的组分，以期为大气环境 VOCs 来源解析和排放源-受体点 VOCs 比较提供数据支撑。

表 4-17　各 VOCs 源成分谱数据库比较

地区	包含组分	源谱来源	源谱数量	参考文献
美国	约 2000 种组分*	北美地区测量	约 1700	USEPA SPECIATE, 2014[65]
欧洲	306 种单一组分	主要是英国和德国	87	Theloke 和 Friedirch（2007）[66]
中国	33 种组分*	中国本地测量和 EPA SPECIATE	42	Wei 等（2014）[13]
中国	约 700 种组分*	中国本地测量和 EPA SPECIATE 的平均值	55	Li 等（2014）[64]
中国	75 单一组分，7 混合组分	中国本地测量	101	（本章）

*包括单一组分（individual species）和混合组分（lumped species）。

为了进一步了解我国 VOCs 源成分谱特征与国外源成分谱的异同，将本章编制的源谱数据库中五大类的源成分谱进行平均，并与美国 SPECIATE 数据库和欧洲源成分谱数据的结果进行比较，如图 4-43 所示。可以看到，在交通排放源中，三个数据库的主要化学成分类似，以烷烃（约占 35%）、烯烃（20%～25%）和芳香烃（20%～25%）为主。化石燃料燃烧排放中，我国的源谱与美国 SPECIATE 的较相似，以烷烃（>30%）、烯烃（10%～25%）、芳香烃（15%～25%）和 OVOCs（15%～30%）为主，值得注意的是，我国化石燃料燃烧中烯烃含量高，而 OVOCs

相对美国 SPECIATE 的低，这可能是我国的燃煤主要使用于大型工业锅炉，燃烧的效率相对高，燃烧较为充分，导致 VOCs 组分主要排放为碳链简单的烯烃，而我国目前仍存在大量的居民燃煤，这些燃烧源则燃烧不够充分，导致 OVOCs 的含量较高，这很明显地说明我国的燃煤状况与美国实际情况不一样，使得源谱也产生不同的特点。而欧洲的化石燃料燃烧中卤代烃的含量非常高，这很可能是欧洲的这个排放源中使用了大部分垃圾焚烧，卤代烃的含量较高而导致的。在生物质燃烧中，欧洲的数据库并没有收录该排放源的源谱，而比较我国与美国 SPECIATE 的结果，可以发现烷烃、OVOCs 的含量较为相似，而最大的差异在于我国的烯烃含量较高，这是与我国生物质燃烧排放巨大，产生的燃烧产物水平较高有关，而美国则很大部分是未知的 VOCs 组分，这可能是实际测量中的缺失。在溶剂使用中，我国的芳香烃含量很高，而欧洲和美国 SPECIATE 中则显示有较多的其他 VOCs 组分，这可能是因为我国的源谱测量的组分较少，其他 VOCs 组分并没有纳入测量，导致这部分的 VOCs 被低估了，如酯类、醇类等 VOCs。但一定程度上反映了我国溶剂使用源中大量使用芳香烃类物质的特点。工业排放中的 VOCs 组成差异则更为明显，这是由于我国的工业类别、生产产品等均与国外存在很大的差别，因此工业排放的 VOCs 也与国外的很不一样，我国工业的 VOCs 排放组成仍需进一步识别和测量，构建能够代表我国不同工业行业的源成分谱。

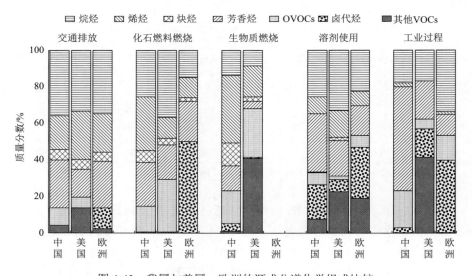

图 4-43　我国与美国、欧洲的源成分谱化学组成比较

US SPECIATE 的源谱是指 Streets 等[67]编制的 TRACE-P 中国 VOCs 组分清单时使用的 SPECIATE 的源谱

　　综上所述，可以知道我国交通排放的源成分谱特点与国外较为相似，但随着

我国机动车燃油和排放标准的变化，VOCs 的排放特征也将会改变，仍需对其进行动态更新测量。在生物质和燃煤燃烧中，我国的源成分谱中烯烃和烷烃的水平较高，但可能还存在部分未知的 VOCs 难以进行测量。在溶剂使用和工业过程排放中，由于我国的行业类别复杂、产品众多，导致 VOCs 排放组分极为复杂，各化学组成的不确定性很大，因此亟须全面铺开我国各类工业的 VOCs 源成分谱的测量工作，以准确识别我国工业排放 VOCs 的特点，为控制 VOCs 的排放提供科学有效的数据支持。

（陆思华）

参 考 文 献

[1] Watson J G, Chow J C, Fujita E M. Review of volatile organic compound source apportionment by chemical mass balance [J]. Atmospheric Environment, 2001, 35: 1567-1584.

[2] 付琳琳. 大气挥发性有机物（VOCs）人为源排放特征研究[D]. 北京：北京大学，2005.

[3] Garcia J P, Masclet S B, Mouvier G, et al. Emissions of volatile organic compounds by coal-fired power stations[J]. Atmospheric Environment, Part A: General Topics, 1992, 26 (9): 1589-1597.

[4] Fernandez M G, Mahia P L, Lorenzo S M, et al. Distribution of volatile organic compounds during the combustion process in coal-fired power stations[J]. Atmospheric Environment, 2001, 35 (33): 5823-5831.

[5] Wang Q, Geng C, Lu S, et al. Emission factors of gaseous carbonaceous species from residential combustion of coal and cropresidue briquettes[J]. Frontiers of Environmental Science & Engineering, 2013, 7 (1): 66-76.

[6] Zhang J, Smith K R. Emissions of carbonyl compounds from various cookstoves in China[J]. Environmental Science & Technology, 1999, 33 (14): 2311-2320.

[7] Liu Y, Shao M, Fu L, et al. Source profiles of volatile organic compounds（VOCs）measured in China: part Ⅰ [J]. Atmospheric Environment, 2008, 42 (25): 6247-6260.

[8] 王伯光. 珠江三角洲大气挥发性有机物的组成特征[D]. 北京：北京大学，2002.

[9] Lin Y, Shao M, Lu S, et al. The emission characteristics of hydrocarbon from Chinese cooking under smoke control[J]. International Journal of Environmental Analytical Chemistry, 2010, 90 (9): 708-721.

[10] 林云. 生物质开放式燃烧污染排放特征研究[D]. 北京：北京大学，2009.

[11] Zhang Y, Shao M, Lin Y, et al. Emission inventory of carbonaceous pollutants from biomass burning in the Pearl River Delta region, China[J]. Atmospheric Environment, 2013, 76: 189-199.

[12] 邵敏，赵美萍，白郁华，等. 燕山石化地区 NMHC 的特征研究[J]. 环境化学，1994，（1）：40-45.

[13] Wei W, Cheng S, Li G, et al. Characteristics of volatile organic compounds（VOCs）emitted from a petroleum refinery in Beijing, China[J]. Atmospheric Environment, 2014, 89: 358-366.

[14] Cetin E, Odabasi M, Seyfioglu R, et al. Ambient volatile organic compound（VOC）concentrations around a petrochemical complex and a petroleum refinery[J]. Science of the Total Environment, 2003, 312 (1-3): 103-112.

[15] Zheng J, Yu Y, Mo Z, et al. Industrial sector-based volatile organic compound（VOC）source profiles measured in manufacturing facilities in the Pearl River Delta, China[J]. Science of the Total Environment, 2013, 456: 127-136.

[16] Yuan B, Shao M, Lu S, et al.Source profiles of volatile organic compounds associated with solvent use in Beijing, China[J]. Atmospheric Environment, 2010, 44 (15): 1919-1926.

[17] Wang H，Qiao Y，Chen C，et al. Source profiles and chemical reactivity of volatile organic compounds from solvent use in Shanghai，China[J]. Aerosol and Air Quality Research，2014，14：301-310.

[18] 王伯光，邵敏，张远航，等. 机动车排放中挥发性有机污染物的组成及其特征研究[J]. 环境科学研究，2006，19（6）：75-80.

[19] 王玮，梁宝生，曾凡刚，等. 谭裕沟隧道 VOCs 污染特征和排放因子研究[J]. 环境科学研究，2001，14（4）：9-12.

[20] 鲁君，王红丽，陈长虹，等. 上海市机动车尾气 VOCs 组成及其化学反应活性[J]. 环境污染与防治，2010，32（6）：19-26.

[21] 徐亚，赵金平，陈进生，等. 厦门市隧道中挥发性有机物污染研究[J]. 生态环境学报，2010，19（11）：2619-2624 .

[22] 陆思华，白郁华，陈运宽，等. 北京市机动车排放挥发性有机化合物的特征[J]. 中国环境科学，2003，23（2）：127-130.

[23] 陆思华，白郁华，张广山，等. 机动车排放及汽油中 VOCs 成分谱特征的研究[J]. 北京大学学报（自然科学版），2003，39（4）：507-511.

[24] 乔月珍，王红丽，黄成，等. 机动车尾气排放 VOCs 源成分谱及其大气反应活性[J]. 环境科学，2012，33（4）：1071-1079.

[25] 梁宝生，周原. 不同类型机动车尾气挥发性有机化合物排放特征研究[J]. 中国环境监测，2005，21（1）：8-11.

[26] 傅晓钦，翁燕波，钱飞中，等. 行驶机动车尾气排放 VOCs 成分谱及苯系物排放特征[J]. 环境科学学报，2008，28（6）：1056-1062.

[27] Wang J，Jin L，Gao J，et al. Investigation of speciated VOC in gasoline vehicular exhaust under ECE and EUDC test cycles[J]. Science of the Total Environment，2013，445：110-116.

[28] Zhang Y，Wang X，Zhang Z，et al. Species profiles and normalized reactivity of volatile organic compounds from gasoline evaporation in China[J]. Atmospheric Environment，2013，79：110-118.

[29] Schauer J J，Kleeman M J，Cass G R，et al. Measurement of emissions from air pollution sources. 2. C_1 through C_{30} organic compounds from medium duty diesel trucks[J]. Environmental Science & Technology，1999，33（10）：1578-1587.

[30] Schauer J J，Kleeman M J，Cass G R，et al. Measurement of emissions from air pollution sources. 5. $C_1 \sim$ C_{32} organic compounds from gasoline-powered motor vehicles[J]. Environmental Science & Technology，2002，36（6）：1169-1180.

[31] 付琳琳，邵敏，刘源，等. 机动车 VOCs 排放特征和排放因子的隧道测试研究[J]. 环境科学学报，2005，25（7）：879-885.

[32] Barletta B，Meinardi S，Rowland F S，et al. Volatile organic compounds in 43 Chinese cities[J]. Atmospheric Environment，2005，39（32）：5979-5990.

[33] Scheff P A，Wadden R A，Aronian B A，et al. Source fingerprints for receptor modeling of volatile organics[J]. Journal of the Air & Waste Management Association，1989，39：469-478.

[34] Scheff P A，Wadden R A. Receptor modeling of volatile organic compounds. 1. Emission inventory and validation[J]. Environmental Science & Technology，1993，27（4）：617-625.

[35] 戴继勇，陶学明，张士胜，等. 国内外油漆涂料中苯系物安全限量标准的研究[J]. 电镀与涂饰，2012，31（8）：73-76.

[36] Schmitz T，Hassel D，Weber F J. Determination of VOC components in the exhaust of gasoline and diesel passenger cars[J]. Atmospheric Environment，2000，34（27）：4639-4647.

[37] Dong D，Shao M，Li Y，et al. Carbonyl emissions from heavy-duty diesel vehicle exhaust in China and the

contribution to ozone formation potential[J]. Journal of Environmental Sciences，2014，26（1）：122-128.

[38] Duffy B L，Nelson P F，Ye Y，et al. Speciated hydrocarbon profiles and calculated reactivities of exhaust and evaporative emissions from 82 in-use light-duty Australian vehicles[J]. Atmospheric Environment，1999，33（2）：291-307.

[39] Weiss B G A，Mclaughlin J P，Harley R A，et al. Carbonyl and nitrogen dioxide emissions from gasoline-and diesel-powered motor vehicles[J]. Environmental Science & Technology，2008，42（11）：3944-3950.

[40] Grosjean D，Grosjean E，Gertler A W. On-road emissions of carbonyls from light-duty and heavy-duty vehicles[J]. Environmental Science & Technology，2000，35（1）：45-53.

[41] Pang X，Shi X，Mu Y，et al. Characteristics of carbonyl compounds emission from a diesel-engine using biodiesel-ethanol-diesel as fuel[J]. Atmospheric Environment，2006，40（36）：7057-7065.

[42] Zhao H，Ge Y，Hao C，et al. Carbonyl compound emissions from passenger cars fueled with methanol/gasoline blends[J]. Science of the Total Environment，2010，408（17）：3607-3613.

[43] Pang X，Mu J，Yuan J，et al. Carbonyls emission from ethanol-blended gasoline and biodiesel-ethanol-diesel used in engines[J]. Atmospheric Environment，2008，42（6）：1349-1358.

[44] 高爽，金亮茂，史建武，等. 轻型汽油车 VOCs 排放特征和排放因子台架测试研究[J]. 中国环境科学，2012，32（3）：397-405.

[45] Vega E，Mugica V，Carmona R，et al. Hydrocarbon source apportionment in Mexico City using the chemical mass balance receptor model[J]. Atmospheric Environment，2000，34（24）：4121-4129.

[46] Dai P，Ge Y，Lin Y，et al. Investigation on characteristics of exhaust and evaporative emissions from passenger cars fueled with gasoline/methanol blends[J]. Fuel，2013，113：10-16.

[47] Tsai W Y，Chan L Y，Blake D R，et al.Vehicular fuel composition and atmospheric emissions in South China：Hong Kong，Macau，Guangzhou，and Zhuhai[J]. Atmospheric Chemistry and Physics，2006，6：3281-3288.

[48] Yao Y C，Tsai J H，Wang I T，et al. Emissions of gaseous pollutant from motorcycle powered by ethanol-gasoline blend[J]. Applied Energy，2013，102：93-100.

[49] Yao Z，Wu B，Shen X，et al. On-road emission characteristics of VOCs from rural vehicles and their ozone formation potential in Beijing，China[J]. Atmospheric Environment，2015，105：91-96.

[50] 张靖. 大气中挥发性有机物来源解析研究[D]. 北京：北京大学，2003.

[51] Zhang J，Smith K R. Emissions of carbonyl compounds from various cookstoves in China[J]. Environmental Science& Technology，1999，33（14）：2311-2320.

[52] Wang H，Lou S，Huang C，et al. Source profiles of volatile organic compounds from biomass burningin Yangtze River Delta，China[J]. Aerosol and Air Quality Research，2014，14：818-828.

[53] Mo Z W，Shao M，Lu S，et al. Process-specific emission characteristics of volatile organic compounds（VOCs）measured from petrochemical facilities in the Yangtze River Delta，China[J]. Science of the Total Environment，2015，533（15）：422-431.

[54] Tsai J H，Lin K H，Chen C Y，et al. Volatile organic compound constituents from an integrated iron and steel facility[J]. Journal of Hazardous Materials，2008，157：569-581.

[55] Shi J，Deng H，Bai Z，et al. Emission and profile characteristic of volatile organic compounds emitted from coke production，iron smelt，heating station and power plant in Liaoning Province，China[J]. Science of the Total Environment，2015：515-516.

[56] Hsu Y C，Chen S K，Tsai J H，et al. Determination of volatile organic profiles and photochemical potentials from chemical manufacture process vents[J]. Journalof Air & Waste Management Association，2007，57（6）：698-704.

[57] 王伯光，冯志诚，周炎，等. 聚氨酯合成革厂空气中挥发性有机物的成分谱[J]. 中国环境科学，2009，

29（9）：914-918.

[58]　马英歌. 印刷电路板（PCB）厂挥发性有机物（VOCs）排放指示物筛选[J]. 环境科学, 2012, 33（9）: 2967-2972.

[59]　Scheff P A, Wadden R A, Kenski D M, et al. Receptor model evaluation of the Southeast Michigan ozone study ambient NMOC measurements[J]. Journal of the Air & Waste Management Association, 1996, 46: 1048-1057.

[60]　Doskey P V, Fukui Y, Sultan M. Source profiles for nonmethane organic compounds in the atmosphere of Cairo, Egypt[J]. Journal of Air & Waste Management Association, 1999, 49: 814-822.

[61]　Coll I, Rousseau C, Barletta B, et al. Evaluation of an urban NMHCs emission inventory by measurements and impact on CTM results[J]. Atmospheric Environment, 2010, 44: 3843-3855.

[62]　Chen W T, Shao M, Lu S H, et al. Understanding primary and secondary sources of ambient carbonyl compounds in Beijing using the PMF model[J]. Atmospheric Chemistry and Physics, 2014, 14: 3047-3062.

[63]　Styler S A. Apportioning aldehydes: quantifying industrial sources of carbonyls[J]. Journal of Environmental Sciences, 2015, 30: 132-134.

[64]　Li M, Zhang Q, Streets D G, et al. Mapping Asian anthropogenic emissions of non-methane volatile organic compounds to multiple chemical mechanisms[J]. Atmospheric Chemistry Physics, 2014, 14（11）: 5617-5638.

[65]　US Environmental Protection Agency. SPECIATE 4.4[EB/OL]. https://www. epa. gov/sites/production/files/2015-10/documents/speciate_version4_4_finalreport. pdf. [2020-02-01].

[66]　Theloke J, Friedrich R. Compilation of a database on the composition of anthropogenic VOC emissions for atmospheric modeling in Europe[J]. Atmospheric Environment, 2007, 41（19）: 4148-4160.

[67]　Streets D G, Bond T C, Carmichael G R, et al. An inventory of gaseous and primary aerosol emissions in Asia in the year 2000[J]. Journal of Geophysical Research: Atmospheres, 2003, 108（D21）.

第 5 章 基于外场观测的 VOCs 来源解析技术

不同地区大气 VOCs 的化学组成和活性差异与其来源具有直接关系。对大气 VOCs 进行来源研究工作对于制定科学有效的控制策略和减排措施具有重要意义。大气 VOCs 来源研究是一项复杂的工作，主要是因为 VOCs 来源种类繁多，而且很大一部分是无组织或面源，源排放特征也比较多变。另外，由于 VOCs 活性强，在大气中化学反应速率快，且含氧有机物（如羰基化合物）等可以通过光化学反应生成，具有二次来源，这也给 VOCs 的来源研究工作带来很大挑战。

受体模型是独立于源排放清单的来源解析技术，其不依赖于气象资料和污染物排放清单，主要基于污染物排放特征、源排放化学成分谱和受体点大气的物理化学特征来确定影响受体大气的主要污染源类及其贡献比例，因此是一种"自上而下"的源解析方法，可以对排放清单中各类源的贡献率进行评估和检验。本章将介绍受体模型等基于外场观测数据的 VOCs 来源解析技术，包括：示踪物法和 VOCs 比值法、化学质量平衡法、主成分分析法、正交矩阵因子分子法，以及专门针对羰基化合物的源示踪物比例法、多元线性回归法、基于光化学龄的参数化方法和羰基化合物生成产率法。本章将逐一介绍这些方法的基本原理以及在我国一些地区的应用实例。

5.1 示踪物法和 VOCs 比值法

5.1.1 示踪物法

1. 常用的 VOCs 示踪物

污染示踪物（tracer）指的是某类排放源区别于其他排放源的特征性组分，也称为"标志物"（marker）。示踪物一般具备以下特征：①这些组分反映的是特定排放源的信息，只代表某一类排放源而不代表其他源；②化学性质稳定，在传输过程中保持原有状态。通过观测示踪物环境大气浓度的变化，可定性分析某类污染源对大气 VOCs 的影响；在基于观测的源解析技术中，受体点大气 VOCs 化学组成可看成各污染源所排放 VOCs 组分的线性加和，选择各污染源的示踪物可在一定程度上解决源成分谱的共线性问题，再利用受体模式定量估算各排放源对大气 VOCs 的贡献比例。

化石燃料和生物质燃烧排放是环境大气中 VOCs 的重要来源。乙烯、乙炔和苯在这些燃烧排放源中含量丰富[1]。机动车尾气是城市地区最重要的燃烧排放过程[2]，相比于煤、液化石油气（liquefied petroleum gas, LPG）和天然气（natural gas, NG）等其他燃料的燃烧过程，汽油车尾气中乙炔、丁烯、异戊烷、正戊烷、2, 2-二甲基丁烷、甲基叔丁基醚（methyl tert-butyl ether, MTBE）、正己烷和 2-甲基己烷的含量更为丰富[1]。柴油车尾气中高碳组分（如癸烷和十一烷）和羰基化合物含量则显著高于汽油车[1, 3]。汽油蒸气、液体汽油排放特征物与汽油车尾气相似，但是没有乙烯、乙炔、乙烷等燃烧产物，异戊烷、甲基叔丁基醚、正戊烷、丁烷、C_6 烷烃和甲苯是汽油顶空蒸气中丰度最高的挥发性有机物物种[1]。丙烷、正丁烷和异丁烷是 LPG 的主要组成物种，三者占城市 LPG 排放总 VOCs 的 90%以上[4]。而甲烷和乙烷则是天然气的主要成分[5]。

许多研究中把乙腈（CH_3CN）和氯甲烷（CH_3Cl）作为生物质燃烧的气态示踪物，这两种物质的化学活性相对惰性，它们的大气寿命可达几个月，可进行长距离传输而本身并无损失。研究发现在森林大火的烟羽中乙腈浓度急剧增加，而在城市大气和发电厂烟羽中乙腈浓度相比于背景浓度没有显著增加[6, 7]。另外有研究报道了用氯甲烷来识别生物质燃烧[8, 9]。但是，由于氯甲烷也是工业上常用的溶剂或原料，因此在受工业排放影响较为明显的地区（如我国的珠江三角洲地区）不适合用氯甲烷指示生物质燃烧排放[10]。

在溶剂和涂料挥发排放的 VOCs 源成分谱中，芳香烃是丰度最高的非甲烷烃类化合物[11]。另外，有研究表明含氧挥发性有机物（OVOCs）在溶剂排放中所占的比例要明显高于与交通相关的排放源，尤其是乙醇、丙酮以及一些酯类化合物[12]。在一些工业过程中（如电子行业、有机合成等），低碳卤代烃（如二氯甲烷、一氯甲烷、三氯乙烯、四氯乙烯、氯仿等）是常用的工业溶剂和工业原料或介质[13]。在石油产品生产、输送和储存过程中都可能存在 VOCs 泄漏。Jobson 等发现在美国休斯敦地区大气中的乙烯、丙烯、1-丁烯、正己烷、甲基环己烷、苯乙烯等物种会受到当地化工排放的影响。由于工艺过程和产品的差异，石化行业无组织排放的 VOCs 在化学组成上会存在较大差异[14]。Liu 等通过在化工厂下风向进行外场测量发现：某些企业排放的 VOCs 中卤代烃含量可以达到 32%，有些企业的 VOCs 排放是以苯和苯乙烯为主要组分，而石油精炼排放的主要 VOCs 组分是乙烯、正己烷、C_5～C_6 环烷烃和苯[1]。

除人为排放外，生物源排放和二次生成也是一些 VOCs 组分的重要来源。尽管机动车尾气和化工行业也是异戊二烯的排放源[14]，但生物排放是夏季异戊二烯的最重要来源[15]。另外，α-蒎烯、β-蒎烯和柠檬烯等萜烯类 VOCs 也主要来自生物源排放[16]。大气中的羰基化合物可以通过烃类的光化学氧化过程生成[17]，也可以来自一次排放。城市大气中的烷基硝酸酯和过氧乙酰基硝酸酯则主要来自二次生成，基本不受一次排放影响[18]。

　　利用标识物种还可以初步判断不同排放源对大气中 VOCs 的相对重要性。de Gouw 等在美国新英格兰地区的观测发现,城市大气中烯烃和芳香烃与一氧化碳（CO）的排放比与其在机动车尾气中的排放比基本相当,这说明城市大气中的烯烃和芳香烃主要来自于机动车尾气排放。城市大气中 $C_2 \sim C_4$ 烷烃排放比高于机动车尾气,则推测城市大气中这些组分还有其他来源,如汽油挥发等[19]。Warneke 等用乙腈和氯仿作为示踪物来确定生物质燃烧源和人为源对 2004 年夏季美国新英格兰地区大气一氧化碳增量的贡献,计算得到该地区大气中约 30% 一氧化碳增量受到美国阿拉斯加和加拿大森林大火的影响,另外 70% 一氧化碳来自于波士顿、纽约等城市地区的排放[20]。表 5-1 总结了文献中常用来标识 VOCs 排放源的示踪组分。

表 5-1　常见 VOCs 示踪物对主要排放源的标识作用

来源	示踪物
燃烧过程:	
燃料不完全燃烧	乙烯、乙炔[1]
汽油车尾气	$C_4 \sim C_5$ 烯烃、2,2-二甲基丁烷、2-甲基戊烷、2-甲基己烷[1]
柴油车尾气	癸烷、十一烷[1]
生物质燃烧	乙腈[6,7]、一氯甲烷[8,9]
挥发或泄漏过程:	
液化石油气（LPG）	丙烷[4]
天然气（NG）	甲烷、乙烷[5]
汽油挥发	异戊烷、甲基叔丁基醚[1]
石油化工	乙烯、正己烷、苯乙烯[14]
工业溶剂	氯仿、四氯乙烯、二氯甲烷[13]
溶剂和涂料	甲苯、二甲苯[11]
其他:	
生物源	异戊二烯、萜烯[16]
二次源或光化学生成	烷基硝酸酯、过氧乙酰基硝酸酯[18]

2. 示踪物法应用案例

　　袁斌等基于 2010~2011 年在我国进行的几次外场观测,根据外场实际观察、乙腈浓度、乙腈与 CO（或苯）的比例,筛选出几次较为明显的生物质燃烧事件,分析了利用乙腈和一氧化碳（CO）的相关性来区分生物质燃烧和化石燃料燃烧对大气组成作用的可行性[21, 22]。

1）生物质燃烧事件

以开平、鹤山和长岛观测到的 3 次生物质燃烧事件为例，以说明生物质燃烧发生时，VOCs 的浓度变化特征。图 5-1 是开平观测中 2008 年 11 月 13 日早晨的一次生物质燃烧事件中的 5 种 VOCs 组分：乙腈、丙酮、苯、乙醛和甲醛的时间序列。从图中可以看出，乙腈和其他 VOCs 在上午 07:53 之前浓度水平较低且变化幅度很小。乙腈浓度从大约 0.27ppbv 在 20min 内快速上升至大约 1.45ppbv，然后浓度缓慢下降。其他 VOCs 浓度的最高值也发生在上午 08:15 左右，浓度变化趋势与乙腈类似。

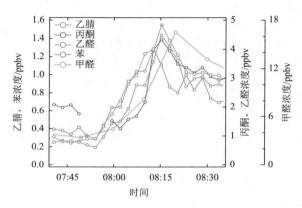

图 5-1　2008 年 11 月 13 日早晨在开平观测到的一次生物质燃烧事件

图 5-2 是 2010 年 11 月 10 日下午在鹤山观测到的一次生物质燃烧事件中乙腈、CO、苯、乙醛和乙酸的时间序列。此次生物质燃烧事件分为两段：16:30～16:39 和 16:45～16:50。在生物质燃烧发生前，乙腈浓度在 0.25～0.35ppbv，之后乙腈浓

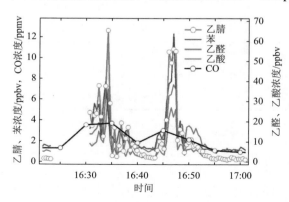

图 5-2　2010 年 11 月 10 日下午在鹤山观测到的一次生物质燃烧事件

度快速上升至 2ppbv 以上，最高浓度超过 12ppbv。之后乙腈浓度开始下降，在
16:42～16:44 时，乙腈浓度降至 0.4ppbv 左右。之后乙腈浓度重新快速上升，
乙腈浓度维持在 10ppbv 左右达 2min，然后乙腈浓度重新下降至 0.3～0.5ppbv。
其他 VOCs 物种的浓度变化趋势与乙腈类似。CO 由于时间分辨率仅为 5min，
其浓度变化较为平缓。生物质燃烧前后的浓度基本在 0.3～0.5ppmv，而生物质
燃烧时 CO 的浓度可上升至 1.2ppmv。

　　图 5-3 是 2011 年 4 月 6 日凌晨在长岛观测到的一次生物质燃烧事件。该次生
物质燃烧时间历时很长，从 2011 年 4 月 5 日 23:00 开始至 4 月 6 日 03:00。在生
物质燃烧发生前，乙腈浓度在 0.1～0.3ppbv 之间。自 4 月 5 日 23:00，乙腈浓度快
速上升至 1.6ppbv，其后下降。在 4 月 6 日 00:00 时乙腈浓度第二轮上升，在 01:00
左右乙腈浓度达最高（约 1.9ppbv）。其后浓度缓慢下降，在 03:00 时，乙腈浓度
降至 0.3～0.4ppbv。从图中可以看出，其他 VOCs 和 CO 浓度也呈现相似的浓度
变化趋势。

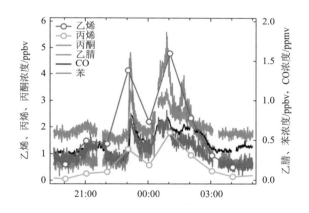

图 5-3　2011 年 4 月 5 日晚至 6 日凌晨在长岛观测到的一次生物质燃烧事件

2）生物质燃烧对 VOCs 的增量比

　　增量比（enhancement ratio，ER）是生物质燃烧研究中非常有用的参数。增
量比被定义为某组分 X 的增量浓度（组分 X 在生物质燃烧烟羽中的浓度减去烟羽
外的浓度）除以另外一种通常为寿命长的组分 Y 的增量浓度。Y 组分通常有 CO、
CO_2 和乙腈等。图 5-4 是 2011 年 4 月 6 日凌晨在长岛捕捉的生物质燃烧事件中，
各 VOCs 组分与 CO 的散点图。图中蓝色实线为线性回归的结果。图 5-5 展示了
各 VOCs 与 CO 的相关系数和回归的斜率，即相对于 CO 的增量比。大部分组分
的相关系数大于 0.7。可以看出，增量比较高的几种组分均是含氧有机物和含氮有
机物，如甲醇、乙醛、丙酮和乙腈。

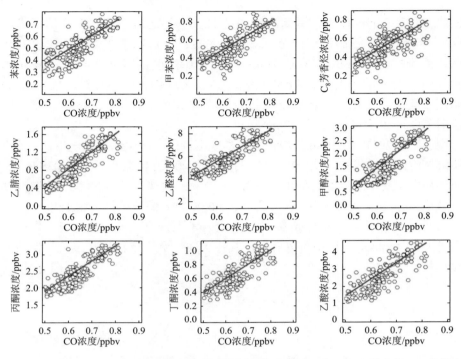

图 5-4　2011 年 4 月 6 日凌晨在长岛捕捉的生物质燃烧事件中，各 VOCs 组分与 CO 的散点图

图中实线为线性回归的结果

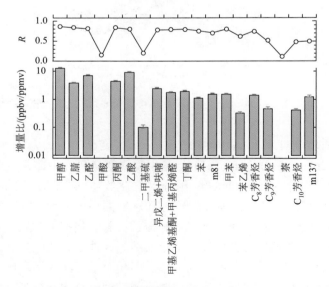

图 5-5　长岛 2011 年 4 月 6 日生物质燃烧中获得的各 VOCs 与 CO 的相关系数 R 和增量比 ER

利用相同方法计算各次生物质燃烧事件中各 VOCs 组分与 CO 或乙腈的增量比，计算结果见图 5-6 和图 5-7。图 5-6 中数据来自 Inomata 等 2006 年在泰山山顶观测到的小麦秸秆焚烧的结果[23]。在开平和鹤山观测中，观测到的生物质燃烧主要来自于水稻收获后的秸秆焚烧[21]。长岛的生物质燃烧结果来自于清明节前后烧纸上坟等传统风俗引发的森林大火。

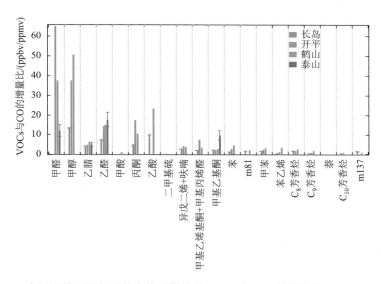

图 5-6 中国野外观测得到的生物质燃烧的 VOCs 与 CO 的增量比（ppbv/ppmv）

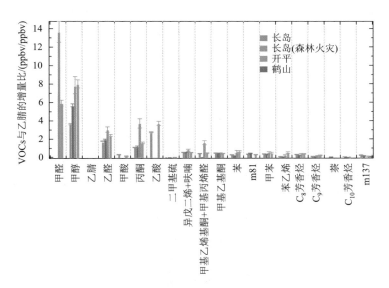

图 5-7 中国野外观测得到的生物质燃烧的 VOCs 与乙腈的增量比（ppbv/ppbv）

从图 5-5 和图 5-6 中可以看出，生物质燃烧排放的最重要的几种组分均为
OVOCs 物种，包括甲醛、乙醛、甲醇、丙酮、甲酸和乙酸。在开平观测和鹤山观
测中甲醛与 CO 的增量比（$\Delta HCHO/\Delta CO$）分别为 65ppbv/ppmv 和 37.5ppbv/ppmv。
这两次观测的生物质燃烧类型均属于水稻秸秆焚烧。在山东泰山观测的小麦秸秆
焚烧的 $\Delta HCHO/\Delta CO$ 为（11.9 ± 3）ppbv/ppmv，低于开平和鹤山的观测结果。文
献中报道 $\Delta HCHO/\Delta CO$ 值范围在 5～46ppbv/ppmv 之间[24]，开平和鹤山的
$\Delta HCHO/\Delta CO$ 处于文献值范围的高值区。

开平和鹤山观测得到的乙醛与 CO 的增量比（$\Delta CH_3CHO/\Delta CO$）非常接近，
分别为 14.5ppbv/ppmv 和 15ppbv/ppmv。而长岛观测得到的 $\Delta CH_3CHO/\Delta CO$ 为
7.0ppbv/ppmv。山东泰山观测得到的结果为（17.6 ± 3.5）ppbv/ppmv，与开平和鹤
山观测较为接近。文献中报道的 $\Delta CH_3CHO/\Delta CO$ 值在 1.2～18.9ppbv/ppmv[24]。由
于甲醛和乙醛的活性较强，因此在大气中测量到的两种醛类的增量比，不仅与排
放类型有关，而且与在大气中的反应时间有关。

与醛类不同，甲醇在大气中均活性较小，且二次生成较少，因此甲醇的增量
比在一定程度上代表了生物质燃烧的初始排放。长岛、开平和鹤山等 3 次观测的
甲醇与 CO 的增量比（$\Delta CH_3OH/\Delta CO$）分别为 13.2ppbv/ppmv、37.5ppbv/ppmv 和
50.6ppbv/ppmv。文献中报道的 $\Delta CH_3OH/\Delta CO$ 范围在 1.8～54ppbv/ppmv 之间，大
部分的 $\Delta CH_3OH/\Delta CO$ 值在 10～25ppbv/ppmv 之间[24]。甲醇增量比的巨大差异在
一定程度上体现了不同燃烧类型对生物质燃烧 VOCs 排放的影响。

丙酮在大气中活性较小，但是有强烈的二次生成。在长岛、开平和鹤山观测
中，丙酮与 CO 的增量比（$\Delta CH_3COCH_3/\Delta CO$）分别为 4.5ppbv/ppmv、17.7ppbv/ppmv
和 10.3ppbv/ppmv。文献中报道的 $\Delta CH_3COCH_3/\Delta CO$ 从新鲜生物质燃烧排放的
1.5ppbv/ppmv 至老化生物质燃烧的 18ppbv/ppmv[24]。

从图 5-6 中可以看出，生物质燃烧排放的乙酸远远大于甲酸。热带森林、热
带草原、秸秆焚烧和亚寒带森林的乙酸与甲酸的排放比（ppbv/ppbv）分别为 3.0、
13.0、4.3 和 5.9。仅有长岛观测和鹤山观测计算了有机酸的增量比。在长岛观测
中甲酸与 CO 的线性关系不显著，没有计算相应的增量比。长岛和鹤山观测中乙
酸与 CO 的增量比分别为 9.7ppbv/ppmv 和 23.5ppbv/ppmv，而鹤山甲酸与 CO 的
增量比为 1.1ppbv/ppmv。文献中报道的乙酸与 CO 的增量比在 0.4～16ppbv/ppmv
之间，同样差异明显。

通过对 OVOCs 与 CO 的增量比的分析可以看出，我国的计算结果一般处于
文献报道的高值区域。生物质燃烧对各 OVOCs 的排放无论是文献报道，还是我
国实际外场测量结果，均有较大差异性。同一组分的增量比可以相差数倍以上。
文献中已经大量报道了生物质燃烧的实验室测量和外场测量的结果。但正是由于
生物质燃烧的排放的巨大差异性，人们对生物质燃烧排放中 VOCs 在大气中化学

转化和对臭氧和 SOA 生成的贡献所知甚少。

图 5-8 是长岛观测得到的 NMHCs 与 CO 排放比（ppbv/ppmv）与之前文献报道的 3 种生物质燃烧类型实验室获得的源成分谱的比较[1]。从图中可以看出，生物质燃烧排放的 NMHCs 类组分主要有乙烷、乙烯、乙炔、丙烷、丙烯和苯等化合物。在长岛观测中，排放最高的 NMHCs 为乙烯，其排放比为（17.7±4.5）ppbv/ppmv。虽然主要的 NMHCs 排放组分相似，但无论是长岛观测结果与实验室源谱结果之间，还是实验室源谱之间，NMHCs 的排放组成有较大的差异。与实验室源谱相比，长岛观测获得的生物质燃烧乙炔的增量比低于实验室结果，而丙烷的增量比要高于实验室结果。

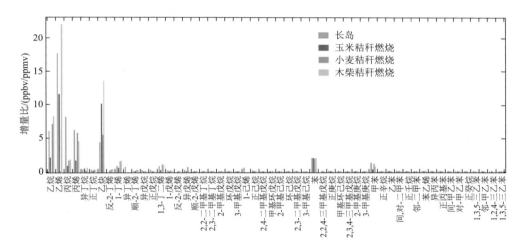

图 5-8　长岛生物质燃烧中获得的 NMHCs 与 CO 的增量比

玉米、小麦秸秆、木柴秸秆燃烧的 NMHCs 与 CO 增量比通过假定源成分谱中苯与 CO 的增量比与长岛观测值一致，使用苯的增量比计算其他 NMHCs 的增量比[1]

5.1.2　VOCs 比值法

1. 常用的 VOCs 比值

特定 VOCs 之间的比值能够反映其来源信息。比值法常用于受体模型来源解析之前，用来对主要污染源进行初步判断。另外，由于受体模型不适用于解析大气活性强的 VOCs 组分，因此物种对比值法对于识别活性组分的来源起到重要作用。活性相当的两种 VOCs 组分，其环境浓度比值与其排放源中的比值相等，如"己烷/甲苯""丙烷/乙炔""苯/乙炔""顺-2-丁烯/反-2-丁烯""顺-2-戊烯/反-2-戊烯""异戊二烯/1, 3-丁二烯"等，因此可以通过分析组分间的比值，并与已知排放源的比值进行比较，来确定其主要来源。在光化学反应较强的时段，选择合适的 VOCs 组分对进行来源识别时，通常把两组分与 OH 自由基的反应速率常数（k_{OH}）之间的差别限制在 ±20% 之内，以抵消掉化学消耗对比值的影响，因此比值主要受所研究地区污染源的影响。在实际应用时，尤其是在光化学反应较弱的冬季或夜晚，一些化学活性存在差异但具有源指示作用的比值也会常被用于来源研究，如"甲苯/苯""丙烷/乙烷""异戊烷/乙炔""乙烯/乙炔""异丙苯/甲苯""甲醛/乙醛""丙醛/乙醛"等。

2. 应用案例

Goldan 等根据乙炔与丙烷的相关性和二者浓度比值，分析了机动车排放和 LPG 挥发对大气浓度的影响。乙炔和丙烷与 OH 自由基反应速率常数相近，城市大气中乙炔主要来自汽油车尾气，而丙烷是 LPG 的主要组分，来自于 LPG 的生产、运输储备及使用过程。美国科罗拉多州东部地区有很多小型油井但人口密度低（流动源排放低），该地乙炔/丙烷的比值明显低于 Nashville 和其他城市地区[25]。

Jobson 等在不同类别 VOCs 中分别选择活性相近的两种组分，讨论了机动车尾气、LPG 以及工业源对休斯敦的 La Porte 地区大气 VOCs 的影响[14]。大气中顺-2-丁烯/反-2-丁烯、顺-2-戊烯/反-2-戊烯、1-己烯和 1-戊烯浓度显著相关，且各组分的比值与机动车隧道实验中相应比值接近，说明 La Porte 地区大气中这些活泼烯烃组分的主要来源是机动车尾气排放。La Porte 地区大气芳香烃中，异丙苯/甲苯、苯乙烯/1, 3, 5-三甲基苯的比值与机动车排放中相应值中度相关，离散点说明它们受到工业排放源的影响[14]。

一般来说，城市大气中单环芳香烃物种（苯、甲苯、乙苯、间, 对-二甲苯和邻-二甲苯等）的浓度较高，是人为源排放 VOCs 的代表组分。虽然这些芳香烃组分化学活性存在差异，但因为这些之间的比值具有较强的示踪作用，因此也常用来进行来源诊断。大部分苯系物之间的相关性很好，说明它们具有相似的来源。通常认为甲苯与苯体积浓度的特征比值（T/B）为 2ppbv/ppbv，甲苯与乙苯体积浓度的特征比值（T/E）为 5ppbv/ppbv，代表燃油型或机动车尾气排放特征[26, 27]；Sigsby 等台架实验的结果中 T/B 值为 1.82ppbv/ppbv、T/E 值为 6.4ppbv/ppbv[28]；Schauer 等在汽油车台架实验研究中也得出相似结果，两个比值分别为 1.79ppbv/ppbv 和 5.10ppbv/ppbv[29]。城市地区交通尾气排放中 T/B 值的变化范围是 1.5～3.0ppbv/ppbv，蒸发损失的范围是 2.7～4.0ppbv/ppbv[30]。

由于甲苯的化学活性比苯高，化学去除过程会影响这一比值的大小，在气团传输过程中随着光化学反应的进行，大气中 T/B 值会逐渐降低。如果大气中 T/B 低于 1.5ppbv/ppbv，则更为接近背景大气组成；如果比值高于 2.0ppbv/ppbv，甲苯可能还来源于有机溶剂挥发或工业过程的排放。我国的北京、合肥、长沙、南昌、郑州等 10 个城市大气中 T/B 值范围在 1.25～2.5ppbv/ppbv 之间，说明这些城市大气 VOCs 具有城市交通源排放的特征；而在北海、长春、重庆、临安、济宁等 15 个城市大气中苯的浓度等于或高于甲苯浓度[31]。在中国珠江三角洲工业区、工业区与城市的过渡区、工业区与郊区的过渡区测得的 T/B 值都很高（4.8～5.8ppbv/ppbv），说明当地有大量的工业面源和无组织排放源，如涂料、油漆、印刷、制鞋等工厂，其使用的溶剂、原材料和中间产物以甲苯为主，使得珠江三角洲地区大气中 T/B 值较高[32]。

　　Liu 等通过这些活泼组分之间的相关关系以及污染源排放特征，来判断城市大气活泼烯烃的来源[33]。图 5-9 是 2004 年秋季广东省站和新垦大气中顺/反-2-丁烯、顺/反-2-戊烯的相关关系，并与隧道实验结果相比较，图中虚线为隧道数据的拟合线。可以看出，2004 年 10 月广州市区（广东省环境监测中心）大气中顺/反-2-丁烯、顺/反-2-戊烯的相关性很好（R>0.97），绝大部分数据点在隧道实验数据拟合线上，即比值与隧道实验相应值非常接近；新垦顺/反-2-丁烯、顺/反-2-戊烯的相关性稍低（R = 0.96 和 0.97），个别点偏离隧道实验拟合线。上述分析说明广州和新垦大气这些活泼烯烃组分的主要来源是机动车排放。

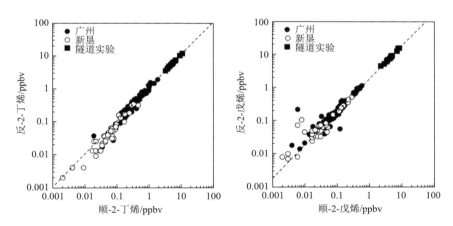

图 5-9　2004 年 10 月广东省环境监测中心、新垦与隧道实验中顺/反-2-丁烯、顺/反-2-戊烯的相关性

　　Wang 等通过 VOCs 组分比值在 2008 年北京奥运会期间的变化探讨机动车排放重要性[34]。所选择的比值为：苯/乙炔、顺/反-2-丁烯、乙烯/甲苯、正己烷/甲苯（图 5-10）。总体上来讲，各阶段苯与乙炔比值十分接近，在常规控制和预控制阶段苯/乙炔为 0.25ppbv/ppbv，而奥运会和残奥会阶段中为 0.27ppbv/ppbv。此比值范围与在北京城区站点（北京大学站点）2004～2009 年测得的比值（0.21～0.37ppbv/ppbv）十分接近。相似的，各阶段中顺/反-2-丁烯、乙烯/甲苯、正己烷/

甲苯的比值也十分稳定，与 2004～2009 年比值十分接近，且与隧道实验中所得比值基本一致，说明尽管各阶段中机动车流量变化很大，机动车排放在所有贡献源中相对重要性没有明显改变。

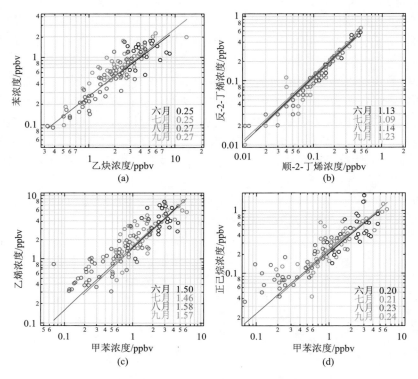

图 5-10　2008 年 6～9 月北京大学站点特征组分比值

（a）苯/乙炔；（b）顺/反-2-丁烯；（c）乙烯/甲苯；（d）正己烷/甲苯

　　大气中醛酮类化合物浓度之间的相关关系也可以用来初步判定其主要来源。对大气中羰基化合物的研究发现，在污染比较严重的城市大气中，C_4 以下的低分子量羰基化合物具有较好的相关性，说明这些化合物具有共同的来源。Rubio 等发现圣地亚哥地区 C_1～C_3 羰基化合物之间相关性显著，并且与二次污染物臭氧（O_3）、过氧乙酰基硝酸酯（PAN）具有很好的相关性，而与一次污染物如甲苯的相关性则较差，说明当地主要羰基化合物主要来自于二次转化[35]。Baez 等认为甲醛和乙醛的比值（C_1/C_2）及乙醛和丙醛的比值（C_2/C_3）可以指示大气中羰基化合物的来源[36]。C_1/C_2 是判断天然源排放的 VOCs 对大气中光氧化反应贡献多少的重要参数。因为天然源排放的碳氢化合物（如异戊二烯）光氧化产生的甲醛要高于乙醛，所以该比值较低时，说明人为排放 NMHCs 的贡献可能占主导地位[36]。在城市地区，C_1/C_2 比值则通常在 1～3ppbv/ppbv 之间；一般，乡村或偏远地区 C_1/C_2 比城市高，在 3～10ppbv/ppbv 之间变化，说明有更多的天然源活性 NMHCs 氧化生成了羰基化合物。乙醇是乙醛的重要前体物，因此在广泛使用乙醇汽油的一些城市，如巴西，观测得到的 C_1/C_2 比值小于 1ppbv/ppbv[37]。同样，因为丙醛被认为主要来自于人为源，而其他醛类既有人为源也有天然源，所以 C_2/C_3 的比值可以指示人为源的贡献，C_2/C_3 在污染比较严重的城市大气中比较低，在相对偏远的地方及森林地区较高。

需要特别说明的是比值法只能定性分析 VOCs 来源，而且不同类型地区的特征比值也存在差异，因此该方法具有很多不确定性，在应用时需要根据当地的实际情况谨慎处理。例如，以往研究 C_1/C_2 在同类型地区往往差别也很大，并且乡村和城市地区的比值也存在重叠性。即便是森林及边远地区，也比较接近城市大气，也是在 1～2ppbv/ppbv 之间，C_2/C_3 与实际结果刚好相反，城市大气中值反而较高。研究还发现，丙醛也有天然源的一次排放，并且可经天然源碳氢化合物 α-蒎烯氧化生成[38]。因此仅以比值法来区分自然来源还是人为来源是很困难的。

5.2　化学质量守恒受体模型

5.2.1　模型基本原理

20 世纪 90 年代初以来，化学质量守恒（chemical mass balance，CMB）受体模型开始应用于大气 VOCs 来源解析。CMB 受体模型的前提是假设污染源排放的化学物质和受体点收集到样品中的化学物质服从质量守恒原则，即污染物从源到受体不发生化学反应，因此结合排放源具有指纹性特征的组分，把实际大气 VOCs 的浓度分配到不同的排放源中，估算各污染源对大气污染物的贡献率[39]。

可以使用美国环境保护局推荐的 CMB8.2 软件对 VOCs 进行来源解析。模型的数学表达式见式（5-1）：

$$C_{ik} = \sum_{j=1}^{j} a_{ij} S_{jk} \quad (i=1,2,\cdots,m) \tag{5-1}$$

式中，C_{ik} 为受体点第 k 个环境样品中第 i 种化学组分的浓度；a_{ij} 为污染源 j 排放的第 i 种化学组分的质量分数，即源成分谱；S_{jk} 为污染源 j 对受体点样品 k 的贡献率。

CMB8.2 采用有效方差最小二乘法对方程进行求解，该方法综合考虑了源谱和环境样品测量结果的不确定性，对一些测定精度较高的组分增加了权重值，降低了一些不确定性较大测量值的影响，使加权后的组分测量值与计算值之差的平方和（ε^2）最小：

$$\varepsilon^2 = \sum_{i=1}^{i} \frac{\left(C_i - \sum_{j=1}^{j} F_{ij}S_j \right)^2}{V_{\text{eff},i}} \qquad (5\text{-}2)$$

式中，C_i 为组分 i 浓度；F_{ij} 为源成分谱；S_j 为污染源 j 的贡献，并非针对某个物种；$V_{\text{eff},i}$ 为有效方差的权重值，$V_{\text{eff},i} = \sigma_{C_i}^2 + \sum_{j=1}^{j} \sigma_{F_{ij}}^2 S_j^2$，其中 σ_{C_i} 为受体点样品 i 组分的分析测量误差，$\sigma_{F_{ij}}$ 为源成分谱测量的不确定性。有效方差最小二乘法的解中含有源贡献 S_j 一项，而 S_j 是未知的，因此需要迭代运算。该方法的优点是：环境样品和源成分谱的测量不确定性越小，对源 j 贡献 S_j 的估算就越精确；在源中含量高的组分对该源的加权量就越大。

使用 CMB 受体模型进行 VOCs 来源解析时需要输入受体点环境大气中 VOCs 浓度以及各类源的化学成分谱，具体的操作步骤如下：①确定所研究区域主要的 VOCs 排放源；②筛选 CMB 解析计算需要的拟合组分；③输入各类排放源的 VOCs 化学成分谱；④估算受体点环境浓度和源成分谱的测量误差；⑤使用软件求解 CMB 方程；⑥得到解析结果，并依据统计参数对 CMB 解析结果进行评价。

在选择 CMB 解析所需要 VOCs 拟合组分时，基本遵循以下三个原则：①所选择的拟合组分在环境大气中浓度较高，是受体点环境大气和污染源排放的主要成分，测量误差较低；②所选择的拟合组分应具有较强的源指示作用，优先选择某类排放源的示踪物；③在光化学作用较强时，拟合组分的大气寿命一般应不短于甲苯，活性强或有二次来源的 VOCs 组分尽量不纳入计算（如烯烃、$C_8 \sim C_9$ 芳香烃）。

5.2.2 源成分谱和环境数据的不确定性的确定

用 CMB 模型解析 VOCs 来源时，受体点环境数据不确定性的计算公式为式（5-3）[40]：

$$\sigma_{C_i} = \left[(2\text{MDL})^2 + (\text{CV} \times C)^2 \right]^{1/2} \qquad (5\text{-}3)$$

式中，MDL 为分析方法最低检测限；CV 为变异系数（coefficient of variation），即相对标准偏差（RSD）；C 为环境样品浓度值。

根据文献研究，对于源成分谱中相对含量超过最低检测限 5 倍的组分，通常不确定性在 ±10% ~ ±15% 范围内；对于源谱中质量分数 > 0.1% 的组分，不确定性为 ±20%；对于质量分数低于 0.1% 的组分，不确定性的计算方法见下式[40]：

$$\sigma_{a_{ij}} = \left[\text{MDL}^2 + (\text{CV} \times a_{ij})^2 \right]^{1/2} \qquad (5\text{-}4)$$

式中，MDL 为分析方法最低检测限；CV 为变异系数；a_{ij} 为源成分谱中该组分的相对含量。

5.2.3　模型结果检验

CMB 模型计算结果的有效性和多元线性方程拟合程度的好坏可以通过相应的诊断来进行检验，主要包括拟合优度的诊断技术和灵敏度矩阵（modified pseudo-inverse matrix，MPIN）[39]。

1. 拟合优度的诊断技术

各类源的贡献值是 CMB 模型的主要输出项之一，合理的结果需满足以下基本要求：①贡献值的计算结果不应该是负值，当某种源贡献值小于它的检测限或多种源谱相近（共线源）时，源贡献可能出现负值。此时必须通过对源谱和拟合组分重新匹配，重新运算以消除共线性或不确定性。②各类源贡献值的计算结果之和应该近似等于受体点 VOCs 组分总质量浓度的测量值，计算值与实测值比值的可接受范围是 80%～120%。源贡献值拟合优度常用的诊断参数，见表 5-2。

表 5-2　CMB 拟合优度的诊断参数

参数	取值范围	意义
R^2	0.8～1.0	各 VOCs 计算浓度变化值与测量浓度变化值之间的比值，其变化范围为 0～1.0，R^2 值越接近 1.0，说明 CMB 解析结果越可靠
Chi² (χ^2)	0.0～4.0	残差平方和，各 VOCs 计算浓度和测量浓度差值的加权平方和，χ^2 值越接近 0，说明 CMB 解析结果越可靠
浓度平衡值（%Conc.）	80%～120%	各 VOCs 的计算浓度总和与测量浓度总和之间的比值，一般浓度平衡值在 80%～120%之间，便可认为 CMB 解析结果是可靠的
TSTAT	>2.0	源贡献值与其标准偏差的比值。若 TSTAT<2.0 说明源贡献值低于其检测限，说明有共线性/不确定性组的存在
C/M 比	0.5～2.0	浓度计算值（C）与测量值（M）的比值，该值越接近 1，说明拟合得越好
R/U 比	<2.0	浓度计算值和测量值之差（R）与二者标准偏差平方和的方根（U）的比值。若 R/U>2，说明可能有一个或多个源成分谱对这个组分的贡献值过大；若 R/U<0，可能有一个或多个源成分谱对此组分的贡献偏小，甚至有源成分谱丢失

2. 灵敏度矩阵（MPIN）

MPIN 矩阵反映每个挥发性有机物组分对源贡献值和源贡献值标准偏差的灵敏程度。绝对值在 0.5～1 的组分，被认为是对源贡献值和源贡献值标准偏差有显著影响，小于 0.3 则被认为是不灵敏的组分。

5.2.4　模型应用的局限性

　　CMB 受体模型对环境样品的数量要求较低、计算原理容易理解，模型运算能够给出各类污染源对单个环境样品的贡献率。但是，由于 CMB 受体模型需要满足质量守恒这一严格假设，因而在应用时有一定的局限性：①大多数活泼 VOCs 组分（如烯烃和芳香烃）在环境大气中会受到光化学消耗的影响，从排放源到受体点不能保持质量守恒，因而一般不被选择作为拟合组分，这样操作一方面容易导致不同排放源之间的共线性，另一方面会给活性组分的来源估计带来一定偏差；②具有二次来源的 VOCs 组分（如羰基化合物、过氧乙酰基硝酸酯等）不能利用 CMB 受体模型进行解析；③CMB 受体模型进行 VOCs 来源解析时需要对当地的主要排放源有一定的认识，并输入所关注的各类排放源 VOCs 化学成分谱，解析结果准确性对源成分谱的依赖度高；但是，某些无组织排放过程（如化工排放、溶剂挥发）的源成分谱较难获得，而且其时空代表性容易受到质疑。

5.2.5　模型应用实例

1. 珠江三角洲地区（PRD）

　　Liu 等利用 CMB 模型对 PRD 地区大气中 NMHCs 进行来源解析[41]。广州市区的解析结果如图 5-11 所示。共有 9 类源，分别为汽油车尾气、柴油车尾气、汽

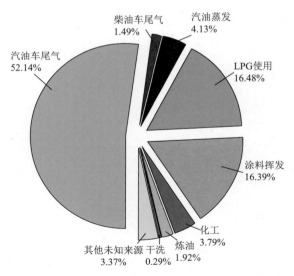

图 5-11　2004 年秋季广州市区大气 NMHCs 的 CMB 解析结果[41]

油蒸发、LPG 使用、涂料挥发、化工、炼油、干洗和其他未识别源。计算结果的数据拟合参数均符合 CMB 模型要求，R^2 在 0.89～0.96 之间，χ^2 均小于 4.0，Mass% 平均值为 96.7%±7.3%。

汽油车尾气排放是广州市区大气 NMHCs 最主要的来源，其贡献率超过 50%；LPG 使用和涂料挥发的贡献率接近，均大于 16%；汽油蒸发贡献较低（4.13%）。广州市区 LPG 所占比例高于其他城市地区（2%～5%）[40]，从环境浓度数据看，广州市区丙烷（LPG 主要成分）平均浓度大于 10ppbv，居于国内城市的前列[31]。这与当地交通结构调整有关，2003 年 8 月广州正式推行全市公交车、出租车使用 LPG 能源的绿色公交工程，2004 年 10 月观测期间广州 LPG 公交车约 1406 辆，出租车超过 3000 多辆，至 2006 年底广州共有 6343 辆公交车、15858 辆出租车使用 LPG 燃料。

位于城市下风向的新垦与广州市区的情况不同，涂料挥发平均贡献率最大（32.95%），超过汽油车尾气（30.61%）。新垦地处沿海郊区，受流动源等人为排放影响较小，污染物的主要来源是大气输送。图 5-12 比较了新垦及其上风地区东莞各污染源的平均贡献率。新垦各主要人为源平均贡献率与东莞基本相当。东莞大气芳香烃含量超过 50%，主要来自于当地工业溶剂的挥发，由于缺乏东莞工业排放源数据，CMB 模型计算得到涂料挥发的贡献率最大（43.77%）。可以看出，上风地区工业源排放对新垦的影响较大。生物质燃烧对新垦大气 NMHCs 有明显贡献（平均贡献率为 14.3%），这与当地燃料的使用有关。新垦 LPG 使用的平均贡献率（4.93%）低于广州，与文献中其他城市地区比例接近[40]。

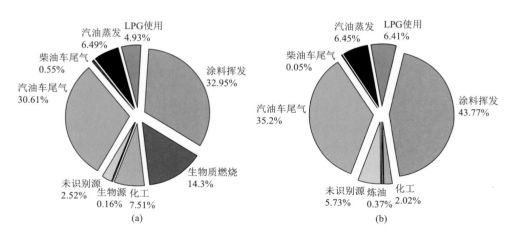

图 5-12　新垦和东莞 2004 年秋季 NMHCs 污染源的平均贡献率

（a）新垦；（b）东莞

　　图 5-13 是 2004 年秋季珠江三角洲地区其他站点利用 CMB 模型解析出的各污染源平均贡献率。从图中可以看出，各采样点污染源平均贡献率差别较大。从化地处城市上风地区，采样点位于郊区公园内周围人为排放很低，生物质燃烧对从化 NMHCs 的贡献率接近 50%，其次化工业排放（15%），流动源（机动车尾气与汽油挥发之和）贡献率为 20%。与从化相似，惠州采样点位于生态农庄内，生物质燃烧和机动车尾气的比例接近（33%）。在从化和惠州两个相对"清洁"监测点，LPG 贡献率比较高，分别为 6.2% 和 9.7%。佛山和中山为市区点，机动车尾气贡献占主导地位（分别为 56.5% 和 53.1%）；佛山 LPG 占比接近 12%，中山喷涂平均贡献率较高（26.9%）。

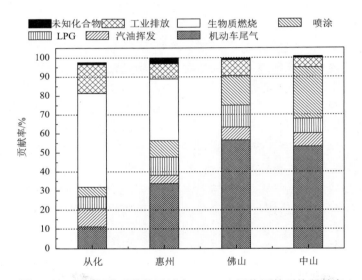

图 5-13　2004 年秋季其他区域点 NMHCs 污染源的平均贡献率

2. 北京及其周边地区

　　Wang 等基于在北京市开展的区域观测和连续观测数据利用 CMB 模型分析北京市 NMHCs 来源结构及其时空分布规律[42]。在利用 CMB 模型解析夏季 NMHCs 来源时，共将 8 类排放源纳入计算，包括：汽油车尾气、柴油车尾气、燃煤、汽油挥发、LPG 使用、溶剂和涂料的使用、化工排放和植被排放。在解析冬季 NMHCs 数据时，如果将植被排放纳入 CMB 运算会导致解析结果出现大量负值。考虑到植被排放受气温和光照影响较大，在冬季植被排放 NMHCs 强度低，因此最终确定冬季 CMB 模型解析方案中未将植被排放源纳入计算，只包含其他 7 类源。

　　1）NMHCs 来源的时间变化规律

　　图 5-14（a）和（b）分别是 CMB 受体模型解析的 2011 年 8~9 月和 2011 年

12 月至 2012 年 1 月北大点环境大气中总 NMHCs 的平均来源构成。从图中可以看出，汽油车尾气是北大点环境大气中总 NMHCs 的最重要来源，其在夏季和冬季的相对贡献率分别为 51%和 48%。夏季大气中总 NMHCs 第二大贡献源是 LPG 使用（21%），剩下的依次是汽油挥发（8%）、溶剂和涂料的使用（7%）、化工排放（5%）、燃煤（4%）、柴油车尾气（3%）和植被排放（1%）。与夏季的解析结果不同，冬季燃煤排放对大气中总 NMHCs 的相对贡献率增加至 19%，而 LPG 使用、汽油挥发、溶剂和涂料使用的相对贡献率则分别下降至 16%、3%和 4%。导致大气中 NMHCs 来源结构存在显著季节差异的原因可能是：①冬季的取暖会使得化石燃料或生物质燃料的燃烧量增加。北京市统计年鉴结果显示：在 2010 年，北京市有 613 万 t 煤用于集中供暖，206 万 t 用于农村居民的日常生活，占到全年总用煤量的 31%。②夏季气温较高，加快汽油或溶剂和涂料的挥发速率。③夏季的高日照强度和高温条件促进植被排放。

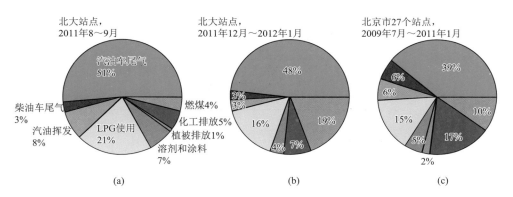

图 5-14　北大点 2011 年夏季（a）、北大点 2011 年冬季（b）和 2009～2011 年北京市 27 个站点（c）NMHCs 来源解析结果

　　基于 2009 年 7 月至 2011 年 1 月北京市 27 个站点区域观测数据的 CMB 来源解析结果呈现出与北大站点相似的季节变化规律。机动车尾气（即汽油车尾气和柴油车尾气的加和）是北京市最重要的排放源（相对贡献率为 41%～53%），未呈现出规律性的月际变化特征，但在夏季的相对贡献显著高于冬季（$p<0.01$）。汽油挥发和植被排放的相对贡献在夏季（5～8 月）达到最高，相对贡献率分别为 8%～9%和 3%～4%［图 5-15（a）］。尽管 LPG 和涂料及溶剂使用源的相对贡献未呈现出类似于图 5-15（a）所示的明显规律性季节变化，但在夏季的相对贡献显著高于冬季（$p<0.01$）。与挥发源和植被排放源相反，燃煤和化工排放的相对贡献却在冬季出现高值［图 5-15（b）］。在比较北大站点夏季和冬季 NMHCs 来源差异时，已经对煤燃烧、植被排放和挥发源的季节变化进行了探讨，在此

主要分析工业排放的相对贡献存在季节差异的原因。北京市最大的石油化工企业地处北京西南房山地区［图 5-18 中 I（燕山）站点］。在冬季，北京地区的主导风向是西北或西北偏西风，因此会影响位于燕山站点下风向的北京南部站点

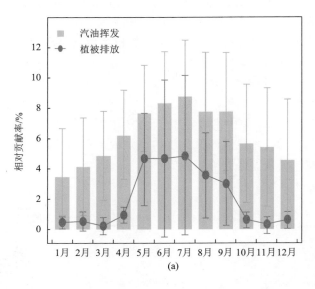

(a)

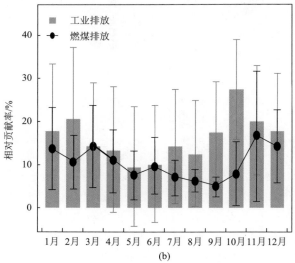

(b)

图 5-15　特征 VOCs 排放源相对贡献率的季节变化

（a）汽油挥发和植被排放；（b）工业排放和燃煤排放

（如房山良乡、房山琉璃河）所测到的 NMHCs 浓度及组成。在夏季，主导风向为东南或南风而且风速较小，没有测量站点直接位于化工企业的下风向，因而受到化工排放的影响相比冬季要小。

　　图 5-16 是北大站点夏季各排放源对总 NMHCs 相对贡献率的平均日变化。汽油车尾气相对贡献率的高值出现在早上 08:00（59.2%）和傍晚 19:00（59.1%），对应着北京市上下班交通高峰。柴油车尾气在夜间的相对贡献率在夜间 23:00～次日 06:00 出现高值（3.1%～3.5%），显著高于白天的相对贡献率（2.3%～2.7%），这与北京市只允许重型卡车（载货汽车）在 23:00～06:00 进入四环行驶有关。LPG 使用的相对贡献率在早上 05:00～06:00（25.5%）、中午 12:00～13:00（23.6%）和傍晚 19:00～20:00（23.2%）出现峰值，与北京市餐饮高峰时间段相对应。北京市 2010 年 LPG 的消费量约为 45 万 t，其中居民和商业的餐饮用气量占 90% 以上。汽油挥发在中午的相对贡献率（9%～12%）显著高于夜间的结果（3%～6%），涂料和溶剂使用相对贡献率（6%～7%）也在白天略高于夜间（4%～5%），这是由于白天高温环境更加有利于汽油或溶剂的挥发。植被排放的相对贡献率在正午可以达到 2%，在夜间则仅为 0.1%～0.2%，与植被排放的强度受光照强度和气温的影响有关。工业排放和燃煤排放对夏季总 NMHCs 的相对贡献率较低，未呈现出明显的日变化规律。

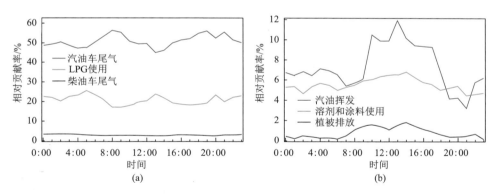

图 5-16　北大站点夏季 LPG 使用、汽油车尾气、柴油车尾气（a）以及溶剂和涂料使用、汽油挥发和植被排放（b）对大气中总 NMHCs 浓度相对贡献率的平均日变化

　　图 5-17 是北大站点冬季各排放源对环境大气中总 NMHCs 浓度相对贡献率的平均日变化。汽油车尾气对总 NMHCs 的相对贡献率在 09:00～20:00 较高（51%～56%）。冬季燃煤的相对贡献率在夜间出现高值，为 21%～28%，午后降低至 13%～15%。柴油车尾气和 LPG 使用贡献的平均日变化特征与夏季较为相似，分别是在夜间和餐饮高峰期出现高值。冬季溶剂和涂料使用及汽油挥发的相对贡献率较低，午后最高值分别为 5% 和 4%。工业排放对北大站点 NMHCs

浓度的平均相对贡献率约为 7%，未呈现出显著日变化特征。

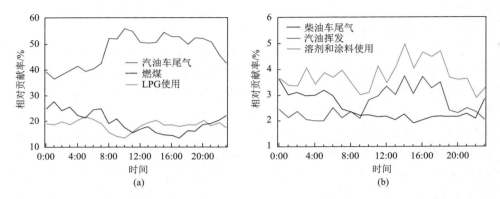

图 5-17　北大站点冬季 LPG 使用、汽油车尾气、燃煤（a）以及柴油车尾气、汽油挥发、溶剂和涂料使用（b）对大气中总 NMHCs 浓度相对贡献率的平均日变化

2）北京市 NMHCs 来源的空间分布特征

图 5-14（c）中给出了基于 2009 年 7 月～2011 年 1 月在北京市 27 个站点（燕山站点 I 因为受到局地源影响显著，因此未被纳入计算）的 NMHCs 观测数据利用 CMB 受体模型所计算的各类污染源对北京市环境大气中总 NMHCs 浓度的平均相对贡献率。与北京城区站点的 NMHCs 来源结构相比，基于北京市区域观测数据的 CMB 解析结果中工业排放、柴油车尾气和植被排放所占的比例更高，相对贡献率分别是 17%、6% 和 2%，而汽油车尾气的相对贡献率却下降至 39%。

为了进一步探讨北京市大气 NMHCs 来源的空间分布特征，将每类排放源在 27 个站点的相对贡献率平均值利用克里格差值的方法得到如图 5-18 所示的空间分布图。从图 5-18（a）中可以看出，汽油车尾气对环境大气中总 NMHCs 浓度相对贡献率的最高值出现在北京城区（>50%，与北大站点的结果接近），最低值则出现在机动车流量较低的郊区或背景站点（约为 25%），如榆垡、密云水库、百花山等采样点。汽油车尾气呈现这样的空间分布特征是因为北京城区私家车（主要为汽油车）交通流量要显著高于周边郊区，导致汽油车尾气排放强度高值出现在北京城区。与汽油车尾气的空间分布规律相反，柴油车尾气的相对贡献率则在郊区出现高值（>10%）[图 5-18（b）]，可能与郊区农用柴油车的使用有关。化工排放相对贡献率（20%）的最大值出现在北京南部地区，与北京市的一些重要工业园区位于南部地区有关，例如，位于亦庄地区的北京市经济技术开发区（图中的 BOS1 点）和位于房山地区的燕山石化工业园（图中的 I 点）。植被排放的相对贡献率在郊区最高（>4%），尤其是位于密云的百亩公园和密云水库站及位于西南郊区的百花山和灵山采样点：一方面是因为这些地区植被覆盖率高，因而植被排放强度高；另一方面是因为这些地区受到的人为源排放的影响小于其他站点，从而使得植被排放的相对贡献增加。LPG 使用、溶剂和涂料使用、燃煤和汽油挥发的相对贡献率未呈现出明显的空间分布规律。

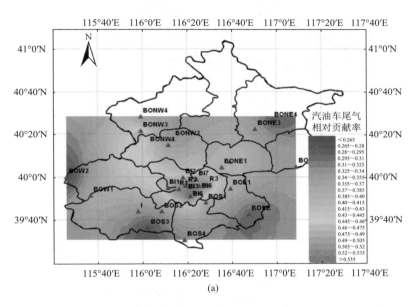

(a)

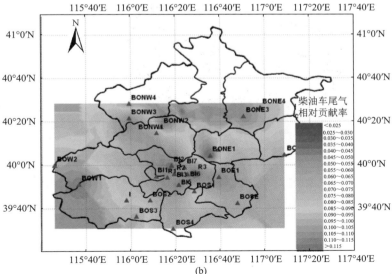

(b)

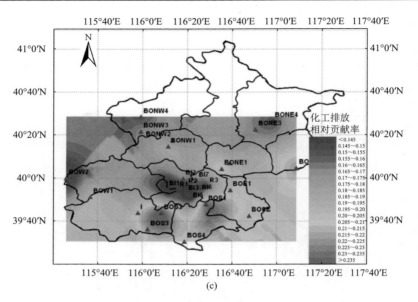

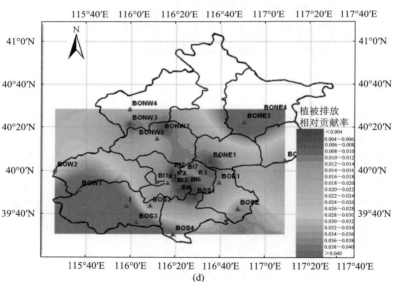

图 5-18 特征排放源对环境空气中 NMHCs 相对贡献率的空间分布特征

（a）汽油车尾气；（b）柴油车尾气；（c）化工排放；（d）植被排放

BI：北京城区站点（7 个）；BOS：北京城区外南部郊区站点（4 个）；BOSE：北京城区外东南部郊区站点（1 个）；
BOE：北京城区外东部郊区站点（2 个）；BONE：北京城区外东北部郊区站点（4 个）；BONW：北京城区外西北
部郊区站点（4 个）；BOW：远郊背景站点（2 个）；R：交通道路边站点（3 个）；I：工业区站点（1 个）

5.3　主成分分析

　　因子分析是多元统计分析方法的一种，属于受体模型。与 CMB 相比，其在应用时所需要满足的假设条件更为宽松：不需要事先确定污染源的结构和数目；不需要满足污染源所排放出的化学组分在到达受体点之前保持不变的假设；不仅可以包含浓度参数，还可以包含气象条件等其他参数。正由于 CMB 受体模型受质量平衡假设的限制，不能用来计算大气中一些活泼 VOCs 和中间产物 OVOCs 的来源。在这种情况下可以采用主成分分析法（principal component analysis，PCA）来确定影响这些物种的排放源。Millet 等用该方法讨论了一次排放源、二次源、天然源及输送作用对美国匹兹堡大气 VOCs 的相对影响[43]。Spaulding 等也用主成分分析法研究加利福尼亚森林地区二次天然源和二次人为源对 OVOCs 的相对贡献率[44]。

5.3.1　模型基本原理

　　主成分分析的基本思想是通过对变量的相关系数矩阵内部结构的研究，把许多相关因子进行处理和简化，减少因子个数，确定能解释所有变量的少数几个不相关因子，进而确定主要来源。经主成分分析后，样品中各 VOCs 组分浓度可表示为几个因子（污染源）对其贡献的线性组合，每类源的贡献可分解成两个矩阵的乘积，如式（5-5）所示：

$$x = AF + \varepsilon \tag{5-5}$$

式中，F 为公因子，代表 VOCs 的可能排放源；A 为因子负荷矩阵，可看作初始变量（VOCs 大气浓度）与公因子的相关系数，反映两者间的密切程度；ε 为特殊因子。

　　从主成分分析得到的负荷矩阵中确定出几个主要因子，即大气 VOCs 的几个主要来源。根据各因子中提供负荷绝对值较大的 VOCs 物种来判断该因子所代表的污染源种类。如果初始因子很难解释，可通过适当的旋转，改变信息量不同因子上的分布，使得因子负荷矩阵每列元素能够"两级分化"，某些元素绝对值尽可能大（接近 1），另外一些元素绝对值尽可能小（接近 0）。根据因子负荷和对污染源性质（化学成分谱）的了解，鉴别各因子代表的污染源。PCA 方法也常用于正交矩阵因子分析之前对所研究地区的污染源进行初步判断。

5.3.2　模型计算步骤

1. 主成分/因子分析的前提要求

　　因子分析根据实测样本来寻找变量间的潜在关系，因此要求样本量比较充足，否则可能无法得到稳定和准确的结果。一般来说，总样本量不得少于 100 且越大越好，样本量与变量数的比例在 5:1 以上，实际上理想的样本量应为变量数的 10～25 倍。

进行主成分/因子分析还需一个严格的前提条件，即各变量间具有相关性，可以使用 KMO 统计量和 Barlett's 球形检验判定数据是否符合因子分析要求。KMO 统计量考察变量间的偏相关性，取值范围在 0～1 之间。一般认为当 KMO 大于 0.9 时做因子分析的效果最佳，0.7 以上效果尚可，0.6 时效果很差，0.5 以下不适合做因子分析。Barlett's 球形检验用于检验相关阵是否为单位阵，即各变量是否各自独立。

2. 公因子的提取

主成分分析法是较为常用的提取因子方法，用公因子方差比（communalities）来表示各变量中信息分别被提取出的比例。公因子方差比在 0～1 之间，取值越大说明该变量被公因子解释程度越高。

通常根据以下原则来确定公因子（主成分）的数量：①因子相应的特征根：特征根可看作反映因子影响大小的指标，一般把特征根大于或等于 1 的因子作为公因子（主成分）；②公因子的累计贡献率：一般认为累计贡献率达到 80%～85% 以上结果比较满意，可由此来确定需要提取多少个公因子。在实际计算过程中，用特征根确定的公因子数量常常偏低，而利用累计贡献率来确定又偏高。此外，因子分析的重点在于提取出的公因子是否可以解释，如果该因子有实际物理意义（如对应污染源的特征、化学反应的影响），即使累计贡献率较小，也可以考虑保留。

3. 旋转

当难以找到因子所代表的实际意义时，可通过适当的旋转，改变信息量在不同因子上的分布，为所有因子找到合理解释。旋转并不会影响公因子的提取过程和结果，只会影响各变量对因子的贡献。旋转方法可分为正交和斜交两大类。方差极大正交旋转是计算时常采用的一种方法，它的旋转原则是在保持各因子仍然直角正交的情况下，使得因子间方差的差异达到最大。

4. 因子得分

利用回归法计算因子得分，得到各大气样本在每个因子上的得分，即反映该因子所对应来源的贡献。

5.3.3　模型应用实例

Liu 等利用 PCA 方法解析了北京夏季大气 VOCs 来源[45]。从北京夏季数据中提取的 6 个因子解释了总变异的 85.7%。因子 1 对总变异的贡献率最大，约占 34%，包括不完全燃烧产生的乙炔、低碳烷烃和活泼烯烃、苯系物、甲基叔丁基醚等，并与 NO_x 和 CO 相关，代表汽油车尾气的排放。含氧组分如丙醛、正丁醛、丙酮等也与该因子有一定的相关性，说明一次人为源对北京大气中的 OVOCs 组分有一定的贡献。因子 2 占总变异的 20%，主要包括汽油的主要成分异戊烷、正戊烷、甲基叔丁基醚、异丁烷、正丁烷和 $C_4 \sim C_5$ 烯烃组分，代表汽油和机动车的挥发排放。因子 3 贡献了总变异的 13%，主要由大气中 $C_2 \sim C_4$ 醛酮组分、异戊二烯的氧化产物甲基丙烯醛（MACR）和甲基乙烯基酮（MVK）组成，并与大气二次污染物 O_3 相关。该因子反映了光化学过程即二次源对大气 OVOCs 的贡献。因子 4 占总变异的 11%，包括不完全燃烧产生的乙烯、$C_3 \sim C_4$ 烯烃、C_8 芳香烃，且与 NO_x 相关，说明该因子代表尾气排放。二甲苯在因子 4 中的负荷系数高于其在汽车尾气（因子 1）的数值，反映了柴油车尾气的排放特征。因子 5 解释了 5% 的总变异，主要是由燃烧源排放的 CO 和固定源排放的二氧化硫组成，反映了工业固定源的排放。因子 6 由异戊二烯决定，代表一次天然源，贡献了总变异的 3%。由主成分分析可以看出，北京大气中活泼烯烃来自机动车尾气和汽油挥发；对臭氧生成潜势贡献较大活性的 C_8 以上芳香烃主要来自汽油车和柴油车尾气排放；醛类来自二次源和汽油车尾气排放。

图 5-19 给出 2005 年北京夏季数据在各因子上得分的日变化，其中黑线表示因子得分的中位数，绿色阴影区域表示因子得分的四分位数间距。从中可以看出，因子 1（汽油车尾气）在早晨（7:00～8:00）和晚上（20:00～22:00）出现高峰，中午和下午的值较低；这一日变化过程很好地体现了源排放的特征，是由当地交通流量变化决定的。因子 2（汽油挥发和机动车尾气排放）在夜间较高，这是由夜间气象条件有利于污染物的累积造成的；在中午左右出现小峰，说明挥发排放受温度的影响而增加；因子 2 中包括 $C_4 \sim C_5$ 活泼烯烃组分，午后随着它们的光化学反应去除而出现低值。因子 3（二次源）在中午 11:00～12:00 出现峰值，下午持续较高，晚间 20:00～21:00 出现第二个峰值。中午的峰值反映了光化学反应二次生成醛酮类物种的过程，下午光化学反应进行地比较充分，醛酮物种持续生成；夜间的峰值可能是由异戊二烯的夜间反应和累积作用共同带来的。因子 4（柴油车尾气排放）白天较低、晚上迅速增加，在 20:00～23:00 出现高值，这可能与 20:00 以后允许大型柴油货车驶入北京有关，此时边界层较低不利于扩散使得污染物累计，出现高峰。因子 5（工业排放）日变化较为平缓，早晨略有升高。因子 6（植被排放）受光照和温度的影响，从早上 9:00 至下午日落前出现峰值。

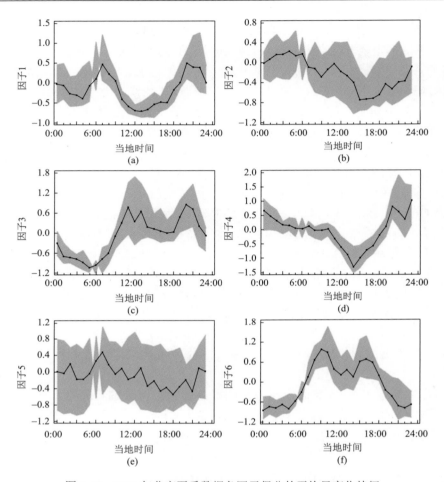

图 5-19　2005 年北京夏季数据各因子得分的平均日变化特征

图中黑色线表示因子得分的中位数；灰色区域表示因子得分的四分位数间距（25 百分位数至 75 百分位数）

5.4　正交矩阵因子分析

正交矩阵因子分析（positive matrix factorization，PMF）是近年来出现的一种有效的源解析技术，它是在传统的主成分分析（PCA）上发展起来的受体模型，也需要满足受体模型基本假设。相较于 CMB 模型，PMF 基于受体点的大量实测数据估算污染源的组成和对环境浓度的贡献，其不需要预先输入污染源个数及源谱，因此更加适用于对污染源情况认知不是很清楚的地区，而且不需直接测量源成分谱，节省大量人力。与传统的主成分分析相比，PMF 主要优势在于其分解矩阵中元素非负，得到更合理的源谱。

5.4.1　模型基本原理

正交矩阵因子分析的基本原理见计算公式（5-6）[46]：

$$x_{ij} = \sum_{k=1}^{p} g_{ik} f_{kj} + e_{ij} \tag{5-6}$$

式中，x_{ij} 为 i 样品中 j 组分的浓度；g_{ik} 为第 k 个源对 i 样品的贡献；f_{kj} 为第 k 个排放源中 j 组分的含量；e_{ij} 为残差；p 为污染源数目。

为降低因子旋转的自由度，PMF 采用非负约束参数，使目标函数 Q 最小，如式（5-7）所示，其中 u_{ij} 表示样品 x_{ij} 的不确定度。

$$Q = \sum_{i=1}^{p} \sum_{j=1}^{m} \left(\frac{x_{ij} - \sum_{k=1}^{p} g_{ik} f_{kj}}{u_{ij}} \right)^2 \tag{5-7}$$

5.4.2　数据准备

正交矩阵因子分析（PMF）法主要的输入文件是：①污染物组分的浓度数据；②各污染物组分的不确定性。主要输出文件是：①源廓线（source profile，即各污染物组分在源谱中的比例）、各因子对组分的总变异的解释率（explained variation，EV）及不确定性；②各因子对每个样品中污染物总浓度的贡献（标准化的因子得分）。

输入数据中，缺失数据（missing data）以该组分的算术平均浓度代替，低于方法检测限的数据以检测限的 2/3 代替。样品的不确定度矩阵 U_{ij}，按操作手册中推荐方法进行计算：①如果环境样品中该物质浓度低于或等于分析方法检测限，则不确定度 Unc =（5/6）×MDL，其中 MDL 是分析方法检测限；②如果环境样品中该物质浓度高于分析方法检测限，则不确定度计算公式为

$$\text{Unc} = \sqrt{(各组分的测量误差比 \times 实测浓度)^2 + \text{MDL}^2} \tag{5-8}$$

为得到可靠的模拟结果，根据数据质量，对参与模拟的物种进行筛选，并剔除异常样本。美国环境保护局推荐：信噪比（S/N）小于 0.2 的物种不参与计算；信噪比高于 0.2 但低于 2 的物种，降低其参与回归的权重，设置为"weak"。在

应用时，可以根据实际测量数据，部分物种满足信噪比，但其环境浓度较低、测量误差较大，根据其源代表性合理地降低回归权重或不参与计算。此外，存在过多缺失值或低于检出限浓度的组分也不参与计算。异常值的存在会扭曲解析结果甚至导致错误，因此在美国环境保护局 PMF3.0 软件的"时间序列窗口"，检查并剔除可能影响计算结果的样本[46]。

5.4.3　模型运行及结果参数检验

与 CMB 受体模型相比，PMF 模型不需要输入已知的源成分谱信息，仅需要测量数据的输入。这虽然是一大优势，但是在实际运行 PMF 中，确定因子数目成为最大的难题。一般确定 PMF 因子数目的原则有：

（1）当增加一个因子数目时，模型所得 Q 值变化不显著；

（2）在该因子数目下，所有的因子都有实际物理意义，都对应大气中的某一排放源或化学过程（如二次生成）；

（3）在该因子数目下，不同随机种子（seed）下得到的结果一致，即所得的结果不是区域最小值（local minimum）。一般认为，当在某一因子数目下出现了多种解析结果，那该因子数目可能不合适。

在之前的 PMF 应用中，有些研究者使用 max（rotMat）参数作为判断 PMF 因子数目的一种方法，即当在某一因子数目下，max（rotMat）达到最小值，但是使用人工合成数据对 PMF 进行检验发现，该判断标准对 PMF 解析没有意义。

为减少因子个数探索过程，也有研究首先对样本进行主成分分析，以主成分分析得到的因子个数作为 PMF 因子数选择的参考。在 PCA 因子数附近范围内，选择相应 PMF 因子个数，进行试算，比较输出结果，最终确定最符合实际物理意义的方案。一般通过以下参数，对模式运行进行设置和诊断：①Q 值，该值在误差估计合理的情况下应该接近 X 矩阵中元素的个数，Q（true）不能超过 Q（robust）的 1.5 倍，否则说明异常值严重破坏了受体模型共同的假设——数据满足正态分布；②e_{ij}/σ_{ij} 可代表解析结果和原始数据拟合程度，输出值的分布要求在+2～−2之间；③r^2 及标准误差（SE），反映该组分拟合结果的可靠性，r^2 较低的组分可调为弱相关；④最终，因子数的选择应结合对污染源特征、分布变化规律的认识，使解析结果能合理解释污染物的变化特征。

PMF 模型的另一个重要特征是可以通过参数 F_{peak} 来控制模型旋转的方向。G-space Plot 模块可用来分析解析出来的因子间是否各自独立。如果两因子完全独立，那么所有数据点的因子得分应该随机分布在由这两个因子决定的平面上，否则将出现与正交坐标系倾斜的"edge"，这时就说明需要对因子进行旋转。在PMF3.0 中可调整参数 F_{peak}，寻找因子分解的旋转空间。一般在−5～+5 之间设置

F_{peak} 值，经过多次试算，考察 G 和 F 矩阵变化，最终确定 F_{peak} 值，得到最为合理的解析结果。

　　在试算过程中不断优化条件，确定最后运算参数，则可以进行正式演算（bootstrap runs）。通过大量重复计算，了解该模型解析结果的稳定性和解析出的成分谱的变异大小。模型运行结束，根据计算得出的 F 矩阵源廓线特征，并比较已知源谱和示踪物特征，解释各个因子的污染源代表性。结合源贡献矩阵 G，最后计算出 X 矩阵，即各类源对每个样本中各组分的贡献。

5.4.4　模型应用实例

　　PMF 近年来被广泛地用于 VOCs 来源解析研究。Song 等利用 PMF 模型分析大气中的 NMHCs 来源[47]，共识别出 8 个因子：天然气使用、植被排放、溶剂和涂料挥发、化工排放、LPG 使用、柴油车尾气、汽油挥发和汽油车尾气（表 5-3）。解析结果显示与汽油挥发和汽油车尾气有关的两个因子对 NMHCs 的贡献率最为显著，高达 52%，其次是化工排放（20%）、LPG 使用（11%）、溶剂和涂料挥发（5%）、天然气使用（5%）、柴油车尾气（3%）和植被排放（2%）。

表 5-3　2005 年北京夏季 PMF 解析出的各因子的 VOCs 源成分谱[47]

组分	天然气使用	植被排放	溶剂和涂料挥发	化工排放	LPG 使用	柴油车尾气	汽油挥发	汽油车尾气
乙烷	0.39±0.02[a]	—	—	—	0.02±0.01	0.21±0.01	0.02±0.01	0.12±0.00
乙烯	—[b]	0.01±0.03	—	0.17±0.01	0.07±0.01	0.12±0.01	0.12±0.01	0.10±0.00
乙炔	0.10±0.02	—	—	0.06±0.01	0.01±0.01	0.18±0.01	0.19±0.01	0.17±0.00
丙烷	0.02±0.01	—	—	—	0.18±0.01	0.05±0.01	—	0.12±0.00
丙烯	0.02±0.01	0.09±0.01	—	0.05±0.00	0.07±0.00	0.02±0.00	0.02±0.00	0.01±0.00
2-甲基丙烯	0.03±0.00	0.03±0.00	—	0.01±0.00	0.03±0.00	—	0.03±0.00	—
异丁烷	—	0.02±0.01	—	0.02±0.00	0.16±0.01	0.03±0.01	0.01±0.00	0.06±0.00
正丁烷	—	—	—	0.01±0.00	0.14±0.01	0.03±0.01	0.03±0.00	0.08±0.00
反-2-丁烯	—	0.01±0.00	0.01±0.00	—	0.05±0.00	—	0.02±0.00	—
1-丁烯	0.02±0.00	0.02±0.00	—	0.03±0.00	0.12±0.00	—	0.01±0.00	—
顺-2-丁烯	0.01±0.00	0.01±0.00	0.02±0.00	—	0.03±0.00	—	0.02±0.00	—
2-甲基-1-丁烯	0.04±0.00	—	0.01±0.00	—	—	—	0.03±0.00	—
3-甲基-1-丁烯	0.02±0.00	—	—	—	—	—	—	—
2-甲基-2-丁烯	—	0.01±0.00	0.05±0.00	—	—	0.01±0.00	0.04±0.00	—

续表

组分	天然气使用	植被排放	溶剂和涂料挥发	化工排放	LPG 使用	柴油车尾气	汽油挥发	汽油车尾气
异戊烷	0.03±0.02	0.03±0.03	0.02±0.02	0.01±0.01	0.03±0.01	0.07±0.01	0.22±0.01	0.12±0.00
正戊烷	0.04±0.01	—	0.07±0.01	0.03±0.00	—	0.02±0.00	0.06±0.00	0.05±0.00
1-戊烯	0.02±0.00	—	0.01±0.00	—	—	—	0.01±0.00	—
顺-2-戊烯	0.01±0.00	—	0.01±0.00	—	—	—	0.01±0.00	—
反-2-戊烯	0.02±0.00	—	0.01±0.00	—	0.01±0.00	—	0.02±0.00	—
正己烷	0.02±0.00	0.01±0.00	0.02±0.00	0.02±0.00	0.01±0.00	0.02±0.00	0.01±0.00	0.01±0.00
正癸烷	0.01±0.00	0.01±0.00	—	0.01±0.00	—	0.12±0.00	—	—
苯	0.06±0.01	0.03±0.01	0.06±0.01	0.03±0.00	—	0.05±0.00	0.04±0.002	0.05±0.00
甲苯	0.09±0.01	0.04±0.01	0.07±0.01	0.13±0.00	0.03±0.01	0.05±0.01	0.06±0.003	0.07±0.00
乙苯	—	0.04±0.01	0.13±0.00	0.09±0.00	—	—	—	0.01±0.00
间, 对-二甲苯	0.06±0.01	0.05±0.01	0.31±0.01	0.21±0.01	0.02±0.00	—	—	—
邻-二甲苯	—	0.02±0.00	0.11±0.00	0.09±0.00	0.01±0.00	0.01±0.00	0.01±0.001	—
异戊二烯	0.01±0.00	0.58±0.004	0.02±0.00	—	—	—	—	—
α-蒎烯	—	—	0.07±0.00	—	—	—	—	—
β-蒎烯	—	—	0.01±0.00	—	—	—	—	—
柠檬烯	—	—	0.01±0.00	—	—	—	—	—
甲基叔丁基醚	0.01±0.00	0.01±0.01	—	0.02±0.00	—	0.01±0.00	0.05±0.00	0.02±0.00

a. 单位为 $\mu g/m^3$；
b. "—" 表示含量小于 $0.005\mu g/m^3$。

　　Yuan 等基于多站点的观测数据，利用 PMF 模型分析了珠江三角洲地区 NMHCs 来源构成的分布特征[48]，共解析出 9 个因子：燃烧排放、柴油车尾气、汽油车尾气、汽油挥发、LPG 泄漏、溶剂排放、工业排放、二次生成和老化气团以及生物源排放。总体来看，汽油车尾气是珠江三角洲地区最重要的 NMHCs 排放源（23%），其次是工业排放（16%），然后是 LPG 泄漏（13%）、溶剂排放（13%）、燃烧排放（10%）、汽油挥发（9%）、柴油车尾气（8%）、二次生成和老化气团（6%）和生物排放（2%）。受到采样时主导风向等气象条件以及污染源分布的影响，各类源对 NMHCs 的贡献呈现出明显的空间分布规律。

　　尽管光化学反应的存在使羰基化合物的浓度无法完全符合线性加和的假设，但是在新鲜排放的气团中，一次排放的羰基化合物的浓度仍与 NMHCs 相关，而在老化的气团中，羰基化合物的生成和 NMHCs 的消耗会依照不同的老化程度表现出同步的变化规律。因此，在最近的一些研究中，PMF 也被用于解析羰基化合物的一次来源和二次来源。Buzcu-Guven 和 Olaguer 使用 PMF 解析了美国休斯敦地区大气甲醛的来源，研究基于各个因子中污染物的排放特征，识别出 17% 的甲醛来自工业排放，23% 来自机动车尾气，36% 来自二次生成，24% 来自天然源[49]。Bon 等利用 PMF 受体模型在墨西哥识别出 3 个因子，分别对应交通源排放、LPG、二次生成及背景。其中，代表二次生成及背景的因子对乙醛和丙酮的贡献率分别为 9% 和 13%[50]。Yuan 等在解析北京夏季 VOCs 来源时发现 PMF 并未将不同的一次排放源区分，而是按一次人为源对应的不同老化阶段分开。各个因子对各 NMHCs 物种的贡献与 NMHCs 活性存在一定的关系，新鲜因子对 NMHCs 物种的贡献率随着其活性的增加而增加，老化因子对 NMHCs 物种的贡献率随着其活性的增加而降低，这种现象说明 PMF 解析的结果明显受到光化学反应的影响[51]。关于光化学转化对 VOCs 来源解析结果的影响将在第 6 章进行更加详细的介绍。

5.5　羰基化合物来源解析

由于羰基化合物是大气光化学反应过程中重要的中间物种，其来源的研究对定量理解大气化学反应过程有非常重要的意义。然而大气中羰基化合物的来源及其参与的化学反应都十分复杂，既有来自于一次人为源的排放，也有天然源的排放，还有二次生成的贡献；而且羰基化合物的活性非常高，自身在传输过程中会经历消耗，如何定量估算羰基化合物的来源是当前挥发性有机物来源研究的难点之一。目前常用的羰基化合物来源分析方法可以分成两类：一类是基于羰基化合物实测浓度的解析，常用的有比值法、源示踪物比例法、多元线性回归法、基于光化学龄的参数化方法和 PMF 受体模型；另一类则是从前体物角度估算不同来源对大气羰基化合物的贡献，常用的有空气质量模型和羰基化合物生成产率的方法。比值法、PCA 和 PMF 受体模型已经分别在 5.1 节、5.3 节和 5.4 节进行介绍，在此不再赘述。

5.5.1　源示踪物比例法

源示踪物比例法假设从某种源排放的羰基化合物与这个源的示踪物之间有固定的排放比，而且这个比值在传输过程中不会发生改变。通过排放比和示踪物的浓度，可以计算出羰基化合物中来自这个一次源的贡献比例，则羰基化合物的环境浓度可以用下面的表达式描述：

$$[\text{Carbonyl}]=[\text{Carbonyl}]_{\text{pri}}+[\text{Carbonyl}]_{\text{other}}=\text{ER}\times[\text{tracer}]+[\text{Carbonyl}]_{\text{other}} \quad （5-9）$$

式中，[Carbonyl]、[Carbonyl]$_{pri}$、[Carbonyl]$_{other}$ 分别为羰基化合物的测量浓度、来自一次来源的浓度和来自其他来源的浓度；ER 为一次排放的羰基化合物与示踪物 tracer 的比值，即排放比（emission ratio）；[tracer]为示踪物 tracer 的浓度。文献中常用的一次人为源排放示踪物有 CO、乙炔、甲苯、NO$_x$、炭黑（black carbon，BC）等。当所识别的源是当地羰基化合物一次排放的主要来源时，可以将 [Carbonyl]$_{other}$ 视为二次生成的贡献。

这种方法对一次源和二次源的区分强烈依赖于羰基化合物与示踪物的排放比的确定。排放清单或者源成分谱是用来确定羰基化合物排放比最常用的方法之一。但有研究发现，根据环境实测浓度推算的城市地区羰基化合物排放比明显高于清单报道的排放比，说明清单中羰基化合物的排放量具有很大的不确定性[51, 52]。此外，源示踪物比例法没有考虑羰基化合物在大气中可能经历的去除过程。所以，用源示踪物比例法区分一次源与二次源，受到排放比选择和羰基化合物去除过程的影响，可能具有较大的不确定性。

Millet 等对源示踪物比例法进行了一定的改进[43]。一方面，在原来将羰基化合物来源分成两部分（一次来源和其他来源）的基础上，增加背景项［公式（5-10）］。Millet 将羰基化合物大气浓度的 10 百分位数设置为背景浓度。对于丙酮等长寿命组分，背景浓度代表区域背景和来自远距离的一次排放和二次生成；对于较活泼的醛类组分，背景浓度代表相对稳定的区域来源。另一方面，改进后的方法通过实际观测数据确定排放比 ER。具体计算方法是假设 ER 是一个已知值，那么 [Carbonyl]$_{other}$ 可以通过测量浓度扣除一次排放浓度和背景浓度获得［公式（5-11）］。因为[Carbonyl]$_{other}$ 与选择的一次排放无关，那么[Carbonyl]$_{other}$ 与[Carbonyl]$_{pri}$ 之间应该没有相关性。通过在一定范围内测试不同的 ER 取值，可以获得不同 ER 所对应的[Carbonyl]$_{other}$ 与[Carbonyl]$_{pri}$ 的平方相关系数 r^2，这一系列 r^2 中最低值所对应的 ER 即认为是实际排放比。

$$[Carbonyl]=[Carbonyl]_{pri}+[Carbonyl]_{other}+[Carbonyl]_{bg} \qquad (5\text{-}10)$$

$$[Carbonyl]_{other}=[Carbonyl]-[Carbonyl]_{pri}-[Carbonyl]_{bg}$$
$$=[Carbonyl]-ER\times[tracer]-[Carbonyl]_{bg} \qquad (5\text{-}11)$$

对于有人为源排放的羰基化合物，[Carbonyl]$_{other}$ 与[Carbonyl]$_{pri}$ 的 r^2 随着 ER 的增大而先下降后上升，当 r^2 最低趋近于 0 时，即代表了实际情况下羰基化合物的排放比 ER（图 5-20）。相比冬季与夏季的结果，冬季羰基化合物的排放比高于夏季，说明羰基化合物的来源在不同季节存在差异。对于主要来自天然源排放或其二次氧化的羰基化合物，如 MVK 和 MACR，由于没有一次人为源的排放，在 ER 为 0 时 r^2 最低，随着 ER 的增大，r^2 不断升高[43]。

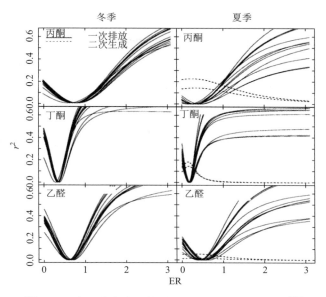

图 5-20　含一次人为源的羰基化合物排放比的确定[43]

5.5.2　多元线性回归法

在大气中，来源相同或相似的化合物浓度间会存在很好的相关性，例如在北京，羰基化合物在夏季的浓度与臭氧浓度显著相关，在冬季的浓度与 CO 浓度显著相关[53]。前面所介绍的源示踪物比例法一般使用一种示踪物对羰基化合物的来源进行解析，而多元线性回归法可以使用两种或多种示踪物分析羰基化合物的来源，见式（5-12）：

$$[\text{Carbonyl}] = \beta_0 + \beta_1[X_1] + \beta_2[X_2] + \cdots \qquad (5\text{-}12)$$

式中，$[X_1]$、$[X_2]$分别为示踪物 X_1、X_2 的浓度；β_1、β_2 分别为羰基化合物相对于示踪物 X_1、X_2 的排放比；β_0 为背景浓度。当选取的示踪物能够代表当地主要的羰基化合物来源时，可以通过多元线性拟合得到 β_0、β_1、β_2 等。这种方法可以避免源示踪物比例法中人为指定排放比对来源解析的影响。通常多元线性回归法使用的示踪物会包含一种二次源示踪物，用于识别二次生成对羰基化合物的贡献。一次源示踪物可以选用一种或多种，用于识别来自不同一次源的贡献。常用的一次源示踪物与源示踪物比例法中使用的示踪物相同，而二次源示踪物有 O_3、总氧化剂（$Ox = O_3 + NO_2$）、乙二醛、过氧乙酰硝酸酯（PAN）、烷基硝酸酯等。

Friedfeld 等使用 CO 和 O_3 作为一次人为源和二次源示踪物，解析出美国休斯敦地区的大气甲醛有 36%来自一次人为排放，64%来自二次生成[54]。Rappenglück

等进一步使用 CO、SO$_2$、PAN 作为示踪物，解析出休斯敦地区的大气甲醛有 38.5%±12.3%来自机动车排放，8.9%±11.2%来自工业排放，24.1%±17.7%来自二次生成，剩余 28.5%±12.7%来自远距离传输[55]。这两个研究解析出的与 CO 相关的甲醛占总浓度的比例相当接近。Li 等使用 CO 和 O$_3$ 作为示踪物，解析出北京 2008 年夏季有 76%的大气甲醛来自一次人为源排放，详见表 5-4[56]。

表 5-4　基于乙炔和 O$_3$ 估算的北京 2008 年夏季观测期间甲醛来源的相对贡献率及气象参数

日期	一次来源贡献率/%	二次来源贡献率/%	背景贡献率/%	R	UVA 辐照度/(W/m^2)	T/℃	风速/(m/s)
2008-08-01	23±9	34±18	43±10	0.856	5.85	28.8	1.13
2008-08-03	20±6	28±15	52±11	0.812	7.73	30.7	1.33
2008-08-09	61±10	31±9	8±1	0.836	5.24	31.7	1.35
2008-08-13～14	83±12	13±12	4±2	0.768	3.28	26.7	0.44
2008-08-20	22±7	27±15	51±13	0.767	4.31	28.1	1.11
2008-08-25	38±9	22±12	40±14	0.915	5.42	27.4	0.89
2008-08-26	32±9	19±11	49±9	0.770	4.66	25.3	1.18
2008-08-27	33±11	22±18	44±12	0.936	5.69	25.5	0.72
2008-08-29	57±9	13±9	30±6	0.902	2.69	25.5	0.38

　　多元线性回归法对羰基化合物来源的区分依赖于示踪物的选择。Garcia 等比较了 CO-乙二醛和 CO-O$_3$ 分别作为一次人为源和二次源示踪物对大气甲醛来源解析结果的影响[57]。研究发现，由于 O$_3$ 的浓度会受到 NO 滴定作用的影响，乙二醛比 O$_3$ 能更有效地指示甲醛的二次生成，所以使用 CO-乙二醛物种对获得的源解析效果要明显优于使用 CO-O$_3$ 物种对的结果[57]。

　　多元线性回归法是基于不同组分之间的相关性区分羰基化合物的来源，但是这种方法没有充分考虑光化学反应过程对羰基化合物生成和去除的影响。Parrish 等对多元线性回归法所基于的相关性假设提出了质疑，认为羰基化合物与一次和二次源示踪物之间的相关性并不能说明其来源[58]。一方面，与一次源示踪物同时排放的活性 VOCs 在传输过程中会经历光化学反应，并生成甲醛，这部分二次生成的甲醛受到前体物排放强度的限制，会与一次源示踪物之间存在相关性，被误识别为一次排放。图 5-21 是 TexAQS 2000 项目观测得到的两个气团中甲醛与 SO$_2$ 的相关性示意图，这两个气团在相同地点测量，对应的气象条件也相似，所以气团的来源应相同，但在老化程度上存在差异。在新鲜气团中（灰色点），甲醛与 SO_2 的相关性较差（$r = 0.56$）；而在老化气团中（红色圆圈），甲醛与 SO_2 的相关性高于新鲜气团（$r = 0.73$），且斜率更高。说明气团在老化过程中生成了大量的二次甲醛，且二次生成的甲醛与一次源示踪物（SO_2）之间有很好的相关性[58]。此外，羰基化合物与二次源示踪物之间的相关性也不适合用于识别二次来源。由于大气中的化学反应非常复杂，生成的羰基化合物与二次源示踪物的比值会随不同的反应程度和反应条件而发生变化，并不是固定的比值。例如，当 NO_x 浓度低时，VOCs 会反应生成较多的羰基化合物，但生成的 O_3 和 PAN 较少。另外，对于包含大量一次排放的甲醛和 NO_x 的气团，在传输过程中会生成 O_3，这部分的 O_3 与甲醛之间有很好的相关性，会导致甲醛的来源被误识别为二次生成[59]。

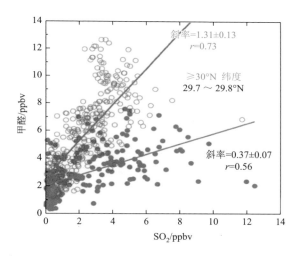

图 5-21　在 TexAQS 2000 观测中获得的不同气团中甲醛与 SO_2 的相关性[58]

图中实心圆代表一个相对新鲜的气团，空心圆圈代表一个老化的气团。下面实线和上面实线分别是这两个气团中甲醛浓度和 SO_2 浓度的拟合线

5.5.3　基于光化学龄的参数化方法

源示踪物比例法和多元线性回归法都没有考虑羰基化合物的具体生成过程，也没有考虑羰基化合物的去除过程。实际上，很多羰基化合物在大气中的反应活性是很高的，例如甲醛在白天的大气寿命仅 3~4h。为了充分考虑光化学反应过程对 OVOCs 来源解析的影响，de Gouw 等提出了一种基于光化学龄的参数化方法，用于对羰基化合物等具有二次源的 OVOCs 组分进行来源解析[19]，计算原理见公式（5-13）：

$$[OVOCs] = ER_{OVOCs} \times [C_2H_2] \times \exp\left\{-(k_{OVOCs} - k_{C_2H_2})[OH]\Delta t\right\}$$

$$+ ER_{precursor} \times [C_2H_2] \times \frac{k_{precursor}}{k_{OVOCs} - k_{precursor}}$$

$$\times \frac{\exp\left(-k_{precursor}[OH]\Delta t\right) - \exp\left(-k_{OVOCs}[OH]\Delta t\right)}{\exp\left(-k_{C_2H_2}[OH]\Delta t\right)}$$

$$+ ER_{biogenic} \times [isoprene]_{source} + [background] \tag{5-13}$$

式中，$[C_2H_2]$ 为人为源示踪物的浓度（在此以乙炔为例），用于指示 OVOCs 的一次人为源排放和 OVOCs 人为源前体物的排放；$[isoprene]_{source}$ 为异戊二烯的初始排放浓度，用于指示 OVOCs 的天然来源；ER_{OVOCs} 和 $ER_{precursor}$ 分别为 OVOCs 和 OVOCs 前体物相对于一次人为源示踪物的排放比；$ER_{biogenic}$ 为 OVOCs 相对于异戊二烯的初始浓度比值；k_{OVOCs}、$k_{precursor}$ 和 $k_{C_2H_2}$ 分别为 OVOCs、OVOCs 前体物和乙炔与 OH 自由基反应的速率常数；$[background]$ 是 OVOCs 的背景浓度；$[OH]$ 为大气中 OH 自由基的浓度；Δt 为气团的光化学龄；$[OH]\Delta t$ 为 OH 自由基浓度在气团老化时间上的积分，被称为 OH 自由基暴露量，常作为一个整体使用。OH 自由基暴露量和异戊二烯初始浓度的计算方法主要考虑 VOCs 与 OH 自由基在大气中的反应，将在第 6 章进行详细介绍。公式（5-13）中第一项表示 OVOCs 的一次人为源排放及去除过程；第二项表示 OVOCs 的人为源二次生成及去除过程；第三项表示天然源相关的排放和生成；第四项表示背景贡献。

基于光化学龄的参数化方法在解析羰基化合物来源时主要有以下假设：①在城市地区，各种人为源 VOCs 的排放量（羰基化合物和羰基化合物的前体物）与选择的一次人为源示踪物的排放成正比；②VOCs 的去除过程以与 OH 自由基的反应为主；③天然源相关的羰基化合物浓度（一次天然源＋二次天然源）与异戊二烯排放量成正比。de Gouw 等最早将此方法用于城市下风向地区羰基化合物的来源解析[19]，此时不同源排放的 VOCs 已经充分混合，在各类源排放相对稳定的情况下，可以认为各种 VOCs 的排放量与示踪物的排放成正比，因此第一条假设是合理的。近年来一些研究将此方法用于城市地区观测结果的解析[45, 51]。考虑到城市内 VOCs 的来源比较复杂，而来自这些源的排放可能尚未混合均匀。因为从不同源排放的 VOCs 相对示踪物的比值并不相同，那么就无法获得稳定的排放比。因此在城市地区使用这种方法解析羰基化合物的来源时应慎重，并需要对结果的合理性做进一步的验证。此外，基于光化学龄的参数化方法在描述羰基化合物的二次生成时，将其前体物简化为单一物种，但实际上大气中羰基化合物的前体物非常复杂，并且大气反应活性和生成羰基化合物的产率各不相同，所以使用单一的前体物可能无法准确描述羰基化合物的二次生成过程。另外，在公式（5-12）

的第二项中，有 $ER_{precursor}$ 和 $k_{precursor}$ 两个参数需要通过拟合获得，这两个参数互相之间不独立，所以这两个参数拟合得到结果的不确定性经常大于 100%。

de Gouw 等用基于光化学龄的参数化方法解析了来自美国新英格兰地区的气团中羰基化合物的来源[19]。根据解析结果，对于乙醛和丙醛，二次人为源的贡献率大于 50%，而丙酮和丁酮更多得来自一次人为源和背景。Liu 等和 Yuan 等分别用此方法估算了北京 2005 年和 2010 年夏季大气羰基化合物的来源[45, 51]。2005 年的解析结果与美国新英格兰地区相似：二次人为源是 $C_2\sim C_4$ 醛类最主要的来源，相对贡献率为 48%～57%；酮类主要来自一次人为源和背景。在 2010 年，酮类的主要来源仍是一次人为源和背景，但不同醛类的主要来源有所差别，甲醛主要来自天然源（36%），乙醛主要来自一次人为源（46%），丙醛主要来自二次人为源（36%），丁醛主要来自背景（37%）。

5.5.4　受体模型解析

由于受体模型在解析污染物的来源时把环境样品看作来自不同污染源的线性加和，因此模型要求被分析的物种在传输过程中不发生化学反应。所以，从本质上说，受体模型并不适合于活泼 VOCs 和羰基化合物的来源解析。但是由于羰基化合物的来源复杂，目前没有哪一种来源分析方法可以完美解析其来源，因此近些年有很多研究开始尝试使用受体模型对羰基化合物的来源进行解析。然而由于光化学反应的存在，使羰基化合物的浓度已经无法完全符合线性加和的假设。不过，在新鲜排放的气团中，一次排放的羰基化合物的浓度仍会与 NMHCs 相关；而在老化的气团中，羰基化合物的生成和 NMHCs 的消耗会依照不同的老化程度表现出同步的变化规律，因此受体模型仍是有可能解析出羰基化合物的一次来源和二次来源的。

Duan 等使用 PCA 分析了中国北京市羰基化合物在臭氧重污染天的来源，共解析获得三个因子，其中一个是与 NO_x 和 CO 相关的机动车排放，一个是餐饮源排放，另一个是以高碳醛类为主的天然源排放[60]。而根据中国台湾地区的来源解析结果，二次生成是夏季羰基化合物的主要来源，而冬季主要来自机动车尾气[61]。Buzcu- Guven 和 Olaguer 使用 PMF 解析了美国休斯敦地区大气甲醛的来源，研究基于各个因子中污染物的排放特征，识别出 17%的甲醛来自工业排放，23%来自机动车尾气，36%来自二次生成，24%来自天然源[49]。后来 Zhang 等用三维空气质量模型对当地的甲醛来源进行了模拟，认为 PMF 的解析结果是合理的[62]。Bon 等根据 PMF 的解析结果，在墨西哥识别出 3 个因子，分别对应交通源排放、LPG、二次生成及背景。其中，代表二次生成和背景的因子对惰性 VOCs 的贡献明显高于活性 VOCs[50]。

PMF 作为一种从数学角度建立的污染物来源解析方法，其在解析污染物的来源时主要依赖于不同组分之间的相关性。对于 PMF 解析获得的因子意义的解读，也存在很大的主观性。PMF 在分离因子时趋向于按照变化特征差别大的因子区分，所以用 PMF 解析活性 NMHCs 和羰基化合物来源时，会受到不同排放源和不同老化程度的影响。PMF 会将因子按排放源区分还是按老化程度区分取决于哪方面的差异更显著[51]。所以在解释分析 PMF 因子时，需要对其意义进行仔细斟酌，从而得到合理的、科学的来源信息。

5.5.5　羰基化合物生成产率法

以甲醛为例，来说明利用生成产率来分析羰基化合物来源的方法。甲醛生成速率可以表示为甲醛前体物的消耗速率与前体物甲醛生成产率的乘积 [公式（5-14）] [63]：

$$F_p = \sum \left(k_{OH,i} \times [VOC]_i \times Y_{formaldehyde,VOC_i} \times [OH] \right) \qquad (5\text{-}14)$$

式中，F_p 为甲醛的生成速率；$[VOC]_i$ 为第 i 种前体物 VOC 的浓度；$k_{OH,i}$ 为前体物 VOC 与 OH 自由基反应的速率常数；$Y_{formaldehyde,VOC_i}$ 为第 i 种 VOC 生成甲醛的产率；$[OH]$ 为大气中 OH 自由基的浓度。环境大气中主要的 NMHCs 转化生成甲醛的产率见表 5-5。

表 5-5　环境大气中主要的 NMHCs 物种转化生成甲醛的产率[63]

物种	产率/%	物种	产率/%	物种	产率/%
甲烷	100	正己烷	30	1-戊烯	100
丙烷	15	正庚烷	30	异戊二烯	66
正丁烷	40	正辛烷	30	1,3-丁二烯	58
异丁烷	80	正壬烷	30	苯	0
戊烷	30	正癸烷	30	甲苯	7
异戊烷	50	丙烯	100	乙苯	0
2-甲基戊烷	35	反-2-丁烯	0	二甲苯	0
3-甲基戊烷	35	顺-2-丁烯	0		

根据甲醛生成速率的估算，异戊二烯和甲烷通常是甲醛二次生成主要的前体物。在美国田纳西州的研究发现，异戊二烯、甲烷、其他烷烃、烯烃对甲醛二次生成的贡献率分别为 69%、21%、2.3% 和 8%。在美国纽约的研究显示异戊二烯、

甲烷和丙烯对甲醛二次生成的贡献率为 44%、25%和 18%[63]。Parrish 等基于美国休斯敦地区甲醛来源的特殊性，利用生成产量法评估了不同来源对该地区大气甲醛的贡献[58]。研究通过在工业区的通量测量，确定当地工业排放甲醛的速率为10.6kmol/h。根据经过观测校正的源清单，乙烯和丙烯这两种最主要的甲醛前体物的排放速率分别为 91kmol/h 和 101kmol/h。由于乙烯和丙烯的大气反应活性较高，大气寿命短于气团传输出休斯敦地区所需要的时间，所以可以认为这些乙烯和丙烯全部在当地被消耗，由此推算出由工业源排放的前体物转化生成甲醛的速率为（220±90）kmol/h。此外，道路交通源通常也是甲醛的重要来源，该研究根据机动车尾气中甲醛和甲醛前体物相对 CO 的排放比和源排放清单中 CO的排放量确定出道路交通源对甲醛直接排放和二次生成的贡献分别为 2.5kmol/h和（6.5±2.6）kmol/h。由此来看，二次工业源是休斯敦地区大气甲醛的最主要来源，其贡献率高达 92%。

　　Chen 等利用生成产量法探讨了北京市冬季和夏季大气中的主要前体物：甲醛、乙醛和丙酮[64]，见图 5-22。从图中可以看出，在这三种羰基化合物中，甲醛的二次生成主要来自于烯烃的氧化，烯烃的贡献率在冬季和夏季都占 50%以上，其中乙烯和丙烯是最重要的前体物。羰基化合物是甲醛二次生成第二重要的前体物种类，在冬、夏两季都占 25%以上，其中乙醛的氧化是其最重要的来源。过去的文献在使用羰基化合物生成产率法讨论甲醛的二次生成时都只考虑了 NMHCs的贡献[63]，而根据 Chen 等的研究结果，由于乙醛较高的大气反应活性和大气浓度水平，其也是甲醛非常重要的前体物。由于 Chen 等的研究未考虑二次生成的乙醛经氧化后对甲醛生成的贡献，因此在实际环境中，乙醛对甲醛二次来源的贡献可能更大。烷烃的贡献率在夏季接近 20%，其中异丁烷的贡献比较重要，但烷烃在冬季的贡献率较低，仅占 5.0%。对于乙醛的二次来源，冬季烷烃和烯烃的贡献率相当，分别为 41.5%和 47.2%，而夏季主要来自烷烃的转化，其贡献率可以达到 71.5%。乙醛的前体物主要包括乙烷、正丁烷、正戊烷、异戊烷和丙烯。丙酮的二次生成在冬季和夏季都主要来自烷烃的转化，其贡献率占 80%以上，其中主要的前体物包括丙烷、异丁烷和异戊烷[64]。

　　使用甲醛生成速率进行的估算仅能获得不同前体物对甲醛二次生成的贡献信息，难以评估一次排放与二次生成的相对重要性。如果将甲醛生成产率与各种前体物 NMHCs 的排放量相乘，可以算出这些前体物全部消耗后生成甲醛的量（即甲醛生成潜势），从而与甲醛的直接排放量进行比较。但是，一些NMHCs 具有很长的大气寿命，它们在排放进入大气后会受到传输作用的影响，而不是在排放源当地转化生成甲醛，因此这种方法在使用时仍具有一定的局限性。

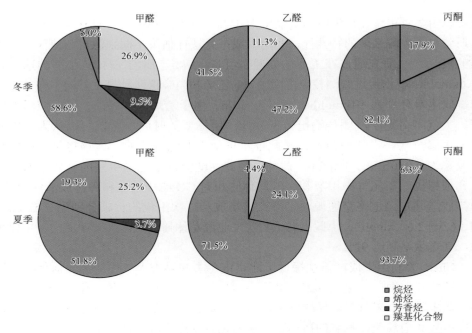

图 5-22　北京冬季和夏季甲醛、乙醛和丙酮二次生成部分的前体物来源结构[64]

5.5.6　羰基化合物来源解析方法的比较

表 5-6 总结了目前研究中常用的大气羰基化合物来源分析方法。其中比值法仅能用于经验性的判断羰基化合物来自人为源或是天然源，无法得到准确的来源信息。源示踪物比例法和多元线性回归法都是基于羰基化合物与示踪物之间的相关性区分其来源，这种基于简单相关的假设没有考虑光化学反应对羰基化合物生成与去除过程的影响，可能会导致解析结果的偏差。基于光化学龄的参数化方法是在多元线性回归法基础上，考虑了光化学反应的作用，模拟羰基化合物的排放、生成和去除过程。但是这种方法无法识别具体的一次源和二次源前体物，且要求所有一次排放的 VOCs 相对于所选取示踪物的排放比固定，这种假设在复杂的城市环境中可能不适用。受体模型根据所有被分析组分之间的相关性来提取因子，但是在因子解析时会受到不同排放源和不同光化学反应程度的影响，所以需要基于因子中丰富的化学组成信息判断各个因子的真实意义。此外，受体模型也无法确定二次源对应的前体物。羰基化合物生成产率的方法可以估算羰基化合物的生成速率或者生成潜势，以获得不同前体物对羰基化合物二次生成的贡献。但是在通常情况下，这种方法难以评估一次源和二次源的相对贡献。化学传输模型可以获得所有与羰基化合物来源相关的信息，但是对于输入数据和模型运行的要求也

最高。其要求有准确和详细的源排放清单，并且要求对大气光化学反应的机理有充分的认识，这些条件目前尚难以达到，因此很多模型在模拟羰基化合物的浓度时都遇到了困难。

表 5-6　常用的羰基化合物来源解析方法的比较

方法	区分一次源和二次源	识别具体一次源	识别二次源前体物	考虑光化学反应过程	考虑去除过程
比值法	×	×	×	×	×
源示踪物比例法	√	基于选择的示踪物	×	×	×
多元线性回归法	√	基于选择的示踪物	×	×	×
基于光化学龄的参数化方法	√	×	×	√	仅考虑与 OH 自由基的反应
受体模型	√	√	×	可以根据因子内物种特征分析	×
化学传输模型	√	√	√	√	√
羰基化合物生成产率	×	×	√	√	×

　　在同一地区，通过以上这些来源解析方法获得的结果有着显著的差异。例如，在美国的休斯敦地区，有很多研究解析了甲醛的来源。Friedfeld 等使用 CO 和 O_3 作为一次人为源和二次源示踪物，解析出 36% 的大气甲醛来自一次人为排放，64% 来自二次生成[54]。Rappenglück 等进一步使用 CO、SO_2、PAN 作为示踪物，解析出大气甲醛有 38.5%±12.3% 来自机动车排放，8.9%±11.2% 来自工业排放，24.1%±17.7% 来自二次生成，剩余 28.5%±12.7% 来自远距离传输[55]。Buzcu-Guven 和 Olaguer 根据 PMF 的解析，识别出 23% 的甲醛来自机动车尾气，17% 来自工业排放，36% 来自二次生成，24% 来自天然源[49]。Zhang 等根据化学传输模型的结果，认为在休斯敦地区有 60% 的甲醛来自一次排放，40% 来自二次生成[62]。然而 Parrish 等根据甲醛生成产率的估算，认为二次工业源是休斯敦地区大气甲醛的最主要来源，贡献率高达 92%，一次工业源、一次机动车源和二次机动车源的贡献分别只占 4%、1% 和 3%[58]。综上分析，羰基化合物的来源非常复杂，现在虽然有很多的羰基化合物来源分析方法，但是各种方法都有各自的缺点，目前还没有哪一种方法可以完美地解析羰基化合物来源。因此在进行羰基化合物来源解析时有必要利用多种方法进行分析和比较，探讨这些方法应用于不同大气环境的合理性。

（王　鸣）

参 考 文 献

[1]　Liu Y，Shao M，Fu L L，et al. Source profiles of volatile organic compounds（VOCs）measured in China：part
　　　Ⅰ[J]. Atmospheric Environment，2008，42（25）：6247-6260.

[2]　Baker A K，Beyersdorf A J，Doezema L A，et al. Measurements of nonmethane hydrocarbons in 28 United States
　　　cities[J]. Atmospheric Environment，2008，42（1）：170-182.

[3]　董东. 基于整车台架试验的柴油车尾气研究[D]. 北京：北京大学，2013.

[4]　Blake D R，Rowland F S. Urban leakage of liquefied petroleum gas and its impact on Mexico City air quality[J].
　　　Science，1995，269（5226）：953-956.

[5]　Katzenstein A S，Doezema L A，Simpson I J，et al. Extensive regional atmospheric hydrocarbon pollution in the
　　　southwestern United States[J]. Proceedings of the National Academy of Sciences of the United States of America，
　　　2003，100（21）：11975-11979.

[6]　de Gouw J A，Cooper O R，Warneke C，et al. Chemical composition of air masses transported from Asia to the
　　　U. S. West Coast during ITCT 2K2：fossil fuel combustion versus biomass-burning signatures[J]. Journal of
　　　Geophysical Research：Atmospheres，2004，109（D23）：D23S20.

[7]　Singh H B，Salas L，Herlth D，et al. *In situ* measurements of HCN and CH$_3$CN over the Pacific Ocean：sources，
　　　sinks，and budgets[J]. Journal of Geophysical Research：Atmospheres，2003，108（D20）：2932-2938.

[8]　Blake D R，Simpson I J，Meinardi S，et al. NMHCs and halocarbons in Asian continental outflow during the
　　　Transport and Chemical Evolution over the Pacific（TRACE-P）field campaign：comparison with PEM-west B[J].
　　　Journal of Geophysical Research：Atmospheres，2003，108（D20）：8806.

[9]　Wang T，Guo H，Blake D R，et al. Measurements of trace gases in the inflow of South China Sea background air
　　　and outflow of regional pollution at Tai O，Southern China[J]. Journal of Atmospheric Chemistry，2005，52（3）：
　　　295-317.

[10]　Wang Q Q，Shao M，Liu Y，et al. Impact of biomass burning on urban air quality estimated by organic tracers：
　　　Guangzhou and Beijing as cases[J]. Atmospheric Environment，2007，41（37）：8380-8390.

[11]　Yuan B，Shao M，Lu S H，et al. Source profiles of volatile organic compounds associated with solvent use in
　　　Beijing，China[J]. Atmospheric Environment，2010，44（15）：1919-1926.

[12]　Niedojadlo A，Becker K H，Kurtenbach R，et al. The contribution of traffic and solvent use to the total NMVOC
　　　emission in a German city derived from measurements and CMB modelling[J]. Atmospheric Environment，2007，
　　　41（33）：7108-7126.

[13]　Aucott M L，McCulloch A，Graedel T E，et al. Anthropogenic emissions of trichloromethane（chloroform，CHCl$_3$）
　　　and chlorodifluoromethane（HCFC-22）：reactive chlorine emissions inventory[J]. Journal of Geophysical
　　　Research：Atmospheres，1999，104（D7）：8405-8415.

[14]　Jobson B T，Berkowitz C M，Kuster W C，et al. Hydrocarbon source signatures in Houston，Texas：influence of
　　　the petrochemical industry[J]. Journal of Geophysical Research：Atmospheres，2004，109（D24）：D24305.

[15]　Xie X，Shao M，Liu Y，et al. Estimate of initial isoprene contribution to ozone formation potential in Beijing，
　　　China[J]. Atmospheric Environment，2008，42（24）：6000-6010.

[16]　Guenther A，Hewitt C N，Erickson D，et al. A global model of natural volatile organic compound emissions[J].
　　　Journal of Geophysical Research：Atmospheres，1995，100（D5）：8873-8892.

[17]　Atkinson R. Atmospheric chemistry of VOCs and NO$_x$[J]. Atmospheric Environment，2000，34（12-14）：

2063-2101.

[18] Bertman S B，Roberts J M，Parrish D D，et al. Evolution of alkyl nitrates with air mass age[J]. Journal of Geophysical Research：Atmospheres，1995，100（D11）：22805-22813.

[19] de Gouw J A，Middlebrook A M，Warneke C，et al. Budget of organic carbon in a polluted atmosphere：results from the New England Air Quality Study in 2002[J]. Journal of Geophysical Research：Atmospheres，2005，110（D16）：D16305.

[20] Warneke C，de Gouw J A，Stohl A，et al. Biomass burning and anthropogenic sources of CO over New England in the summer 2004[J]. Journal of Geophysical Research：Atmospheres，2006，111（D23）：D23S15.

[21] Yuan B，Liu Y，Shao M，et al. Biomass burning contributions to ambient VOCs species at a receptor site in the Pearl River Delta（PRD），China[J]. Environmental Science & Technology，2010，44（12）：4577-4582.

[22] 袁斌. 大气中挥发性有机物（VOCs）化学转化的量化表征及其在来源研究的应用[D]. 北京：北京大学，2012.

[23] Inomata S，Tanimoto H，Kato S，et al. PTR-MS measurements of non-methane volatile organic compounds during an intensive field campaign at the summit of Mount Tai，China，in June 2006[J]. Atmospheric Chemistry and Physics，2010，10（15）：7085-7099.

[24] Hornbrook R S，Blake D R，Diskin G S，et al. Observations of nonmethane organic compounds during ARCTAS—Part 1：biomass burning emissions and plume enhancements[J]. Atmospheric Chemistry and Physics，2011，11（21）：11103-11130.

[25] Goldan P D，Parrish D D，Kuster W C，et al. Airborne measurements of isoprene，CO，and anthropogenic hydrocarbons and their implications[J]. Journal of Geophysical Research：Atmospheres，2000，105（D7）：9091-9105.

[26] Watson J G，Chow J C，Fujita E M. Review of volatile organic compound source apportionment by chemical mass balance[J]. Atmospheric Environment，2001，35（9）：1567-1584.

[27] Nelson P F，Quigley S M. The hydrocarbons compositiontions of exhaust emitted from gasoline fueled vehicles[J]. Atmospheric Environment，1984，18（1）：79-87.

[28] Sigsby J E，Tejada S，Ray W. Volatile organic compound emissions from 46 in-use passenger cars[J]. Environmental Science & Technology，1987，21（5）：466-475.

[29] Schauer J J，Kleeman M J，Cass G R，et al. Measurement of emissions from air pollution sources. 5. $C_1 \sim C_{32}$ organic compounds from gasoline-powered motor vehicles[J]. Environmental Science & Technology，2002，36（6）：1169-1180.

[30] Rappengluck B，Fabian P，Kalabokas P，et al. Quasi-continuous measurements of non-methane hydrocarbons（NMHC）in the greater Athens area during MEDCAPHOT-TRACE[J]. Atmospheric Environment，1998，32（12）：2103-2121.

[31] Barletta B，Meinardi S，Rowland F S，et al. Volatile organic compounds in 43 Chinese cities[J]. Atmospheric Environment，2005，39（32）：5979-5990.

[32] Chan L Y，Chu K W，Zou S C，et al. Characteristics of nonmethane hydrocarbons（NMHCs）in industrial，industrial-urban，and industrial-suburban atmospheres of the Pearl River Delta（PRD）region of South China[J]. Journal of Geophysical Research：Atmospheres，2006，111（D11）：D11304.

[33] Liu Y，Shao M，Lu S H，et al. Volatile organic compound（VOC）measurements in the Pearl River Delta（PRD）region，China[J]. Atmospheric Chemistry and Physics，2008，8（6）：1531-1545.

[34] Wang B，Shao M，Lu S H，et al. Variation of ambient non-methane hydrocarbons in Beijing City in summer 2008[J]. Atmospheric Chemistry and Physics，2010，10（13）：5911-5923.

[35] Rubio M A，Zamorano N，Lissi E，et al. Volatile carbonylic compounds in downtown Santiago，Chile[J].

Chemosphere，2006，62（6）：1011-1020.

[36] Baez A P，Belmont R，Padilla H. Measurements of formaldehyde and acetaldehyde in the atmosphere of Mexico City[J]. Environmental Pollution，1995，89（2）：163-167.

[37] Corrêa S M，Arbilla G，Martins E M，et al. Five years of formaldehyde and acetaldehyde monitoring in the Rio de Janeiro downtown area，Brazil[J]. Atmospheric Environment，2010，44（19）：2302-2308.

[38] Moortgat G K，Grossmann D，Boddenberg A，et al. Hydrogen peroxide，organic peroxides and higher carbonyl compounds determined during the BERLIOZ campaign[J]. Journal of Atmospheric Chemistry，2002，42（1）：443-463.

[39] Watson J G，Robinson N F，Lewis C W，et al. Chemical Mass Balance Receptor Model Version 8（CMB8）User's Manual[EB/OL]. https://www.dri.edu/images/stories/editors/eafeditor/ Watsonetal1997CMB8Manual.pdf [2020-02-01].

[40] Fujita E M，Watson J G，Chow J C，et al. Validation of the chemical mass balance receptor model applied to hydrocarbon source apportionment in the Southern California Air Quality Study[J]. Environmental Science & Technology，1994，28（9）：1633-1649.

[41] Liu Y，Shao M，Lu S H，et al. Source apportionment of ambient volatile organic compounds in the Pearl River Delta，China: part II [J]. Atmospheric Environment，2008，42（25）：6261-6274.

[42] Wang M，Shao M，Chen W，et al. A temporally and spatially resolved validation of emission inventories by measurements of ambient volatile organic compounds in Beijing，China[J]. Atmospheric Chemistry and Physics，2014，14（12）：5871-5891.

[43] Millet D B，Donahue N M，Pandis S N，et al. Atmospheric volatile organic compound measurements during the Pittsburgh Air Quality Study: results，interpretation，and quantification of primary and secondary contributions[J]. Journal of Geophysical Research: Atmospheres，2005，110（D7）：D07S07.

[44] Spaulding R S，Spaulding R S，Schade G W，et al. Characterization of secondary atmospheric photooxidation products: evidence for biogenic and anthropogenic sources[J]. Journal of Geophysical Research: Atmospheres，2003，108（D8）：4247.

[45] Liu Y，Shao M，Kuster W C，et al. Source identification of reactive hydrocarbons and oxygenated VOCs in the summertime in Beijing[J]. Environmental Science & Technology，2009，43（1）：75-81.

[46] EPA U S. EPA Positive Matrix Factorization（PMF）3.0 Fundamentals & User Guide[EB/OL]. https://www.epa.gov/documents/pmf_3.0_user_guide. pdf. [2020-02-01].

[47] Song Y，Shao M，Liu Y，et al. Source apportionment of ambient volatile organic compounds in Beijing[J]. Environmental Science & Technology，2007，41（12）：4348-4353.

[48] Yuan Z B，Zhong L J，Lau A K H，et al. Volatile organic compounds in the Pearl River Delta: identification of source regions and recommendations for emission-oriented monitoring strategies[J]. Atmospheric Environment，2013，76：162-172.

[49] Buzcu-Guven B，Olaguer E P. Ambient formaldehyde source attribution in Houston during TexAQS II and TRAMP[J]. Atmospheric Environment，2011，45（25）：4272-4280.

[50] Bon D M，Ulbrich I M，de Gouw J A，et al. Measurements of volatile organic compounds at a suburban ground site（T1）in Mexico City during the MILAGRO 2006 campaign: measurement comparison，emission ratios，and source attribution[J]. Atmospheric Chemistry and Physics，2011，11（6）：2399-2421.

[51] Yuan B，Shao M，de Gouw J，et al. Volatile organic compounds（VOCs）in urban air: how chemistry affects the interpretation of positive matrix factorization（PMF）analysis[J]. Journal of Geophysical Research: Atmospheres，2012，117（D24）：D24302.

[52]　Warneke C，McKeen S A，de Gouw J A，et al. Determination of urban volatile organic compound emission ratios and comparison with an emissions database[J]. Journal of Geophysical Research：Atmospheres，2007，112（D10）：D10S47.

[53]　Pang X，Mu Y. Seasonal and diurnal variations of carbonyl compounds in Beijing ambient air[J]. Atmospheric Environment，2006，40（33）：6313-6320.

[54]　Friedfeld S，Fraser M，Ensor K，et al. Statistical analysis of primary and secondary atmospheric formaldehyde[J]. Atmospheric Environment，2002，36（30）：4767-4775.

[55]　Rappenglück B，Dasgupta P K，Leuchner M，et al. Formaldehyde and its relation to CO，PAN，and SO_2 in the Houston-Galveston airshed[J]. Atmospheric Chemistry and Physics，2010，10（5）：2413-2424.

[56]　Li Y，Shao M，Lu S H，et al. Variations and sources of ambient formaldehyde for the 2008 Beijing Olympic Games[J]. Atmospheric Environment，2010，44（21-22）：2632-2639.

[57]　Garcia A R，Volkamer R，Molina L T，et al. Separation of emitted and photochemical formaldehyde in Mexico City using a statistical analysis and a new pair of gas-phase tracers[J]. Atmospheric Chemistry and Physics，2006，6（12）：4545-4557.

[58]　Parrish D D，Ryerson T B，Mellqvist J，et al. Primary and secondary sources of formaldehyde in urban atmospheres：Houston Texas region[J]. Atmospheric Chemistry and Physics，2012，12（7）：3273-3288.

[59]　Gilman J B，Kuster W C，Goldan P D，et al. Measurements of volatile organic compounds during the 2006 TexAQS/GoMACCS campaign：Industrial influences，regional characteristics，and diurnal dependencies of the OH reactivity[J]. Journal of Geophysical Research-Atmospheres，2009，114：D00F06.

[60]　Duan J，Tan J，Yang L，et al. Concentration，sources and ozone formation potential of volatile organic compounds（VOCs）during ozone episode in Beijing[J]. Atmospheric Research，2008，88（1）：25-35.

[61]　Wang H K. Seasonal variation and source apportionment of atmospheric carbonyl compounds in Urban Kaohsiung，Taiwan[J]. Aerosol and Air Quality Research，2010，10（6）：559-570.

[62]　Zhang H，Li J，Ying Q，et al. Source apportionment of formaldehyde during TexAQS 2006 using a source-oriented chemical transport model[J]. Journal of Geophysical Research：Atmospheres，2013，118（3）：1525-1535.

[63]　Lin Y C，Schwab J J，Demerjian K L，et al. Summertime formaldehyde observations in New York City：ambient levels，sources and its contribution to HO_x radicals[J]. Journal of Geophysical Research：Atmospheres，2012，117（D8）：D08305.

[64]　Chen W T，Shao M，Lu S H，et al. Understanding primary and secondary sources of ambient carbonyl compounds in Beijing using the PMF model[J]. Atmospheric Chemistry and Physics，2014，14（6）：3047-3062.

第 6 章　光化学反应对 VOCs 来源解析的影响及校正

　　利用 CMB 和 PMF 等受体模型对环境大气 VOCs 进行来源解析时，受体模型的一个基本假设是受体点观测到的 VOCs 化学组成与排放源相同，即大气中 VOCs 从排放源到受体点不发生化学转化。但是，在实际环境大气中该假设很难被完全满足，因为 VOCs 排放到环境大气后会与 OH 自由基、NO₃ 自由基和臭氧等氧化剂发生化学反应，导致大部分 VOCs 的消耗和一些含氧有机物（如羰基化合物、过氧乙酰基硝酸酯等）的生成。本章将介绍 VOCs 在大气中的主要光化学氧化过程、讨论光化学转化对 VOCs 来源解析结果的影响，并介绍了校正光化学转化对来源解析影响的方法。

6.1　VOCs 在大气中的光化学氧化过程

　　VOCs 在大气中的化学转化是大气环境化学中最为复杂的内容之一。当前最为详细的化学机理为英国利兹大学（University of Leeds）、英国国家大气科学中心（National Centre for Atmospheric Science，NCAS）和约克大学（University of York）开发的 MCM（Master Chemical Mechanism）机理（http://mcm.leeds.ac.uk/MCM/home.htt）。最新的 MCM3.3.1 机理中描述了甲烷和 142 种非甲烷 VOCs 组分的降解过程，机理包含了约 6700 种一次、二次和自由基组分的 17000 个反应。总体来看，VOCs 在大气中主要氧化途径是与 OH 自由基、NO₃ 自由基和 O₃ 的化学反应。另外，一些含氧有机物（如醛酮、过氧有机物、烷基硝酸酯等）在光照下还会发生光解。定量估算不同氧化途径对大气 VOCs 光化学消耗的贡献，对于认识 VOCs 在大气中的主要去除途径以及 VOCs 消耗对臭氧和二次有机气溶胶生成的影响具有重要作用。

6.1.1　OH 自由基和 NO₃ 自由基浓度的估算

　　由于 OH 自由基和 NO₃ 自由基在对流层大气中浓度低（体积浓度为 10^{-12} 量级）、寿命短（几秒或更短），因此准确测量其大气浓度仍然具有很大挑战性。在没有进行 OH 自由基和 NO₃ 自由基测量的情况下，可以利用模式估算这两种自由基的浓度。

大气中 OH 自由基主要来自 O_3、气态亚硝酸（HONO）、甲醛等的光解，另外 HO_2 与一氧化氮（NO）和 O_3 的反应、烯烃和 O_3 的反应也可以生成 OH 自由基[1]。有研究发现大气中 OH 自由基的浓度与光解速率常数具有显著相关性[2]，因此 OH 自由基浓度可以使用基于光解速率常数的参数化公式进行估算。其中，Ehhalt 和 Rohrer 建立的公式已被在各种范围内广泛使用[3]，并与其他估算方法[4]、盒子模式计算的结果[5]进行比较。OH 自由基浓度[OH]的参数化计算公式如式（6-1）所示：

$$[OH]=a(J_{O^1D})^\alpha (J_{NO_2})^\beta \frac{b[NO_2]+1}{c[NO_2]^2+d[NO_2]+1} \tag{6-1}$$

式中，J_{O^1D} 和 J_{NO_2} 分别为测量的 O_3 和 NO_2 的光解速率常数（s^{-1}）；$[NO_2]$为大气中 NO_2 浓度（ppbv）；其他参数 a、b、c、d、α、β 均为公式的固定参数，文献中推荐 $a=4.1\times 10^9$，$b=140$，$c=0.41$，$d=1.7$，$\alpha=0.83$，$\beta=0.19$[3]。Zheng 等使用该参数化公式对 2006 年在北京市榆垡观测点大气 OH 自由基进行估算，估算结果与 OH 自由基实测浓度的线性回归的斜率为 0.71，截距为-0.4×10^6molecule/cm^3，R^2 为 0.65。该方法的估算 OH 自由基的不确定性在 48%以内[6]。

大气中 NO_3 自由基的主要来源是 NO_2 与臭氧的反应[7]：

$$NO_2+O_3 \xrightarrow{k_1} NO_3+O_2 \tag{6-2}$$

式中，反应速率常数 k_1 为 $3.2\times 10^{-17}cm^3$/(molecule·s)。因此，NO_3 自由基的生成速率 P_{NO_3} 可以表示为

$$P_{NO_3}=[NO_2][O_3]k_1 \tag{6-3}$$

式中，$[NO_2]$和$[O_3]$分别为 NO_2 和 O_3 的大气浓度。NO_3 自由基在大气中主要消耗途径有光解、与 NO 反应、与 VOCs 反应、在颗粒物上的吸附和其他与 N_2O_5 相关的间接消耗。NO_3 在大气中的光解有以下两种途径：光解生成 NO_2 和氧原子（O）[式（6-4）]和光解产生 NO 和 O_2 [式（6-5）]：

$$NO_3+h\nu \longrightarrow NO_2+O \quad (90\%) \tag{6-4}$$

$$NO_3+h\nu \longrightarrow NO+O_2 \quad (10\%) \tag{6-5}$$

其中第 1 种途径更为重要，约占 90%。NO_3 自由基的光解速率常数记为 J_{NO_3}。NO_3 与 NO 的反应为

$$NO_3+NO \xrightarrow{k_5} 2NO_2 \tag{6-6}$$

式中，反应速率常数 k_5 为 $2.7\times 10^{-11}cm^3$/(molecule·s)。NO_3 可以与许多 VOCs 组分

发生反应，主要是烯烃，包括人为源排放的乙烯、丙烯等，以及天然源排放的异戊二烯和萜烯。各 VOCs 与 NO$_3$ 的反应速率常数记为 $k_{NO_3\text{-}VOCs_i}$。如果不考虑颗粒物的表面吸附和 N$_2$O$_5$ 相关的间接消耗，则 NO$_3$ 的消耗速率（L_{NO_3}）的计算公式为

$$L_{NO_3} = \left(J_{NO_3} + k_5[NO] + \sum i k_{NO_3\text{-}VOCs_i}[VOCs_i]\right) \times [NO_3] \tag{6-7}$$

式中，[NO]、[VOCs$_i$]和[NO$_3$]分别为 NO、VOCs$_i$ 和 NO$_3$ 自由基的大气浓度。

假设大气中 NO$_3$ 自由基浓度处于稳态，则 NO$_3$ 自由基的浓度可以利用公式（6-8）进行计算：

$$[NO_3] = \frac{[NO_2][O_3]k_1}{J_{NO_3} + k_5[NO] + \sum i k_{NO_3\text{-}VOCs_i}[VOCs_i]} \tag{6-8}$$

由于在公式（6-7）中未考虑 NO$_3$ 自由基在颗粒物表面的吸附和 N$_2$O$_5$ 相关的间接消耗，所计算 L_{NO_3} 会低估 NO$_3$ 自由基实际的消耗速率。因此公式（6-8）可能会高估实际大气中 NO$_3$ 自由基的浓度。

6.1.2　不同氧化途径对 VOCs 总去除速率的贡献

VOCs 物种与各种氧化剂发生氧化反应而被消耗的总反应速率 L_{VOCs}（ppbv/h）为

$$L_{VOCs} = k_{OH,VOCs}[OH][VOCs] + k_{NO_3,VOCs}[NO_3][VOCs] + k_{O_3,VOCs}[O_3][VOCs] \tag{6-9}$$

式中，[VOCs]、[OH]、[NO$_3$]和[O$_3$]分别为 VOCs、OH 自由基、NO$_3$ 自由基和 O$_3$ 浓度；$k_{OH,VOCs}$、$k_{NO_3,VOCs}$ 和 $k_{O_3,VOCs}$ 分别为 VOCs 与 OH 自由基、NO$_3$ 自由基和 O$_3$ 的反应速率常数。

以 2010 年 8 月在北京城区点外场观测为例，定量分析大气中 VOCs 的去除途径[8]。大部分 VOCs 组分，包括烷烃、芳香烃、醛、醇等化合物的氧化去除途径以与 OH 自由基反应为主。包括异戊二烯在内的烯烃，虽然 O$_3$ 和 NO$_3$ 自由基的氧化占一定比例，但与 OH 自由基的反应仍然占主导地位。光解和 OH 自由基的氧化对丙酮和丁酮的贡献基本相当。图 6-1 是北京观测期间人为源和天然源 VOCs 组分与 3 种氧化剂反应的各自总氧化速率日变化特征。从图中可以看出，人为源 VOCs 组分的氧化主要以与 OH 自由基反应为主（79.1%），与 O$_3$ 和 NO$_3$ 自由基的氧化反应仅占总氧化速率的 13.2%和 7.7%。对天然源组分，OH 自由基的氧化占 50%左右，与 NO$_3$ 自由基的反应占总氧化速率的 34.4%，主要来自于 NO$_3$ 自由基与单萜烯的反应（78.9%）。

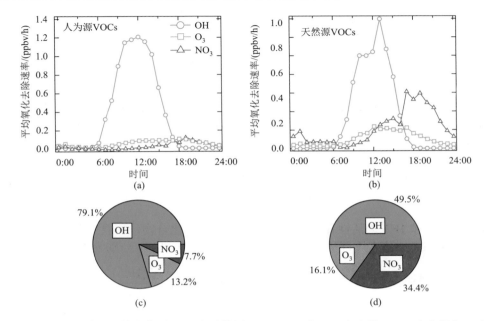

图 6-1　北京夏季观测的人为源（a）和天然源（b）VOCs 与 OH 自由基、NO$_3$ 自由基和 O$_3$ 反应的平均氧化去除速率日变化特征，人为源（c）和天然源（d）VOCs 的三种氧化途径在 24h 内的平均占比

6.2　基于 OH 自由基氧化的 VOCs 化学转化量化方法

6.2.1　OH 自由基暴露量的计算

通过 6.1 节的计算可知，在城市环境大气中与 OH 自由基的氧化反应是大气 VOCs 最重要的去除途径。量化各 VOCs 组分与 OH 自由基的反应量是校正光化学反应对 VOCs 来源解析影响的基础。

OH 自由基暴露量（[OH]Δt）被定义为 OH 自由基的环境浓度（[OH]）对反应时间的积分[9]，积分下限是 VOCs 排放进入环境大气的时刻（t_E），积分上限则是观测到 VOCs 浓度的时刻（t_M），表达式为

$$[OH]\Delta t = \int_{t_E}^{t_M} [OH] \mathrm{d}t \qquad (6\text{-}10)$$

如果已知 OH 自由基在大气中的平均浓度水平[OH]，则可以求出平均反应时间 Δt，即气团光化学龄。下面将介绍利用 NMHCs 比值法、连续反应模型（sequential reaction model，SRM）和简化的稀释-化学反应模型计算 OH 自由基暴露量的方法。

1. NMHCs 比值法

NMHCs 比值法是最为常用的计算气团光化学龄或 OH 自由基暴露量的方法之一[10, 11]。应用该方法时需要满足的基本假设是：所研究气团是一个理想的独立气团，不受排放和混合的影响，因此光化学反应是导致两个活性不同的 NMHCs 组分浓度比值发生变化的唯一原因。在满足这一假设的前提下，气团 OH 自由基暴露量可以利用式（6-11）进行计算：

$$[OH]\Delta t = \frac{1}{k_{HC_1} - k_{HC_2}} \times \left[\ln\left(\frac{[HC_1]}{[HC_2]}\right)_{t=t_E} - \ln\left(\frac{[HC_1]}{[HC_2]}\right)_{t=t_M} \right] \tag{6-11}$$

式中，HC_1 和 HC_2 为活性存在显著差异的两种烃类化合物，而且需要具有相似来源或者是二者比值在不同的排放源中比较接近；k_{HC_1} 和 k_{HC_2} 分别为 HC_1 和 HC_2 与 OH 自由基的反应速率常数；t_E 时刻 HC_1 与 HC_2 浓度比 $\left(\frac{[HC_1]}{[HC_2]}\right)_{t=t_E}$ 则对应其排放比；$\left(\frac{[HC_1]}{[HC_2]}\right)_{t=t_M}$ 为 t_M 时刻观测到的 HC_1 与 HC_2 的浓度比。常用的 NMHCs 有 1,3,5-三甲基苯/乙苯（TMB/E）、邻-二甲苯/乙苯（X/E）、邻-二甲苯/甲苯（X/T）、邻-二甲苯/苯（X/B）、甲苯/苯（T/B）、丙烯/乙烯（propene/ethene）和丙烷/乙烷（propane/ethane）等。

利用 NMHCs 比值法计算光化学龄需要满足以下几点假设：①两种 NMHCs 组分被同时排放进入气团；②去除途径均符合一级动力学反应；③两种 NMHCs 组分的背景浓度很低，可以被忽略；④两种 NMHCs 组分的去除反应速率有显著的差别。使用 NMHCs 比值法计算 OH 自由基暴露量中最难以满足的是不同老化程度的气团在大气中的混合，这种混合作用同样会改变 NMHCs 的化学组成结构，从而影响 OH 自由基暴露量的计算。气团混合后光化学龄是混合前光化学龄的非线性加和，一般更接近于更新鲜气团的光化学龄。模型研究结果表明背景大气稀释的特征光化学龄大约为 2.5d。因此，有学者指出，只要小心选择 NMHCs 比值，在大部分情况下可忽略气团间的混合作用[12]。

以北京城区 2011 年 8 月 VOCs 观测结果为例来介绍应用 NMHCs 比值法计算 OH 自由基暴露量的过程。从图 6-2 中可以看出邻-二甲苯与乙苯（X/E）和丙烯与乙烯（propene/ethene）浓度比值在夜间基本保持稳定，从上午 07:00 开始逐渐下降，在下午 14:00～15:00 之间达到最低值，然后逐渐上升至夜间的最大值。各排放源中邻-二甲苯与乙苯的比值都比较接近[13]，城市地区丙烯和乙烯都主要来自机动车尾气排放[14]，因此邻-二甲苯与乙苯比值和丙烯与乙烯比值的日变化主要是因为白天活性较高的邻-二甲苯和丙烯的光化学消耗速率高于活性相对较弱的乙苯和乙烯。选择邻-二甲苯/乙苯和丙烯/乙烯在 00:00～07:00 的最高值（图中虚线所示）作为其排放比输入到公式（6-11）中计算 OH 自由基暴露量。

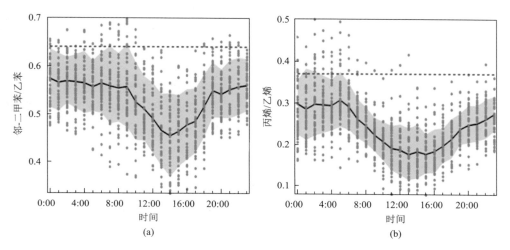

图 6-2　2011 年 8 月北大点夏季邻-二甲苯与乙苯比值（a）和丙烯与乙烯比值（b）的平均日变化

黑色实线和灰色阴影分别是整个观测期间的平均值和标准差，虚线为排放比，散点是观测到的比值

2. 连续反应模型

连续反应模型（SRM）是利用中间产物 B 的生成和后续损失反应（A→B→产物）来计算 OH 自由基暴露量。其中上述反应需要有以下几点特征：产物 B 不存在一次排放，且其来源仅为 A 反应生成；B 的反应生成和去除均是一级反应。大气中经常使用的中间产物 B 有烷基硝酸酯、过氧酰基硝酸酯等。利用该方法需要满足的基本假设是：①OH 自由基是环境大气中最重要的氧化剂；②物理过程（如气团的混合和传输）不会改变两种化合物的浓度比值。利用 SRM 方法计算 OH 自由基暴露量（$[OH]\Delta t$）的方法见式（6-12）：

$$[OH]\Delta t = \frac{[OH]}{k_A - k_B} \times \left[\ln\left(\frac{[B]_{t_M}}{[A]_{t_M}} - \frac{\beta k_A}{k_B - k_A} \right) - \ln\left(\frac{[B]_{t_E}}{[A]_{t_E}} - \frac{\beta k_A}{k_B - k_A} \right) \right] \quad (6-12)$$

式中，$[OH]$ 为 OH 自由基的平均浓度；k_A 和 k_B 分别为中间产物 B 的生成速率和去除速率；$[B]_{t_M}/[A]_{t_M}$ 为 t_M 时刻环境大气中 B 与 A 的浓度比值；β 为前体物 A 通过与 OH 自由基反应生成中间产物 B 的产率；中间产物 B 只来自二次生成，因而 $[B]_{t_E}/[A]_{t_E}$ 是指 t_E 时刻二者背景浓度比值。常用的中间产物与前体物组合有烷基硝酸酯/烷烃（RONO$_2$/RH）[15, 16]和甲基丙烯醛/异戊二烯（MACR/isoprene）[12, 17]等。

城市大气中的烷基硝酸酯（RONO$_2$）主要来自其前体物烷烃 RH 与 OH 自由基的氧化反应 [式（6-13）]，通过与 OH 自由基的氧化反应 [式（6-14）] 和光解反应 [式（6-15）] 去除[15]：

$$RH \xrightarrow{OH, \alpha_1, k_1} RO_2 \xrightarrow{OH, \alpha_2, k_{2a}} RONO_2 \qquad (6\text{-}13)$$

$$RONO_2 \xrightarrow{OH, k_4} 产物 \qquad (6\text{-}14)$$

$$RONO_2 \xrightarrow{hv, J_{RONO_2}} 产物 \qquad (6\text{-}15)$$

式中，k_1、k_{2a} 和 k_4 分别为 RH 与 OH 自由基、RO$_2$ 自由基与 NO 和 RONO$_2$ 与 OH 自由基的反应速率常数 [cm^3/(molecule·s)]；J_{RONO_2} 为 RONO$_2$ 的光解速率常数（s^{-1}）；α_1 和 α_2 则分别为 RH 与 OH 自由基反应生成 RO$_2$ 自由基的产率和 RO$_2$ 自由基与 NO 反应生成 RONO$_2$ 的产率；RONO$_2$ 的产率 β 等于 α_1 与 α_2 的乘积。RONO$_2$ 的生成速率主要由 RH 与 OH 自由基的反应快慢决定，公式（6-12）中的 $k_A = k_1[OH]$；RONO$_2$ 的去除速率 $k_B = k_4[OH] + J_{RONO_2}$。

以北京夏季大气中 2-丁基硝酸酯与正丁烷的浓度比值为例来说明利用 SRM 计算气团 OH 自由基暴露量的过程。图 6-3 是 2-丁基硝酸酯/正丁烷浓度比值的平均日变化特征。从图中可以看出，2-丁基硝酸酯/正丁烷与邻-二甲苯/乙苯的日变化规律相反，其浓度比值在夜间最低，早上 07:00 后持续上升，在下午 15:00～16:00 达到最大值（0.054～0.056ppbv/ppbv）。这是因为随着光化学反应的进行，2-丁基硝酸酯在不断生成，而其前体物正丁烷则被不断消耗。基于 2-丁基硝酸酯/正丁烷的平均日变化特征，可以确定其初始比值 [公式（6-12）中的 $[B]_{t_E}/[A]_{t_E}$]，即图 6-3 中虚线所对应的夜间最低比值。

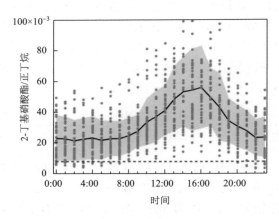

图 6-3　北大点夏季观测期间 2-丁基硝酸酯与正丁烷浓度比值的平均日变化

图中虚线对应的是 2-丁基硝酸酯与正丁烷的初始比值

3. 简化稀释-化学反应模型

NMHCs 比值法和 SRM 方法都是针对独立气团的 OH 自由基暴露量/光化学龄计算方法。但是，完全独立的气团在实际大气中是不存在的，具有不同光化学老化程度的气团之间的混合过程是一直在发生的，这也会导致 VOCs 浓度比值的改变。也就是说，在 NMHCs 比值法和 SRM 方法中将 VOCs 比值的变化全都归因于光化学反应这种处理方式不符合实际大气的情况。针对这一问题，McKeen 等考虑了混合和光化学反应之间的相互作用，建立了简化的稀释-化学模型（simple dilution-chemistry model）来描述特定烃类组分（HC）浓度随时间的演变过程（d[HC]/dt）[18]，见公式（6-16）：

$$\frac{d[HC]}{dt} = -K([HC]-[HC]_{bg}) - k_{OH,HC}[OH][HC] \qquad (6\text{-}16)$$

式中，右边第一项用来描述背景大气的稀释作用，第二项用来描述目标化合物与 OH 自由基的氧化反应；[HC]和[HC]$_{bg}$分别为目标化合物 HC 的测量浓度和背景浓度（ppbv）；K 为用来参数化稀释扩散过程的准一级动力学速率常数；$k_{OH,HC}$ 为 HC 与 OH 自由基的反应速率常数；[OH]为 OH 自由基的浓度。对公式（6-16）进行积分，可以得到公式（6-17）：

$$[HC] = \frac{K[HC]_{bg}}{K+k_{OH,HC}[OH]} + \left([HC]_{t_E} - \frac{K[HC]_{bg}}{K+k_{OH,HC}[OH]}\right) \times \exp[(-K-k_{OH,HC}[OH])\Delta t] \quad (6\text{-}17)$$

式中，[HC]$_{t_E}$ 为 t_E 时刻 HC 排放进入大气中还未经历光化学反应时的浓度，即光化学龄（或 OH 自由基暴露量）为 0 时的初始浓度。假设[HC]$_{bg}$ = 0，则上式可简化为公式（6-18）：

$$[HC] = [HC]_{t_E} \times \exp(-K\Delta t) \times \exp(-k_{OH,HC}[OH]\Delta t)$$
$$= [HC]_{t_E} \times D_{HC} \times \exp(-k_{OH,HC}[OH]\Delta t) \qquad (6\text{-}18)$$

式中，D_{HC} = exp(-$K\Delta t$)通常被定义为目标化合物 HC 的稀释因子。将多个活性不同的 NMHCs 组分代入公式（6-18）则可以利用下面的两个公式分别计算气团的稀释因子 D 和 OH 自由基暴露量[19]：

$$\ln D = \left(k_{OH,HC_j} \ln \frac{[HC_i]}{[HC_i]_{t_E}} - k_{OH,HC_i} \ln \frac{[HC_j]}{[HC_j]_{t_E}} \right) \Big/ (k_{OH,HC_j} - k_{OH,HC_i}) \qquad (6\text{-}19)$$

$$[OH]\Delta t = \left(\ln \frac{[HC_i]}{[HC_i]_{t_E}} - \ln \frac{[HC_j]}{[HC_j]_{t_E}} \right) \Big/ (k_{OH,HC_j} - k_{OH,HC_i}) \qquad (6\text{-}20)$$

利用简化稀释-化学模型计算的 OH 自由基暴露量时，需要确定气团的初始状态，即确定 t_E 时刻 VOCs 的浓度及化学组成。在实际研究中可以将各 NMHCs 组分在夜间（20:00～次日 07:00）的平均浓度作为参比样品中的初始浓度 ([HC]$_{t_E}$)。在筛选参与拟合的 NMHCs 组分时，需要考虑以下几个因素：①这些组分在大气中的浓度水平相对较高，测量准确；②所选择的 NMHCs 组分应覆盖较宽的活性范围；③具有较低的背景浓度[19]。基于以上几条原则，共筛选出 17 个 NMHCs 组分用于拟合北大点夏季每小时的平均 OH 自由基暴露量（表 6-1），这些化合物的 k_{OH} 值的覆盖范围是 1×10^{-12}（乙炔）～3.14×10^{-11} cm^3/(molecule·s)（1-戊烯）。

表 6-1 用简化稀释-化学反应模型计算气团 OH 自由基暴露量时参与拟合的 NMHCs 物种

物种	k_{OH}	[HC]$_{t_E}$	ln([HC]/[HC]$_{t_E}$)											
			08:00	09:00	10:00	11:00	12:00	13:00	14:00	15:00	16:00	17:00	18:00	19:00
乙炔	1.00	3.57	0.01	−0.01	−0.12	−0.11	−0.14	−0.24	−0.33	−0.36	−0.43	−0.34	−0.23	−0.17
丙烷	1.10	1.99	−0.04	−0.13	−0.17	−0.19	−0.24	−0.25	−0.36	−0.38	−0.46	−0.39	−0.33	−0.22
正丁烷	2.30	1.31	−0.11	−0.18	−0.22	−0.25	−0.30	−0.33	−0.43	−0.47	−0.55	−0.48	−0.44	−0.32
异丁烷	2.12	1.12	−0.04	−0.19	−0.25	−0.27	−0.30	−0.32	−0.39	−0.51	−0.62	−0.45	−0.43	−0.29
异戊烷	3.60	0.91	−0.02	−0.02	−0.09	−0.16	−0.21	−0.26	−0.33	−0.31	−0.39	−0.31	−0.27	−0.19
正戊烷	3.80	0.58	−0.02	−0.05	−0.14	−0.24	−0.32	−0.36	−0.44	−0.43	−0.51	−0.41	−0.34	−0.28
正己烷	5.20	0.24	0.07	−0.01	0.03	−0.03	−0.13	−0.28	−0.28	−0.33	−0.38	−0.31	−0.26	−0.23
正庚烷	6.76	0.09	−0.03	−0.04	−0.10	−0.15	−0.24	−0.33	−0.40	−0.40	−0.43	−0.36	−0.27	−0.19
苯	1.22	0.68	0.00	−0.06	−0.01	−0.12	0.0	−0.13	−0.19	−0.16	−0.19	−0.14	−0.10	−0.07
甲苯	5.63	1.20	−0.04	−0.09	−0.14	−0.20	−0.26	−0.37	−0.47	−0.38	−0.41	−0.31	−0.22	−0.11
乙苯	7.00	0.52	−0.07	−0.08	−0.09	−0.20	−0.26	−0.40	−0.46	−0.43	−0.44	−0.33	−0.23	−0.20
邻-二甲苯	13.6	0.30	−0.10	−0.13	−0.18	−0.28	−0.37	−0.51	−0.60	−0.54	−0.53	−0.41	−0.28	−0.20
间,对-二甲苯	14.3	1.38	−0.16	−0.20	−0.27	−0.42	−0.55	−0.79	−0.93	−0.79	−0.72	−0.53	−0.32	−0.23
乙烯	9.00	3.50	−0.01	−0.03	−0.12	−0.17	−0.24	−0.35	−0.57	−0.62	−0.67	−0.53	−0.33	−0.18
丙烯	30.0	0.90	−0.05	−0.20	−0.35	−0.49	−0.64	−0.82	−0.99	−1.06	−1.05	−0.84	−0.54	−0.29
1-丁烯	31.4	0.21	−0.17	−0.32	−0.44	−0.55	−0.62	−0.73	−0.81	−0.84	−0.86	−0.54	−0.39	−0.26
1-戊烯	31.4	0.06	−0.20	−0.35	−0.50	−0.68	−0.91	−1.01	−1.25	−1.17	−1.32	−1.12	−0.87	−0.59
稀释因子			0.99	0.95	0.92	0.88	0.85	0.80	0.74	0.74	0.70	0.75	0.79	0.84
[OH]Δt			0.44	0.75	1.09	1.45	1.82	2.12	2.41	2.34	2.26	1.69	1.07	5.99
r^2			0.44	0.58	0.69	0.80	0.82	0.85	0.81	0.84	0.77	0.64	0.46	0.33

注：（1）k_{OH} 的单位是 10^{-12} cm^3/(molecule·s)，数值来自 Atkinson 等[7]；

（2）[OH]Δt 的单位是 10^{10} (molecule·s)/cm^3；

（3）[HC]$_{t_E}$ 是参比时刻目标化合物 HC 的混合比（ppbv），数值上等于 HC 的夜间（20:00～次日 07:00）的平均浓度。

6.2.2　NMHCs 组分在大气中化学转化的参数化方程

如前所示，人为源排放的 NMHCs 组分在大气中的消耗主要是与 OH 自由基反应。因此 NMHCs 在大气中的消耗可用下式描述[2]：

$$[\text{NMHCs}]=[\text{C}_2\text{H}_2]\times\text{ER}\times\exp\left[-(k_{\text{NMHCs}}-k_{\text{C}_2\text{H}_2})[\text{OH}]\Delta t\right] \qquad （6\text{-}21）$$

式中，$[\text{NMHCs}]$ 和 $[\text{C}_2\text{H}_2]$ 分别为非甲碳氢化合物类和乙炔的测量浓度；k_{NMHCs} 和 $k_{\text{C}_2\text{H}_2}$ 分别为 NMHCs 和乙炔与 OH 自由基的反应速率常数；ER 为 NMHCs 与乙炔的排放比；$[\text{OH}]\Delta t$ 是气团所对应的 OH 自由基暴露量。在公式（6-21）中，ER 为未知参数，可通过公式回归拟合得到。虽然在文献中可以查找到各 NMHCs 的 k_{OH} 值，但在拟合计算过程一般将 k_{NMHCs} 也设为未知值，通过公式拟合得到，并将拟合值与文献报道值进行比较，可以作为检验方法准确性的一种方法。

丙烷和 1, 2, 4-三甲基苯的 k_{OH} 值分别为 $1.09\times10^{-12}\text{cm}^3/(\text{molecule·s})$ 和 $3.25\times10^{-11}\text{cm}^3/(\text{molecule·s})$，因此以下以这两种组分为例，分别代表惰性和活性烃类物种的拟合状况。图 6-4 是丙烷和 1, 2, 4-三甲基苯两种组分与乙炔的浓度比值。丙烷的 k_{OH} 值与乙炔 $[1.0\times10^{-12}\text{cm}^3/(\text{molecule·s})]$ 相差不大，因此二者在环境大气中的浓度比值并未随着 OH 自由基暴露量增加而呈现显著变化。而 1, 2, 4-三甲基苯活性显著高于乙炔，在大气中与 OH 自由基反应速率快，约是乙炔的 30 倍，因此 1, 2, 4-三甲基苯与乙炔的浓度比值随着 OH 自由基暴露量增加而快速降低。图中实线是根据公式（6-21）拟合的结果，截距代表了 NMHCs 与乙炔的排放比，而斜率则为 $-(k_{\text{NMHCs}}-k_{\text{C}_2\text{H}_2})$。

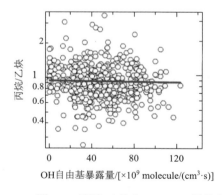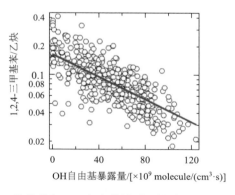

图 6-4　丙烷/乙炔和 1, 2, 4-三甲基苯/乙炔比值与 OH 自由基暴露量的散点图

实线为使用公式（6-21）的回归结果

6.2.3　异戊二烯在大气中化学转化的参数化方程

6.1 节的讨论发现城市地区白天异戊二烯（isoprene）在大气中的主要氧化途径是与 OH 自由基反应。异戊二烯及其产物甲基丙烯醛（MACR）和甲基乙烯基酮（MVK）与 OH 自由基的反应机理为

$$\text{isoprene+OH} \xrightarrow{\ k_1\ } 0.63\text{HCHO}+0.32\text{MVK}+0.23\text{MACR} \tag{6-22}$$

$$\text{MVK+OH} \xrightarrow{\ k_2\ } \text{产物} \tag{6-23}$$

$$\text{MACR+OH} \xrightarrow{\ k_3\ } \text{产物} \tag{6-24}$$

式中，k_1、k_2 和 k_3 分别为异戊二烯、MVK 和 MACR 与 OH 自由基的反应速率常数，数值分别为 $1.0 \times 10^{-10}\text{cm}^3/(\text{molecule·s})$、$1.9 \times 10^{-11}\text{cm}^3/(\text{molecule·s})$ 和 $3.3 \times 10^{-11}\text{cm}^3/(\text{molecule·s})$。

根据反应式（6-22）～反应式（6-24），大气中 MACR、MVK 和 MACR + MVK 与异戊二烯的浓度比值随着光化学反应进行而发生的演变可以用下式描述：

$$\frac{[\text{MVK}]}{[\text{isoprene}]} = \frac{0.32k_1}{k_2 - k_1} \{1 - \exp[(k_1 - k_2)[\text{OH}]\Delta t]\} \tag{6-25}$$

$$\frac{[\text{MACR}]}{[\text{isoprene}]} = \frac{0.23k_1}{k_3 - k_1} \{1 - \exp[(k_1 - k_3)[\text{OH}]\Delta t]\} \tag{6-26}$$

$$\frac{[\text{MVK+MACR}]}{[\text{isoprene}]} = \frac{0.32k_1}{k_2 - k_1} \{1 - \exp[(k_1 - k_2)[\text{OH}]\Delta t]\}$$
$$+ \frac{0.23k_1}{k_3 - k_1} \{1 - \exp[(k_1 - k_3)[\text{OH}]\Delta t]\} \tag{6-27}$$

图 6-5 是基于观测到的环境大气中 MACR/isoprene、MVK/isoprene 和 （MVK + MACR）/isoprene 的浓度比值，分别利用公式（6-25）、公式（6-26）和公式（6-27）可以计算异戊二烯在白天的 OH 自由基暴露量（$[\text{OH}]\Delta t$），然后根据异戊二烯实测浓度（$[\text{isoprene}]$）利用公式（6-28）计算异戊二烯的初始浓度（$[\text{isoprene}_{\text{source}}]$）：

$$[\text{isoprene}_{\text{source}}]=[\text{isoprene}] \times \exp(k_1[\text{OH}]\Delta t) \tag{6-28}$$

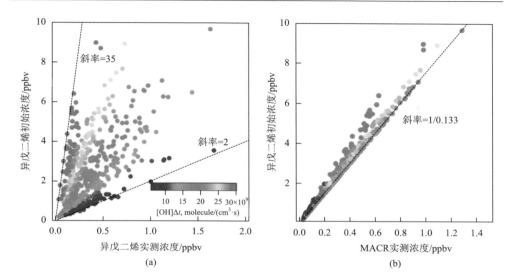

图 6-5　异戊二烯初始浓度与异戊二烯实测浓度（a）和 MACR 实测浓度（b）之间的关系

图中观测点用 OH 自由基暴露量的数值进行染色，蓝色代表气团较为新鲜，红色代表气团老化程度较高

6.2.4　OVOCs 在大气中化学转化的参数化方程

OVOCs 在大气中的光化学转化可以用 de Gouw 等建立的参数化公式进行描述，详见公式(6-29)[12]：

$$[OVOCs]=ER_{OVOCs} \times [C_2H_2] \times \exp[-(k_{OVOCs}-k_{C_2H_2})[OH]\Delta t]$$

$$+ER_{precursor} \times [C_2H_2] \times \frac{k_{precursor}}{k_{OVOCs}-k_{precursor}} \times \frac{\exp(-k_{precursor}[OH]\Delta t)-\exp(-k_{OVOCs}[OH]\Delta t)}{\exp(-k_{C_2H_2}[OH]\Delta t)}$$

$$+ER_{biogenic} \times [isoprene_{source}]+[bg]$$

$$(6-29)$$

式中，右侧四项分别代表一次人为源排放的 OVOCs 在大气中的光化学消耗、人为源前体物氧化生成 OVOCs 以及这一部分 OVOCs 在大气中的消耗、生物源排放和背景浓度。[OVOCs]、[C_2H_2]和[bg]分别为 OVOCs 实测浓度、乙炔实测浓度和 OVOCs 的背景浓度；ER_{OVOCs} 和 $ER_{precursor}$ 分别为 OVOCs 和 OVOCs 前体物相对于乙炔的排放比；$[OH]\Delta t$ 为 OH 自由基暴露量；$k_{C_2H_2}$、k_{OVOCs} 和 $k_{precursor}$ 分别为乙炔、OVOCs 和 OVOCs 前体物与 OH 自由基的反应速率常数；$ER_{biogenic}$ 为 OVOCs 相对于异戊二烯初始浓度的比值；[isoprene_source]为异戊二烯初始浓度，计算方法见公式（6-25）～式（6-28）。

公式（6-29）也可以实现对大气中 OVOCs 的来源解析。Liu 等利用这一参数化方法计算了一次人为源、二次人为源、天然源和背景对北京市大气中 OVOCs 的相对贡献率[17]，计算结果见表 6-2。

表 6-2　各类源对北京夏季大气 OVOCs 的贡献率及 OVOCs 实测浓度与拟合浓度的相关系数 r

组分名称	r	一次人为源贡献率/%	二次人为源贡献率/%	天然源贡献率/%	背景浓度的贡献率/%
乙醛	0.81	16±11	48±15	13±6	22±9
丙醛	0.79	14±13	51±15	13±6	21±9
正丁醛	0.83	8±9	57±14	12±6	23±9
丙酮	0.75	30±8	9±4	18±8	43±11
2-丁酮	0.81	47±9	26±9	13±7	14±7
甲醇	0.75	48±12	0	11±5	41±11
乙醇	0.74	74±10	0	4±2	22±10

从表 6-2 的结果来看，几种主要 OVOCs 组分的实测浓度与计算浓度符合得比较好（$r > 0.75$）。二次转化过程对醛类（乙醛、丙醛和正丁醛）大气浓度的贡献率最大（48%～57%），其次是背景浓度的贡献率（约 22%），一次人为源和天然源贡献率基本相当（10%～16%）。二次源对酮类的贡献率相对较低，2-丁酮主要来源于一次人为源（48%），少部分来自于二次人为源（26%）和天然源（13%）；背景浓度对丙酮的贡献率最高（43%），其次是一次人为源（30%）和天然源（18%），二次人为源贡献率较低（9%）。甲醇和乙醇主要来自于一次人为源，一次人为源的贡献率分别为 48%和 74%，二次人为源的贡献率基本可以忽略，背景浓度的贡献率不容忽视，分别为 41%和 22%。

6.3　光化学转化对 CMB 来源解析结果的影响及校正

6.3.1　CMB 受体模型光化学损失的校正

第 5 章中对 CMB 的原理和基本假设进行了介绍，其根本假设是目标化合物在从源到受体的传输过程中，化学质量没有损失，但是由于 VOCs 组分反应活性较强，所以在传输过程中不可避免地会经历不同程度的光化学反应损失，使得该假设不可能被满足。Shao 等以 53 种人为源 NMHCs 组分为研究对象（表 6-3），通过设定不同的情景，对比 CMB 模型性能和解析结果的异同，探讨 NMHCs 光化学损失对 CMB 受体模型源解析的影响[10, 20]。

表 6-3　CMB 源解析中 53 种 NMHCs 目标组分和情景 1 的拟合组分

烷烃（28）		烯烃（8）	芳香烃（16）
乙烷[*]	环己烷	乙烯	苯
丙烷[*]	3-甲基己烷[*]	丙烯	甲苯[*]
异丁烷[*]	2, 2, 4-三甲基戊烷	1-丁烯	乙苯
正丁烷	正庚烷[*]	反-2-丁烯	间, 对-二甲苯
异戊烷	甲基环己烷	顺-2-丁烯	邻-二甲苯
正戊烷[*]	2, 3, 4-三甲基戊烷	1-戊烯	苯乙烯
2, 2-二甲基丁烷[*]	2-甲基庚烷	反-2-戊烯	异丙苯
2, 3-二甲基丁烷[*]	3-甲基庚烷	顺-2-戊烯	正丙苯
2-甲基戊烷[*]	正辛烷[*]		间-乙基甲苯
环戊烷[*]	正壬烷		对-乙基甲苯
3-甲基戊烷	正癸烷[*]		1, 3, 5-三甲基苯
正己烷[*]	正十一烷[*]		邻-乙基甲苯
2, 4-二甲基戊烷		其他（1）	1, 2, 4-三甲基苯
甲基环戊烷		乙炔[*]	1, 2, 3-三甲基苯
2-甲基己烷			1, 3-二乙苯
2, 3-二甲基戊烷[*]			1, 4-二乙苯

*情景 1 中 CMB 源解析中的拟合组分。

　　为了对比和讨论光化学损失对 CMB 源解析结果的影响，该研究共设定三种情景：

　　（1）传统解析：在本情景中，将采用传统解析方式，不做任何关于光化学损失的校正，仅采用活性不高于甲苯的 NMHCs 组分作为拟合物种，对实测环境数据进行解析。

　　（2）基于老化源成分谱的解析：在本情景中，将采取对源成分谱进行光化学老化的方式，进行 CMB 源解析的光化学损失校正，采用源谱中所有组分作为拟合物种，对实测环境数据进行解析。

　　（3）基于光化学初始浓度的解析：在本情境中，将采用 NMHCs 光化学初始浓度作为环境数据输入，采用源谱中所有 NMHCs 组分作为拟合物种，将 NMHCs 光化学初始浓度作为输入数据进行源解析。

　　1. 情景 1：传统解析

　　在本情景中，将采用传统 CMB 模型解析方式，选取活性不高于甲苯的组分作为主要人为排放源的拟合物种进行源解析（表 6-3 中"*"所标记的物种），主要包括 19 种烷烃、1 种炔烃和 2 种芳烃。这些被选择组分中基本包括了环境中丰度较高的 NMHCs 组分，如乙烷、丙烷、异丁烷、异戊烷、乙炔、苯和甲苯等。以 2008 年北京夏季观测数据为例，这些组分的环境浓度占到了总 NMHCs 环境浓度的 55%左右。所采用的源成分谱主要为 Liu 等已发表的结果[21]，结果如图 6-6 所示，主要包括：汽油车尾气、柴油车尾气、汽油挥发、LPG 泄漏、溶剂和涂料使用、化工工业和石油精炼。

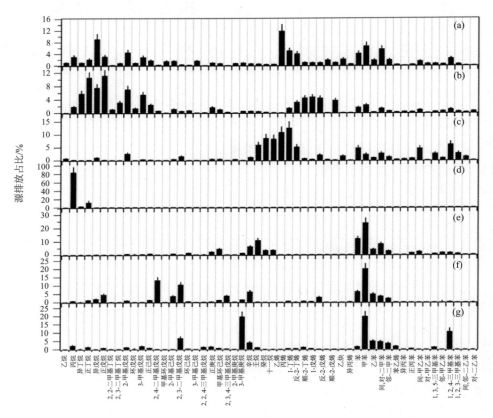

图 6-6　传统情景中所采用的源成分谱

（a）汽油车尾气；（b）汽油挥发；（c）柴油车尾气；（d）LPG 泄漏；（e）溶剂和涂料使用；（f）化工工业；（g）石油精炼

由于汽油燃料的不完全燃烧，汽油车尾气中主要包含一些低碳组分的 NMHCs，如 $C_2 \sim C_4$ 的烷烃、烯烃和炔烃，以及一些汽油燃料的主要成分，如异戊烷、苯、甲苯等 [图 6-6（a）]。与汽油车尾气相比，汽油挥发的源成分谱中不完全燃烧的产物 C_2 组分含量大大降低，但是其中 $C_4 \sim C_5$ 烷烃的比例大大增加，以丁烷、异丁烷、戊烷和异戊烷为主 [图 6-6（b）]。柴油车尾气的源谱中，高碳烷烃含量显著高于汽油车尾气，以 C_{10}～C_{12} 的烷烃为主。同时，不完全燃烧所产生的低碳 NMHCs 组分中，丙烯含量明显高于汽油车尾气［图 6-6（c）］。LPG 泄漏的源特征谱中 NMHCs 化学组成相对简单，以丙烷为最主要成分，含量高达 80% 以上，同时含有少量的丁烷和异丁烷［图 6-6（d）］。溶剂和涂料使用的源特征谱中主要成分包括 C_6～C_{12} 烷烃和 C_6～C_8 芳烃，甲苯为含量最高的组分［图 6-6（e）］。图 6-6（f）为化工工业的源特征谱，甲苯为含量最高的物种，同时 C_7～C_8 的烷烃含量较为丰富。图 6-6（g）为石油精炼的源特征谱，其源谱组成与化工工业较为近似，但是苯含量较低，且烷烃组分较为单一，以 3-甲基庚烷含量最高。

2. 情景 2：老化源谱解析

情景 2 中采用"光化学老化"源特征谱的方式进行 CMB 解析，采用"损失因子"（decay factor）a_{ij} 反映由于光化学消耗所造成源谱中的 NMHCs 组分的损失[22]。采用考虑了光化学损失的 α_{ij}^* 替换 CMB 原理公式中的损失因子 a_{ij}：

$$\alpha_{ij}^* = a_{ij}b_{ij}\left(\sum_{i=1}^{n} a_{ij}b_{ij}\right)^{-1} \tag{6-30}$$

式中，$a_{ij} = \exp(-k_i[OH]t_i)$ 为损失因子；b_{ij} 为组分 i 在源 j 中的排放浓度；t_i 为光化学反应时间；[OH]为传输过程中 OH 自由基的平均浓度；k_i 为组分 i 与 OH 自由基的反应速率常数。

考虑到不同时段所采集的样品所经历的光化学损失并不完全相同，因此可以根据样品采集的时间及其所对应的风速，分别设定不同的[OH]和 t 值，计算各类源老化后的源成分谱。图 6-7 选取了三种情况进行对比：①[OH]平均浓度为 2×10^6molecule/cm^3，光化学反应时间 t 为 1 h（图 6-7 中状态 1）；②[OH]平均浓度为 4×10^6molecule/cm^3，光化学反应时间 t 为 2 h（图 6-7 中状态 2）；③[OH]平均浓度为 6×10^6molecule/cm^3，光化学反应时间 t 为 4 h（图 6-7 中状态 3）。这三种情况分别代表了最轻、中等、最重程度的光化学反应损耗，对讨论光化学损失对源谱的影响具有代表性。如图 6-7 所示，由于不同 NMHCs 组分活性不同，经过老化处理后，其在源谱中所占的相对比重发生了较大变化。

在汽油车尾气的源特征谱中［图 6-7（a）］，C_2～C_6 烷烃由于活性较低，在老化过程中损耗较少，在老化过程中，它们在源谱中的比重随老化程度增加而上升。与状态 1 相比，状态 3 中 C_2～C_6 烷烃相对比重分别上升了 20%～89%，其中特征组分异戊烷的比重变化幅度达 39%；C_7～C_9 烷烃相对比重变化不大，基本在 10% 左右；而 C_{10}～C_{12} 烷烃比重有明显下降，降低幅度为 16%～34%；烯烃组分中，除乙烯相对比重没有明显变化外，其余烯烃相对比重均下降了 70% 以上，其中特征组分丙烯和 1-丁烯的下降幅度分别为 76% 和 84%；对于芳烃而言，苯和甲苯比

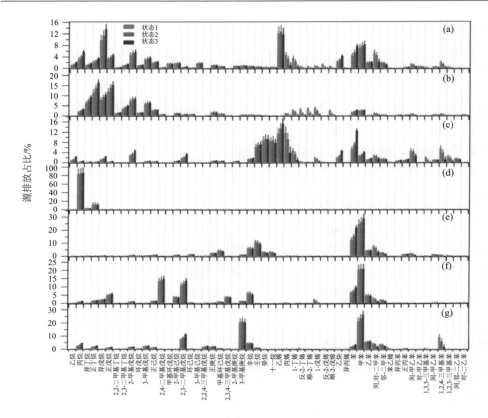

图 6-7　经历不同程度光化学老化的源谱

（a）汽油车尾气；（b）汽油挥发；（c）柴油车尾气；（d）LPG 泄漏；（e）溶剂和涂料使用；（f）化工工业；
（g）石油精炼

状态 1 对应的[OH]平均浓度为 2×10^6 molecule/cm^3，光化学反应时间 t 为 1 h；状态 2 对应的[OH]平均浓度为
4×10^6 molecule/cm^3，光化学反应时间 t 为 2 h；状态 3 对应的[OH]平均浓度为 6×10^6 molecule/cm^3，光化学反应时
间 t 为 4 h

重有所上升，幅度分别为 71%和 18%，而乙苯、正丙基苯和异丙基苯的比重基本
不变，活性高于乙苯的芳烃相对比重均有下降，幅度在 27%~98%之间。根据上
述组分比重变化和活性的关系可得：在汽油车尾气的源特征谱中，k_{OH} 值小于
7×10^{-12} cm^3/(molecule·s)的组分比重均有上升，增幅随 k_{OH} 值减小而增大；k_{OH} 值
在 $7 \times 10^{-12} \sim 9 \times 10^{-12}$ cm^3/(molecule·s)之间的组分比重基本不变，变化幅度在 10%
之内；k_{OH} 值大于 9×10^{-12} cm^3/(molecule·s)的组分比重均有所下降，降幅随 k_{OH} 值
上升而增大。

图 6-7（b）为经历光化学老化后的汽油挥发源特征谱。其中，各组分比重随
老化程度的变化规律与汽油车尾气源特征谱基本相同：k_{OH} 值小于 7×10^{-12} cm^3/
(molecule·s)的组分比重均有上升，增幅随 k_{OH} 值减小而增大；k_{OH} 值系数在

$7\times10^{-12}\sim9\times10^{-12}\mathrm{cm^3/(molecule\cdot s)}$ 之间的组分比重基本不变，变化幅度在 10% 之内；k_{OH} 值系数大于 $9\times10^{-12}\mathrm{cm^3/(molecule\cdot s)}$ 的组分比重均有下降，降幅随 k_{OH} 值上升而增大。

图 6-7（c）为经历光化学老化后的柴油车尾气的源特征谱。其中，$C_2\sim C_9$ 烷烃比重随光化学老化程度的增加而升高，增幅在 16%～115% 之间，其中特征组分二甲基戊烷和正壬烷的增幅分别为 67% 和 16%；正癸烷和正十一烷的变化幅度在 10% 之内；烯烃组分中，除乙烯相对比重上升了 33% 之外，其余烯烃相对比重均下降了 60% 以上，其中特征组分丙烯和 1-丁烯的下降幅度分别为 68% 和 78%；对于芳烃，苯、甲苯、乙苯、正丙基苯和异丙基苯的比重分别上升了 136%、62%、49%、55% 和 63%，其中苯变化最为明显，其在源特征谱中的相对比重由 5% 上升至 12%；其余苯系物的比重均随光化学老化程度增加而下降，降幅在 24%～97% 之间。

图 6-7（d）为经历光化学老化后的 LPG 泄漏的源特征谱。由于源特征谱组成简单，仅主要包含三种低碳烷烃：丙烷、正丁烷和异丁烷，它们的 k_{OH} 系数比较接近，分别为 $1.15\times10^{-12}\mathrm{cm^3/(molecule\cdot s)}$、$2.34\times10^{-12}\mathrm{cm^3/(molecule\cdot s)}$ 和 $2.54\times10^{-12}\mathrm{cm^3/(molecule\cdot s)}$。光化学反应对源谱中各组分的百分数组成改变较小，均在 10% 之内，可认为光化学损失基本不会改变 LPG 泄漏的源特征谱。

图 6-7（e）为经历光化学老化后的溶剂和涂料使用的源特征谱。如图所示，源谱中化学组成较为简单，光化学老化几乎不对烷烃和烯烃的比重产生影响，而使苯和甲苯的相对比重有所上升，幅度分别为 71% 和 18%，乙苯、正丙苯和异丙苯的比重基本不变，其余苯系物相对比重均有下降，降幅为 29%～86%。

图 6-7（f）为经历光化学老化后的化工工业排放的源特征谱。如图所示，光化学老化过程对源谱中的特征组分，正戊烷、2,4-二甲基戊烷、2,3-二甲基戊烷、辛烷、甲苯和乙苯的相对比重的改变很小，幅度均在 20% 之内；而对苯和间,对-二甲苯的相对比重影响较大，苯占比上升了 47%，而间,对-二甲苯占比则下降了 64%。

图 6-7（g）为经历光化学老化后的石油精炼工业排放的源特征谱。如图所示，光化学老化过程，对特征组分的比重影响较大，其中 2,3-二甲基戊烷、苯、甲苯、间,对-二甲苯和 1,2,4-三甲基苯的相对比重改变幅度分别为 50%、79%、23%、−56% 和 −85%（正值表示比重上升，负值表示比重下降）。

综上所述，光化学反应消耗，会对源特征谱中化学组成的相对比重产生重要影响，较大幅度改变特征组分的相对丰度，且光化学消耗的程度越高，这种改变幅度就越大。那么，即使在 CMB 解析中仅选择活性不高于甲苯的组分作为拟合物种，光化学反应过程仍然会改变这些组分在源谱中的组成百分数，如老化后的汽油车尾气源特征谱中苯和 $C_2\sim C_6$ 的烷烃组分占比上升。因此，在进行环境

NMHCs 数据来源解析时，若不考虑光化学损失的影响，很可能会使解析结果与真实情况有所偏差。

3. 情景3：基于光化学初始浓度的解析

假设 NMHCs 在从源到受体点传输过程中同时进行的物理过程和化学过程可以等效为先进行物理混合、稀释和扩散，待物理过程结束后继而开始光化学反应过程，即：①NMHCs 同时由排放源进入某一目标气团，进入气团中后迅速混合均匀，混合均匀后开始光化学反应，且光化学反应以与 OH 自由基的一级反应为主导；②目标气团在物理混合和光化学反应过程中，没有明显的 NMHCs 一次源排放的加入，且稀释气团中 NMHCs 浓度可忽略。那么，某一 NMHCs 组分初始浓度（$[NMHCs]_{t_E}$）可以利用下面的公式进行计算：

$$[NMHCs]_{t_E} = [NMHCs] \times \exp(k_{OH}[OH]\Delta t) \tag{6-31}$$

式中，[NMHCs]为观测到的环境大气中 NMHCs 的浓度；k_{OH} 为 NMHCs 与 OH 自由基的反应速率常数；$[OH]\Delta t$ 为 OH 自由基暴露量，其可以利用 6.2 节所介绍的 NMHCs 比值法、SRM 方法或简化稀释-化学反应模型进行计算。

在本情景中，将利用公式（6-31）计算的 NMHCs 光化学初始浓度为输入数据，采用实测源谱，选取所有测量组分作为拟合物种，进行 CMB 来源解析。因为在计算 NMHCs 光化学初始浓度过程中已经对传输过程中 NMHCs 光化学损失量进行了校正，可认为在从排放源到受体点传输过程中，仅受物理过程影响。因此，若采用 NMHCs 光化学初始浓度作为 CMB 受体模型输入数据，即可满足化学质量守恒的前提假设。与实测浓度相比，活性较低的组分，如烷烃、炔烃光化学初始浓度变化不大，然而活性较高的组分，如烯烃、芳烃光化学初始浓度则远高于实测浓度，再次说明若不考虑 NMHCs 光化学损失，CMB 受体模型解析结果很可能与实际情况是不相符的。

6.3.2　校正后 CMB 模型的优势和改进

1. 模型总体运行参数的提高

以北京市 2008 夏季的 NMHCs 观测数据为例，来讨论光化学消耗对 CMB 来源解析的影响[11]。表 6-4 中总结了三种不同情景中 CMB 受体模型解析的运行参数 R^2、χ^2 和%Conc.。总体上讲，三种情景中 R^2 均值在 0.80～0.93 之间，χ^2 均值在 2.06～4.21 之间，而%Conc.均值在 90%～115%之间。

表 6-4　三种情景中 CMB 受体模型的运行参数 R^2、χ^2 和%Conc.

时间	数值	R^2			χ^2			%Conc.		
		情景 1	情景 2	情景 3	情景 1	情景 2	情景 3	情景 1	情景 2	情景 3
早晨 7:00~9:00	最小值	0.86	0.88	0.85	1.74	2.24	1.34	88.2%	91.6%	91.2%
	最大值	0.90	0.89	0.92	3.54	3.04	3.54	98.3%	102.5%	99.6%
	平均值	0.89	0.89	0.91	3.02	2.48	2.32	93.4%	98.2%	97.1%
中午 10:00~15:00	最小值	0.72	0.86	0.87	3.01	2.01	1.67	90.9%	90.3%	92.6%
	最大值	0.83	0.92	0.95	6.08	2.08	3.22	134.2%	105.9%	99.2%
	平均值	0.80	0.88	0.93	4.21	2.06	2.11	115.2%	97.2%	96.6%
下午 16:00 以后	最小值	0.76	0.86	0.87	2.89	1.89	2.01	86.8%	84.3%	90.1%
	最大值	0.86	0.92	0.91	3.77	2.72	3.12	104.7%	101.3%	101.2%
	平均值	0.82	0.90	0.88	3.51	2.51	2.52	100.2%	93.9%	94.7%

在情景 1 中，采用传统方式进行 CMB 源解析，仅选取活性不高于甲苯的组分作为拟合物种。通过运行参数可见，CMB 模型解析早晨 7:00~9:00 数据性能最优，而解析中午数据性能最差，且 R^2、χ^2 和%Conc.的情形均是如此。这是因为早晨光照较弱，NMHCs 光化学损失较弱，而在中午损失最强。因此，CMB 运行参数的统计结果说明，NMHCs 光化学损失越大就越不利于 CMB 受体模型的传统源解析。

在情景 2 和情景 3 中，分别采用了不同方式对 NMHCs 光化学损失进行了校正：情景 2 中，根据 NMHCs 样品采集时间和气象条件，分别设计了不同光化学老化情景，并对源特征谱进行光化学老化和归一化处理，重新应用于 NMHCs 环境观测数据 CMB 受体模型解析；情景 3 中，采用 NMHCs 光化学初始浓度计算结果作为输入数据，采用各类污染源的原始源成分谱进行 CMB 受体模型解析。如表 6-4 所示，在解析早晨 NMHCs 数据时，此两种情景 CMB 运行参数与情境 1 基本相当；但是，在解析中午和下午的数据时，此两种情景 CMB 运行参数均优于情景 1，特别是 CMB 可以解析的浓度数值（%Conc.）更接近于 NMHCs 环境浓度或光化学初始浓度输入值，说明校正 NMHCs 光化学损失后的输入数据，更适合采用 CMB 受体模型进行源解析。

综上所述，NMHCs 光化学损失会对 CMB 受体模型解析结果造成一定的负面影响，在对光化学损失量进行校正之后，CMB 运行的整体性能得到提升。

2. 校正光化学损失前后解析结果的差异分析

图 6-8 是情景 1、情景 2、情景 3 中解析出的 NMHCs 主要贡献源的相对比重，主要包括：汽油车排放、柴油车排放、汽油挥发、LPG 泄漏、溶剂和涂料使用、

化工工业和石油精炼排放。在情景 1 中，由于拟合物种选取受到限制，柴油车排放和石油精炼排放与其他贡献源共线，未能准确识别，在一定程度上说明了传统方式进行 CMB 受体模型源解析的局限性。

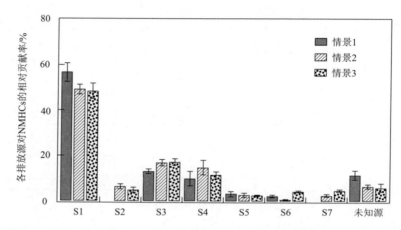

图 6-8　情景 1、情景 2 和情景 3 中，汽油车排放（S1）、柴油车排放（S2）、汽油挥发（S3）、LPG 泄漏（S4）、溶剂和涂料使用（S5）、化工工业（S6）、石油精炼（S7）和未知源对 NMHCs 的相对贡献率

　　与情景 1 中的结果相比，校正光化学损失后（情景 2 和情景 3），主要变化为：汽油车排放贡献率分别为 49% 和 48% 左右，下降了约 20%；柴油车排放得到识别，情景 2 和情景 3 解析结果基本吻合；汽油挥发相对比重上升了约 25%；未知源的贡献率下降了约 50%。情景 1、情景 2、情景 3 中，溶剂和涂料使用的解析结果基本相同。对于 LPG 泄漏、化工工业和石油精炼，校正光化学损失后没能得到一致的解析结果。情景 1 和情景 3 中 LPG 泄漏比重基本相当，比情景 2 低 40% 左右。而情景 3 中解析出的化工工业和石油精炼的贡献远高于情景 1 和情景 2。除溶剂和涂料使用外，其他主要贡献源解析结果的差别已超出了 CMB 模型解析结果本身误差范围（15%）。

　　值得注意的是，情景 2 中，更多 NMHCs 环境浓度被归入了 LPG 泄漏的贡献；而情景 3 中，更多 NMHCs 环境浓度被归入了化工工业和石油精炼排放。LPG 泄漏排放主要成分为丙烷、丁烷和异丁烷等长寿命 NMHCs，而化工工业和石油精炼则以高碳烷烃和苯系物为主，活性相对较强。这种解析结果的差别很可能是由 NMHCs 光化学损失校正方法的不同所致。因为在情景 2 中，长寿命物种的相对丰度随着老化程度的增加而增加（图 6-7）；而在情景 3 中，活性越高的组分（如 $C_7 \sim C_8$ 苯系物）得到的光化学损失量补偿相对越大。因此，根据各主要贡献源所包含 NMHCs 活性组分的构成不同，在 CMB 受体模型运算过程中，NMHCs 环境浓度的线性拟合规律也稍有不同。

图 6-8 中误差线为 CMB 解析结果的标准误差,表示由源谱和输入浓度数据的不确定性所引起的 CMB 解析结果的误差范围。真实的源贡献在 1 倍标准误差范围内的概率为 66.7%,而在 2 倍标准误差范围内的概率为 99.5%。因此,如果校正前后的解析结果的误差范围超出了 1 倍标准偏差,则可以认为两者解析结果不同的概率为 66.7%以上;如果校正前后的解析结果的误差范围超出了 2 倍标准偏差,则可以认为两者解析结果不同的概率为 99.5%以上。对比解析结果的误差范围可见,汽油车排放、汽油挥发、化工工业和未知源的相对贡献在校正前后的差别超出了 2 倍标准误差的范围,LPG 泄漏及溶剂和涂料使用的贡献在 1~2 倍的标准误差范围之内,说明校正光化学损失前后解析结果的偏差基本不是源谱和输入浓度数据造成的。

配对样本 t 检验一般用于同一研究对象分别给予两种不同处理结果的比较,或对同一对象处理前后的效果比较,前者用于判断两种处理结果是否有差别,后者用于判断处理是否有效果。采用配对样本 t 检验对校正光化学损失前后各排放源对 NMHCs 各组分相对贡献率(百分数)的统计学差异进行检验。具体检验结果的 p 值如表 6-5 所示,0.001、0.005、0.01、0.05 和 0.1 分别代表在两种结果存在显著差异的置信度分别为 99.9%、99.5%、99%、95%和 90%。校正光化学损失前后(情景 1$vs.$情景 2 和情景 1$vs.$情景 2),各排放源的贡献差异性显著。其中汽油车排放和汽油挥发的差异最为显著,除溶剂和涂料使用,其余排放源贡献差异的置信度也达到了 90%以上。而采用两种不同光化学校正方法的解析结果基本一致(情景 2$vs.$情景 3),除了 LPG 泄漏和化工工业解析结果差异较大外,对其他排放源的解析结果可认为不存在显著性差异。

表 6-5　校正光化学损失前后 CMB 解析结果的统计学差异分析（配对样本 t 检验）

	汽油车排放	柴油车排放	汽油挥发	LPG 泄漏	溶剂和涂料使用	化工工业	石油精炼
情景 1$vs.$情景 2	0.001	—	0.004	0.056	0.115	0.028	—
情景 1$vs.$情景 3	0.001	—	0.002	0.042	0.277	0.087	—
情景 2$vs.$情景 3	0.285	0.127	0.323	0.029	0.221	0.001	0.042

以上结果表明校正 NMHCs 光化学损失后,CMB 受体模型对于主要贡献源的解析结果变化显著。由于拟合物种的选取范围更宽,柴油车排放和石油精炼源谱的共线问题在一定程度上得到解决,而且未知来源 NMHCs 比例大大降低,说明校正 NMHCs 光化学损失后,源谱、拟合物种和环境浓度数据的符合程度更好,校正光学损失后 CMB 模型源解析性能显著提升。

3. 特征物种和关键活性组分的来源解析结果对比

根据已有研究结果，传统解析方式无法准确计算高活性组分（如烯烃和芳烃）的源贡献量[17]。而校正光化学损失前后，CMB 模型解析出的苯的总浓度水平相差 30%左右。因此，本小节选取活性较高的 1-丁烯［k_{OH} 系数等于 $31.4×10^{-12} cm^3/(molecule·s)$］和活性较低的苯作为研究对象，讨论光化学损失校正前后，CMB 模型对特定组分和高活性组分解析结果的差别。

此外，之所以选取这两种组分还因为：①苯和 1-丁烯在环境中的浓度相对较高，体积分数分别为 2.00ppbv 和 0.65ppbv，测量偏差对解析结果影响很小；②苯和 1-丁烯在源特征谱中相对丰度较高，偏差较小，源谱所引起的 CMB 解析误差较小；③苯可对人体健康造成损害，是一种致癌物，而 1-丁烯活性较高且环境浓度较高，是北京市 NMHCs 关键活性组分之一，是导致近地面 O_3 生成的关键组分。因此，考察 CMB 是否能够准确解析这两种典型 NMHCs 组分的来源具有重要意义。

表 6-6 中总结了情景 1、情景 2、情景 3 中苯的主要源贡献率与环境浓度之间的比值（%Conc.）。可见，三种情景的解析结果中，苯的总%Conc.均在 100%左右，说明环境中几乎所有的苯的来源都可以得到解析。然而仔细比较各主要排放源对苯的贡献可以发现，与情景 2 和情景 3 相比，情景 1 中高估了汽油车排放的贡献，而低估了汽油挥发、溶剂和涂料使用以及化工工业的贡献，而情景 2 和情景 3 的解析结果较为一致。造成这种结果的原因可能是，在经历了光化学反应后，汽油车排放中苯的相对丰度虽然大幅增加，但其增幅却低于其他排放源（图 6-7），即考虑光化学损失后，相对于其他排放源，汽油车对于苯的贡献应当相对降低。那么，若不考虑 NMHCs 光化学损失的影响，而直接采用传统方式进行 CMB 解析（情景 1）就会高估来自于汽油车排放的贡献。

表 6-6　情景 1、情景 2、情景 3 中苯和 1-丁烯的主要排放源贡献率与环境浓度之间的比值

排放源	贡献率/%					
	苯			1-丁烯		
	情景 1	情景 2	情景 3	情景 1	情景 2	情景 3
汽油车排放	89.05	55.47	52.40	145.23	80.01	81.35
柴油车排放	—	8.22	6.74	—	4.17	6.02
汽油挥发	8.96	10.88	11.01	16.89	7.66	9.25
LPG 泄漏	0.00	0.00	0.00	0.00	0.00	0.00
溶剂和涂料使用	7.14	12.31	13.63	2.21	0.03	0.03
化工工业	2.26	8.91	8.18	0.50	0.00	0.00
石油精炼	—	7.77	6.13	—	0.13	0.51
合计	107.41	103.56	98.09	164.83	92.00	97.16

注：表中数据为北大站点 2008 年 6 月观测平均结果，"—"表示未能单独解析。

表 6-6 中还总结了情景 1、情景 2、情景 3 中 1-丁烯的主要源贡献率与环境浓度之间的比值（%Conc.）。传统解析（情景 1）的结果，大大高估了 1-丁烯的环境浓度，总%Conc.高达 165%左右，远远超出了允许范围（120%）；而校正了光化学反应损失后（情景 2 和情景 3），总%Conc.均在 90%～100%之间，即可以认为环境中 1-丁烯来源得到了较好的解释。对比情景 1、情景 2、情景 3 中各主要排放源对 1-丁烯的贡献，可以看到，在情景 1 中，各排放源的贡献均被不同程度高估，仅汽油车尾气的贡献率就比环境浓度高出 45%，其原因很可能是 NMHCs 光化学损失的影响。在经历光化学反应的过程中，高活性组分，如 1-丁烯的损失速率远高于其他低活性组分，随着光化学反应的进行其相对丰度不断降低。因此，若不考虑光化学损失，直接用"新鲜"的源谱来解析经历了光化学反应的环境浓度数据时，来自于主要排放源的贡献就会被高估。

6.4　光化学转化对 PMF 解析结果的影响

6.4.1　PMF 解析及因子确定

PMF 是根据所观测到受体点 VOCs 浓度及化学组成的时间变化规律来解析出不同因子，排放源和化学转化是影响大气 VOCs 化学组成的两个重要因素，因此 PMF 所解析出的因子是二者综合作用的结果。Yuan 等利用 PMF 对北京城区夏季环境大气 VOCs 进行溯源研究[8, 11]，解析出四个因子，这四个因子的成分谱、日变化和时间序列如图 6-9～图 6-11 所示。

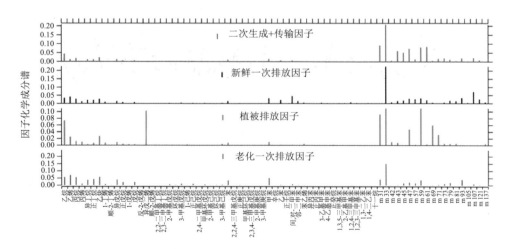

图 6-9　PMF 解析得到的 4 个因子化学成分谱

从上至下分别为因子 4 至因子 1：二次生成＋传输因子，新鲜一次排放因子，植被排放因子，老化一次排放因子

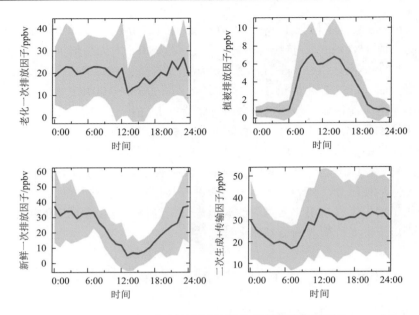

图 6-10　PMF 解析的四个因子的贡献浓度的日变化

实线是平均值，灰色部分是标准差

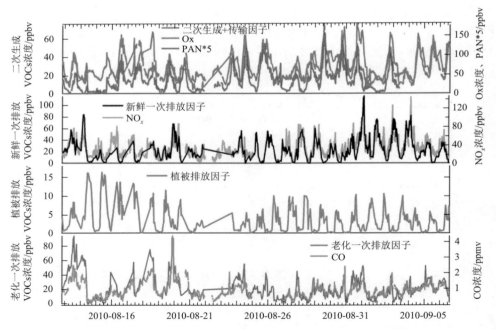

图 6-11　PMF 解析得到四个因子 VOCs 浓度、CO、NO$_x$、Ox 和 PAN*5 的测量浓度的时间序列

PAN*5 表示 5 倍的 PAN 浓度

第一个因子主要包含物种是低碳烷烃、苯、甲苯和一些长寿命 OVOCs（图 6-9）。从日变化上来看，因子 1 没有呈现出具有明显规律性的日变化特征，仅在中午 12:00～14:00 有较小幅度的下降（图 6-10）。从图 6-11 所示的时间序列可以看出，其浓度变化与 CO 较为一致，二者的相关系数为 0.82，初步判断因子 1 来自于一次排放。第一个因子对总测量 VOCs 浓度的贡献率约为 30%。

因子 2 最明显的特征是成分谱中异戊二烯的占比很高（0.1），且异戊二烯浓度几乎全部可以由因子 2 解释（98.3%）（图 6-9）。夏季大气中异戊二烯的主要来源是植被排放。因子 2 的成分谱中其他重要的组分是甲醛、甲醇、丙酮和异戊二烯氧化产物（甲基乙烯基酮和甲基丙烯醛，$MVK + MACR$）（图 6-9）。通常认为这些含氧有机物也主要来自植被排放或异戊二烯等天然源组分的氧化。因子 2 的日变化非常显著，在夜间接近于 0，而正午达到最大值（6ppbv 左右），非常符合植被源及其氧化产物的变化特征（图 6-10），因此将第 2 个因子命名为植被排放源因子。因子 2 对总测量 VOCs 浓度的贡献率约为 5%。

因子 3 主要包含的物质是低碳烷烃、芳香烃和一些 OVOCs（图 6-9）。总体来看，因子 3 和因子 1 比较类似，均属于一次排放。但是因子 3 中活泼芳香烃（如二甲苯等化合物）的含量要高于因子 1。另外，因子 3 的时间序列与 NO_x 较为吻合（图 6-11），二者的相关关系为 0.80。在城市地区，NO_x 和 CO 均主要来源于机动车排放，而 NO_x 的活性要明显高于 CO。可以看出，因子 3 与因子 1 虽然同为一次排放相关因子，但是因子 3 要较因子 1 更为新鲜。因此将因子 3 和因子 1 分别定义为新鲜一次排放和老化一次排放。因子 3 对总测量 VOCs 浓度的贡献率为 28%。

因子 4 中主要的组分是 OVOCs，而烃类的含量较低。因子 4 的时间序列与两种光化学反应标志物 $Ox（O_3 + NO_2）$ 和 PAN 的相关关系均较好（0.63 和 0.79）（图 6-11）。如图 6-10 所示，因子 4 的日变化特征为在午后浓度水平明显上升，并维持一定水平直至午夜，这符合二次生成污染物的日变化特征。另外，由于一些寿命较长的物种（如乙烷、乙炔和苯等）在因子 4 中也有存在，因此因子 4 被定义为二次生成＋传输因子。因子 4 对总测量 VOCs 浓度的贡献率为 37%。

整个观测期间，新鲜一次排放、老化一次排放和二次生成＋传输因子分别贡献总测量 VOCs 浓度的 30%、28% 和 37%。生物源因子的贡献率仅占 37%。新鲜一次排放的贡献率在夜晚可达 40%～44%，在中午 13:00～15:00 贡献率则下降至 10% 左右。老化一次排放的贡献率在全天变化不大，在 20.0%～31.4% 之间。二次生成＋传输的贡献率在中午 13:00 达到最大（59.3%），之后其贡献率不断下降，在早晨 7:00 其贡献率达到最低（22.1%）。生物源因子贡献率在夜间时仅占 1%～2%，而在正午其贡献率可以达到 11%。

6.4.2　人为源因子之间的相互关系

在以上 PMF 因子分析的基础上，分别计算 4 个因子分别对每种 VOC 组分的贡献率。将计算得到的各因子对各 NMHCs 组分的贡献率与其活性进行相关分析，其中活性用各组分与 OH 自由基的反应速率常数（k_{OH}）进行表征（图 6-12）。从图中可以看出，新鲜排放因子对 NMHCs 组分的贡献率随着 k_{OH} 值增加而升高：新鲜排放因子对低活性的乙烷、乙炔等贡献率大约为 20%，而对一些高活性的烯烃、芳香烃具有显著贡献，该因子对反-2-戊烯和 1, 2, 4-三甲基苯浓度的贡献率分别为 98.7% 和 74.3%。与新鲜排放因子相反，老化排放因子对 NMHCs 的贡献随着 k_{OH} 值的增加而下降。老化排放因子对低活性化合物的贡献率在 50%～60%，而对高活性芳香烃和烯烃的贡献率则降至 0 左右。前面已经提到，二次生成＋传输因子对 NMHCs 也有一定的贡献。从图中可以看出，二次生成＋传输因子对低活性烷烃、乙炔等组分的贡献率可以达到 20%～40%，而对 k_{OH} 值高于 $1 \times 10^{-11} \mathrm{cm}^3/(\mathrm{molecule \cdot s})$ 的组分，二次生成＋传输的贡献率降至 20% 以下。生物源排放因子虽然对各 NMHCs 组分有一定的贡献（20% 以下），但是其贡献率与 k_{OH} 值未呈现出显著相关。

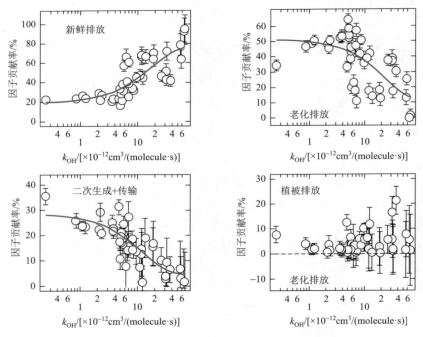

图 6-12　新鲜排放、老化排放和二次生成＋传输三个因子对各 NMHCs 的贡献率与 k_{OH} 值的相关关系

　　为进一步探讨老化因子和新鲜排放因子之间的联系,分别将老化排放因子(因子 1)和二次生成 + 传输因子(因子 2)的源谱中各 NMHCs 组分的丰度与新鲜排放因子(因子 3)的源谱中相应组分的丰度相除,得到比值 R,计算公式见式(6-32):

$$R_{\text{profile}_i/\text{profile}_j} = \frac{x_{p,i}}{x_{p,j}} \tag{6-32}$$

式中,$x_{p,i}$ 为第 p 个组分 X 在因子 i 中的丰度;$x_{p,j}$ 为第 p 个组分 X 在因子 j 中的丰度。图 6-13 展示了老化排放因子/新鲜排放因子和二次生成 + 传输因子/新鲜排放因子的丰度比与各 NMHCs 组分 k_{OH} 值的散点图。可以看出,两个因子 NMHCs 的丰度比值随着 k_{OH} 升高而降低,表示新鲜排放因子经过一定时间的光化学反应被氧化成为老化排放和二次生成 + 传输这两个因子。为检验这种假设,将所得的 $R_{\text{profile}_i/\text{profile}_j}$ 与 k_{OH} 使用式(6-33)进行回归:

$$R_{\text{profile}_i/\text{profile}_j} = A \times \exp(-k \times [\text{OH}]\Delta t) \tag{6-33}$$

式中,k 为各 NMHCs 组分的 k_{OH};A 和[OH]Δt 均为需要拟合的参数。该式借鉴了 NMHCs 在大气中传输时,受体点观测浓度([NMHCs]$_t$)与其初始浓度([NMHCs]$_{t=0}$)、扩散因子(D)、NMHCs 与 OH 自由基的反应速率常数(k_{NMHCs})、OH 自由基浓度([OH])和光化学龄(Δt)的关系式,并可利用该式计算大气中的扩散系数和光化学龄[19]:

$$\frac{[\text{NMHCs}]_t}{[\text{NMHCs}]_{t=0}} = D \times \exp[-k_{\text{NMHCs}}[\text{OH}]\Delta t] \tag{6-34}$$

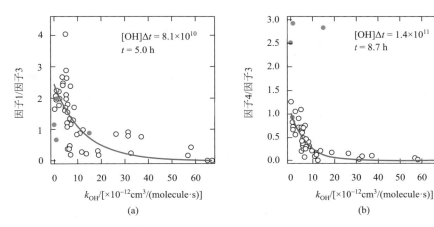

图 6-13　PMF 得到的源谱中丰度之比与各 NMHCs 组分 k_{OH} 的关系图(空心黑色圆圈)

(a)老化排放/新鲜排放;(b)二次生成 + 传输/新鲜排放

图中实线为根据光化学消耗的拟合公式,实点为 OVOCs 的相应值

利用上式回归得到的拟合曲线如图 6-13 中实线所示。可以看出基于光化学消耗的公式［式（6-34）］能够较好地拟合各组分在因子源谱之间的丰度比与其 k_{OH} 之间的关系。拟合所得[OH]Δt 详见图 6-13。老化排放相对新鲜排放的 OH 自由基暴露量为 8.1×10^{10}(molecule·s)/cm^3，而二次生成 + 传输相对新鲜排放的 OH 自由基暴露量为 1.4×10^{11}(molecule·s)/cm^3。2006 年夏季在北京郊区榆垡站点测得的 OH 自由基日间平均浓度为 4.5×10^6molecule/cm$^{3[23]}$，结合该数值计算出老化排放相对于新鲜排放的光化学龄为 5.0h，而二次生成 + 传输相对新鲜排放的光化学龄为 8.7h。

通过上面的分析，可以看出 PMF 解析所得到的 3 个人为源排放相关的因子对各 NMHCs 组分的贡献与其反应活性相关，说明这 3 个因子并不能代表独立的 VOCs 排放源。进一步对老化排放因子和二次生成 + 传输因子的化学成分谱进行分析，发现这两个因子的化学成分谱可以根据新鲜排放成分谱使用光化学转化一级动力学方程来描述。综上所述，可以发现在光化学反应较强的时段，将活性较强或具有二次来源的 VOCs 组分纳入 PMF 解析，得到因子可能代表的是 VOCs 排放进入大气后发生化学反应的不同阶段，而并不是传统的不同排放源。因此，在应用 PMF 对大气 VOCs 进行来源解析时，需要根据实际情况对各因子的物理意义进行解释。

6.4.3　人为源和天然源的区分

PMF 解析出一个生物源因子，在该因子中异戊二烯贡献最高。在该因子中 MVK + MACR 与异戊二烯的比值为 0.31ppbv/ppbv。根据异戊二烯在大气中的氧化过程，该生物源因子从源排放到测量站点仅传输了 17min（假设白天 OH 自由基平均浓度为 4.5×10^6molecule/cm^3）。图 6-14 是整个观测期间 MVK + MACR 与异戊二烯的浓度散点图。在图中同时标出了生物源因子中 MVK + MACR 与异戊二烯的比值。从图中可以看出，生物源因子中该比值（0.31ppbv/ppbv）处于大气中所有测量比值的底端，说明 PMF 解析的生物源因子仅可以被解释为新鲜生物源排放。生物源因子对异戊二烯氧化产物 MVK + MACR 的贡献率仅为 16.2%。大部分的 MVK + MACR 浓度（64.6%）主要被二次生成 + 传输因子所解释。二次生成 + 传输因子中 MVK + MACR 与异戊二烯的比值高达 84.7ppbv/ppbv，基本上是所有测量比值的最高值。由于 MVK 和 MACR 是异戊二烯氧化产物，因此这表明大部分二次生成的生物源 VOCs 被二次生成 + 传输因子所解释。MVK 和 MACR 浓度的日变化曲线基本与二次生成 + 传输因子相同。由于在大气中异戊二烯氧化与其他人为源 VOCs 氧化同时发生，因此 PMF 无法根据 VOCs 本身的信息判断 MVK 和 MACR 在本质上是由生物源贡献的。

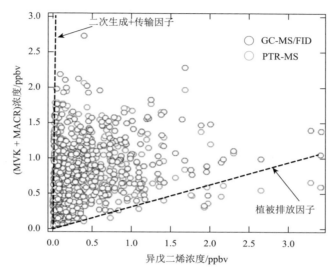

图 6-14　MVK + MACR 与异戊二烯的散点分布图，同时展示了生物源和二次生成 + 传输因子
中二者的比值

从图 6-14 中可以看出，生物源因子对除异戊二烯以外的其他烃类有不可忽略的贡献。实际上，生物源基本上不排放烷烃、芳香烃等 NMHCs 组分。平均来说，生物源因子贡献了烃类组分（不包括异戊二烯）总浓度的 2.8%。另外，所有烃类物种（不包括异戊二烯）在生物源因子的总比例为 23.3%，这比异戊二烯在该因子中比例（10.3%）的 2 倍还多。假设生物源不排放这些烃类组分，则生物源因子会高估新鲜生物源排放的贡献（30.4%）。

根据以上的讨论，在 PMF 解析结果中生物源排放和人为源排放并没有完全分开。二次生成 + 传输因子包含了生物源的二次生成浓度，而生物源因子中包含了一些人为源烃类的浓度。因此，直接使用 PMF 解析结果评估城市地区生物源对 VOCs 浓度的贡献可能存在一定的不确定性，需要谨慎处理。

6.5　化学转化对多元线性回归的影响

多元线性回归方法也是一种较为常用的大气 OVOCs 来源分析方法[24]。通常将 OVOCs 的大气浓度分为 4 个部分：一次人为源、二次人为源、天然源和背景浓度，分别对应公式（6-35）中的第一项、第二项、第三项和第四项：

$$[OVOCs] = k_1 \times [C_2H_2] + k_2 \times [PAN] + k_3 \times [isoprene_{source}] + [bg] \quad (6-35)$$

式中，[OVOCs]、[C$_2$H$_2$]、[PAN]分别为 OVOCs 组分、乙炔和过氧乙酰基硝酸酯（PAN）的大气浓度；[isoprene$_{source}$]为异戊二烯初始浓度，计算方法详见 6.2.3 小节公式（6-28）；[bg]为背景浓度；k_1、k_2 和 k_3 分别为相应的拟合系数。

　　为考察化学转化对 OVOCs 多元线性回归结果的影响，将多元线性回归所得的各 OVOCs 组分与乙炔的排放比，以及 OVOCs 来源分配结果与基于光化学龄的参数化方法［详见 6.2.4 小节公式（6-29）］所计算结果进行比较。图 6-15 比较了两种方法所计算的各 OVOCs 组分与乙炔的排放比。可以看到，两种方法计算的 OVOCs 组分相对于乙炔的排放比大体相当，仅丙醛存在较大差异。图 6-16 是多元线性回归和基于光化学龄的参数化方法对各 OVOCs 组分来源分配结果的比较。从图中可以看出，多元线性回归得到的醛类一次人为源占比要远远大于基于光化学龄的参数化所计算结果。即使两种方法所计算得到的乙醛排放比相差不大，但多元线性回归得到的一次排放的贡献比例高出 1 倍左右。这些醛类的 k_{OH} 值在 $0.9 \times 10^{-11} \sim 2.8 \times 10^{-11} \mathrm{cm^3/(molecule \cdot s)}$ 之间，在大气中的寿命为 2.2～6.9h（假设 OH 自由基浓度为 $4.5 \times 10^6 \mathrm{molecule/cm^3}$）。多元线性回归计算的丙酮、丁酮和甲醇的一次人为源的比例与基于光化学龄的参数化方法结果相当。丙酮、丁酮和甲醇的 k_{OH} 值在 $0.17 \times 10^{-12} \sim 1.22 \times 10^{-12} \mathrm{cm^3/(molecule \cdot s)}$ 之间，这些化合物在大气中的寿命在几天以上，在城市大气中氧化消耗较少。在基于光化学龄的参数化方法中，随着光化学龄的增加，乙醛的一次排放浓度在大气中呈指数降低。在多元线性回归方法中，OVOCs 与一次排放示踪物（如乙炔）相关的部分均来自一次排放；而与二次生成示踪物（如 PAN）相关的部分均来自二次生成。但是，在一些老化的气团中，甲醛也可以与 CO 等一次示踪物存在良好的相关性，而在老化的气团中，甲醛与 O_3 和 PAN 的比值并不是唯一的。这些假设的不成立，导致多元线性回归方法倾向于高估高活性醛类的一次排放贡献[25]。

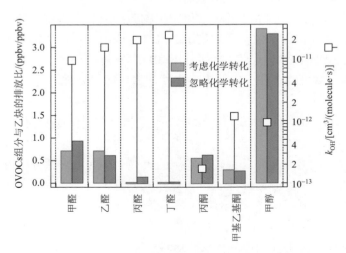

图 6-15　考虑和忽略化学转化的多元回归方法计算所得 OVOCs 排放比的差别

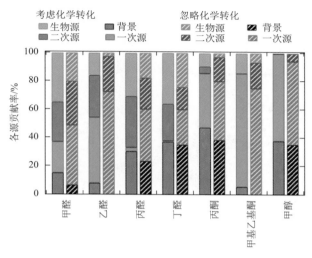

图 6-16　考虑和忽略化学转化的多元回归方法计算所得 OVOCs 的各来源的比例

　　由于醛类化合物一次排放贡献被高估，多元线性回归解析的醛类二次生成的贡献被低估。而丙酮、丁酮和甲醇 3 种组分二次生成的贡献则被高估。基于光化学龄的参数化方法解析得到丙酮的二次人为源贡献率为 5.0%，而多元线性回归解析的结果达到 17.2%。在城市尺度，一般认为甲醇二次生成的贡献率可以忽略不计，而多元线性回归解析得到的二次源贡献率达到了 5.8%。

　　为进一步评估多元线性回归对甲醇等低活性 OVOCs 来源解析结果的可靠性，基于多元线性回归模型对 54 种烃类物种（不包括乙炔和异戊二烯）进行回归测试。在城市地区生物源不是烃类的重要排放源，因此多元线性回归的模型去掉了异戊二烯初始浓度项，修改后的公式见式（6-36）：

$$[NMHCs]=k_1 \times [C_2H_2]+k_2 \times [PAN]+[bg] \tag{6-36}$$

　　图 6-17（a）展示了各烃类物种计算值与测量值的相关系数 R 与其 k_{OH} 值的相关关系。对于一些低活性烃类物种，相关系数 R 可以达到 0.8～0.9，而一些高活性烃类物种的相关系数 R 在 0.7 以下。计算值与测量值的相关系数 R 与 k_{OH} 值明显呈反相关关系。一些烃类物种解析出非零的背景浓度（一般在 0～0.15ppbv）。为扣除背景浓度影响，计算了多元线性回归方法解析的烃类二次源占一次源和二次源之和的比例。图 6-17（b）是二次源比例与各物种 k_{OH} 值的散点图。可以看到，当 k_{OH} 值大于 $1 \times 10^{-11} cm^3/(molecule \cdot s)$ 时，二次源贡献率均为零。而对一些低活性的烃类物种（如一些低碳烷烃和苯、甲苯等），二次源的贡献率明显要高于 0。多元线性回归方法解析的二次源贡献最大的物种为 2,2,4-三甲基戊烷，其二次源贡献率为 18.0%。烃类的多元线性回归测试表明，即使烃类不能在大气中通过光化学反应二次生成，但一些低活性烃类物种的多元线性回归仍然会解析出不可忽

略的二次源贡献，二次源贡献率在 0～20%之间。这也间接证明多元线性回归会高估丙酮、丁酮和甲醇等低活性 OVOCs 组分的二次源贡献。

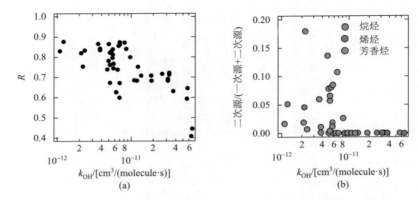

图 6-17　（a）多元线性回归方法得到的 NMHCs 浓度计算值与测量值的相关系数 R；（b）多元线性回归方法计算的 NMHCs 二次源/(一次源 + 二次源)比例与物种 k_{OH} 值的散点图

综合以上结果，多元线性回归不仅对高活性 OVOCs 组分的解析结果存在偏差，对惰性 OVOCs 组分解析结果也存在偏差。对于高活性 OVOCs 组分，多元线性回归会高估活性 OVOCs 组分的一次源贡献；而对于低活性 OVOCs 组分，多元线性回归会高估其二次源贡献。

（王　鸣）

参 考 文 献

[1]　陆克定，张远航. HO$_x$ 自由基的实地测量及其化学机制解析[J]. 化学进展，2010，22（Z1）：500-514.

[2]　Rohrer F，Berresheim H. Strong correlation between levels of tropospheric hydroxyl radicals and solar ultraviolet radiation[J]. Nature，2006，442（7099）：184-187.

[3]　Ehhalt D H，Rohrer F. Dependence of the OH concentration on solar UV[J]. Journal of Geophysical Research：Atmospheres，2000，105（D3）：3565-3571.

[4]　Warneke C，de Gouw J A，Del Negro L，et al. Biogenic emission measurement and inventories determination of biogenic emissions in the eastern United States and Texas and comparison with biogenic emission inventories[J]. Journal of Geophysical Research：Atmospheres，2010，115：D00F18.

[5]　Warneke C，de Gouw J A，Goldan P D，et al. Comparison of daytime and nighttime oxidation of biogenic and anthropogenic VOCs along the New England coast in summer during New England Air Quality Study 2002[J]. Journal of Geophysical Research：Atmospheres，2004，109（D10）：D10309.

[6]　Zheng J，Hu M，Zhang R，et al. Measurements of gaseous H$_2$SO$_4$ by AP-ID-CIMS during CARE Beijing 2008 Campaign[J]. Atmospheric Chemistry and Physics，2011，11（15）：7755-7765.

[7]　Atkinson R，Baulch D L，Cox R A，et al. Evaluated kinetic and photochemical data for atmospheric vchemistry，

volume Ⅱ: gas phase reactions of organic species[J]. Atmospheric Chemistry and Physics, 2006, 6 (11): 3625-4055.

[8]　袁斌. 大气中挥发性有机物（VOCs）化学转化的量化表征及其在来源研究的应用[D]. 北京: 北京大学, 2012.

[9]　Jimenez J L, Canagaratna M R, Donahue N M, et al. Evolution of organic aerosols in the atmosphere[J]. Science, 2009, 326 (5959): 1525-1529.

[10]　Shao M, Wang B, Lu S H, et al. Effects of Beijing Olympics control measures on reducing reactive hydrocarbon species[J]. Environmental Science & Technology, 2011, 45 (2): 514-519.

[11]　Yuan B, Shao M, de Gouw J, et al. Volatile organic compounds (VOCs) in urban air: how chemistry affects the interpretation of positive matrix factorization (PMF) analysis[J]. Journal of Geophysical Research: Atmospheres, 2012, 117 (D24): D24302.

[12]　de Gouw J A, Middlebrook A M, Warneke C, et al. Budget of organic carbon in a polluted atmosphere: results from the New England Air Quality Study in 2002[J]. Journal of Geophysical Research: Atmospheres, 2005, 110 (D16): D16305.

[13]　Monod A, Sive B C, Avino P, et al. Monoaromatic compounds in ambient air of various cities: a focus on correlations between the xylenes and ethylbenzene[J]. Atmospheric Environment, 2001, 35 (1): 135-149.

[14]　Baker A K, Beyersdorf A J, Doezema L A, et al. Measurements of nonmethane hydrocarbons in 28 United States cities[J]. Atmospheric Environment, 2008, 42 (1): 170-182.

[15]　Bertman S B, Roberts J M, Parrish D D, et al. Evolution of alkyl nitrates with air mass age[J]. Journal of Geophysical Research: Atmospheres, 1995, 100 (D11): 22805-22813.

[16]　Wang M, Shao M, Chen W, et al. A temporally and spatially resolved validation of emission inventories by measurements of ambient volatile organic compounds in Beijing, China[J]. Atmospheric Chemistry and Physics, 2014, 14 (12): 5871-5891.

[17]　Liu Y, Shao M, Kuster W C, et al. Source identification of reactive hydrocarbons and oxygenated VOCs in the summertime in Beijing[J]. Environmental Science & Technology, 2009, 43 (1): 75-81.

[18]　McKeen S A, Liu S C, Hsie E Y, et al. Hydrocarbon ratios during PEM-WEST A: a model perspective[J]. Journal of Geophysical Research: Atmospheres, 1996, 101 (D1): 2087-2109.

[19]　Kleinman L I, Daum P H, Lee Y N, et al. Photochemical age determinations in the Phoenix metropolitan area[J]. Journal of Geophysical Research: Atmospheres, 2003, 108 (D3).

[20]　王斌. 非甲烷碳氢化合物光化学初始浓度的计算与应用[D]. 北京: 北京大学, 2010.

[21]　Liu Y, Shao M, Fu L L, et al. Source profiles of volatile organic compounds (VOCs) measured in China: part Ⅰ [J]. Atmospheric Environment, 2008, 42 (25): 6247-6260.

[22]　Na K, Kim Y P. Chemical mass balance receptor model applied to ambient $C_2 \sim C_9$ VOCs concentration in Seoul, Korea: effect of chemical reaction losses[J]. Atmospheric Environment, 2007, 41 (32): 6715-6728.

[23]　Lu K D, Hofzumahaus A, Holland F, et al. Missing OH source in a suburban environment near Beijing: observed and modelled OH and HO_2 concentrations in summer 2006[J]. Atmospheric Chemistry and Physics, 13 (2): 1057-1080.

[24]　Li Y, Shao M, Lu S H, et al. Variations and sources of ambient formaldehyde for the 2008 Beijing Olympic Games[J]. Atmospheric Environment, 2010, 44 (21-22): 2632-2639.

[25]　Parrish D D, Ryerson T B, Mellqvist J, et al. Primary and secondary sources of formaldehyde in urban atmospheres: Houston Texas region[J]. Atmospheric Chemistry and Physics, 2012, 12 (7): 3273-3288.

第 7 章　基于外场观测的 VOCs 排放清单验证

受排放过程认知程度、活动水平和排放因子数据准确性以及随机误差的影响，污染物排放清单不可避免地存在不确定性。尽管大部分排放清单会分析其建立过程中各种导致不确定性的因素，并借助统计手段估算排放清单的不确定性范围，但是这种方法本身并不是独立的验证排放清单可靠性的手段，也就是说不能评判由于系统误差或人为原因导致的系统性偏差。如何利用不同的技术方法来验证排放清单的可靠性是近年来的热点科学问题之一。基于具有高时空分辨率的外场观测数据，利用排放比、受体模型来源解析、空气质量模型、趋势分析等方法可以对清单中的 VOCs 排放量、化学组成、来源结构和时空分布特征进行检验和校正，是一种独立的"自上而下"的清单验证手段。

本章首先汇总并比较了我国现有 VOCs 排放清单以识别其存在的问题，然后综述了基于外场观测数据检验和校正 VOCs 排放清单的技术手段，最后以北京市作为实际案例介绍 VOCs 排放清单验证研究的主要工作内容。

7.1　我国现有 VOCs 排放清单及存在的问题

VOCs 排放清单的不确定性可能体现在多个方面（如排放强度、时空分布和来源结构等），而且在很多情况下这种不确定性很难被准确量化。现有排放清单中所给出的 VOCs 排放量不确定性的计算方法是：首先根据经验认识选择一个合适的概率密度函数（通常为正态分布或对数正态分布）来描述各类排放源活动水平数据和排放因子的分布，然后借助概率统计学方法计算 VOCs 排放量的不确定性[1, 2]。总结不同研究所给出的 VOCs 排放数据并对其进行比较分析也是检验排放清单准确性的一种重要方法。本节从排放总量、化学组成和来源结构三个方面总结了文献中报道的我国人为源 VOCs 排放清单，并通过比较来初步分析我国现有人为源 VOCs 排放清单可能存在的问题。

7.1.1　我国 VOCs 排放总量

图 7-1 总结了不同研究者所计算或预测的中国地区 1970～2020 年人为源非甲烷 VOCs（NMVOCs）的年排放总量[1-12]。从图中可以看出，排放清单所给出的人

为源 NMVOCs 排放总量的不确定性主要体现在三方面：①清单自身的高不确定性。Streets 等估算 TRACE-P 清单中我国 NMVOCs 排放总量的不确定性为 $\pm159\%$[1]，Bo 等和 Wei 等估算的 2005 年 NMVOCs 排放总量的不确定性范围分别为（−36%，94%）和（−44%，109%）[2, 6]。②不同清单所计算的 NMVOCs 排放总量差异显著。以 2000 年为例，刘金凤等计算的我国 NMVOCs 的年排放量为 8.27Tg[13]，而 TRACE-P 清单中的 NMVOCs 年排放量为（17.4 ± 10.3）Tg[1]。③从时间变化趋势上来看，几个具有时间跨度的清单研究均显示在 2005 年以前中国 NMVOCs 的排放总量呈显著上升趋势，这与中国的经济快速发展、城市化水平提高、能源消耗增长和人口数量增加有关[2, 4, 7, 12]。但是，不同排放清单所预测的我国 2005~2020 年间 NMVOCs 排放总量的变化趋势存在较大差异。Wei 等和 Xing 等基于我国 2012 年及以前所出台的各类排放源的 VOCs 排放标准，预测 2020 年我国人为源 NMVOCs 的年排放量为 25.86Tg，与 2005 年的排放量（19.4Tg）相比增加 33%[10, 11]；如果采取最为严格有效的控制措施，NMVOCs 的排放量将仅增加 3.6%。但是，Ohara 等预测我国人为源 NMVOCs 的排放量在 2003 年以后将继续保持高增长速率，2020 年的排放量将达到 35.1Tg，即使在最理想的状态下（采取最严格的控制措施和最先进的处理工艺）也将达到 29.0Tg，与 2003 年的排放量相比增加 69%[7]。

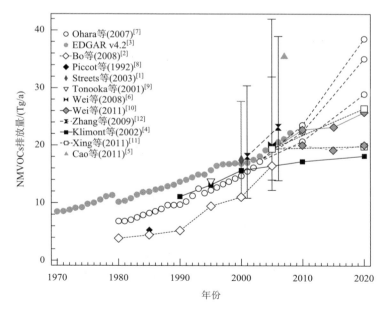

图 7-1　我国人为源 NMVOCs 年排放量[1-12]

　　交通排放是我国最重要的 NMVOCs 人为排放源之一。我国对汽车尾气排放的控制起步于 20 世纪 90 年代（国 I 前），2000 年左右颁布并实施了第一阶段（国 I）和第二阶段（国 II）机动车尾气排放标准（分别对应着欧 I 和欧 II 标准中目标污染物的浓度限值），2005 年颁布了第三阶段（国 III）和第四阶段（国 IV）机动车排放标准（分别相当于欧 III 和欧 IV 标准）。我国汽车尾气排放标准中碳氢化合物的排放限值在不断加严，在 2010 年实施的国 IV 排放标准中轻型汽车尾气碳氢化合物的排放限值为 0.10g/km，是国 I 前排放标准中排放限值的 1/20（图 7-2 所示的轻型汽油车排放标准折线）。与我国机动车尾气排放标准不断加严相对应的是机动车尾气中 NMVOCs 的排放因子在降低[12]。与此同时，我国机动车的保有量在持续上升，2010 年的机动车保有量约是 1980 年的 100 倍。图 7-2 总结了现有排放清单中所给出的我国交通源 NMVOCs 排放量[2, 4, 5, 7, 10, 12, 14, 15]。如图所示，机动车排放清单均显示在 2000 年以前（国 I 标准实施前），我国交通源 NMVOCs 的排放量呈现增长趋势，但 2000 年以后的变化趋势在不同清单之间存在差异：Klimont 等建立的清单和 EDGAR 清单均显示我国交通源 NMVOCs 排放量从 2000 年开始就呈现下降趋势[3, 4]；Zhang 等建立的 INTEX-B 清单中 2006 年交通源的排放量与 2001 年相比未呈现出明显差异[12]；其他清单中 NMVOCs 的排放量在 2000 年以后仍然呈增长趋势[2, 7, 10, 14]，但 Wei 等估计交通源 NMVOCs 排放量从 2010 年（国 IV 标准开始实施）开始下降[10]。

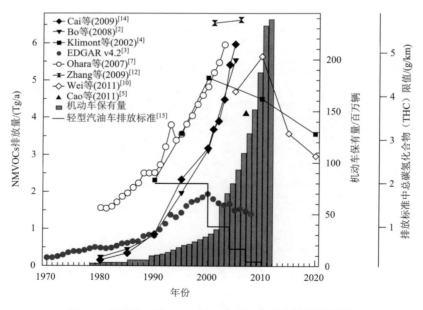

图 7-2　我国机动车 NMVOCs 年排放量[2, 4, 5, 7, 10, 12, 14, 15]

排放清单所计算或预测的污染物排放变化趋势，是跟踪减排策略和控制措施实施情况并评估其有效性的重要手段。但是，我国现有排放清单所给出的 NMVOCs 排放量变化趋势存在较大差异，这种不确定性会使得研究者或决策者在制定 NMVOCs 排放控制措施、评估或预测 NMVOCs 对空气质量或人体健康长期影响时陷入困境，因此迫切需要基于长期观测数据对现有的 NMVOCs 排放清单进行评估和验证。

7.1.2　我国人为源 VOCs 化学组成

　　VOCs 是挥发性有机化合物的总称，包含成百上千种反应活性不同的化学组分，其生成二次污染物（如 O_3 和 SOA）的能力差异显著[16]。因此，在利用空气质量模型模拟二次污染物的浓度以及探讨其生成机制时，需要输入细化到具体物种或机理物种的 VOCs 排放清单。VOCs 排放总量的物种细化是基于各个排放过程的化学成分谱。虽然，我国的学者已经针对 VOCs 源成分谱开展了一些研究工作，但是由于我国在污染源分类方法、源排放采样技术和源成分谱构建方法等方面仍没有建立起统一的标准，所以还没有建立起规范、系统、全面并及时更新的本土化源成分谱数据库。研究人员在建立 VOCs 化学组分清单时，仍然主要依赖美国 EPA 建立的 SPECIATE 源成分谱数据库的研究结果[17]。

　　TRACE-P、INTEX-B 和 REAS 清单是空气质量模型最常用的亚洲污染物排放清单[1, 7, 12]。图 7-3 总结了这三个清单中北京市 NMVOCs 排放（CBMZ 机理物种）的化学组成特征。从图中可以看出，INTEX-B 清单中乙烯所占的比例（16%）显著高于另外两个清单的结果（7%～8%），而 C_2 以上的烷烃所占的比例略低（41%）；TRACE-P 清单中烷烃所占的比例为 56%，而烯烃的比例（13%）低于另外两个清单（19%～23%）；REAS 清单中 C_2 以上醛类所占的比例为 7%，而另外两个清单

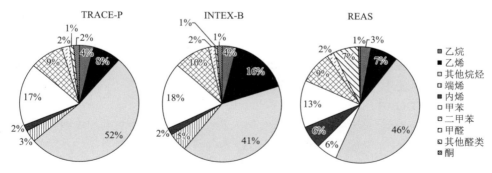

图 7-3　TRACE-P、INTEX-B 和 REAS 排放清单中北京市 NMVOCs 的化学组成
（CBMZ 机理物种）[1, 7, 12]

中 C$_2$ 以上醛类仅占 1%。烯烃、芳香烃和醛类化合物是影响近地面 O$_3$ 生成的关键物种[18]，而芳香烃和高碳烷烃则是 SOA 的重要前体物，因此清单中 VOCs 化学组成的不确定性会直接影响到化学传输模型模拟或预测 O$_3$ 和 SOA 浓度的准确性，而且会影响对 O$_3$ 和 SOA 主要前体物的识别，进一步影响相关污染物有效控制措施的制定。

7.1.3　我国人为源 VOCs 来源构成

源清单法是现在常用的 VOCs 来源分析技术之一，可以给出具体排放过程对总 VOCs 排放量的相对贡献。由于不同研究组所建立的 VOCs 源清单所采用的来源分类方式有所不同，因此在比较不同清单所给出的 VOCs 来源构成时需要谨慎处理。TRACE-P 和 INTEX-B 排放清单中 VOCs 的排放过程被分为四大类：分为交通源（transportation）、工业源（industry）、居民源（residential）和电厂（power）排放[1, 12]；而 Bo 等建立清单中将 VOCs 排放过程分为机动车、工业排放、溶剂和涂料的使用、石油的储存和运输、化石燃料的燃烧和生物质燃烧等其他源[2]。尽管 VOCs 的来源分类存在一定的差异，但现有的清单研究均表明交通源、溶剂和涂料使用、工业源和居民源是我国最重要的四类 VOCs 排放源。图 7-4 和图 7-5 总结了清单中所给出的交通源、溶剂和涂料使用、居民源和工业源对人为源 NMVOCs 总排放量的相对贡献率。

交通源排放：①交通源排放的相对贡献率在各清单中存在显著差异。以 2000～2001 年为例，INTEX-B、REAS 清单和 Klimont 等建立的清单中交通源的相对贡献率比较接近，为 32%～35%[4, 7, 12]；TRACE-P 和 Bo 等建立的清单中交通源的相对贡献率为 27%～28%[1, 2]；而 EDAGR 清单中给出的交通源的贡献率仅为 12%[3]。②从趋势上来看：在 2000 年前，EDGAR、REAS、Bo 等和 Klimont 等建立的清单中交通源的相对贡献率呈现增长趋势[2-4, 7]；在 2000～2010 年间，Bo 等和 Wei 等建立的清单显示交通源的相对贡献率仍然呈增长趋势[2, 10]，而 INTEX-B、EDGAR 清单和 Klimont 等建立的清单却认为交通排放的相对贡献率从 2000 年开始呈现下降趋势[3, 12, 19]，这与 2000 年后机动车排放标准中 THC 排放限值在不断加严有关[15]。

溶剂和涂料使用（solvent & paint usage）：①相对贡献率：Bo 等建立的清单中溶剂和涂料使用对人为源 NMVOCs 总排放量的相对贡献率在 1990 年以前大于25%[2]，而 EDGAR、REAS 清单和 Klimont 等建立的清单却显示溶剂和涂料使用的贡献率仅为 10%～15%[3, 4, 7]。②从趋势来看：Bo 等计算的溶剂和涂料使用的相对贡献率从 1985 年开始呈现明显下降趋势[2]，而其他清单的结果却显示溶剂和涂料源的相对贡献率在增加。EDGAR 清单中涂料和溶剂使用对人为源 NMVOCs 排放的相对贡献率在 2002 年以后的增长趋势明显放缓，可能与我国从 2002 年开始实施涂料类 VOCs 排放标准有关［见图 7-4（b）中绿色折线］。

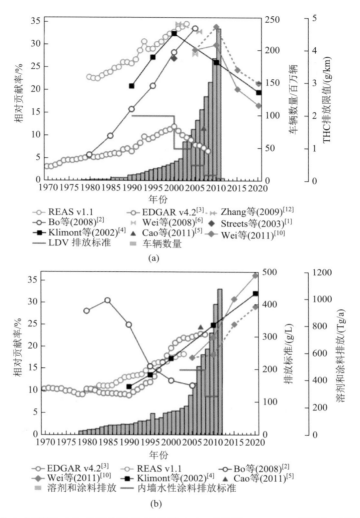

图 7-4　清单中交通源（a）和溶剂和涂料使用（b）对我国 NMVOCs 排放相对贡献率[1-6, 10, 12]

　　居民源排放：在讨论居民源对 VOCs 排放的贡献之前，需要说明的是图 7-5（a）中的居民源所包含的人为排放过程在不同的清单中略有不同：EDGAR 清单中的居民源包括住宅、商业和公用机构的固定燃烧过程排放，以及农业、林业和渔业生产过程中的排放[3]；REAS 清单中将民用和工业固定燃烧过程归为一类，但由于工业燃烧过程排放的 NMVOCs 较少，因此该类源的贡献主要来自民用过程[7]；TRACE-P 和 INTEX-B 清单中的民用源虽然也考虑一些非燃烧排放（如民用溶剂的使用），但还是以燃烧过程的排放为主[1, 12]。综上所述，图 7-5（a）中的民用源排放实际上主要反映的是民用燃烧过程对 NMVOCs 排放的贡献。EDGAR、REAS 清单和 Klimont 等建立的清单均显示在 1990 年以前居民源是我国最重要的

NMVOCs 排放源（相对贡献率＞50%）[3, 4, 7]。随着我国城市化水平的提高、机动车保有量的增加和工业的快速发展，民用燃烧过程对 NMVOCs 排放总量的相对贡献率在逐年降低。到 2005 年左右，居民源对 NMVOCs 排放总量的相对贡献率为 25%～40%，不同清单所给出的结果差异明显。

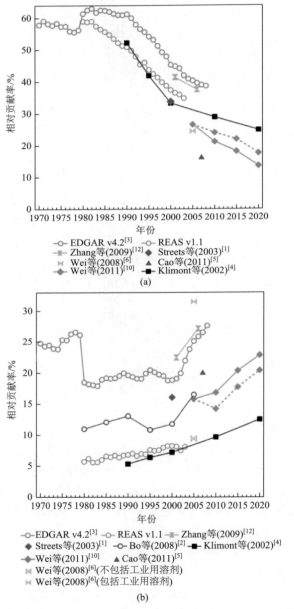

图 7-5　居民源（a）和工业源（b）对 NMVOCs 的相对贡献率[1-6, 10, 12]

工业源排放：在进行清单之间的比较之前，需要指出的是 TRACE-P 和 INTEX-B 清单中没有将溶剂和涂料使用作为单独的一类排放源，而是将工业上溶剂的使用和其他工业过程排放都归入工业源[1, 12]。从图中可以看出，不同清单所计算的工业排放相对贡献差异显著。以 2000 年为例，EDGAR 清单显示工业排放（不包括工业用溶剂）贡献了 19%的 NMVOCs 排放量[3]，而在 REAS 清单和 Klimont 等建立的清单中工业排放的相对贡献率仅为 7%~8%[4, 7]，Bo 等计算的结果（12%）介于二者之间[2]。从趋势上来看，现有清单均显示工业过程排放对我国人为源 NMVOCs 的贡献率在 2000 年以后呈现显著上升趋势。

7.1.4　我国典型地区人为源 VOCs 的空间分布

空间分配是指将覆盖范围大且不规则的排放数据转化成空间分辨率高的网格化数据。在利用化学传输模型对不同尺度的空气污染问题进行模拟和分析时，需要输入具有相应空间分辨率的排放数据[1]。排放清单建立过程中通常是将区域排放数据（通常是县级或市级行政区）按照预生成的空间分配因子利用源处理模型（如 SMOKE）或者地理信息系统（GIS）分到具体的网格中。影响污染源空间分配因子的变量或者参数是根据污染源排放特征来确定的，详见表 7-1。

表 7-1　不同类型污染源排放数据的空间分配参数

排放源的类型	空间分配参数
点源（如电厂）	按工厂规模或者生产量分配到所在的网格
线源（如交通源）	交通网络或者轮船航道信息，如道路类型等
面源（如居民源）	人口数量或者土地覆盖和土地利用类型

Zhao 等比较了 IPAC-NC、EDGAR 和 INTEX-B 清单中华北地区 VOCs 排放强度的空间分布特征[20]，发现在 IPAC-NC 和 EDGAR 清单中北京市 NMVOCs 排放强度的最高值出现在中心城区，而在 INTEX-B 清单中 NMVOCs 排放强度最高值出现在房山区。造成清单中 VOCs 排放强度空间分布特征不确定性的因素可能有三个：①清单中对 VOCs 来源构成的认识就存在很大的不确定性。在 INTEX-B 清单中工业排放贡献了北京市人为源 NMVOCs 排放量的 41%，而 IPAC-NC 清单中工业排放的贡献率仅占 3%，这可能是造成 INTEX-B 清单中 NMVOCs 排放强度在房山地区（大型石化企业所在地）出现最高值的重要原因。②空间分配参数的选择不合理。③用于计算空间分配因子的统计数据自身的不确定性。

7.1.5　小结

通过本节的总结和分析可以发现，不同研究者利用"自下而上"方式建立的我国人为源 VOCs 排放清单在排放量（排放总量、变化趋势和化学组成）、来源构成和时空分布等方面存在着显著的差异，反映出我国 VOCs 排放数据的不确定性。但是，仅通过清单之间的比较分析，很难对已有清单的准确性进行评判。因此，亟须基于 VOCs 外场观测数据利用"自上而下"方式来获得 VOCs 的排放信息，对现有的排放数据进行检验和校正。借助这种方式可以识别出清单建立过程中潜在的一些问题，指导排放清单的后续改进，提高排放数据的准确性，为空气质量预报预警和控制策略的制定提供支撑。

7.2　基于外场观测的 VOCs 排放清单校正方法

外场观测到的 VOCs 环境浓度（$\mu g/m^3$）是目标污染物排放进入大气中后经历一系列物理（传输/混合/干湿沉降）和化学转化之后的综合效果，而排放清单给出的是目标化合物来自各个污染源的排放量（Gg/a），因此二者不能直接进行比较。如何建立外场观测浓度与排放数据的联系是利用观测数据检验和校正 VOCs 排放清单的关键。表 7-2 总结了能够建立 VOCs 环境浓度与排放信息之间联系的主要方法。绝对排放研究（质量守恒法和通量测量法）和相对排放研究（排放比法）能够基于观测到的 VOCs 浓度或比值计算目标污染物的排放量；空气质量模型法（正向模拟和反向模拟）能够联系 VOCs 的排放强度与在大气中的浓度，通过设计一定的模拟方案可以实现对 VOCs 排放量、来源构成和空间分布的多方面验证；受体模式可以解析各类源对 VOCs 排放的相对贡献，但不能给出 VOCs 排放量的绝对值；环境大气中 VOCs 浓度变化趋势的分析则主要用于检验清单中所给出的VOCs 排放量的变化趋势。

表 7-2　利用观测数据检验和校正 VOCs 排放清单的方法

验证清单的方法	排放量	来源结构	空间分布
绝对排放（质量守恒、通量）	√		
空气质量模型（正向、反向）	√	√	√
相对排放研究（排放比）	√		
受体模型		√	
趋势分析	√		

7.2.1　绝对排放研究

1. 区域观测——盒子模型（质量守恒法）

具有高空间分辨率的多站点 VOCs 区域观测能够直观给出 VOCs 环境浓度的空间分布特征，帮助识别 VOCs 浓度高值区，发现被忽视或者被低估的排放源，是验证或探讨 VOCs 来源及其排放强度空间分布特征的一种方式。VOCs 区域观测已经在世界各地开展了很多，但大部分观测都是利用花费较低且易于实现的被动采样器（填有吸附材料的玻璃管或者不锈钢管）来采集环境大气中的部分 VOCs[21, 22]。但被动采样法有明显的缺点，如采样时间过长（通常是几天或者更长时间）、采样体积不够准确、对高挥发性或者不稳定性化合物的吸附效率有限和摄取速率易受环境条件的影响（如气温、气压）等[23, 24]。用不锈钢罐（canister）代替被动采样器在多站点采集全空气样品（whole air sample，WAS）是解决这些问题的有效方法。采集到的全空气样品可以用气相色谱-质谱法分析 $C_2 \sim C_{11}$ NMHCs、CO、甲烷、卤代烃和烷基硝酸酯等上百种化合物。

在获得准确可靠的区域观测数据的基础上，可以利用盒子模型（质量守恒法）计算所研究区域的 VOCs 排放量。基本假设：①所研究水平区域（如某城市）是一个 $L \times W$（长×宽）的长方形，其中 L 与风向平行；②水平风速 u 和风向在整个盒子中是一致的；③污染物进入盒子后会迅速进行充分混合，污染物浓度是均匀的；④垂直方向没有污染物的交换。计算公式如下：

$$q = \frac{H}{L}[u(c-b)] + cH/\tau \qquad (7\text{-}1)$$

式中，q 为单位面积排放速率[$g/(m^2 \cdot s)$]；H 为混合层高度（m）；L 为研究区域沿风向方向的长度（m）；u 为风速（m/s）；c 为污染物的环境浓度（g/m^3）；b 为污染物的背景浓度（g/m^3）；τ 为目标 VOCs 物种的大气寿命或者传输时间（s），计算公式为 $\tau = 1/(k_{OH}[OH] + k_{O_3}[O_3])$，其中 k_{OH} 和 k_{O_3} 分别为 VOCs 物种与 OH 自由基和 O_3 的反应速率常数[$cm^3/(molecule \cdot s)$]，[OH]和[O_3]分别为 OH 自由基和 O_3 的环境浓度（$molecule/cm^3$）。

尽管在现实情况中这些假设条件不可能完全满足，但该方法由于简便实用，仍被广泛地应用于 VOCs 排放量的初步估算[25-28]。Chen 等利用盒子模型估算出智利的圣地亚哥城区汽油车尾气的溴甲烷年排放量为 8.9t[25]；另外，Chen 等还发现 LPG 泄漏是该地区 NMHCs 的重要来源，约有 5%的在售 LPG 会通过挥发排放进入大气中[28]。Katzenstein 等在美国西南地区进行的区域观测发现该地区受石油和天然气工业的影响环境大气中低碳烷烃呈现出高浓度水平，并利用盒子模型计算的甲烷年排放量为 400 万～600 万 t，乙烷的排放量为 30～50Tg，高于排放清单给出的排放量[26]。

2. 通量测量——涡度相关技术[eddy covariance (EC) technique]

基于同步进行的垂直风速和 VOCs 环境浓度的高时间分辨率测量，可以利用涡度相关的方法计算所研究地区 VOCs 物种 χ(χ 为浓度)的排放通量$[F_\chi, \mathrm{g/(m^2 \cdot s)}]$：

$$F_\chi(\Delta t) = \frac{1}{N}\sum_{i=1}^{N}\omega'(i - \Delta t/\Delta t_\omega)\chi' \tag{7-2}$$

式中，χ'（$\chi' = \chi - \bar{\chi}$）和 ω'（$\omega' = \omega - \bar{\omega}$）分别为垂直方向上的化合物 χ 浓度（$\mathrm{g/m^3}$）和风速（m/s）脉动；Δt 为风速测量和 VOCs 测量的时间间隔（s），Δt_ω 为垂直风速测量的采样间隔（s）；N 为某一平均时间段内所测到的 χ 浓度数据的总数。

Langford 等在伦敦和曼彻斯特利用质子转移质谱（PTR-MS）获得了高时间分辨率的 VOCs 浓度数据，然后利用涡度相关技术计算芳香烃、OVOCs 和异戊二烯的排放通量并与 NAEI 清单中的结果进行比较，发现芳香烃类化合物与源清单的结果较为符合（偏差<50%），而 OVOCs 和异戊二烯的排放则在 NAEI 源清单中被显著低估[29]。

7.2.2　相对排放研究——排放比法

假设 VOCs 从源排放进入大气后，首先经历混合、稀释、扩散等物理过程，待混合均匀后，再经历光化学反应过程。VOCs 相对于某一参比化合物（Ref）的排放比（emission ratio，ER，ppbv/ppbv）被定义为 VOCs 和参比化合物经过混合等物理过程但未经历光化学过程的浓度比值。基于排放比这一概念，结合已知的参比化合物排放量可以计算目标 VOCs 的排放量，见下式：

$$E_{\mathrm{VOCs}} = E_{\mathrm{Ref}} \times \mathrm{ER}_{\mathrm{VOCs}} \times \mathrm{MW}_{\mathrm{VOCs}}/\mathrm{MW}_{\mathrm{Ref}} \tag{7-3}$$

式中，E_{VOCs} 和 E_{Ref} 分别为 VOCs 物种和参比化合物的年排放量（g）；$\mathrm{MW}_{\mathrm{VOCs}}$ 和 $\mathrm{MM}_{\mathrm{Ref}}$ 分别为 VOCs 和参比化合物的相对分子质量。外场测量到的 VOCs 物种与参比化合物的浓度比值是排放、光化学过程和稀释扩散等过程综合作用的结果。参比物种的选择和如何根据观测到的浓度比值计算目标 VOCs 物种的排放比是该方法的关键。

1. 参比化合物的选择

在主要受人为活动影响的城市地区或郊区，环境大气中 VOCs 浓度常与 NO_x 和 CO 浓度呈现出显著的相关性，表明这三类化合物的排放具有同源性，而机动车排放被认为是其最重要的来源[30, 31]。因此，CO 和 NO_x（或 NO_y）是计算城市地区 VOCs 排放比时最常用的两种参比化合物。由于 NO_x 会与大气中的氧化剂（如 OH 和 NO_3 自由基）发生反应生成硝酸并通过沉降过程去除，因此尽管 VOCs 与 NO_x 的比值是检验清单准确性的常用指标，但在基于观测数据估算 VOCs 排放量的研究中大多是采用 CO 作为参比化合物[32, 33]，这是因为：①CO 来源相对单一清晰，主要来自化石燃料或生物质燃料的不完全燃烧排放，因此其人为源排放量可以通过统计能源消耗数据进行计算；②针对 CO 排放清单的检验和校正研究开展得较多，因而其清单的不确定性要比 VOCs 排放清单的不确定性低；③CO 的大气寿命较长 $[k_{OH} = 10^{-13} cm^3/(molecule \cdot s)]$，因此可以忽略光化学消耗对 CO 浓度的影响。此外，苯、乙炔、乙烷等低活性 VOCs 物种也常被用作参比化合物。

2. VOCs 排放比的计算

环境大气中的 VOCs 会通过光化学反应去除或者生成，因此 VOCs 与参比化合物的浓度比值会随着光化学反应的进行而发生变化。计算 VOCs 排放比的关键是要规避或者校正光化学反应对 VOCs 比值的影响。现有的 VOCs 排放比计算方法有三种：直接线性拟合法、基于 OH 自由基暴露量的方法和 PMF 来源解析-线性拟合法。

1）直接线性拟合法

筛选排放剧烈但光化学反应较弱时段（如清晨或冬季）的 VOCs 与参比化合物观测数据直接进行正交线性回归，拟合出的斜率即为 VOCs 排放比[30, 32, 34]。

2）基于 OH 自由基暴露量的方法

由于 VOCs 反应活性强，因此其环境浓度和化学组成不可避免地会受到光化学反应的影响（尤其是在光照强烈的夏季白天）。但是，只要采用合适的方式来校正光化学反应的影响，仍然可以从外场观测数据获取 VOCs 来源及排放特征信息。在城市大气中，OH 自由基的氧化过程是 VOCs 在白天的主要反应途径[35]。假设 VOCs 的排放只发生在 t_E 时刻，不考虑不同老化程度气团之间的混合，则在理想的独立气团中碳氢化合物（HC）和 CO 与 OH 自由基的氧化反应可用公式（7-4）和公式（7-5）来描述：

$$[HC]_{t_M} = [HC]_{t_E} \exp(-k_{HC}[OH]\Delta t) \tag{7-4}$$

$$[CO]_{t_M} = [CO]_{t_E} \exp(-k_{CO}[OH]\Delta t) \tag{7-5}$$

式中，t_M 为实际观测时刻；t_E 为 VOCs 排放进入大气中的时刻（即光化学龄等于 0 的时刻）；k_{HC} 和 k_{CO} 分别为碳氢化合物 HC 和 CO 与 OH 自由基的反应速率常数 $[cm^3/(molecule \cdot s)]$；[OH]为大气中 OH 自由基的平均浓度（$molecule/cm^3$）；$\Delta t$ 为气团的光化学龄，即观测时刻和排放时刻的差（$t_M - t_E$）。在很多研究中，将

$[OH]\Delta t = \int_{t_E}^{t_M}[OH]dt$ 作为一个整体，定义为 OH 自由基暴露量。将公式（7-4）和

公式（7-5）相除得到碳氢化合物排放比的计算公式：

$$\frac{[HC]_{t_M}}{[CO]_{t_M}}=\frac{[HC]_{t_E}}{[CO]_{t_E}}\times\exp\left[-(k_{HC}-k_{CO})[OH]\Delta t\right]=ER_{HC}\times\exp\left[-(k_{HC}-k_{CO})[OH]\Delta t\right] \quad (7\text{-}6)$$

大气中的 OVOCs 不仅会受到光化学消耗的影响，还可以通过光化学反应生成。de Gouw 等建立了基于 OH 自由基暴露量的参数化公式来描述 OVOCs 浓度与排放比和光化学反应之间的关系[36]：

$$[OVOCs]_{t_M}=ER_{OVOCs}\times[CO]_{t_M}\times\exp\left[-(k_{OVOCs}-k_{CO})[OH]\Delta t\right]+ER_{precursor}$$
$$\times[CO]_{t_M}\times\frac{k_{precursors}}{k_{OVOCs}-k_{precursors}}\times\frac{\exp(-k_{precursors}[OH]\Delta t)-\exp(-k_{OVOCs}[OH]\Delta t)}{\exp(k_{CO}[OH]\Delta t)}$$
$$+[biogenic]+[background]$$

$$(7\text{-}7)$$

式中，k_{OVOCs} 和 $k_{precursors}$ 分别为 OVOCs 和其对应的前体物与 OH 自由基的反应速率常数。第一项描述的是一次排放的 OVOCs 在大气中的消耗，第二项描述的是 OVOCs 在大气中的生成及这一部分 OVOCs 的消耗，第三项和第四项则分别描述来自生物排放和背景大气的 OVOCs 浓度。

3）PMF 来源解析-线性拟合法

将 VOCs 和参比化合物 CO 的测量数据输入 PMF 模型进行因子分析，获得新鲜人为源贡献的 VOCs 和 CO 浓度，然后再进行正交线性拟合，拟合斜率即为 VOCs 相对于 CO 的排放比。Bon 等和 Yuan 等利用 PMF 模型解析出与一次新鲜排放有关的因子（即"新鲜一次排放"因子），然后利用这些因子的化学组成计算各 VOCs 物种的排放比[37, 38]。

3. 排放比方法的局限性及不确定性来源

基于外场观测获得的排放比来计算 VOCs 的排放量的局限性及不确定性来源主要包括：①VOCs 排放比反映了观测站点周边区域在整个观测期间 VOCs 的整体排放特征，因此不能用来诊断 VOCs 排放的时空分布特征。②利用简单模型来描述光化学过程和稀释扩散等物理过程对 VOCs 比值的影响，并基于此推算 VOCs 的排放比，会因一些人为假设而引入误差。例如，长寿命物种会受到背景浓度（老化气团）的影响，而活性强的物种则会受到新鲜排放气团的影响。③排放比的时空代表性：观测数据通常是在某一时间段内在有限的站点上测量得到的，而源排放清单所给出的结果通常是整个研究区域全年的排放量，因此基于观测数据计算

得到的 VOCs 排放比是否能够反映整个研究区域的 VOCs 全年排放特征也是影响该方法准确性的重要因素。④建立源排放清单的基准时间与外场观测时间不能对应。⑤选用 CO 作为参比物种时，若气团仍未混合均匀，则有可能会低估非燃烧源（如溶剂源、LPG 或汽油挥发源）对 VOCs 的贡献。⑥参比物种（如 CO 或 NO_x）排放数据的不确定性。

7.2.3　环境大气中 VOCs 浓度或比值的趋势分析

对大气中的 VOCs 浓度和化学组成进行长期测量并分析其变化趋势是检验清单中得出的 VOCs 排放量、化学组成和来源构成变化趋势，并评估控制措施执行情况和有效性的重要手段。Parrish 比较了 1984～1988 年在 71 个城市和 1999～2005 年在 28 个城市测量的 VOCs 环境浓度，发现在这十几年间美国城市大气中 VOCs 代表物种（包括乙炔、苯、乙烯、甲苯和正己烷）的浓度下降大约一个数量级，与清单中给出的下降幅度差异显著：美国 EPA 建立的清单中 2006 年 VOCs 的排放量与 1985 年相比约下降了 65%，而 EDGAR 清单中 VOCs 的排放量在 1995 年以前呈增长趋势，1995 年后开始下降，2000 年的 VOCs 排放量比 1985 年仅下降了 15%[39]。

外场观测获得的 VOCs 比值的变化趋势可以用来检验排放清单中 VOCs 化学组成动态变化。Fortin 等总结了 1975～2005 年间观测到的大气中苯与乙炔的比值，发现在 1994 年以前苯与乙炔浓度比缓慢上升（从 1975 年的 0.23 增加至 1994 年的 0.33），在 1994 年以后呈现下降趋势（从 0.33 降至 0.15 左右，约下降了 56%）[40]。Parrish 将观测到的苯与乙炔的浓度比与清单中的排放比进行比较，发现清单中的苯与乙炔的排放比是浓度比的 3～4 倍，变化趋势也与浓度比的变化趋势存在差异：清单中苯与乙炔的排放比在 1994 年以前就已经呈下降趋势。尽管排放清单和观测数据都显示苯/乙炔在 1995 年以后呈下降趋势，但大气中苯/乙炔的下降主要是由苯的环境浓度下降造成的，而清单中苯的排放量未呈现出明显下降，苯/乙炔的下降主要是由清单中乙炔排放量的增加而导致的[39]。

7.2.4　空气质量模型

空气质量模型可以模拟对流层大气中污染物的排放、传输、化学反应以及干湿沉降去除等过程，从而可以将污染物的排放数据与环境浓度联系起来。将 VOCs 排放数据输入到空气质量模型中模拟 VOCs 浓度并与实测浓度进行比较是检验 VOCs 排放清单准确性的重要方法之一[41-43]。

1. 正向模拟

正向模拟是研究者根据对排放清单的经验认识和 VOCs 模拟浓度与观测浓度的初步比较，人为调整 VOCs 的排放数据（如排放总量、物种组成和来源结构），使模拟浓度与观测浓度不断逼近。正向模拟法与下面要介绍的反向模拟方法在思路是基本一致的，但正向模拟法不需要反向数值计算模块，较为简便易行，应用也较为广泛。该方法的缺点是：①需要研究者对源清单中可能存在的问题有初步判断；②未考虑很多非线性过程；③难以处理多种不确定性耦合的情况。

West 等将 VOCs 和 NO$_x$ 排放数据输入空气质量模型并模拟其浓度，发现 VOCs 的模拟浓度显著低于实测浓度，因此将 VOCs 排放量分别乘以 2、3 和 4，然后再模拟其浓度。当 VOCs 排放量乘以 3 时，NMHCs 和 O$_3$ 的模拟浓度与观测浓度符合最好。而且针对其他可能造成模拟浓度和观测浓度不符的因素（如气象条件、边界和初始条件、排放的时空分布、VOCs 的物种分化和 VOCs 测量等）进行敏感性分析，发现这些不确定性因素都不足以解释模拟和观测浓度之间如此显著的差异，说明排放清单对 VOCs 排放量的低估是造成模拟浓度显著低于观测浓度的重要原因[44]。Chen 等将模拟的 VOCs 浓度与光化学监测站点（PAMS）的观测浓度进行比较，发现不同的 VOCs 物种呈现出不同的表现：17 个 VOCs 物种模拟值与实测值符合较好；26 个 VOCs 物种的模拟值低于观测值；10 个 VOCs 物种的模拟值高于观测值；另外有 2 个 VOCs 物种在排放清单中未给出排放数据。这说明排放清单中 VOCs 的物种细化存在较大的问题，这是因为现在大部分地区 VOCs 排放清单的建立仍然要依赖于美国 EPA 化学成分数据库的研究结果，而实际上 VOCs 排放特征会受到当地经济发展水平和生活习惯的影响，进而导致现有清单中 VOCs 的物种细化存在较大不确定性[41]。

2. 反向模拟

与正向模拟的思路一样，反向模拟也是通过对外场观测和模型模拟结果的比较分析来校正污染物的排放量。反向模拟能够有效地校正污染物的排放量及其排放强度的空间分布，对科学理解污染物的排放特征并制定合理的对策具有重要的意义，但是这种方法的应用受到模型自身不确定性的限制。反向模拟是将观测数据和模拟数据不吻合的原因完全归咎于目标污染物排放数据的不确定性，而实际上气象条件的输入、边界条件和初始条件的设置、模型的物理和化学传输与转化以及反演算法都有可能造成模拟浓度与观测浓度的不符，因此在对排放数据进行反向校正之前应该先进行敏感性分析来确定排放数据是否是导致模拟值和观测值存在差异的最敏感因素[45]。

基于污染物的环境浓度对其源排放数据进行校正的反演算法有很多种，包括逐步订正法、最优插值法、四维变分法和卡尔曼滤波/平滑等。其中卡尔曼滤波法是现在应用最为广泛的反演算法之一，其计算原理可以用公式（7-8）来表示：

$$\overline{E}_{k+1} = \overline{E}_k + G_k(\overline{\chi}^{\text{obs}} - \overline{\chi}^{\text{mod}}) \tag{7-8}$$

式中，$\overline{E}_{k+1}$ 和 $\overline{E}_k$ 分别为迭代步数为 $k+1$ 和 k 时目标化合物的排放矢量；$\overline{\chi}^{\text{obs}}$ 和 $\overline{\chi}^{\text{mod}}$ 则分别为目标化合物观测浓度和模拟浓度矢量；G_k 为联系目标化合物排放数据和大气浓度的增益矩阵（被定义为浓度的改变所对应的源排放数据的改变），其定义和计算方法见公式（7-9）和公式（7-10）：

$$G_k = C_k P^{\text{T}} (P C_k P^{\text{T}} + N)^{-1} \tag{7-9}$$

式中，P 为雅可比矩阵［浓度改变对排放的偏导数或者说是模型推算出用来描述观测公式（7-10）］；C_k 为排放场误差的协方差矩阵，其迭代公式为式（7-10）；N 为噪声（包括观测浓度和模型自身的不确定性）。

$$C_{k+1} = C_k - G_k P C_k \tag{7-10}$$

利用卫星反演的甲醛、乙二醛和甲基乙二醛柱浓度数据可以"自上而下"评估和校正前体物 VOCs 的排放数据，包括排放量、来源构成和时空分布。在稳态和不考虑水平传输的条件下，甲醛（HCHO）的垂直柱浓度与其前体物的排放线性相关：

$$\Omega = \frac{1}{k_{\text{HCHO}}} \sum_i Y_i E_i \tag{7-11}$$

式中，Ω 为甲醛的垂直柱浓度（molecule/cm^2）；k_{HCHO} 为甲醛光解反应和氧化反应的一级消耗速率；E_i 为 VOCs 物种 i 的排放量；Y_i 为物种 i 的甲醛产率。

Fu 等利用 GOME 卫星反演的东亚和南亚地区甲醛柱浓度作为约束条件来校正甲醛前体物 VOCs 的排放数据。甲醛的前体物主要包括烯烃（乙烯、异戊二烯和其他烯烃）和芳香烃（二甲苯），主要来自人为活动排放、生物质燃烧和生物排放。将 GEOS-Chem 模型模拟的甲醛柱浓度与卫星观测到的甲醛柱浓度进行比较，发现冬季卫星观测值要显著高于模拟值，推断是甲醛的一次来源或者甲醛前体物的排放强度在清单中被低估造成的。将利用甲醛柱浓度校正后的甲醛前体物 VOCs 的排放强度与清单进行比较，发现校正的生物质燃烧和生物源的 VOCs 排放强度显著高于原始清单中的结果[46]。Tang 等基于 O$_3$ 观测数据利用集合卡尔曼滤波法校正北京及其近周边地区 O$_3$ 前体物（VOCs 和 NO$_x$）的排放强度，研究结果发现北京市 VOCs 排放强度可能在排放清单中被高估，而 NO$_x$ 排放强度则可能被低估[47]。需要特别说明的一点是：在已有的反向模拟研究中，多是采用卫星观测的甲醛或乙醛柱浓度和地面观测的臭氧浓度作为约束条件来校正其前体物 VOCs 的排放。但是，由于 VOCs 与这些二次产物之间并不是简单的线性关系，而且这些二次产物的反应机制也仍然存在不确定性，因此这种处理方式可能会将一些其他因素导致的二次产物模拟值与观测值之间的偏差归因于排放数据的误差。

7.2.5　受体模型来源解析

受体模型是基于排放源和受体点（即环境大气中）的 VOCs 化学组成，解析各类污染源对环境大气中 VOCs 浓度的相对贡献。受体模型必需的输入数据是测量获得的 VOCs 浓度和化学组成，不依赖于排放因子、活动水平和气象条件，是一种典型的基于 VOCs 外场观测的"自上而下"来源解析方法，可以用于检验"自下而上"排放清单所给出的 VOCs 来源结构。化学质量平衡模型和正交矩阵因子分析是最为常用的两种受体模型。这两种受体模型的计算原理以及一些应用实例已经在第 5 章进行了详细介绍，在此不在赘述。

从 20 世纪 90 年代初开始，受体模型已经被应用于排放清单中 VOCs 来源构成的验证。表 7-3 总结了 1992 年到 2008 年利用受体模型验证城市地区 VOCs 源清单的部分研究结果。从表中可以看出，机动车排放和溶剂涂料使用是城市大气中 VOCs 最重要的两类来源，是用受体模型验证源清单时最关注的两类排放源。在以机动车排放为主导的城市地区，排放清单倾向于低估机动车排放的贡献，而高估溶剂和涂料的贡献[48-52]；而在受化工排放影响的地区，清单中给出的化工源的相对贡献存在较大的不确定性[53-55]。

表 7-3　受体模型法验证排放清单中 NMVOCs 的来源构成

参考文献	时间和地点	受体模型	主要内容及结论
Harley 等（1992）[50]	1986～1987 年，洛杉矶地区	CMB	源清单中低估了汽油挥发对大气中 NMHCs 的贡献
Fujita 等（1994）[48]	1987 年，加利福尼亚南部地区	CMB	机动车排放的贡献在源清单中被低估，因为排放模型给出的排放因子偏低（为 $\frac{1}{4}\sim\frac{1}{2}$）
Fujita 等（1995）[49]	1990 年，加利福尼亚圣华金（San Joaquin）山谷和旧金山海湾地区	CMB	机动车排放的贡献在源清单中被严重低估
Scheff 和 Wadden（1993）[56]	1987 年，芝加哥地区	CMB	源解析结果与源清单结果基本一致，源清单略微低估石油精炼的贡献
Kenski 等（1995）[54]	1984～1988 年，得克萨斯州的底特律、芝加哥和博蒙特；亚特兰大；华盛顿特区	CMB	CMB 解析出的机动车贡献与 EPA 源清单给出的结果基本一致；精炼厂的贡献在源清单中被低估
Scheff 等（1996）[55]	1988～1993 年，密歇根东南部臭氧研究（SEMOS），底特律地区	CMB	底特律地区源解析和源清单两种方法获得的机动车排放、建筑涂料和炼焦炉对 NMVOCs 的贡献基本一致；石油精炼和广告涂料行业的贡献在源清单中被低估
Choi 等（2006）[57]	1997 年，马里兰州、华盛顿特区和新泽西地区	UMIX	机动车源的贡献可能被高估，或者乙烯有其他来源；溶剂源的贡献在源清单中被高估

参考文献	时间和地点	受体模型	主要内容及结论
Buzcu-Guven 和 Fraser（2008）[53]	2000 年，休斯敦地区	PMF	源解析结果和源清单结果基本一致；一些工业排放过程可能不太准确
Niedojadlo 等（2007）[51]	2001~2003 年，德国伍珀塔尔地区	CMB	CMB 解析结果显示交通源是最主要的VOCs 来源；溶剂源的贡献仅为23%，与2003 年德国源清单的结果差异显著（溶剂使用的贡献为 53%，交通源的贡献仅为 14%）
Niedojadlo 等（2008）[52]	2001~2003 年，德国伍珀塔尔和波兰弗罗茨瓦夫地区	CMB	源清单中机动车排放的贡献被低估，而溶剂源的贡献被高估

7.3　我国典型地区人为源 VOCs 排放清单的验证（以北京市为例）

7.3.1　人为源 VOCs 排放总量及化学组成

利用 7.2 节介绍的排放比和盒子模型两种技术手段分别计算北京市各 VOCs 物种的排放量，并比对两种方法的计算结果。在此基础上，与现有排放清单提供的人为 VOCs 排放总量和化学组成进行比较，并探讨存在偏差的原因。

1. 基于排放比计算北京市人为源 VOCs 排放量

7.2.2 小节介绍到利用排放比方法计算 VOCs 排放量的关键是参比化合物的选择和光化学过程的校正。本研究中选择 CO 作为参比化合物主要有两方面的原因：①机动车尾气是北京市最重要的 VOCs 排放源，CO 与大部分人为源 VOCs 物种呈现显著正相关[58, 59]；②CO 的源排放清单相比较 VOCs 的清单而言更加准确。已有研究基于外场观测数据利用反向模型对北京及其近周边地区的 CO 排放清单进行校正[60]。

北京市 VOCs 与 CO 的环境浓度（包括区域观测和北大点在线观测数据）作为一个数据集合，除异戊二烯以外的其他 VOCs 化合物均与 CO 浓度显著相关（$p < 0.01$）。乙烯、乙炔、乙烷和苯与 CO 的相关性最强（$r > 0.80$），另外，甲烷、$C_3 \sim C_5$ 烯烃、甲苯和 $C_3 \sim C_8$ 的烷烃也呈现出强相关性（$r > 0.60$），相关性相对较弱的是 $C_8 \sim C_9$ 芳香烃、羰基化合物和卤代烃。造成这些 VOCs 物种与 CO 相关性相对较差的原因主要有两个：①卤代烃和 $C_8 \sim C_9$ 芳香烃除来自燃烧排放以外，还会受到非燃烧源排放的影响。本节中所关注的卤代烃，包括二氯乙烷（$C_2H_4Cl_2$）、氯仿（$CHCl_3$）、三氯乙烯（C_2HCl_3）和四氯乙烯（C_2Cl_4），均具有广泛的工业用途（如作为溶剂、脱脂剂和干洗剂等）。除机动车尾气排放外，$C_8 \sim C_9$ 芳香烃化合物还可能来自溶剂或涂料的使用。②光化学过程的影响，尤其是对于活性强的烃类化合物（如 $C_4 \sim C_5$ 烯烃和 $C_8 \sim C_9$ 的芳香烃）和具有二次来源的羰基化合物。

通过排放比这一方法可以将 VOCs 与 CO 的环境浓度比值与排放量比值联系起来。但是由于 VOCs 在大气中会被消耗或生成，因此大气中 VOCs 与 CO 的浓度比会随着光化学过程的进行而改变。图 7-6 展示了北大点夏季观测到的甲醛、邻-二甲苯和反-2-丁烯与 CO 的浓度比值与 OH 暴露量之间的关系。从图中可以看出，邻-二甲苯和反-2-丁烯与 CO 的浓度比随着气团的老化（即 OH 暴露量的增加）而不断降低，而且反-2-丁烯/CO 的下降速率高于邻-二甲苯/CO，这是由于与 OH 自由基的反应速率：反-2-丁烯＞邻-二甲苯＞CO[61]。甲醛因为同时受到光化学生成和消耗的影响，因而与 CO 的比值未随光化学过程的进行而显著下降，反而呈现出增长趋势。

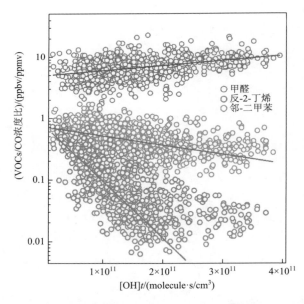

图 7-6　北大点夏季 VOCs 与 CO 的浓度比与 OH 暴露量之间的关系

本节利用直接线性拟合和基于 OH 自由基暴露量的参数化方程两种方法来规避或校正光化学反应对 VOCs 与 CO 浓度比值的影响，并计算各 VOCs 物种的排放比。直接线性拟合方法是选择北大点 03:00～07:00 的观测数据进行正交最小二乘法线性拟合，拟合斜率为各 VOCs 物种的排放比。基于 OH 自由基暴露量的方法则是利用 de Gouw 等建立参数化方程［公式（7-6）和公式（7-7）］通过最小二乘法拟合得到各 VOCs 物种的排放比。图 7-7 比较了利用两种方法所计算的北大点夏季和冬季各 VOCs 物种与 CO 的排放比。从图中可以看出，总体来看两种方法计算得到的各 VOCs 物种的排放比基本一致，相关系数为 0.98 和 1.00，拟合斜率为 1.00 和 0.95。夏季利用 OH 自由基暴露量方法所计算的 $C_4 \sim C_5$ 烯烃化合物的排放比略高于线性拟合的结果，这是因为夏季在 03:00～07:00 测量到的活泼烯烃仍然在一定程度上受到了化学消耗的影响（如与 O_3 或 NO_3 自由基的反应）。

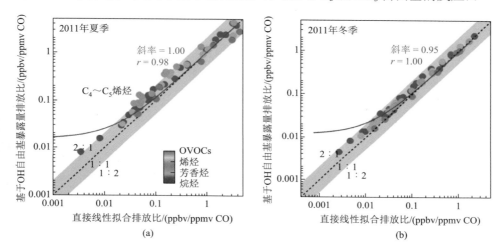

图 7-7　比较基于 OH 自由基暴露量的方法和直接线性拟合计算得到的各 VOCs 物种的排放比

图中每一个数据点代表一个挥发性有机物物种

在利用排放比计算北京市人为源 VOCs 年排放量之前，还需检验基于单站点连续观测数据获得的 VOCs 排放比能够代表整个北京市全年的 VOCs 排放特征，即检验排放比的时空代表性。

1）北京地区 VOCs 排放比的时间变化：排放比的时间代表性

图 7-8（a）比较了 2011 年夏季和冬季各 VOCs 物种与 CO 的排放比。从图中可以看出，大部分 VOCs 物种在冬季的排放比显著低于夏季的值，但乙炔、乙烯、丙烯、1,3-丁二烯、苯、乙烷和甲醛在冬季的排放比与夏季基本一致。造成北京市 VOCs 排放比存在显著季节差异的原因可能是 VOCs 的来源构成的季节变化。冬季采暖会增加化石燃料或生物质燃料的使用量，因而除机动车尾气以外的燃烧过程对环境大气中 VOCs 的贡献增加；而夏季的高温有利于挥发源的 VOCs 排放（如汽油、LPG、涂料和溶剂的挥发等）。环境大气中的 VOCs 受到燃烧排放和非燃烧排放的共同影响，而 CO 则主要来自燃料的不完全燃烧排放，所以受挥发源影响的 VOCs 物种（如丙烷、甲苯和丙酮等）在夏季的排放比显著高于冬季，而主要来自燃烧排放的 VOCs 物种（如乙炔、乙烯、苯和甲醛）的排放比则未呈现出显著的季节差异。

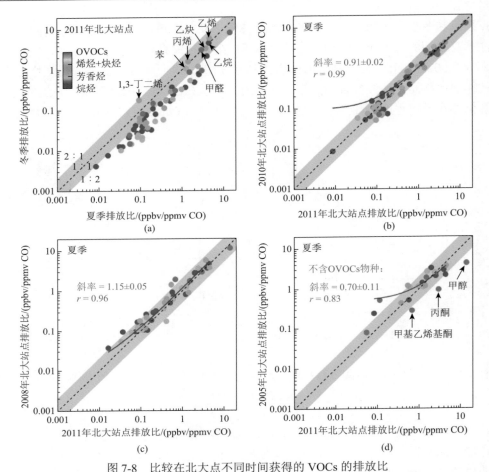

图 7-8　比较在北大点不同时间获得的 VOCs 的排放比

（a）2011 夏季与冬季；（b）2011 年夏季与 2010 年夏季；（c）2011 年夏季与 2008 夏季；（d）2011 年夏季与 2005 年夏季

图 7-8（b）、（c）和（d）分别比较了北大点 2011 年夏季的各 VOCs 物种的排放比与 2010 年夏季、2008 年夏季和 2005 年夏季的结果。从图中可以看出，2010 年和 2008 年夏季 VOCs 的排放比与 2011 夏季的值显著相关，相关系数分别为 0.99 和 0.96，线性拟合的斜率分别为 0.91±0.02 和 1.15±0.05，说明北京市城区大气中 VOCs 的化学组成在 2008～2011 年间具有相似性。2005 年夏季 NMHCs 物种的排放比与 2011 年夏季的值也比较接近（$r = 0.83$，斜率 = 0.70±0.11），但 OVOCs 物种的排放比却低于 2011 年夏季的结果，其中甲醇、丙酮和 2-丁酮的排放比约是 2011 年夏季结果的 1/3。

2）不同站点 VOCs 排放比的比较：排放比的空间代表性

图 7-9 比较了基于北大点连续 VOCs 观测计算得到的排放比与北京区域观测、

亦庄连续观测、山东长岛连续观测和 47 城市观测计算的结果。从图中可以看出，北大点的 VOCs 排放比与其他三套数据计算的结果呈现出非常好的相关性，相关系数在 0.90~0.99 的范围内，线性拟合的斜率在 0.83~1.26 的范围内。基于亦庄点观测数据所计算的大部分 VOCs 物种的排放比与北大点的相对偏差的绝对值小于 100%，但亦庄点 C_4~C_5 烯烃的排放比要低于北大点，可能因为北大点离道路较近，因而更容易受到交通源排放的影响。山东长岛点位于山东半岛与辽东半岛之间，当春季盛行西北风时该站点位于华北地区的下风向，是一个典型的受体点。长岛点除个别烯烃的排放比略低于北大点外，其他物种的排放比与北大点的差异均在±100% 以内。我国 47 城市大部分 VOCs 物种的排放比与北大点的差异也在±100% 以内，只有个别芳香烃类化合物（如苯乙烯）的排放比低于北大点。通过以上的比较，发现在我国不同站点进行外场观测所获得的大部分 VOCs 物种的排放比与北大点排放比的相对偏差在±100% 以内，表明我国城市地区 VOCs 排放特征存在一定的相似性。

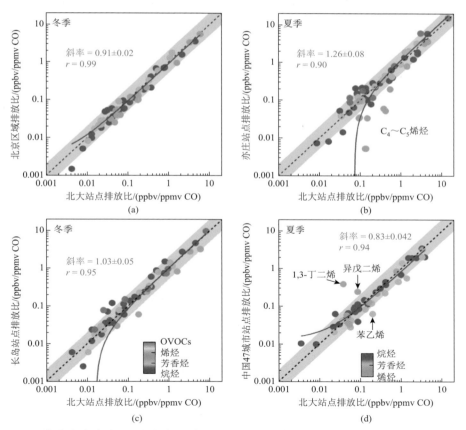

图 7-9 比较北大点连续观测与北京区域观测（a）、亦庄连续观测（b）、山东长岛连续观测（c）和中国 47 城市观测（d）计算得到的 VOCs 排放比

3）排放量的计算

根据夏季（非采暖季）和冬季（采暖季）各个 VOCs 物种的排放比，结合已知的 CO 排放数据，利用下面的公式计算北京市各个 VOCs 物种的年排放量 $E_{VOCs,A}$（Gg/a）：

$$E_{VOCs,A} = (ER_{VOCs,s} \times E_{CO,s} + ER_{VOCs,w} \times E_{CO,w}) \times MW_{VOCs}/MW_{CO} \qquad (7\text{-}12)$$

式中，$ER_{VOCs,s}$ 和 $ER_{VOCs,w}$ 分别为目标 VOCs 物种在夏季和冬季相对于 CO 的排放比（ppbv/ppmv CO）；$E_{CO,s}$ 和 $ER_{CO,w}$ 分别为 CO 在夏季和冬季的排放量（Tg）；MW_{VOCs} 和 MW_{CO} 分别为 VOCs 和 CO 的相对分子质量。

利用排放比方法计算出的北京市各非甲烷 VOCs 物种的年排放量位于前十五的物种是甲醇、丁烷、甲苯、戊烷、二甲苯、乙烯、丙烷、乙烷、丙酮、乙炔、苯、甲醛、乙苯、丙烯和乙醛，约占总 VOCs 排放量的 67%。图 7-10 给出了各类 VOCs 物种对总人为源排放量的贡献：烷烃占总 VOCs 排放量的 34%，接下来是芳香烃（23%）、甲醇（14%）、烯烃（12%）、醛类（7%）、酮类（6%）和乙炔（4%）。

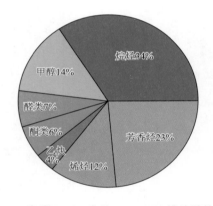

图 7-10　各类 VOCs 占总 NMVOCs 排放量的比例

2. 利用区域观测-盒子模型方法计算北京市 NMHCs 排放量

我们的研究团队在 2009～2011 年利用不锈钢罐每月在北京市 28 个站点采集全空气样品，获得北京市 NMHCs 的时空分布特征。图 7-11 是北京市总 NMHCs 年均浓度的空间分布图。用克里格插值的方法将观测站点覆盖的区域分成 18 个格子（网格的大小为 25km×32km），每个格子内总 NMHCs 的质量浓度（μg/m³）用不同颜色表示。从图中可以看出，NMHCs 质量浓度的最高值出现在北京南部地区，其次是城区，接下来是北部郊区和西部远郊背景地区。基于 NMHCs 这一空间分布特征，利用盒子模型［公式（7-1）］计算每个格子内 NMHCs 的排放量。

在北京城区，OH 自由基氧化反应是 NMHCs 最重要的去除途径[37]，因此目标化合物在大气中的停留时间 $\tau = 1/k_{OH}[OH]$。根据 2006 年夏季在榆垡观测到的 OH 自由基日均浓度（$3\times10^6 \sim 4\times10^6$ molecule/cm^3）和 Yoshino 等报道的日本东京城市大气中 OH 自由基浓度的季节变化特征[62]，研究假设北京夏季和冬季大气中 OH 自由基的日均浓度分别为 5×10^6 molecule/cm^3 和 1×10^6 molecule/cm^3。在北京及其近周边地区所进行的区域观测采样当天的风速小（平均风速约为 1.5m/s），气团比较稳定，假设边界层在 09:00 的平均厚度为 200m。利用公式（7-1）分别计算各类站点在冬季和夏季的各 NMHCs 物种的排放量，然后将各类站点各季节的排放量相加即可得到北京市的年排放量。假设 NMHCs 浓度的空间分布特征能够反映人为源排放强度的空间分布，我们将盒子模型计算的 NMHCs 年排放量 450Gg 分到各个网格，其中网格 1~3 中人为源 NMHCs 的年排放量分别占北京市 NMHCs 排放总量的 15%、17% 和 13%。

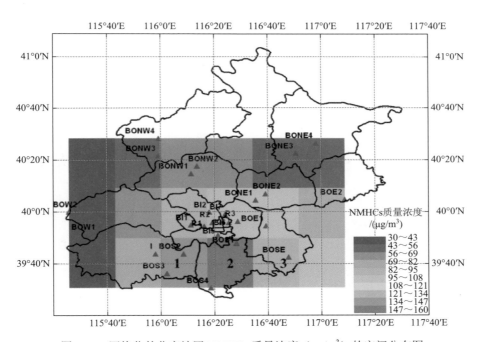

图 7-11　网格化的北京地区 NMHCs 质量浓度（μg/m^3）的空间分布图

BI: 北京城区站点（7 个）；BOS: 北京城区外南部郊区站点（4 个）；BOSE: 北京城区外东南部郊区站点（1 个）；BOE: 北京城区外东部郊区站点（2 个）；BONE: 北京城区外东北部郊区站点（4 个）；BONW: 北京城区外西北部郊区站点（4 个）；BOW: 远郊背景站点（2 个）；R: 交通道路边站点（3 个）；I: 工业区站点（1 个）

　　将区域观测数据结合盒子模型所估算的各化合物的排放量与排放比方法所计算的结果进行比较（图 7-12）。从图中可以看出，对于大部分 NMHCs 物种，两种方法计算的排放量符合较好，相对偏差在±100%以内，相关系数为 0.953，拟合斜率为 1.28；盒子模型方法所计算的高活性 $C_4 \sim C_6$ 烯烃的排放量高于利用排放比方法计算的结果。造成这种差异的可能原因是这些活性烯烃在大气中的停留时间较短，其在边界层内的浓度不是均匀分布的（底部浓度高，而顶部浓度低），因此基于地面浓度的盒子模型会高估这些烯烃的排放量。

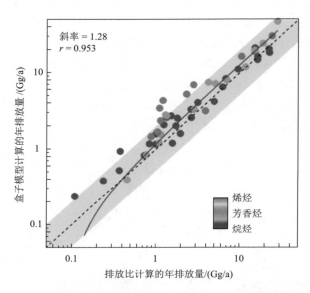

图 7-12　比较利用盒子模型和排放比方法所计算的各人为源 NMHCs 物种的年排放量

利用质量守恒（区域观测-盒子模型）方法估算北京市 VOCs 排放量的不确定性主要体现在以下几个方面：①该方法需要满足非常严格的假设（如研究区域为长方形、污染物浓度分布均匀、垂直方向无污染物交换等），这些条件在实际环境大气中很难完全满足；②计算参数（如盒子长度和宽度、平均风速和混合层高度）选择是否合理会直接影响计算结果的准确性。

3. 与排放清单中 VOCs 排放量的比较

将基于观测数据利用排放比方法计算的北京市人为源 NMVOCs 年排放量（Gg/a）与已有排放清单中的结果进行比较（图 7-13），可以发现"自上而下"计算的 NMVOCs 排放总量与清单结果的差异在不确定范围内，并未呈现出显著的差异。

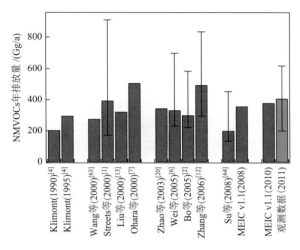

图 7-13　基于观测计算的人为源 NMVOCs 年排放量与已有排放清单的比较

　　如图 7-14 所示，细化到具体 VOCs 物种的排放量再进行比较，可以发现利用排放比方法计算的各 NMHCs 物种的年排放量与 Streets 等建立的 TRACE-P 清单结果基本一致[1]，相对偏差在 ±100% 以内，但是清单中的 OVOCs 物种的排放量被显著低估，尤其是酮类化合物及碳数大于等于 2 的醛类化合物（小于基于排放比计算结果的 1/2）。Li 等计算的 OVOCs 年排放量也显著低于基于排放比计算的结果[65]。下面通过分析文献中报道的 OVOCs 物种的来源及排放特征来初步识别造成清单中 OVOCs 排放量被低估的可能原因。

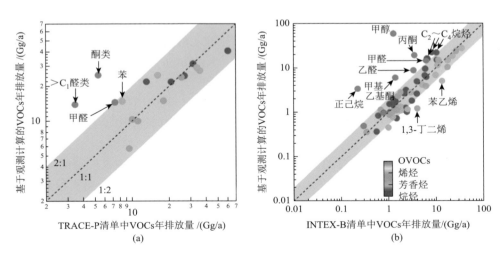

图 7-14　基于观测计算的各 VOCs 物种的年排放量与 TRACE-P（a）[1] 和 INTEX-B
　　　　　（b）[65]清单结果的比较

　　机动车尾气是城市大气羰基化合物的一个重要来源。机动车尾气排放的羰基化合物中，甲醛浓度最高，其次依次是乙醛、丙酮、苯甲醛等。汽油车和柴油车是两类最主要的机动车，其中柴油车的羰基化合物排放因子显著高于汽油车，一般是汽油车的 5～10 倍，对于不饱和脂肪醛和二醛，可以达到 10 倍以上[66]。台架实验的研究结果显示汽油车尾气中羰基化合物仅占气态总有机物的 4.2%，其中66.1%是低分子量的甲醛、乙醛、丙酮[67]，而在柴油车尾气中羰基化合物占气态总有机物的 78.2%，其中低分子量的甲醛、乙醛、丙酮占 51.0%[68]。近年来还有一些新型汽车燃料开始被使用，如天然气、乙醇汽油、生物柴油等。其中乙醇的添加使尾气中乙醛的排放量明显升高，而生物柴油的添加也会使大部分羰基化合物的排放因子都有明显上升。

　　除汽车尾气外，羰基化合物的一次人为源还包括生物质燃烧、餐饮源烟气、化石燃料燃烧、溶剂涂料使用以及各种工业尾气等。生物质燃烧包括森林大火、农作物秸秆的燃烧、居民取暖及做饭等。Schauer 等发现木材在壁炉中燃烧产生的烟气中羰基化合物占气态总有机物的 46.9%，其中甲醛、乙醛、丙酮占 35.1%，此外二羰基化合物有非常高的贡献率（27.7%）[69]。相比于机动车尾气，木材在壁炉中燃烧排放羰基化合物的排放因子要高 1～2 个数量级。在森林大火中，由于燃烧不完全，羰基化合物的排放因子比木材在壁炉中的燃烧更高[70]。Zhang 和 Smith 研究了中国家庭炉灶使用秸秆、木柴、煤、燃气等燃料时羰基化合物的排放因子，结果表明 LPG 和木柴燃烧时羰基化合物的排放最多，其次是天然气和秸秆，煤和煤气燃烧排放的羰基化合物最少，工业过程也会排放羰基化合物[71]。Kim 等研究了韩国不同工业类型排放的羰基化合物浓度，研究结果显示化工生产、食品生产、皮革制造、纺织行业排放的羰基化合物较多。化工生产排放的甲醛、乙醛、丙酮、丁醛的浓度都很高；食品生产以排放乙醛为主；皮革制造以排放丙酮为主；纺织行业排放的甲醛和乙醛较多[72]。Knighton 等发现工业尾气（天然气＋丙烯或丙烷）的不完全燃烧也会排放甲醛和乙醛，与 CO 的排放因子分别约为 50ppbv/ppmv 和 20ppbv/ppmv[73]。生物质、LPG、天然气和工业尾气等燃烧过程以及工业生产过程中羰基化合物的排放量在 INTEX-B 清单中没有体现，而这极有可能是造成甲醛和乙醛排放量在清单中被显著低估的重要原因。

　　另外，排放比方法计算的乙烯和苯乙烯年排放量显著低于 INTEX-B 排放清单中的结果，而低碳烷烃的排放量则高于清单结果。乙烷和丙烷是天然气和 LPG 使用的重要示踪物[26, 74]，说明 INTEX-B 清单中可能低估了北京市天然气和 LPG 使用的排放量。化工排放是乙烯和苯乙烯的重要来源，在 INTEX-B 清单中化工排放分别占乙烯和苯乙烯总排放的 48%和 100%。INTEX-B 清单中乙烯和苯乙烯的排放量偏高可能是清单高估北京市的化工排放造成的。另外，需要指出的是：由于VOCs 排放比的计算是基于 2009～2012 年的观测数据，而 TRACE-P 和 INTEX-B

清单的基准年分别是 2000 年和 2006 年，时间上的不对应也可能会导致清单与基于观测数据计算的排放量之间的差异。

7.3.2　VOCs 的时空分布特征

1. 北京市人为源 VOCs 排放强度的空间分布特征

在北京市 28 个站点所进行的 VOCs 区域观测，采样当天的风速均小于 2m/s，因此一次污染物环境浓度的空间分布特征在一定程度上能够反映其排放强度的空间变化规律。大部分清单都认为北京市 NMVOCs 排放主要集中在交通密集的中心城区，其排放强度约是周边郊区的 5～20 倍[20, 63, 75]，而区域观测结果却显示北京南部地区的 VOCs 浓度最高，最高值出现在位于北京市经济开发区的 BOS1 站点，其次是位于房山区的 BOS2 站点和位于通州区的 BOSE 站点（图 7-11）。需要指出的是：排放清单是基于北京市 2000 年和 2006 年的活动水平数据建立的，而VOCs 区域观测则进行于 2009～2011 年，所以除了清单或观测自身的不确定性外，VOCs 空间分布特征的差异也可能与北京市近年来工业布局的变化以及城市化进程存在关系。

在过去的几十年里，北京市的工业布局一直在进行调整和优化。从 20 世纪80 年代开始，一些污染相对较严重的企业被逐渐从核心城区迁出，并在郊区组建工业科技园区进行集中管理。1996 年北京市的工业企业仍然主要分布在城八区，而在 2009 年位于北京南部亦庄地区的北京经济技术开发区（Beijing Economic-Technological Development Area，BDA）成为北京市工业产值最高的产业集群。2010 年北京经济技术开发区的工业总产值达到 2740 亿元，占北京市工业总产值的 16.3%。电子信息、汽车制造、生物医药、装备制造是北京经济技术开发区的四大主导产业。另外，地处北京市房山区的中国石油化工股份有限公司北京燕山分公司是中国石化直属的特大型石油化工联合企业，其 2009 年的工业产值与 1996 年相比有显著增长。

随着北京市产业布局逐渐向郊区延伸和各类开发区集中布局，北京市区域城镇化进程也在不断向前推进。为改变人口和产业过于集中市区的现状，北京市正逐步将人口和产业向郊区作战略转移。工业（科技）园区的建立增强了郊区的经济实力，改善了当地的环境，从而推动了郊区的城镇建设。北京市人民政府于 2007年批复《亦庄新城规划（2005～2020 年）》，指出以北京经济技术开发区为核心功能区的亦庄新城是北京市重点发展的新城之一。北京经济技术开发区于 2010 年同大兴区行政资源整合，新区总面积达到 1052km^2。大兴区是北京市人口数量增长速度最快的区县，2009 年暂住人口的数量达到 93.6 万，是 2000 年人口数量的 15.4倍，而 2009 年城八区暂住人口数量仅是 2000 年的 4 倍。

　　北京市的产业布局在近十年发生了显著变化，工业企业在郊区的集中化布局初步形成。近年来，北京南部地区的工业产值、城镇化水平和人口数量都有显著的增加，进而导致 VOCs 排放强度的高值区逐渐向南部地区偏移。但是，现有排放清单中的 VOCs 空间分布特征可能并不能准确反映北京市现在的 VOCs 排放情况，低估了北京南部地区而高估了城区的 VOCs 排放强度。因此，亟须依据最新的活动水平数据建立或者更新北京市的排放清单，对于探讨 VOCs 排放强度在空间上的动态变化、制定 VOCs 排放控制措施和改善空气质量具有重要意义。

　　2. 北京市人为源 VOCs 排放量的长期变化趋势

　　北大点作为北京市一个典型的城区点，从 2002 年开始于每年 8～9 月进行 VOCs 观测（表 7-4）。基于这些观测数据可以来分析北京市 VOCs 浓度的长期变化趋势。图 7-15 中展示了北大点总 NMHCs 浓度（16 种 NMHCs 组分浓度之和）在 2003～2013 年的变化趋势，从图中可以看出总 NMHCs 浓度呈现出显著的下降。另外，Wang 等在气象铁塔所观测到的 NMHCs 浓度也在 2003 年后呈现下降趋势，与北大点的结果一致[76]。

表 7-4　北大点 2002～2013 年 VOCs 观测总结

年份	仪器	观测时间（时间分辨率）	参考文献
2002	在线 GC-FID（PKU）	9 月 8 日～30 日（30min）	—
2003	罐采样-离线 GC-MS/FID	7 月	Liu 等（2005）[77]
2004	罐采样-离线 GC-MS/FID	8 月 11 日～20 日	Lu 等（2007）[78]
2005	在线 GC-MS/FID（ESRL）	8 月 1 日～27 日（30min）	Liu 等（2009）[79]
2006	在线 GC-FID（RCEC）	8 月 15 日～24 日（1h）	Xie 等（2008）[80]
2007	在线 GC-FID/PID	8 月 7 日～31 日（30min）	Zhang 等（2014）[81]
2008	在线 GC-MS/FID（RCEC）	7 月 27 日～8 月 30 日（1h）	Wang 等（2010）[82]
2009	在线 GC-FID/PID	8 月 8 日～31 日（30min）	Zhang 等（2014）[81]
2010	在线 GC-MS/FID（PKU）	8 月 12 日～31 日（1h）	Yuan 等（2012）[37]
2011	在线 GC-MS/FID（PKU）	8 月 3 日～9 月 13 日（1h）	Wang 等（2014）[58]
2012	在线 GC-MS/FID（PKU）	8 月 1 日～31 日（1h）	—
2013	在线 GC-MS/FID（PKU）	8 月 7 日～25 日（1h）	—

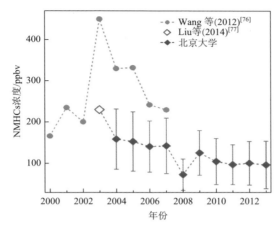

图 7-15　北京市城区 NMHCs 浓度 2000～2013 年变化趋势[76, 77]

菱形是北大点的观测结果，圆点是文献报道的 NMHCs 浓度

　　机动车尾气、汽油挥发、溶剂和涂料使用、天然气（NG）使用和液化石油气使用是北京市夏季 NMHCs 的重要来源[58, 59]。为了初步分析这些 NMHCs 来源的排放量变化趋势，选取每类排放源的示踪物浓度进行线性相关分析，利用皮尔逊（Pearson）相关系数 r 和与 F 检验有关的 p 值来确定变化趋势的显著性：p 值小于 0.05 和 0.01 分别表示该趋势在 0.05（*）和 0.01（**）水平上显著。线性拟合的斜率表示特定 NMHCs 物种的绝对增长（正值）或下降（负值）速率（ppbv/a，将该变化速率除以第一年的浓度则为相对增长速率（%/a）。需要指出的一点是：2008 年 8 月的 NMHCs 数据受到奥运管控措施的影响，其浓度水平明显低于其他年份，因此在进行趋势分析时没有考虑 2008 年的数据。

　　1）机动车尾气：乙炔和烯烃

　　北京夏季大气中的乙炔和烯烃主要来自机动车尾气[79, 82, 83]。北大点观测到的乙炔、乙烯、丙烯和 1-丁烯环境浓度在 2004～2013 年呈现显著下降趋势（$p<0.01$），相对下降速率在 6.2%/a～8.9%/a 之间（图 7-16），表明机动车尾气的 NMHCs 排放量从 2004 年可能已经开始下降。

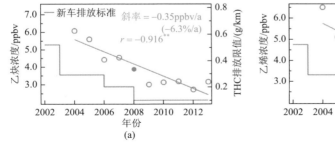

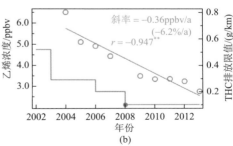

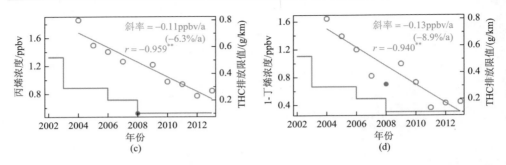

图 7-16　北大点 2002～2013 年乙炔（a）、乙烯（b）、丙烯（c）和 1-丁烯（d）浓度的变化趋势
直线表示未考虑 2008 年数据的线性拟合结果。折线表示轻型汽车的总碳氢化合物（THC）排放限值

在过去的三十年，北京市机动车保有量呈现快速增长趋势：2010 年北京市机动车保有量约是 2000 年的 3.2 倍，约增加了 375 万辆；从 2011 年 1 月 1 日北京开始实施摇号购车后，机动车保有量的增长速度有所放缓，2012 年与 2010 年相比约增加了 45 万辆。但是，与此同时，北京市也采取了一系列措施来控制道路行驶机动车的污染物排放[84]：①新车排放控制。表 7-5 和表 7-6 分别总结了北京市执行轻型汽油车（LDGV）、重型汽油车（HDGV）、重型柴油车（HDDV）和摩托车（MC）的国Ⅰ～国Ⅴ排放标准的具体时间和排放标准中碳氢化合物（HC）的排放限值。②在用车排放控制，包括在用车的排放检查和改造、禁止摩托车、黄标车和重型卡车（时段，6:00～23:00）在四环以内行驶和逐渐淘汰黄标车等具体措施。③车用燃料管理。车用油品的质量与机动车的污染物排放具有紧密联系。我国在逐渐加严机动车尾气排放标准的同时，也对车用油品的质量提出了更高要求。表 7-7 总结了北京市地方车用汽油标准（DB 11/238）中对 VOCs 含量的要求及标准实施时间。④发展新能源汽车。北京市从 1999 年开始引入以压缩天然气（CNG）作为燃料的公交车，到 2008 年这一类型公交车数量达到 4200 辆，约占公交车总数的 20%。另外，混合动力汽车（电能＋汽油/柴油）的技术逐渐成熟，在新增汽车中所占的比重逐渐加大。⑤完善路网系统、发展公共交通。北京市近年来在逐步完善路网系统的同时，也在大力发展高运载力的公共交通系统（如地铁和快速公交），鼓励更多民众选择公共交通出行，从而减少私家车的使用。⑥机动车限行。北京市从 2008 年 10 月开始实施工作日高峰时段区域限行交通管理措施，公务用车按车牌尾号每周停驶一天（0:00～24:00，北京市），私家车按车牌尾号在工作日高峰时段进行区域限行（7:00～20:00，五环以内）。⑦其他措施。通过政府补贴的方式鼓励私家车主或企业单位淘汰高污染排放的老旧车辆和购买新能源汽车；提高城市中心区的停车收费标准以达到减少市区车流量的目的。

表 7-5　北京市各阶段机动车排放标准实施时间

车型	国 I	国 II	国III	国IV	国 V
LDGV	1999-01-01	2003-01-01	2005-12-30	2008-03-01	2013-02-01
HDGV	2002-07-01	2003-09-01	2009-07-01	2010-07-01	—
HDDV	2000-01-01	2003-01-01	2005-12-30	2008-07-01	2013-02-01
MC	2001-01-01	2004-01-01	2008-07-01	—	—

表 7-6　机动车排放标准中碳氢化合物（HC）的排放限值

车型	国 I	国 II	国III	国IV	国 V
LDGV/(g/km)	0.97*	0.5*	0.2	0.1	0.1
HDGV/[g/(kW·h)]	14*	4.1*	0.35	0.29	—
HDDV/[g/(kW·h)]	1.1	1.1	0.66	0.46	0.46
MC/(g/km)	4	1.2	0.8	—	—

*LDGV 和 HDGV 的国 I 和国 II 排放标准中给出的是碳氢化合物与氮氧化物（HC + NO$_x$）的总排放限值。

表 7-7　北京市地方车用汽油标准（DB 11/238）中对 VOCs 含量的要求及标准实施时间

控制指标	实施时间	含量要求/%					
		苯 [a]	芳烃 [a]	烯烃 [a]	芳烃+烯烃 [a]	甲醇 [b]	氧 [b]
DB 11/238—2004	2004-10-01	≤2.5	≤40	≤30			≤2.7
DB 11/238—2007	2008-01-01	≤1.0	—	≤25	≤60	≤0.3	≤2.7
DB 11/238—2012	2012-05-31	≤1.0	—	≤25	≤60	≤0.3	≤2.7
DB 11/238—2016	2016-10-20	≤0.8	≤35	≤15	—	≤0.3	≤2.7

a. 体积分数；b. 质量分数。

　　为了评估这些控制措施的有效性，Wu 等和 Lang 等分别利用 MOBILE-China（在美国 EPA 开发的 MOBILE 模型基础上利用北京本地的数据进行修正）和 COPERT 机动车排放模型计算了 1995～2010 年北京市各类机动车的排放因子[84, 85]。尽管这两个研究所计算的总碳氢化合物（HC）排放因子在绝对值上存在显著差异，但都呈现显著下降趋势，2009 年与 2000 年相比下降了 43%～85%。这一趋势与 Huo 等在北京、广州和深圳实际道路测量获得的执行不同排放标准的机动车碳氢化合物排放因子的变化相对应[86]，执行国IV排放标准的轻型汽油车的碳氢化合物的排放因子仅为 0.02，约是执行国 I 前和国 I 排放标准的轻型汽油车排放因子的 1/300 和 1/35。Wu 等和 Lang 等的研究均表明机动车排放标准中碳氢化合物排放限值的加严是导致排放因子下降的最重要原因，其贡献率大于90%。

　　Wu 等和 Lang 等基于排放因子和机动车保有量所计算的交通源碳氢化合物排放量在绝对值上存在差异，前者是后者的 1.2～1.8 倍。从趋势上来看，Lang 等建立的清单中交通源碳氢化合物排放量在 1999～2002 年呈缓慢上升趋势（每年约上涨 1%），但 Wu 等的清单中碳氢化合物的排放量在这一时期内呈现快速下降趋势（每年下降约 7%）；但是，两个清单的结果均显示碳氢化合物排放量在 2003 年以后呈下降趋势[84, 85]，2009 年碳氢化合物排放量与 2004 年的结果相比分别下降了 24% 和 29%。这一下降幅度与北大点观测到的乙炔和烯烃浓度水平的下降幅度基本一致。这也证明了这两份清单所给出的交通源碳氢化合物排放量在 2003 年以后的变化趋势的准确性。

　　2）汽油挥发：异丁烷和异戊烷

　　除了机动车尾气，汽油挥发是 C_4～C_5 烷烃的另一重要排放源[17, 50]，尤其对于异丁烷和异戊烷。与北大点乙炔和烯烃浓度水平所呈现出的持续下降趋势不同，异丁烷和异戊烷的浓度在 2004～2007 之间呈现增长趋势，从 2007 以后开始显著下降，分别降低了 33% 和 65%（图 7-17）。这一时间拐点恰好与北京市油气回收装置的安装时间相一致。作为改善北京市空气的措施之一，北京市于 2007 年 9 月～2008 年 5 月为 1265 个加油站、1026 辆运油卡车和 38 个储油罐安装了油气回收装置，以降低汽油挥发排放。C_4～C_5 烷烃浓度水平在 2007～2009 年之间的急速下降也表明了安装油气回收装置对于减少汽油挥发排放的有效性。

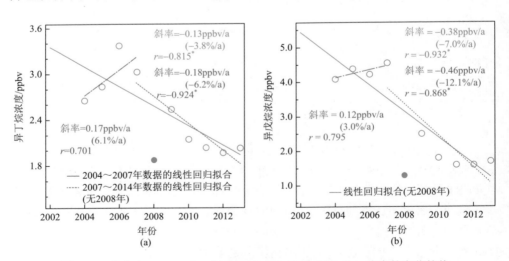

图 7-17　北大点 2002～2013 年异丁烷（a）和异戊烷（b）浓度的变化趋势

实线表示未考虑 2008 年数据的线性拟合结果。点划线和虚线分别表示 2004～2007 年和 2007～2013 年（未考虑 2008 年的数据）的线性拟合结果

3）溶剂和涂料使用

溶剂和涂料使用也是北京 NMHCs（尤其是芳香烃）的重要排放源[6, 64]。如图 7-18 所示，北大点苯、甲苯、乙苯和二甲苯的环境浓度在 2002～2013 年间呈现显著下降趋势。但是，这些芳香烃物种浓度水平的相对下降速率（2.8%/a～5.6%/a）小于机动车尾气示踪物（即乙炔和烯烃）的相对下降速率（＞6%）。这一现象说明溶剂和涂料使用的 NMHCs 排放量下降速率低于机动车尾气排放的下降速率，或者溶剂和涂料使用的排放量在过去的十年内并未呈现显著的下降趋势。

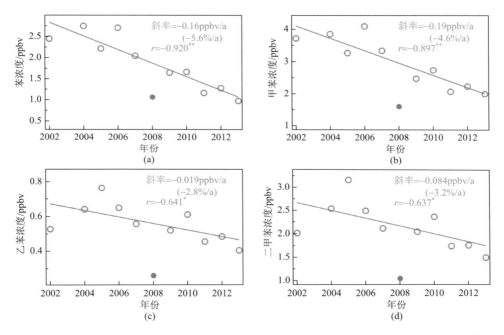

图 7-18　北大点 2002～2013 年苯（a）、甲苯（b）、乙苯（c）和二甲苯（d）浓度的变化趋势

实线表示未考虑 2008 年数据的线性拟合结果

北京市溶剂和涂料的两个主要用途是建筑物装修和机动车喷涂。在 2002～2012 年之间，北京建筑涂料的生产量从 4.3 万 t 增加至 11 万 t（北京市统计年鉴2002～2012）；汽车产量由 12 万辆增加至 167 万辆（中国汽车工业年鉴 2002～2012）。但是，与此同时，近年来我国也采取了一系列控制措施来降低溶剂和涂料使用的 NMHCs 排放：①出台或者升级溶剂和涂料使用的排放标准，加严对部分涂料（如内墙或外墙涂料、玩具用涂料和溶剂型木器涂料等）中苯和其他芳香烃含量的限值。②由于绿色环保型水性涂料中芳香烃含量显著低于溶剂型涂料，因此北京市在过去的 10 年内采取了一些规定来限制溶剂型涂料的使用。例如，北京市从2003 年开始限制溶剂型涂料用作建筑装修的防水材料，从 2005 年 7 月开始全面禁

止溶剂型涂料的这一用途。③针对汽车制造业（涂装）的清洁生产标准（HJ/T 293—2006）于 2006 年 12 月开始实施。该标准禁止使用含有苯的油漆和涂料，并且鼓励水性涂料和粉末涂料。减少溶剂和涂料中芳香烃含量和增加水性涂料的使用等措施的执行会降低芳香烃的排放因子。由于溶剂和涂料用途广泛，其准确使用数据难以获得，而且针对芳香烃排放因子时间变化趋势的研究也比较缺乏，因此如何获得准确的溶剂和涂料 NMHCs 排放量变化趋势仍然是非常具有挑战性的一项研究工作。

　　4）天然气和液化石油气的使用

　　除机动车尾气以外，天然气（NG）和液化石油气（LPG）也是环境空气中乙烷和丙烷的重要来源[26, 74]。与其他 NMHCs 物种浓度所呈现出的下降趋势不同，北大点乙烷的浓度水平在 2004～2013 年呈现显著增长趋势［图 7-19（a）］，约增加了 50%（1.6ppbv）。由于乙烷在大气中的寿命较长（约为 2 个月），因此乙烷浓度的这一增长趋势也可能与其背景浓度的增加有关。Simpson 等基于全球背景点的数据发现北半球 8 月乙烷的浓度水平在 2006～2009 年间从 0.61ppbv 增加至 0.66ppbv[87]，仅增长了 8.2%，显著低于北大点观测到的乙烷浓度增长速率。北大点观测到的丙烷浓度水平在 2006～2009 年间未呈现出显著的变化，浓度在 3.4～4.7ppbv 之间［图 7-19（b）］。

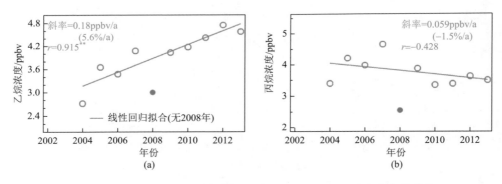

图 7-19　北大点 2002～2013 年乙烷（a）和丙烷（b）浓度的变化趋势

实线表示未考虑 2008 年数据（实心点）的线性拟合结果

　　天然气和液化石油气被认为是比煤和汽油更加清洁的能源，因此近年来北京市 NG 和 LPG 的供应量和消费量在迅速增加。在 2004～2012 年间，天然气的消费量由 25 亿 m³ 增至 84 亿 m³，每年增加 29.5%；液化石油气的供应量由 16 万 t 增加至 45 万 t，每年增加 22.7%（北京市统计年鉴 2004～2012）。北大点观测到的乙烷和丙烷浓度水平的变化趋势可能是交通排放降低和 NG 及 LPG 使用量增加的综合结果。

7.3.3　VOCs 的来源结构

在本书的第 6 章介绍了利用受体模型对 VOCs 进行来源解析的基本原理和光化学反应对受体模型解析的影响，在此不在赘述。为了规避光化学反应的影响，将 7.3.1 小节计算出的北京市各 NMHCs 物种的排放量输入 CMB 模型进行来源解析，确定各类污染源的 NMHCs 排放量，并与清单中 VOCs 排放量的来源结构进行比较。

1. 基于 CMB 来源解析结果

由于在计算 NMHCs 排放量时考虑并校正了光化学消耗的影响，所以在选择拟合物种时增加了 $C_2 \sim C_4$ 烯烃和 $C_8 \sim C_9$ 芳香烃这些活性组分。CMB 模型运行参数在要求的范围内：R^2 为 0.86，χ^2 为 2.76，8 类源对观测到的总 NMHCs 质量浓度的解释率为 94%。对具体 NMHCs 物种而言，除乙烷的 CMB 拟合排放量显著低于输入的排放量，其他物种的 CMB 拟合值与输入值的比值均在 0.8～1.2 的范围内。

图 7-20 给出了 CMB 模型计算出的 8 类排放源对总 NMHCs 排放量（310Gg）的贡献率。机动车尾气是北京市最重要的 NMHCs 来源（年排放量为 139Gg，45%），接下来是溶剂和涂料使用（58Gg，19%）、煤燃烧（29Gg，9%）、化工排放（25Gg，8%）、LPG 使用（19Gg，6%）、汽油挥发（12Gg，4%）和生物源排放（12Gg，4%）。与各类源对 NMHCs 浓度的平均相对贡献率进行比较（表 7-8），可以发现基于排放量所计算的溶剂和涂料使用的相对贡献率显著高于基于观测浓度的计算结果，而 LPG 使用和工业排放的相对贡献率则显著低于基于浓度的解析结果。造成这种差异的重要原因是：在利用 CMB 模型解析环境浓度时为了避免光化学消耗

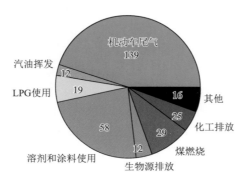

图 7-20　各类源对总 NMHCs 排放量的贡献率（Gg）

的影响尽量选择活性小于等于甲苯的 NMHCs 物种作为拟合物种，一些重要的源示踪组分未被纳入计算，如乙苯、二甲苯是溶剂和涂料源谱中重要的化学组分，$C_2 \sim C_4$ 烯烃是机动车尾气的重要组分，这可能会导致源解析结果与实际情况的偏差。因此，这里选用基于排放量的 CMB 解析结果与排放清单给出的 VOCs 来源构成进行比较。

表 7-8　比较本研究和现有排放清单中各类排放源对总 NMHCs 的相对贡献率（%）

源类别	CMB_M[a]	CMB_E[b]	Wei 等 (2008)[6]	Bo 等 (2008)[2]	源类别	Zhao 等 (2012)[20]	Zhang 等 (2009)[12]
	本研究，2009~2011 年		2005 年	2005 年		2003 年	2006 年
交通源	46	49	40	51	交通源	55	41
工业过程	17	8	14	10	工业排放[e]	3	43
溶剂和涂料使用	5	14	32	14	居民源	41	16
化石燃料燃烧[c]	10[c]	9[c]	3	15	其他	1	2
石油存储和运输[d]	6[d]	4[d]	—	6			
LPG 使用	15	6	—	—			
其他	—	—	11	4			

a. CMB_M 表示基于区域观测浓度利用 CMB 模型所计算的各类源的相对贡献率（%）；

b. CMB_E 表示基于 NMHCs 物种排放量利用 CMB 模型所计算的各类源的相对贡献率（%）；

c. CMB 模型所计算的煤燃烧排放相对贡献率与 Wei 等和 Bo 等所建立清单中化石燃料燃烧排放的相对贡献率进行比较；

d. CMB 模型所计算的汽油挥发相对贡献率与 Wei 等和 Bo 等所建立清单中石油存储和运输排放的相对贡献率进行比较；

e. Zhang 等和 Zhao 等所建立清单中工业排放除了包含工业过程排放，还包括工业溶剂和涂料使用的排放。

2. 与现有排放清单中 NMHCs 来源结构的比较

表 7-8 将本研究利用 CMB 模型所计算的北京市 NMHCs 来源构成与排放清单中 NMHCs 的来源结构进行比较。本研究的 CMB 解析结果和排放清单均显示交通排放是北京市 NMHCs 最重要的来源，相对贡献率为 40%~51%；基于 NMHCs 排放量的 CMB 解析结果（CMB_E）显示涂料和溶剂使用的相对贡献率为 14%，低于 Wei 等所建立清单中的结果（32%）[6]，与 Bo 等所建立清单中的结果比较接近（14%）；CMB 解析结果显示工业排放的相对贡献率为 8%，与清单中的结果比较接近（10%~14%）。需要指出的是，Zhang 等和 Zhao 等所建立的清单中工业排放既包括工业过程排放，也包含工业溶剂和涂料的使用排放（如汽车制造、家具、电子和印刷等行业）[12, 20]。由于溶剂和涂料的民用量远小于其工业用量，因而可以将 Zhang 等和 Zhao 等所建立的清单中的工业排放相对贡献率与其他清单中工

业过程和溶剂及涂料使用排放之和相对应。CMB_E 解析结果显示工业过程和溶剂及涂料使用相对贡献率为 22%，与 Bo 等所建立的清单比较接近（24%），低于Wei 等和 Zhang 等所建立清单中的相对贡献率（43%～46%），而明显高于 Zhao等所计算的结果（3%）。化石燃料燃烧排放的相对贡献率在不同清单之间存在较大差异：Wei 等建立的清单中化石燃料燃烧的相对贡献率为 3%，而 Bo 等建立的清单中这一贡献率为 15%，而 CMB 解析结果显示煤燃烧排放的相对贡献率为 9%，介于两份清单之间。CMB_E 计算的汽油挥发相对贡献率为 4%，略低于 Bo 等建立的清单中石油存储和运输的相对贡献率。另外，CMB_E 解析结果显示 LPG 使用贡献了北京市 6%的人为源 NMHCs 排放量，而清单并未报道 LPG 使用的贡献率。

通过比较 CMB 受体模型和排放清单中的 NMHCs 来源结构，发现以下几个问题：①排放源分类是开展排放清单研究的前提，但是我国仍未建立起统一规范的排放源分类体系，这给受体模型与清单或者清单之间的比较造成了一定的困难和不确定性；②溶剂和涂料使用、工业过程、化石燃料燃烧和 LPG 使用对北京市NMHCs 排放量的贡献在不同清单之间存在显著差异，即意味着这几类源存在较大不确定性，需要在以后的排放清单和受体模型研究中予以重视，并采取措施提高这几类源排放量估算的准确性。

7.3.4　VOCs 排放量不确定性对 O_3 和 SOA 模拟的影响

1. 对臭氧模拟的影响——OH 消耗速率

为了评估现有北京市 VOCs 排放清单的不确定性对臭氧模拟可能造成的影响，本研究基于各 VOCs 物种的排放比计算总 VOCs 的 OH 消耗速率（OH reactivity，s^{-1}），见下面的公式：

$$总VOCs的OH消耗速率 = \sum VOCs的OH消耗速率 = \sum (ER_{VOCs} \times k_{VOCs} \times [CO])$$

$$(7-13)$$

式中，k_{VOCs} 为目标 VOCs 物种与 OH 自由基的反应速率常数；ER_{VOCs} 为目标 VOCs物种的排放比（ppbv/ppmv CO）；[CO]为 CO 的浓度，假设为 1.0ppmv。

图 7-21 比较了基于观测数据和清单计算的各 VOCs 类别（包括烷烃、烯烃、芳香烃和 OVOCs）对总 VOCs 的 OH 消耗速率的相对贡献率。从图中可以看出，基于外场观测所获得的 VOCs 排放比计算的总 VOCs 的 OH 消耗速率为 $8.60s^{-1}$，与基于 INTEX-B[12]和 TRACE-P[1]清单计算的结果（8.37～$9.26s^{-1}$）基本一致，相对偏差的绝对值小于 10%。但是，各类 VOCs 组分对总 VOCs 的 OH 消耗速率的相对贡献率却存在显著差异：①在基于观测数据获得的 VOCs 活性组成中，OVOCs

的贡献率为 18%，而清单中这一比例仅为 5%～6%。Borbon 等利用美国洛杉矶地区 2010 年的外场观测数据计算出 OVOCs 对总 VOCs 活性的贡献率约为 17%[33]，而在清单中这一比值仅为 5%，与本章中的结论比较相似。②清单中烯烃对 VOCs 活性的贡献率高于基于观测数据计算的结果。通过上面的分析，我们发现如果将 TRACE-P 和 INTEX-B 清单中的 VOCs 排放数据输入化学传输模型模拟臭氧生成，模型可能能够较好地模拟或预测臭氧的浓度水平，但是对 O_3 主要 VOCs 前体物的判断会出现偏差，高估烯烃对臭氧生成的影响，而低估 OVOCs 的贡献。这种不准确性会影响臭氧控制决策或措施的有效性。

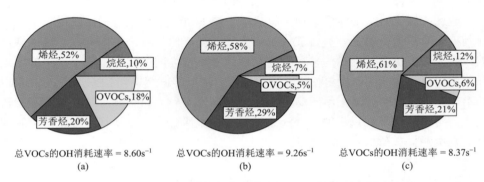

图 7-21　比较不同 VOCs 类别对总 VOCs 的 OH 消耗速率的相对贡献率

（a）基于外场观测；（b）INTEX-B 排放清单[12]；（c）TRACE-P 排放清单[1]

2. 对 SOA 模拟的影响——SOA 生成潜势

有机气溶胶(OA)是环境大气中 $PM_{2.5}$ 的重要组分，占 $PM_{2.5}$ 质量浓度的 20%～90%，其中 SOA 对 OA 的贡献可达 20%～80%。SOA 是由人类活动或者天然源直接排放的有机前体物在大气中经过一系列的氧化、吸附、凝结等过程后的产物，因此研究 SOA 及其前体物之间的关系对于控制 SOA 有重要意义。近年来有很多研究者开始基于实际测量到的大气 VOCs 浓度和烟雾箱实验或模型模拟获得的 SOA 产率，估算大气中由 VOCs 转化生成的 SOA 的量。

各 VOCs 物种生成 SOA 的能力差异显著。Doskey 和 Gao[88]利用基于特定化学反应机理（master chemical mechanism，MCM）的化学传输模型模拟欧洲城市气团中各 VOCs 物种在理想状态下生成 SOA 的潜势（SOAP）。计算公式如下：

$$SOAP_i = \frac{挥发性有机物 i 生成 SOA 的潜势}{甲苯生成 SOA 的潜势} \times 100 \qquad (7\text{-}14)$$

$$SOAP 加权排放量 = \sum (SOAP_i \times E_i) \qquad (7\text{-}15)$$

式中，$SOAP_i$ 为一定质量的 VOCs 物种 i 排放进入大气中后所导致的 SOA 浓度的增加量与相同质量的甲苯排放所导致的 SOA 浓度增量的比值。甲苯的 SOAP 被设成 100，其他物种的 SOAP 均用相对于甲苯的数值表示。将 SOAP 作为加权因子，与各物种的年排放量（E）相乘可以计算出总 VOCs 的 SOAP 加权排放量（SOAP-weighted emission，Gg/a）。

图 7-22 比较了基于外场观测数据、INTEX-B 和 TRACE-P 清单计算的总 VOCs 的 SOAP 加权排放量以及各类 VOCs 的相对贡献率。从图中可以看出，三套排放数据所计算的 SOAP 加权排放量比较接近，相对偏差的绝对值小于 12%。芳香烃是最重要的 SOA 前体物，相对贡献率大于 98%。基于英国 VOCs 排放清单所计算的结果显示芳香烃对 SOA 的贡献率超过 97%[89]，但是在洛杉矶地区基于观测的计算结果却发现芳香烃仅贡献了约 70% 的 SOAP 加权排放量，另外的 30% 则来自 OVOCs，其中苯甲醛是对 SOA 贡献最大的 OVOCs 物种。本研究中基于外场观测数据计算的 OVOCs 对 SOA 的贡献率仅为 0.4%，远小于洛杉矶的结果。造成这种差异的重要原因是本研究中并未对苯甲醛进行测定，因此可能低估了 OVOCs 的贡献。考虑到苯甲醛是 SOA 的重要前体物，因此在后续的研究中需加强对其大气浓度的测定。

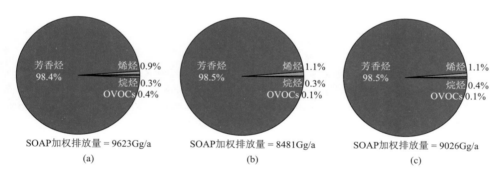

图 7-22   比较不同 VOCs 类别对 SOAP 加权排放量的相对贡献

（a）基于外场观测；（b）INTEX-B 排放清单；（c）TRACE-P 排放清单

尽管源清单和基于观测数据所计算的 VOCs 排放数据都显示芳香烃类化合物是北京地区最重要的 SOA 前体物，但各芳香烃物种的 SOAP 加权排放量在基于清单和观测数据获得的排放数据之间呈现出一定的差异（图 7-23）。在 INTEX-B 清单中，苯乙烯是最重要的 SOA 前体物，但基于观测数据计算的排放量结果却显示甲苯、二甲苯、苯和乙苯的 SOAP 加权排放量均高于苯乙烯。TRACE-P 清单中苯和二甲苯的 SOAP 加权排放量低于基于观测数据计算的结果，而甲苯和 C_9 及以上芳香烃的 SOAP 加权排放量则偏高。

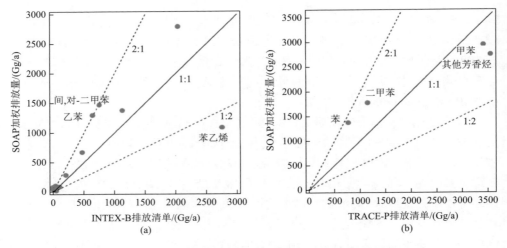

图 7-23　比较基于观测计算的各芳香烃物种 SOAP 加权排放量与 INTEX-B
排放清单[12]（a）和 TRACE-P 排放清单[1]（b）的计算结果

图中的每一个数据点代表一个芳香烃物种

（袁　斌）

参 考 文 献

[1]　Streets D G，Bond T C，Carmichael G R，et al. An inventory of gaseous and primary aerosol emissions in Asia in the year 2000[J]. Journal of Geophysical Research，2003，108（D21）：8809.

[2]　Bo Y，Cai H，Xie S D. Spatial and temporal variation of historical anthropogenic NMVOCs emission inventories in China[J]. Atmospheric Chemistry and Physics，2008，8（23）：7297-7316.

[3]　European Commission. Global Emissions EDGAR v4.2[EB/OL]. https://edgar.jrc.ec.europa.eu/overview.php?v=42[2020-02-01].

[4]　Klimont Z，Streets D G，Gupta S，et al. Anthropogenic emissions of non-methane volatile organic compounds in China[J]. Atmospheric Environment，2002，36（8）：1309-1322.

[5]　Cao G，Zhang X，Gong S，et al. Emission inventories of primary particles and pollutant gases for China[J]. Chinese Science Bulletin，2011，56（8）：781-788.

[6]　Wei W，Wang S，Chatani S，et al. Emission and speciation of non-methane volatile organic compounds from anthropogenic sources in China[J]. Atmospheric Environment，2008，42（20）：4976-4988.

[7]　Ohara T，Akimoto H，Kurokawa J，et al. An Asian emission inventory of anthropogenic emission sources for the period 1980～2020[J]. Atmospheric Chemistry and Physics，2007，7（16）：4419-4444.

[8]　Piccot S D，Watson J J，Jones J W. A global inventory of volatile organic compound emissions from anthrpogenic sources[J]. Journal of Geophysical Research：Atmospheres，1992，97（D9）：9897-9912.

[9]　Tonooka Y，Kannari A，Higashino H，et al. NMVOCs and CO emission inventory in East Asia[J]. Water Air and Soil Pollution，2001，130（1-4）：199-204.

[10] Wei W, Wang S, Hao J, et al. Projection of anthropogenic volatile organic compounds（VOCs）emissions in China for the period 2010～2020[J]. Atmospheric Environment, 2011, 45（38）: 6863-6871.

[11] Xing J, Wang S X, Chatani S, et al. Projections of air pollutant emissions and its impacts on regional air quality in China in 2020[J]. Atmospheric Chemistry and Physics, 2011, 11（7）: 3119-3136.

[12] Zhang Q, Streets D G, Carmichael G R, et al. Asian emissions in 2006 for the NASA INTEX-B mission[J]. Atmospheric Chemistry and Physics, 2009, 9（14）: 5131-5153.

[13] 刘金凤, 赵静, 李湉湉, 等. 我国人为源挥发性有机物排放清单的建立[J]. 中国环境科学, 2008, （6）: 18-22.

[14] Cai H, Xie S D. Tempo-spatial variation of emission inventories of speciated volatile organic compounds from on-road vehicles in China[J]. Atmospheric Chemistry and Physics, 2009, 9（18）: 6983-7002.

[15] 环境保护部, 国家质量监督检验检疫总局. 轻型汽车污染物排放限值及测量方法（中国第六阶段）[S]. GB 18352.6—2016.

[16] Grosjean D. In situ organic aerosol formation during a smog episode-estimated production and chemical functionality[J]. Atmospheric Environment Part A: General Topics, 1992, 26（6）: 953-963.

[17] Liu Y, Shao M, Fu L, et al. Source profiles of volatile organic compounds（VOCs）measured in China: part Ⅰ[J]. Atmospheric Environment, 2008, 42（25）: 6247-6260.

[18] Carter W P L. Development of the SAPRC-07 chemical mechanism and updated ozone reactivity scales[EB/OL]. https://intra.cert.ucr.edu/~carter/SAPRC/saprc07.pdf [2020-02-01].

[19] Klimont Z, Cofala J, Xing J, et al. Projections of SO$_2$, NO$_x$ and carbonaceous aerosols emissions in Asia[J]. Tellus B, 2009, 61（4）: 602-617.

[20] Zhao B, Wang P, Ma J Z, et al. A high-resolution emission inventory of primary pollutants for the Huabei region, China[J]. Atmospheric Chemistry and Physics, 2012, 12（1）: 481-501.

[21] Kume K, Ohura T, Amagai T, et al. Field monitoring of volatile organic compounds using passive air samplers in an industrial city in Japan[J]. Environmental Pollution, 2008, 153（3）: 649-657.

[22] Pekey B, Yilmaz H. The use of passive sampling to monitor spatial trends of volatile organic compounds（VOCs）at an industrial city of Turkey[J]. Microchemical Journal, 2011, 97（2）: 213-219.

[23] Zabiegała B, Urbanowicz M, Namieśnik J, et al. Spatial and seasonal patterns of benzene, toluene, ethylbenzene, and xylenes in the Gdansk, Poland and surrounding areas determined using radiello passive samplers[J]. Journal of Environmental Quality, 2010, 39（3）: 896-906.

[24] Martin H. Sorbent trapping of volatile organic compounds from air[J]. Journal of Chromatography A, 2000, 885（1-2）: 129-151.

[25] Chen T Y, Blake D R, Lopez J P, et al. Estimation of global vehicular methyl bromide emissions: extrapolation from a case study in Santiago, Chile[J]. Geophysical Research Letters, 1999, 26（3）: 283-286.

[26] Katzenstein A S, Doezema L A, Simpson I J, et al. Extensive regional atmospheric hydrocarbon pollution in the southwestern United States[J]. Proceedings of the National Academy of Sciences of the United States of America, 2003, 100（21）: 11975-11979.

[27] Moschonas N, Glavas S, Kouimtzis T. C$_3$ to C$_9$ hydrocarbon measurements in the two largest cities of Greece, Athens and Thessaloniki. Calculation of hydrocarbon emissions by species. Derivation of hydroxyl radical concentrations[J]. Science of the Total Environment, 2001, 271（1-3）: 117-133.

[28] Chen T Y, Simpson I J, Blake D R, et al. Impact of the leakage of liquefied petroleum gas（LPG）on Santiago Air Quality[J]. Geophysical Research Letters, 2001, 28（11）: 2193-2196.

[29] Langford B, Nemitz E, House E, et al. Fluxes and concentrations of volatile organic compounds above central

London，UK[J]. Atmospheric Chemistry and Physics，2010，10（2）：627-645.

[30]　Baker A K，Beyersdorf A J，Doezema L A，et al. Measurements of nonmethane hydrocarbons in 28 United States cities[J]. Atmospheric Environment，2008，42（1）：170-182.

[31]　Parrish D D，Kuster W C，Shao M，et al. Comparison of air pollutant emissions among mega-cities[J]. Atmospheric Environment，2009，43（40）：6435-6441.

[32]　Warneke C，de Gouw J A，Holloway J S，et al. Multiyear trends in volatile organic compounds in Los Angeles，California：five decades of decreasing emissions[J]. Journal of Geophysical Research，2012，117：D00V17.

[33]　Borbon A，Gilman J B，Kuster W C，et al. Emission ratios of anthropogenic volatile organic compounds in northern mid-latitude megacities：observations versus emission inventories in Los Angeles and Paris[J]. Journal of Geophysical Research：Atmospheres，2013，118（1）：1-17.

[34]　Apel E C，Emmons L K，Karl T，et al. Chemical evolution of volatile organic compounds in the outflow of the Mexico City Metropolitan area[J]. Atmospheric Chemistry and Physics，2010，10（5）：2353-2375.

[35]　Parrish D D，Stohl A，Forster C，et al. Effects of mixing on evolution of hydrocarbon ratios in the troposphere[J]. Journal of Geophysical Research：Atmospheres，2007，112（D10）.

[36]　de Gouw J A，Middlebrook A M，Warneke C，et al. Budget of organic carbon in a polluted atmosphere：results from the New England Air Quality Study in 2002[J]. Journal of Geophysical Research：Atmospheres，2005，110（D16）：D16305.

[37]　Yuan B，Shao M，de Gouw J，et al. Volatile organic compounds（VOCs）in urban air：how chemistry affects the interpretation of positive matrix factorization（PMF）analysis[J]. Journal of Geophysical Research：Atmospheres，2012，117（D24）：D24302.

[38]　Bon D M，Ulbrich I M，de Gouw J A，et al. Measurements of volatile organic compounds at a suburban ground site（T1）in Mexico City during the MILAGRO 2006 campaign：measurement comparison，emission ratios，and source attribution[J]. Atmospheric Chemistry and Physics，2011，11（6）：2399-2421.

[39]　Parrish D D. Critical evaluation of US on-road vehicle emission inventories[J]. Atmospheric Environment，2006，40（13）：2288-2300.

[40]　Fortin T J，Howard B J，Parrish D D，et al. Temporal changes in US benzene emissions inferred from atmospheric measurements[J]. Environmental Science & Technology，2005，39（6）：1403-1408.

[41]　Chen S P，Liu T H，Chen T F，et al. Diagnostic modeling of PAMS VOC observation[J]. Environmental Science & Technology，2010，44（12）：4635-4644.

[42]　Coll I，Rousseau C，Barletta B，et al. Evaluation of an urban NMHCs emission inventory by measurements and impact on CTM results[J]. Atmospheric Environment，2010，44（31）：3843-3855.

[43]　Theloke J，Friedrich R. Compilation of a database on the composition of anthropogehic VOC emissions for atmospheric modeling in Europe[J]. Atmospheric Environment，2007，41（19）：4148-4160.

[44]　West J J，Zavala M A，Molina L T，et al. Modeling ozone photochemistry and evaluation of hydrocarbon emissions in the Mexico City metropolitan area[J]. Journal of Geophysical Research：Atmospheres，2004，109（D19）.

[45]　Mallet V，Sportisse B. A comprehensive study of ozone sensitivity with respect to emissions over Europe with a chemistry-transport model[J]. Journal of Geophysical Research：Atmospheres，2005，110（D22）.

[46]　Fu T M，Jacob D J，Palmer P I，et al. Space-based formaldehyde measurements as constraints on volatile organic compound emissions in east and south Asia and implications for ozone[J]. Journal of Geophysical Research：Atmospheres，2007，112（D6）：D06312.

[47]　Tang X，Zhu J，Wang Z F，et al. Improvement of ozone forecast over Beijing based on ensemble Kalman filter with

simultaneous adjustment of initial conditions and emissions[J]. Atmospheric Chemistry and Physics, 2011, 11 (24): 12901-12916.

[48] Fujita E M, Watson J G, Chow J C, et al. Validation of the chemical mass balance receptor model applied to hydrocarbon source apportionment in the Southern California Air Quality Study[J]. Environmental Science & Technology, 1994, 28 (9): 1633-1649.

[49] Fujita E M, Watson J G, Chow J C, et al. Receptor model and emissions inventory source apportionments of nonmethane organic gases in California's San Joaquin Valley and San Francisco Bay area[J]. Atmospheric Environment, 1995, 29 (21): 3019-3035.

[50] Harley R A, Hannigan M P, Cass G R. Respeciation of organic gas emissions and the detection of excess unburned gasoline in the atmosphere[J]. Environmental Science & Technology, 1992, 26 (12): 2395-2408.

[51] Niedojadlo A, Becker K H, Kurtenbach R, et al. The contribution of traffic and solvent use to the total NMVOC emission in a German city derived from measurements and CMB modelling[J]. Atmospheric Environment, 2007, 41 (33): 7108-7126.

[52] Niedojadlo A, Kurtenbach R, Wiesen P. How reliable are emission inventories? Field observations versus emission predictions for NMVOCs[R]//Barnes I, Kharytonov M M. Simulation and Assessment of Chemical Processes in a Multiphase Environment. NATO Science for Peace and Security Series C: Environmental Security. Dordrecht: Springer, 2008: 201-217.

[53] Buzcu-Guven B, Fraser M P. Comparison of VOC emissions inventory data with source apportionment results for Houston, TX[J]. Atmospheric Environment, 2008, 42 (20): 5032-5043.

[54] Kenski D M, Wadden R A, Scheff P A, et al. Receptor modeling approach to VOC emission inventory validation[J]. Journal of Environmental Engineering, 1995, 121 (7): 483-491.

[55] Scheff P A, Wadden R A, Kenski D M, et al. Receptor model evaluation of the southeast Michigan ozone study ambient NMOC measurements[J]. Journal of the Air & Waste Management Association, 1996, 46(11): 1048-1057.

[56] Scheff P A, Wadden R A. Receptor modeling of volatile organic compounds. 1. Emission inventory and validation[J]. Environmental Science & Technology, 1993, 27 (4): 617-625.

[57] Choi Y J, Calabrese R V, Ehrman S H, et al. A combined approach for the evaluation of a volatile organic compound emissions inventory[J]. Journal of the Air & Waste Management Association, 2006, 56(2): 169-178.

[58] Wang M, Shao M, Chen W, et al. A temporally and spatially resolved validation of emission inventories by measurements of ambient volatile organic compounds in Beijing, China[J]. Atmospheric Chemistry and Physics, 2014, 14 (12): 5871-5891.

[59] Song Y, Shao M, Liu Y, et al. Source apportionment of ambient volatile organic compounds in Beijing[J]. Environmental Science & Technology, 2007, 41 (12): 4348-4353.

[60] Tang X, Zhu J, Wang Z F, et al. Inversion of CO emissions over Beijing and its surrounding areas with ensemble Kalman filter[J]. Atmospheric Environment, 2013, 81: 676-686.

[61] Atkinson R, Baulch D L, Cox R A, et al. Evaluated kinetic and photochemical data for atmospheric chemistry, volume II: gas phase reactions of organic species[J]. Atmospheric Chemistry and Physics, 2006, 6 (11): 3625-4055.

[62] Yoshino A, Sadanaga Y, Watanabe K. Measurement of total OH reactivity by laser-induced pump and probe technique: comprehensive observations in the urban atmosphere of Tokyo[J]. Atmospheric Environment, 2006, 40 (40): 7869-7881.

[63] 王雪松, 李金龙. 人为源排放 VOC 对北京地区臭氧生成的贡献[J]. 中国环境科学, 2002, 22 (6): 501-505.

[64]　Su J, Shao M, Lu S, et al. Non-methane volatile organic compound emission inventories in Beijing during Olympic Games 2008[J]. Atmospheric Environment, 2011, 45（39）: 7046-7052.

[65]　Li M, Zhang Q, Streets D G, et al. Mapping Asian anthropogenic emissions of non-methane volatile organic compounds to multiple chemical mechanisms[J]. Atmospheric Chemistry and Physics, 2014, 14（11）: 5617-5638.

[66]　Ban-Weiss G A, McLaughlin J P, Harley R A, et al. Carbonyl and nitrogen dioxide emissions from gasoline-and diesel-powered motor vehicles[J]. Environmental Science & Technology, 2008, 42（11）: 3944-3950.

[67]　Schauer J J, Kleeman M J, Cass G R, et al. Measurement of emissions from air pollution sources, 5. $C_1 \sim C_{32}$ organic compounds from gasoline-powered motor vehicles[J]. Environmental Science & Technology, 2002, 36（6）: 1169-1180.

[68]　Schauer J J, Kleeman M J, Cass G R, et al. Measurement of emissions from air pollution sources, 2. C_1 through C_{30} organic compounds from medium duty diesel trucks[J]. Environmental Science & Technology, 1999, 33（10）: 1578-1587.

[69]　Schauer J J, Kleeman M J, Cass G R, et al. Measurement of emissions from air pollution sources, 3. $C_1 \sim C_{29}$ organic compounds from fireplace combustion of wood[J]. Environmental Science & Technology, 2001, 35（9）: 1716-1728.

[70]　Yokelson R, Urbanski S, Atlas E, et al. Emissions from forest fires near Mexico City[J]. Atmospheric Chemistry and Physics, 2007, 7（21）: 5569-5584.

[71]　Zhang J, Smith K R. Emissions of carbonyl compounds from various cookstoves in China[J]. Environmental Science & Technology, 1999, 33（14）: 2311-2320.

[72]　Kim K H, Hong Y J, Pal R, et al. Investigation of carbonyl compounds in air from various industrial emission sources[J]. Chemosphere, 2008, 70（5）: 807-820.

[73]　Knighton W B, Herndon S C, Franklin J F, et al. Direct measurement of volatile organic compound emissions from industrial flares using real-time online techniques: proton transfer reaction mass spectrometry and tunable infrared laser differential absorption spectroscopy [J]. Industrial & Engineering Chemistry Research, 2012, 51（39）: 12674-12684.

[74]　Blake D R, Rowland F S. Urban leakage of liquefied petroleum gas and its impact on Mexico City air quality[J]. Science, 1995, 269（5226）: 953-956.

[75]　Tang X, Wang Z, Zhu J, et al. Sensitivity of ozone to precursor emissions in urban Beijing with a Monte Carlo scheme[J]. Atmospheric Environment, 2010, 44（31）: 3833-3842.

[76]　Wang Y, Ren X, Ji D, et al. Characterization of volatile organic compounds in the urban area of Beijing from 2000 to 2007[J]. Journal of Environmental Sciences: China, 2012, 24（1）: 95-101.

[77]　Liu Y, Shao M, Zhang J, et al. Distributions and source apportionment of ambient volatile organic compounds in Beijing City, China[J]. Journal of Environmental Science and Health Part A: Toxic/Hazardous Substances & Environmental Engineering, 2005, 40（10）: 1843-1860.

[78]　Lu S, Liu Y, Shao M, et al. Chemical speciation and anthropogenic sources of ambient volatile organic compounds （VOCs）during summer in Beijing, 2004[J] . Frontiers of Environmental Science & Engineering in China, 2007, 1（2）: 147-152.

[79]　Liu Y, Shao M, Kuster W C, et al. Source identification of reactive hydrocarbons and oxygenated VOCs in the summertime in Beijing[J]. Environmental Science & Technology, 2009, 43（1）: 75-81.

[80]　Xie X, Shao M, Liu Y, et al. Estimate of initial isoprene contribution to ozone formation potential in Beijing, China[J]. Atmospheric Environment, 2008, 42（24）: 6000-6010.

[81]　Zhang Q，Yuan B，Shao M，et al. Variations of ground-level O_3 and its precursors in Beijing in summertime between 2005 and 2011[J]. Atmospheric Chemistry and Physics，2014，14（12）：6089-6101.

[82]　Wang B，Shao M，Lu S H，et al. Variation of ambient non-methane hydrocarbons in Beijing City in summer 2008[J]. Atmospheric Chemistry and Physics，2010，10（13）：5911-5923.

[83]　Min S，Bin W，Sihua L，et al. Effects of Beijing Olympics control measures on reducing reactive hydrocarbon species[J]. Environmental Science & Technology，2011，45（2）：514-519.

[84]　Wu Y，Wang R，Zhou Y，et al. On-road vehicle emission control in beijing：past，present，and future[J]. Environmental Science & Technology，2011，45（1）：147-153.

[85]　Lang J，Cheng S，Wei W，et al. A study on the trends of vehicular emissions in the Beijing-Tianjin-Hebei（BTH） region，China[J]. Atmospheric Environment，2012，62：605-614.

[86]　Huo H，Yao Z，Zhang Y，et al. On-board measurements of emissions from light-duty gasoline vehicles in three mega-cities of China[J]. Atmospheric Environment，2012，49：371-377.

[87]　Simpson I J，Andersen M P S，Meinardi S，et al. Long-term decline of global atmospheric ethane concentrations and implications for methane[J]. Nature，2012，488（7412）：490-494.

[88]　Doskey P V，Gao W. Vertical mixing and chemistry of isoprene in the atmospheric boundary layer：aircraft-based measurements and numerical modeling[J]. Journal of Geophysical Research：Atmospheres，1999，104（D17）：21263-21274.

[89]　Derwent R G，Jenkin M E，Utembe S R，et al. Secondary organic aerosol formation from a large number of reactive man-made organic compounds[J]. Science of the Total Environment，2010，408（16）：3374-3381.

第 8 章　VOCs 在近地面臭氧生成中的作用

光化学烟雾污染对大气环境有显著的不良影响，至今仍是国际上尚未有效解决的难题，包括我国在内的很多发展中国家也逐渐受到光化学污染的困扰。近年来，京津冀、长江三角洲、珠江三角洲等城市群地区出现了显著的区域性光化学污染，直接威胁着城市生态环境与广大居民的身体健康。如何控制和消除光化学烟雾，成为一个亟待解决的难题；而这一问题的核心就是如何认识前体物对臭氧生成的影响，进而通过有效的前体物控制来削减臭氧污染。由于国内源清单工作相对落后，以传统的空气质量模型方法进行长期研究存在较多困难，本章主要应用基于观测的方法。

针对臭氧生成的敏感性这一关键科学问题，本章结合 2006～2014 年间在京津冀和珠江三角洲地区的加强观测资料，采用基于观测的研究方法，建立了臭氧光化学产生机制的集合诊断方法，识别影响臭氧生成的关键物种，为区域光化学污染控制提供科学支撑和政策建议。

8.1　基于观测的方法/模型评估 VOCs 对臭氧生成的作用

探讨臭氧光化学生成过程中的控制因素，分析臭氧与前体物之间的关系，是城市大气污染研究面临的主要科学挑战之一。现场观测和数值模拟研究工作表明，气象条件、污染源排放和臭氧前体物（如 NO_x 和 VOCs）的初始浓度影响了臭氧的生成量和生成速率。由于不同区域 O_3 生成对 NO_x 和 VOCs 的敏感性不同，弄清城市、区域或特定站点大气臭氧生成究竟受 VOCs 控制还是受 NO_x 控制，成为制定臭氧污染控制策略的关键。

基于观测的方法/模型（observation based method/model，OBM）是根据实际观测资料来分析光化学污染过程的技术。OBM 以观测数据为基础，从城市和区域尺度上分析臭氧生成速率与 NO_x 和 VOCs 的响应关系[1]。OBM 不依赖于前体物的排放源清单，避免了三维模型在源清单和气象过程模拟这两方面的误差，但它对大气化学过程描述的误差仍然存在，因而也需要加以评估。

常用的基于观测研究的方法包括：直接分析观测数据、指示剂法、OBM 模型等。许多研究中直接应用观测数据估算 VOCs 物种的反应活性，判断它们对臭氧生成的相对贡献（详细见 3.4 节）。指示剂法通常以观测的活性氮氧化物等二次物种作标识物，建立臭氧生成敏感性与指示物种比值之间的关系，简单评估臭氧生成控制因素。例如，O_3/NO_y、O_3/NO_z、O_3/HNO_3、H_2O_2/HNO_3 等比值用来判断 O_3 生成对前体物的敏感性[2]。值得注意的是，指示剂法中所用比值的阈值在不同地区会发生变化，因此不能直接套用文献的某个比值，而是应该结合当地气象、排放等条件推算指示剂比值。

　　OBM 模型法包括一系列零维盒子模型，利用实际观测的 O_3、NO_x、VOCs 作为约束条件，模拟研究大气光化学的方法。模型通过削减 NO_x 和 VOCs 排放讨论对臭氧生成量的影响，还沿袭了类似于 Carter 的相对增量反应活性方法[3]，评估臭氧光化学污染的关键控制因素。研究结果表明，城市地区臭氧前体物排放强度大，VOCs/NO_x 比例偏低，臭氧生成多受 VOCs 控制，如广州[4]、北京[5]、香港[6]等，其中在珠江三角洲地区人为源排放的芳香烃的贡献比例较高[7]。Zhang 等还发现在下风地区，区域输送影响显著增强[6]。

　　本章应用各种基于观测的方法，分析北京、珠江三角洲城市和区域站点主要污染物之间的关系、臭氧生成的敏感性，定量评估活性物种对臭氧生成的贡献，并对臭氧长期变化趋势进行了系统分析。

8.1.1　基于观测的方法

　　经验动力学建模方法（empirical kinetics modeling approach，EKMA）曲线法在空气质量模拟中以 VOCs-NO_x-O_3 化学反应机理为基础，并考虑温度、湿度、边界层条件和污染物沉降等影响 O_3 生成的物理因素，探讨 O_3 生成对前体物的敏感性。在此基础上，以不同浓度的 VOCs 和 NO_x 混合物为初始条件，模拟出 O_3 最大小时浓度，并绘制一系列生成臭氧的等浓度曲线图，即 EKMA 曲线[8, 9]。该曲线将 O_3 浓度与前体物排放水平联系起来，为制定控制政策提供有效的依据，但是曲线的形状受到地理位置、气象条件、大气化学反应条件等因素的影响，因而仅根据模型结果绘制的 EKMA 曲线存在很大的不确定性。

　　为此，Shiu 等提出基于观测的方法（OBM），结合 EKMA 曲线的理念，根据实际观测数据推算出源排放时 VOCs 和 NO_x 的初始浓度，与相应时段实测的臭氧最大小时浓度进行多元拟合，建立臭氧峰值与 VOCs 和 NO_x 初始浓度之间的函数关系，并以三维图的形式呈现[10]。该方法可看作是简化的 EKMA 曲线，它通过多元线性回归得到臭氧与 VOCs 和 NO_x 初始浓度之间的近似线性平面关系，用于评价城市和区域臭氧的生成效率和生成速率。此方法是根据实际观测数据进行初始浓度计算和回归分析，一定程度上减少了空气质量模型因实际气象条件、研究区域的前体物源清单、化学反应机理和条件而产生的不确定性。

　　本节以光化学污染比较严重的珠江三角洲和北京地区为研究对象，采用上述

OBM 方法，通过多元线性回归建立臭氧生成与前体物之间的关系，讨论各站点 O_3 生成所处的控制区，为制定 O_3 控制策略提供参考。

8.1.2 珠江三角洲城市和区域站点臭氧与前体物之间的关系

1. 珠江三角洲加强观测站点概况

本节以珠江三角洲地区为例，基于城市和区域站点臭氧及其前体物的连续监测数据，分析该地区大气臭氧的生成与前体物之间的关系。这次加强观测是 2006 年 7 月在珠江三角洲地区进行国家重点基础研究发展计划（973 计划）项目中的"区域大气复合污染的立体观测"课题的组成部分。

加强观测站点包括广州市区点——广东省环境保护监测中心站（省站，简称 GZ）和广东省北部郊区的清洁对照点——清远县后花园（backgarden，简称 BG）。省站观测点（北纬 23.13°，东经 113.25°）设在广东省环境保护监测中心站 17 层楼顶，距地面高度大约为 55m。站点位于广州市主要交通干道上，周围有一些政府机构、居民区、商业区和城市公园等，人口稠密，交通发达，基本反映了广州市区局地污染的情况。后花园观测点（北纬 23.50°，东经 113.02°）位于珠江三角洲的北部，在广州的西北方向，距广州市区约 48km，处在人口稀少的自然风景区。周围 20km² 范围内为森林地区，2.7km² 范围内是湖区，局地无显著的交通源和其他燃烧源，可能存在生物质燃烧排放和电缆焚烧现象。BG 站点能够表征珠江三角洲的区域污染状况。

2. 多元线性回归结果及验证

针对珠江三角洲加强观测期间臭氧及其前体物（NO_x 和 VOCs）的同步在线数据，应用基于气团光化学龄的参数化方法（详见 6.2 节），计算城市和区域站点臭氧前体物的光化学消耗量和初始浓度。以实测的臭氧峰值浓度作因变量，NO_x 和 VOCs 的初始浓度作自变量，应用多元线性回归模型，令 O_3 计算值和实测值的差值达到最小，用最小二乘法解出 NO_x、VOCs 的一次回归系数和拟合常数，结果见表 8-1。

表 8-1　2006 年 7 月 GZ 和 BG 站点 O_3 与 NO_x 和 VOCs 初始浓度的多元回归结果

站点	气体	多元线性回归系数	拟合常数项	t 值（t 检验）	共线性容忍度	F 值（F 检验）	P 值
GZ	NO_x	0.829 ± 0.543	-35.505 ± 28.161	1.528	0.409	10.705	0.003
	VOCs	0.705 ± 0.436		1.617			
BG	NO_x	1.686 ± 0.794	48.945 ± 2.960	2.123	0.803	15.337	0.002
	VOCs	0.474 ± 0.130		3.640			

为考察多元线性回归模型的拟合优度，表 8-2 分别给出 GZ 和 BG 站点大气中臭氧与 VOCs、NO_x 初始浓度的相关系数和决定系数。结果显示，观测期间两站点大部分的臭氧峰值（GZ：68%；BG：79%）能够通过当地 VOCs 和 NO_x 的化学反应来解释。

表 8-2　一次多元回归模型的拟合优度 [a]

站点	相关系数 R	决定系数 R^2
GZ	0.826[b]	0.682
BG	0.891[b]	0.793

a. 因变量：O_3；

b. 自变量：VOCs，NO_x。

表 8-1 还总结了多元回归模型参数的检验结果，包括各自变量的 t 检验以及回归模型的 F 检验。整体上看，两站点观测数据进行多元回归，回归均方差和残差均方差都服从卡方分布（$F > 2.25$，$p < 0.1$），说明回归模型具有统计学意义。自变量 t 检验说明各站点 NO_x 和 VOCs 初始浓度也都服从 t 分布（$t > 1.3634$，$p < 0.1$），具有统计抽样意义。表 8-1 中的共线性容忍度（collinearity tolerance）用于检验自变量 NO_x 和 VOCs 之间的共线性问题。容忍度越小，说明二者共线性越强，如果容忍度 < 0.1，则认为自变量共线性问题严重。结果发现，GZ 站点 NO_x 和 VOCs 的共线性相对较大，说明城市站点 O_3 前体物具有一定的同源性，这可能对多元回归结果带来不确定性。

图 8-1（a）、（b）分别给出 GZ 和 BG 站点臭氧观测值、模拟值的累积概率之间正态 P-P 图。可见，图中散点基本呈直线趋势，未出现极端值，说明所采用的回归模型合理，结果可靠。

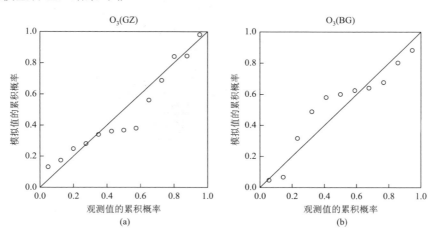

图 8-1　GZ 和 BG 站点臭氧模拟值和观测值的累积概率

3. OBM 结果与讨论

图 8-2 和图 8-3 分别是 GZ 和 BG 站点大气中臭氧生成与前体物之间关系的三维图，其中 x、y 轴分别代表两站点 VOCs 和 NO_x 的初始浓度，拟合平面表示模拟的臭氧峰值浓度（以彩色填充），图中散点为实测值。从图 8-2 可以看出，广州市区站点臭氧生成对 VOCs 化学更敏感。例如，假设 GZ 站点臭氧峰值浓度为 180ppbv，若使其峰值降至国家二级标准（100ppbv），讨论需要采取的控制措施。情景①：不改变 NO_x 初始浓度（120ppbv），需降低大约 69% 的 VOCs 排放以达到臭氧峰值削减目的。情景②：不改变 VOCs 初始浓度（160ppbv），若达到相同的 O_3 控制目标，必须要减少 78% 的 NO_x，这说明在广州市区控制 O_3 达到二级标准，削减人为源 VOCs 排放比削减相同比例的 NO_x 排放对于降低 O_3 峰值浓度更有效。若采取更严格管控措施，使广州市区 O_3 达到一级标准（60ppbv），在情景①下将 VOCs 初始浓度减为 0，臭氧峰值可降低到 64ppbv 左右；然而情景②下即使把 NO_x 初始浓度减为 0，臭氧峰值仅降至 77ppbv。可见，如果要使广州市区臭氧达国家一级标准，必须同时控制 VOCs 和 NO_x 的排放量。从第 3 章可知，广州市区点 VOCs 主要活性物种是 $C_3 \sim C_4$ 活性烯烃和部分芳烃，它们主要来自城市的机动车排放。因此，广州市区臭氧控制需要通过削减机动车排放源来实现。

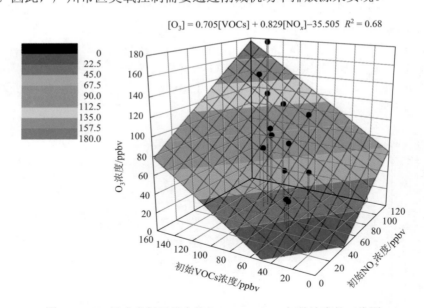

$$[O_3] = 0.705[VOCs] + 0.829[NO_x] - 35.505 \quad R^2 = 0.68$$

图 8-2　GZ 站点臭氧日最大值与 VOCs、NO_x 初始浓度的三维图

平面为多元线性回归拟合平面，图的上方是臭氧浓度与 VOCs 和 NO_x 浓度的函数式，R^2 为决定系数

$$[O_3] = 0.474[VOCs] + 1.686[NO_x] + 48.945 \quad R^2 = 0.79$$

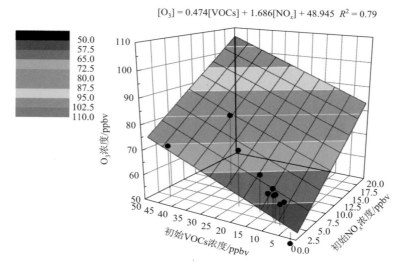

图 8-3　BG 站点臭氧日最大值与 VOCs、NO_x 初始浓度的三维图

平面为多元线性回归拟合平面，图的上方是臭氧与 VOCs 和 NO_x 的函数式，R^2 为决定系数

从图 8-3 可看出，珠江三角洲北部郊区点（BG 站点）属于臭氧生成的 NO_x 化学控制区。采用类似上面的分析方法，若使 BG 站点臭氧达到相同的削减量，单纯降低 NO_x 所需的幅度会小于单纯降低 VOCs 的情景。值得注意的是，BG 站点为区域观测点，O_3 背景浓度在 50ppbv 左右（即 VOCs 和 NO_x 初始浓度同时降为 0 的极端情景），说明该站点臭氧浓度可能受上风地区污染物输送的影响。因此，制定珠江三角洲区域站点臭氧控制策略时，除了降低当地前体物的排放量之外，还需要控制上风地区的污染源。

8.1.3　北京城市和区域站点臭氧与前体物之间的关系

1. 北京地区加强观测站点概况

2006 年 8~9 月北京及周边地区大气环境综合观测中设置了北京大学（简称 PKU）和榆垡（简称 YUFA）两个超级观测站。北京大学站（北纬 39.99°，东经 116.31°）搭建在北京大学校内东南部的理科楼顶，距地面高度约 23m。站点位于北京市西北部，距离市中心 14km，周边主要为居民区、高校、商业区等。采样点东侧约 200m 是中关村北大街，南侧约 750m 为北四环主路，车流量比较大。PKU 站点是典型的城市站点，主要局地源为机动车排放。榆垡站（北纬 39.51°，东经 116.30°）设在北京市南部郊区，距离市中心 65km，处于夏季主导风向的下风区。除北京市本地排放的影响之外，周边地区（河北、天津、山东等地）的工业生产和能源企业排放也会对该站点空气质量存在显著的贡献。采样点架设在大兴区榆垡镇北京黄埔大学校园内，采样点设在教学楼 4 层平台，距离地面约 12 m，站点东侧约 1.5km 是一条国道，可能会受到局地流动源的一定影响。总体来看，YUFA站点能够代表北京市及其周边的区域污染情况。

2. 多元线性回归结果验证

与分析珠江三角洲臭氧生成敏感性的方法相同，利用多元线性回归模型，建立北京城市和区域站点臭氧峰值与 NO_x 和 VOCs 初始浓度之间的函数关系，拟合结果见表 8-3。

表 8-3　2006 年 8～9 月 PKU 和 YUFA 站点 O_3 与 NO_x 和 VOCs 初始浓度的多元回归结果

站点	气体	多元线性回归系数	拟合常数项	t 值（t 检验）	共线性容忍度	F 值（F 检验）	P 值
PKU	NO_x	-0.219 ± 0.546	38.730 ± 10.493	-0.400	0.189	14.066	0.000
	VOCs	1.288 ± 0.484		2.660			
YUFA	NO_x	2.235 ± 1.485	43.020 ± 17.957	1.505	0.845	4.353	0.044
	VOCs	0.260 ± 0.149		1.739			

表 8-4 总结了回归模型的拟合优度，PKU 和 YUFA 站点臭氧峰值与 VOCs、NO_x 初始浓度的复相关系数分别是 0.798 和 0.682，其中 64% 和 47% 的臭氧峰值可以由前体物 NO_x 和 VOCs 来解释。

表 8-4　一次多元回归模型的拟合优度 [a]

站点	相关系数 R	决定系数 R^2
PKU	$0.798^{[b]}$	0.637
YUFA	$0.682^{[b]}$	0.465

a. 因变量：O_3；

b. 自变量：VOCs，NO_x。

同样地，通过多元回归模型的 F 分布检验、自变量的 t 检验（表 8-3），以及臭氧实测和模拟值的累积概率（图 8-4），说明回归模型及自变量都具有统计学意义，拟合结果合理。需要注意的是，PKU 站点 VOCs 和 NO_x 共线性问题比较严重（容忍度 = 0.189），说明北京市区 VOCs 和 NO_x 主要排放源高度重合，回归模型解释二者对臭氧生成的贡献时可能存在一定的误差。另外，在制定北京市臭氧防控政策时，也应该注意 VOCs 与 NO_x 同源性的特点。

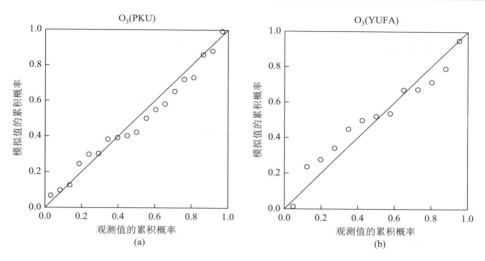

图 8-4　PKU 和 YUFA 站点臭氧模拟值和观测值的累积概率

3. OBM 结果与讨论

　　PKU 和 YUFA 站点臭氧生成与其前体物之间的函数关系如图 8-5 和图 8-6 所示，其中 x、y 轴分别代表两站点 VOCs 和 NO_x 的初始浓度，拟合平面表示模拟的臭氧峰值浓度（以彩色填充）。

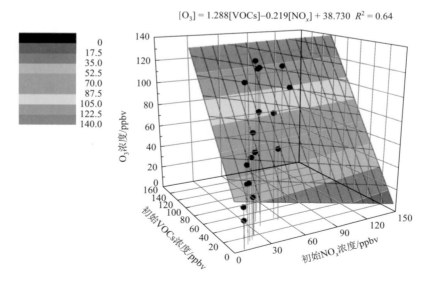

图 8-5　PKU 站点臭氧日最大值与 VOCs、NO_x 初始浓度的三维图

平面为多元线性回归拟合平面，图的上方为臭氧与 VOCs 和 NO_x 的函数式，R^2 为决定系数

$$[O_3]=0.26[VOCs]+2.235[NO_x]+43.020 \quad R^2=0.47$$

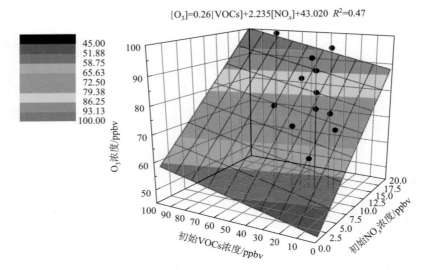

图 8-6　YUFA 站点臭氧日最大值与 VOCs、NO_x 初始浓度的三维图

平面为多元线性回归拟合平面，图的上方为臭氧与 VOCs 和 NO_x 的函数式，R^2 为决定系数

从图 8-5 可以看出，如果北京市区（PKU 站点）NO_x 初始浓度不变，降低 VOCs 初始浓度，臭氧峰值浓度会明显下降。若 VOCs 初始浓度不变，削减 NO_x 初始浓度，臭氧峰值反而呈上升趋势。这说明北京市区可能处于臭氧生成的 NO_x 滴定区，属于 VOCs 强控制区。例如，如果北京市需要将臭氧峰值从二级标准（100ppbv）降至一级标准（60ppbv），若不改变 NO_x 排放，需要削减 55%的 VOCs；若不改变 VOCs 排放，当 NO_x 初始浓度削减 50%，臭氧由 94ppbv 增加到 105ppbv，超过了国家二级标准。这说明削减 VOCs 排放对臭氧控制更为有效。从第 3 章可知，北京市区 VOCs 主要活性组分是 $C_3 \sim C_5$ 活性烯烃和芳烃，它们主要来自城市的机动车排放和溶剂涂料挥发源。

根据图 8-6，如果要使 YUFA 站点臭氧峰值从 110ppbv 降至 100ppbv，若不改变 NO_x 排放，需要削减 62%的 VOCs；若不改变 VOCs 排放，需要削减 29%的 NO_x。也就是说，北京区域站点（YUFA 站点）削减 NO_x 初始浓度能显著降低 O_3 峰值浓度，且削减相同比例的 NO_x 排放造成 O_3 的降幅显著大于削减相同比例 VOCs 引起的 O_3 降幅。因此，北京区域 YUFA 站点臭氧生成对 NO_x 比较敏感。需要注意的是，与珠江三角洲区域站点的情况类似，YUFA 站点臭氧的背景浓度较高（43ppbv），除本地光化学过程之外，臭氧还受到上风地区输送的贡献。因此，若要使 YUFA 站点臭氧达到一级标准，需要本地及其上风向区域同时实施前体物的削减措施。

由前面统计学分析可知（表 8-3），北京区域 YUFA 站点前体物 NO_x 和 VOCs 之间不存在共线性的问题，二者排放源差别较大。前者（NO_x）来自流动源的排放，YUFA 站点关键活性 VOCs 为 $C_3 \sim C_5$ 烯烃，它们主要来自生物质燃烧和机动车排放。因而，制定北京周边区域臭氧防控政策时，需特别注重关键污染源的协同控制。

8.1.4　OBM 与 VOCs/NO_x 比值法的比较

利用观测数据中 VOCs/NO_x 比值判断臭氧生成对 VOCs 敏感还是对 NO_x 敏感，是光化学研究早期出现的一种比较粗略的判别方法，用于简单分析臭氧与 NO_x 和 VOCs 之间的关系。VOCs 与 OH 自由基反应是大气光化学系列反应过程的开始，在此过程中 VOCs 与 NO_x 争夺 OH 自由基。在一个特定的 VOCs/NO_x 比值下，OH 自由基与 VOCs 反应速率和 OH 自由基与 NO_x 反应速率相等。由于 VOCs 各物种与 OH 自由基反应速率差别很大，因此，这个比值依赖于大气中 VOCs 的种类和浓度。当 VOCs/NO_x 比值较小时，臭氧生成对 VOCs 比较敏感；当 VOCs/NO_x 比值较大时，臭氧生成对 NO_x 比较敏感。

将 2006 年夏季在珠江三角洲和北京地区 4 个站点实测的 VOCs/NO_x 比值，与根据 VOCs 和 NO_x 初始浓度计算得到的 VOCs/NO_x 比值进行比较，见表 8-5。

表 8-5　四个加强观测站点 VOCs 与 NO_x 的比值（ppbv/ppbv）

不同计算方法	GZ	BG	PKU	YUFA
基于观测浓度计算	0.94±0.38	1.85±1.24	0.76±0.30	2.03±1.09
基于初始浓度计算	1.05±0.37	2.15±1.26	0.76±0.29	2.64±1.73

由于上述四个站点测量的 VOCs 物种基本相同，可通过比较各站点 VOCs/NO_x 的相对大小，粗略判断各地臭氧生成的敏感性，并与 OBM 的分析结果比对。四个站点 VOCs/NO_x 比值由小到大的顺序依次为 PKU<GZ<BG<YUFA，简单推断出这四个站点臭氧生成对 VOCs 敏感程度按照同样的次序逐渐下降。

根据 8.1.2 小节和 8.1.3 小节的结果，OBM 分析结果显示，城市站点（GZ 和 PKU）都处于臭氧生成的 VOCs 控制区，PKU 站点可能存在 NO_x 的滴定作用（VOCs 强控制区）。区域站点（BG 和 YUFA）更倾向于 NO_x 控制区。这与 VOCs/NO_x 比值法的结果基本一致，说明 OBM 法分析臭氧生成与前体物（NO_x 和 VOCs）的敏感性是合理的。

8.1.5　OBM 不确定性分析

通过上述珠江三角洲和北京地区城市与区域站点的分析，本节采用 OBM 方法，使用 VOCs 和 NO_x 初始浓度来解释接近或超过 50% 的实测臭氧浓度。但是，这里所用的 OBM 方法根据 EKMA 曲线的理念讨论臭氧生成敏感性，通过多元线性回归近似拟合臭氧与 NO_x、VOCs 初始浓度之间的响应关系，存在一定的不确定性。主要体现在：

（1）受在线测量仪器本身的限制，无法测量对臭氧生成有贡献的所有 VOCs 物种，可能会忽略一部分 VOCs 活性组分的贡献。例如，有研究发现北京地区天然源 VOCs 对臭氧生成潜势的贡献约为 20%。但是，由于 2006 年夏季观测期间异戊二烯（天然源 VOCs 主导物种）的氧化产物并没有实现在线测量，这样人为源和天然源 VOCs 初始浓度的时间分辨率不同，二者不能累加，导致 VOCs 初始浓度估算不确定性较大。

（2）共线性问题。这里的共线性是指进行多元回归分析时，自变量之间存在近似线性的关系，即某个自变量能近似用其他自变量的线性函数来描述。实际应用中，自变量之间很难完全独立，如果它们的共线性趋势非常明显，可能对模型拟合带来较大的影响。本节中区域站点（BG 和 YUFA）VOCs 和 NO_x 初始浓度之间的相关性较低（$R^2 < 0.2$），对 OBM 拟合结果影响不大。但城市站点（GZ 和 PKU）VOCs 和 NO_x 都主要来自机动车排放源，相关性较好，可能给回归结果带来误差。

（3）多元线性回归的样本数量偏少。参加多元回归的样本个数越多，拟合结果越准确，对因变量的解释程度也越大。2006 年每次观测期为一个月左右，样本量低于 30，多元回归时可能会产生一定的不确定性。今后的工作中，如果加长观测时间获取更多的数据，能在一定程度上改善 OBM 的拟合结果。

8.1.6　小结

本节采用基于观测的研究方法，对珠江三角洲和北京地区臭氧峰值浓度与前体物的初始浓度进行多元线性回归，考察不同地区臭氧生成对初始的 VOCs 和 NO_x 的敏感性。得到以下结论：

与基于源清单的方法不同，基于观测资料的方法显著降低了臭氧光化学产生机理诊断的不确定性。通过与 VOCs/NO_x 比值法之间的比较和验证，表明利用基于观测的方法评估前体物对臭氧生成的相对贡献是合理的。

城市站点（GZ 和 PKU）前体物排放强，臭氧生成对 VOCs 比较灵敏，削减 VOCs 能够有效地控制该地区臭氧的生成。区域站点（BG 和 YUFA）臭氧生成对 NO_x 相对灵敏，削减 NO_x 能够有效地控制臭氧浓度的增加。由于所研究区域大气臭氧浓度水平普遍偏高，若要使其达到国家一级标准，从长远考虑，需同时降低 VOCs 和 NO_x 初始浓度水平才能有效地控制臭氧问题。

8.2　基于简化盒子模型分析臭氧长期变化趋势

分析城市大气痕量组分的变化趋势，核心是大气氧化性，它决定着城市和区域空气质量的好坏。臭氧是衡量大气氧化能力的重要指标之一，但在人为源主导的城市地区，由于新鲜排放的一氧化氮（NO）"滴定作用"，干扰了 NO_x-O_3 之间的光稳态循环，此时臭氧并不能反映城市大气的真实氧化能力。因此，研究城市地区臭氧污染时，有学者提出用臭氧和二氧化氮的浓度之和（$O_3 + NO_2$）近似表示大气总氧化剂（O_x），以更好地表征城市地区的大气氧化性[5, 10-13]。影响大气总氧化剂变化趋势的主要因素，除 VOCs-NO_x 光化学过程外，还包括气象因子的变化、区域背景的变化、平流层-对流层交互作用等。一般认为，城市站点观测数据并不适合探讨臭氧的区域背景变化。研究表明，北京大气中超过一半，甚至 75% 的臭氧都是由局地光化学过程贡献的[14]。

目前关于我国臭氧形成机制的研究大多集中在污染时段的短期监测和模型计算，缺乏对大气总氧化剂长期趋势和特征的分析。为此，本节选择北京市为案例，开展历时 16 年（1995～2010 年）的大气臭氧及其前体物的同步观测，以 VOCs-NO_x 光化学反应为重点，分析北京夏季大气总氧化剂的变化趋势。

8.2.1　总氧化剂生成速率的简化模型

为综合评估前体物 VOCs 和 NO_x 对总氧化剂 O_x 的影响，这里采用 Murphy 等开发的简化 OBM 模型，描述总氧化剂在正午时刻的生成速率 $P(O_x)$。该模型已应用在美国加利福尼亚州和加拿大温哥华等地区，成功解释了局地臭氧及其前体物的长期变化规律，以及大气氧化性演变的过程[13, 15]。基于 OH-HO_2 自由基收支过程的简化假设，模型将 NO_x、VOCs 和 O_x 的变化联系起来。OH 和 HO_2 自由基（合称 HO_x 自由基）的大气寿命非常短（约 1s），处于光稳态，即 HO_x 的生成速率等于其消耗速率：

$$P(HO_x) = L(HO_x) \qquad (8\text{-}1)$$

HO_x 自由基的链增长反应：

$$VOCs + OH \xrightarrow{\ O_2\ } RO_2 + H_2O \qquad (8\text{-}1R)$$

$$RO_2 + NO \longrightarrow NO_2 + RO \qquad (8\text{-}2aR)$$

$$RO + O_2 \longrightarrow R'CHO + HO_2 \qquad (8\text{-}3R)$$

$$HO_2 + NO \longrightarrow NO_2 + OH \tag{8-2bR}$$

HO_x 自由基的链终止反应：

$$M + OH + NO_2 \longrightarrow M + HNO_3 \tag{8-4R}$$

$$M + NO + RO_2 \longrightarrow M + RONO_2 \tag{8-2cR}$$

$$RO_2 + R'O_2 \longrightarrow R'OOR + O_2 \tag{8-5aR}$$

$$RO_2 + HO_2 \longrightarrow ROOH + O_2 \tag{8-5bR}$$

$$HO_2 + HO_2 \longrightarrow H_2O_2 + O_2 \tag{8-5cR}$$

将上述反应整理代入（8-1）中，可得

$$P(HO_x) = k_4[OH][NO_2] + k_{2c}[RO_2][NO] + 2k_{5a}[RO_2][R'O_2] \\ + 2k_{5b}[RO_2][HO_2] + 2k_{5c}[HO_2][HO_2] \tag{8-2}$$

重要假设：

$$[HO_2] = [RO_2] = k_1[VOCs][OH] / k_2[NO] \tag{8-3}$$

$$[OH] = \frac{-(k_4[NO]+\alpha k_1[VOCs]) \pm \sqrt{(k_4[NO]+\alpha k_1[VOCs])^2 + 24P(HO_x)k_5(k_1[VOCs]/k_2[NO])^2}}{12(k_1[VOCs]/k_2[NO])^2} \tag{8-4}$$

计算总氧化剂生成速率 $P(O_x)$：

$$P(O_x) = k_2[HO_2 + RO_2][NO] = 2k_1[VOCs][OH] \tag{8-5}$$

于是，$P(O_x)$ 可表示为 OH 自由基浓度（[OH]）和 VOCs 总反应活性（$\sum k_1[VOCs]$）的函数，其中，[OH] 与 [VOCs]、[NO]、[NO_2] 等相关。式（8-4）～式（8-5）中参数包括：

（1）来自本地化的数据：$[NO_2]/[NO] = 5$，VOCs 等效活性因子 $k_1 = 0.29$ppbv/s。

（2）来自文献的经验值[13]：烷基硝酸酯的生成比例 $\alpha = 0.04$；HO_x 生成速率 $P(HO_x) = 2.3$ppbv/h；NO_2 与 OH 自由基反应速率常数 $k_4 = 1.1 \times 10^{-11}(s\cdot cm^3)$/molecule；NO 与过氧自由基反应速率常数 $k_{2eff} = 8 \times 10^{-12}(s\cdot cm^3)$/molecule；过氧自由基碰并反应速率常数 $k_{5eff} = 5 \times 10^{-12}(s\cdot cm^3)$/molecule。

利用 2006 年夏季北京市区站点的观测数据，对上述本地化参数进行敏感性测试。当 VOCs 等效活性因子（k_1）分别增加 20% 和 50% 时，$P(O_x)$ 相应增加了 19% 和 46%。若将 $[NO_2]/[NO]$ 比值由 5 减小到 4 或者 3，则 $P(O_x)$ 相应增加 4% 和 10%。这说明该模型参数对 VOCs 的变化更为敏感。参数确定后，对 [OH]、$P(O_x)$ 求解，画出 $P(O_x)$ 的等值线图。

　　由简化 OBM 模型得到的 $P(O_x)$ 等值线图与 EKMA 曲线有异曲同工的效用。相比 EKMA 曲线，$P(O_x)$ 等值线图还充分考虑了 VOCs 各组分的光化学活性，而不仅限于它们的环境浓度或排放量。图 8-7 中有一条自右上向左下延伸的 O_x 生成脊线，将不同的 VOCs/NO_x 条件划分为 VOCs 控制区和 NO_x 控制区。图中左侧区域 O_x 生成对 VOCs 不敏感，是 NO_x 控制区，右侧部分则属于 VOCs 控制区。图中红框大致反映了北京市区 VOCs-NO_x 所处的范围，在此区域内，单纯削减 NO_x 反而会增加 $P(O_x)$，单纯削减 VOCs 会降低 $P(O_x)$。但如果 NO_x 和 VOCs 都发生变化，$P(O_x)$ 取决于 VOCs 和 NO_x 二者变化的相对快慢，换言之，VOCs/NO_x 比值是影响总氧化剂生成效率的重要参数。

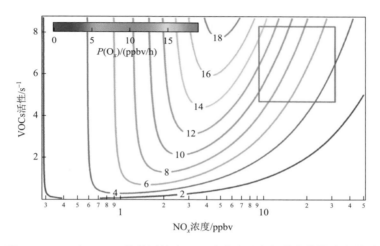

图 8-7　$P(O_x)$ 与 VOCs 化学活性和 NO_x 浓度水平之间的非线性响应关系

8.2.2　前体物源清单的变化趋势

　　为厘清前体物对北京大气总氧化剂变化趋势的影响，需要获得长期的前体物环境浓度信息。但是，早年间前体物（特别是 VOCs）的连续监测数据非常有限，本章利用前体物的排放清单与观测数据相结合的方法，把二者共同纳入简化模型来估算 1995～2005 年 $P(O_x)$ 的变化趋势。

　　近年我国在 NO_x 和 VOCs 源排放清单的研究上取得了一定进展，其中一些已细化到省市级层面[16-23]。但对源排放的趋势变化规律，特别是 VOCs 源清单年际变化的研究相对较少[24]。另外，现有的几种源清单中 VOCs 排放量差别明显，主要原因在于我国还没有建立或及时更新本土化的细化源成分谱，导致对 VOCs 排放总量和关键活性物种排放量估算的偏差较大。本章基于亚洲污染源排放清单（Regional Emission Inventory in Asia，REAS）中北京市的排放信息，并以跨洲界污染物输送综合观测（Intercontinental Chemical Transport Experiment-Phase B，INTEX-B）清单为补充，形成了一套相对完整可靠的北京市长期排放源数据（1995～2010 年）。其中，REAS 清单和 INTEX-B 清单分别由日本国立环境研究所（National Institute for Environmental Studies，NIES）和美国国家航空航天局（National Aeronautics and Space Administration，NASA）开发，空间分辨率（经纬度分辨率）均为 0.5°×0.5°。

　　REAS 清单显示，1995～2003 年北京地区 NO_x 排放量年均增长率约为 6%，这与北京市能源消费增长率（6.8%）非常接近（http://tjj.beijing.gov.cn）。同时，利用卫星数据反演的 NO_2 柱浓度在 1996～2006 年间夏季增长率也在 6%左右。有研究发现，源清单与卫星反演结果在夏季吻合较好，但在冬季差别较大，并且冬季 NO_x 排放的增长趋势要明显大于夏季的趋势[25]。而 VOCs 排放源清单显示，北京地区 VOCs 排放量的年增长率在 10%左右[16, 20]。根据 REAS 和 INTEX-B 清单，在 11 年间（1995～2005 年）北京市 VOCs/NO_x 比值由 1.2 增加到 1.5 以上，如图 8-8 所示。

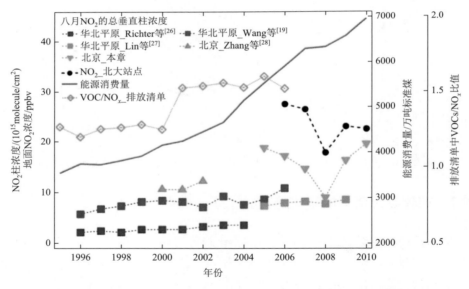

图 8-8　北京市能源消费量、VOCs/NO_x 比值及 NO_2 柱浓度的长期变化趋势

8.2.3　总氧化剂变化趋势的半定量解释

　　我们将总氧化剂的生成速率和消耗速率之差 [$P(O_x)$– $L(O_x)$]，定义为 O_x 的累积量。一般来说 $L(O_x)$ 比 $P(O_x)$ 低得多，约是 $P(O_x)$ 的 15%[10, 29]，而且它的年际波动幅度比较小，因此在讨论总氧化剂变化量时，可忽略 $L(O_x)$。同时，假设气象因

素对总氧化剂长期趋势的影响并不显著，可以应用 $P(O_x)$ 简化模型评估前体物的变化对总氧化剂趋势的贡献。

由于早期（1995～2005 年）缺少前体物的在线观测数据，这里借助前体物排放量的变化来代表它们环境浓度的变化，即假设二者变化率相同。结合前体物源清单的年际变化规律和 2006 年市区站点数据，反推出 1995～2005 年前体物的趋势变化。尽管该方法应用了许多简化算法和假设，但其分析结果仍具有一定的指示意义。根据源清单，设定在 1995～2005 年间北京市 VOCs 和 NO_x 浓度的年均增长率分别为 10% 和 6%，在此情景下估算总氧化剂生成速率的年际变化规律。研究发现（图 8-9），$P(O_x)$ 从 1995 年的 5.1ppbv/h 增长到 2005 年的 6.6ppbv/h，11 年间 O_x 累计增长 30%，这与实际观测到的大气总氧化剂增长 37% 的结果基本一致[30]。

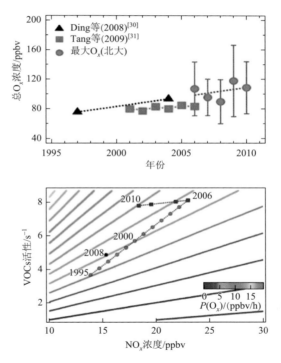

图 8-9　北京地区总氧化剂增长趋势的半定量解释

根据近年前体物的地面观测数据，2006～2010 年北京大气中 NO_x 和 VOCs 均呈现下降趋势，其中以 2008 年夏季的降幅最大，说明北京奥运会期间污染控制措施对前体物削减效果明显。卫星数据反演结果显示，2008 年二氧化氮垂直柱浓度下降了 46%，与源清单中 NO_x 的降幅吻合（即 NO_x 降低 47%[32]）。但地面站实测的 VOCs 浓度仅降低了 33%，活性下降 40%。因而，2008 年夏季 VOCs/NO$_x$比值降低至 1.1，$P(O_x)$从理论值［即未采取管控措施时 $P(O_x)$ = 7.3ppbv/h］下降到 6.1ppbv/h，降幅达 16%，使得 2008 年北京大气总氧化剂回到 2000 年左右的水平。如果当时没有采取控制措施，2008 年夏季北京 O$_x$峰值浓度将在 100ppbv 左右。可见，控制前体物对抑制臭氧污染起到一定作用，使 O$_x$峰值浓度削减 16ppbv。需要注意，Wang 等比较了奥运会前后臭氧浓度，发现奥运会期间 O$_3$ 反而增高，主要是氮氧化物减排带来的"滴定作用"造成的[33]。这与本章的结果并不矛盾，本章更关注的是总氧化剂的长期趋势和年际变化。

将 2006～2010 年间实测的 NO$_x$ 浓度和 VOCs 活性数据输入简化模型，以 2006 年作为基准年来评估 2006～2010 年北京大气总氧化剂的变化。结果发现，2006～2010 年间前体物 NO$_x$ 和 VOCs 以每年 3%～5%的速度下降时，$P(O_x)$却以每年 4.5%的速度快速上升，5 年间 $P(O_x)$累计增加了 18%。实测 O$_x$峰值浓度与 $P(O_x)$具有相似的年际变化规律。除 2008 年情况特殊外，2009～2010 年 O$_x$平均峰值比 2006～2007 年升高 12%，年均增加 4%。可见，总氧化剂的变化趋势并不单一依赖某个前体物的变化趋势，导致这一问题的关键因素在于氧化剂生成速率与 NO$_x$ 和 VOCs 浓度的非线性响应关系。如图 8-9 所示，在目前的前体物污染水平下，如果 VOCs/NO$_x$ 比值逐年增加，那么总氧化剂的水平会一直上升。

值得关注的是，我国"十二五"规划实施期间（2011～2015 年），中央政府采取强制性的氮氧化物排放总量控制政策，要求 NO$_x$ 排放量在 2010 年的基础上减少 10%。根据上述分析，只有较大幅度地削减活泼 VOCs，使其降幅超过 NO$_x$，才能有利于降低大气总氧化剂的水平。因此，面对日益严峻的臭氧污染问题，对城市和区域 NO$_x$ 和 VOCs 实施科学协同减排，需严格控制人为源排放的活性 VOCs 组分（如烯烃和 OVOCs），这是未来政策精准化的方向。

8.2.4　小结

本节围绕城市大气总氧化剂变化趋势背后的驱动因素，基于前体物的源清单和观测数据，利用简化的 OBM 模型对北京市大气总氧化剂的长期趋势进行解析，得到的主要结论如下：

基于前体物观测数据（或源清单）和 OBM 简化模型，建立北京地区总氧化剂生成速率［$P(O_x)$］与 VOCs 和 NO$_x$ 的非线性响应关系，能够较好地解释大气总氧化剂的长期趋势及其控制因素。在 1995～2005 年间，北京市 VOCs 和 NO$_x$ 大气浓度均呈现快速上升趋势，且 VOCs 增速比 NO$_x$ 更快，因而 VOCs/NO$_x$ 比值也显著增加。模型结果显示，1995～2005 年大气总氧化剂的生成速率 $P(O_x)$上升 30%，同期 O$_x$峰值增长了 37%，两者变化一致。而在 2006～2010 年间，VOCs 和 NO$_x$

浓度开始下降，但 VOCs 总活性却维持不变，总氧化剂生成速率上升了 18%，同期 O_x 峰值增加 12% 左右。研究表明，影响总氧化剂趋势变化的关键因素在于 VOCs/NO_x 比值，在一定范围内，若二者比值持续增加，会导致总氧化剂的生成速率和峰值浓度不断升高。

2008 年奥运会期间污染物短期控制措施的效果明显，不仅使臭氧前体物（NO_x 和 VOCs）环境浓度显著降低，而且有效地抑制了臭氧的峰值浓度。目前我国京津冀、长江三角洲、珠江三角洲等城市群已表现出区域性光化学烟雾污染的态势，解决这一问题的关键在于弄清臭氧生成与前体物之间的非线性响应关系，尤其在城市地区需要大力度地降低大气中 VOCs 化学活性，才能有效遏制臭氧上升。这一变化特征与国外城市差别很大，这对 NO_x 和 $PM_{2.5}$ 的防治具有参考价值。

8.3　基于盒子模型评估 VOCs 对臭氧生成的作用（以 OVOCs 为例）

上一节提到，为提高空气质量，近年来北京市采取了一系列污染物排放控制措施。根据连续观测数据，北京大气中 NO_x 和 NMHCs 浓度明显降低[34]，但 O_3 的浓度却逐年增高[35]。另外，含氧挥发性有机物（OVOCs）的变化趋势比较复杂，以甲醛为例，基于地面站点观测结果，在 2005~2012 年间北京夏季甲醛浓度以 9.1% 的速率逐年下降[36]；而卫星反演的北京地区甲醛浓度在 2005~2011 年却呈上升趋势[37]。在前体物 NO_x 和 NMHCs 已得到控制的情况下，O_3 浓度不但没有下降反而上升，OVOCs 作为大气光化学过程的重要中间产物，需弄清它们在大气化学过程中起到的作用，特别是准确量化 OVOCs 对臭氧生成的相对贡献，这是认识当前城市地区大气污染的重要问题之一。

清洁大气中，NO_2 光解生成 NO 和基态氧原子 O（^3P），O（^3P）可与 O_2 反应产生 O_3，O_3 一经生成会再与 NO 反应生成 NO_2，使 NO_2、NO 和 O_3 之间的反应达到稳态平衡，不会造成 O_3 的净增加或损失。但实际大气中有 VOCs 存在时，HO_2 和 RO_2 自由基会代替上述第三个反应中的 O_3 与 NO 反应，破坏 NO-NO_2-O_3 的循环平衡，促使 NO 向 NO_2 转化，最终导致 O_3 的积累。甲醛、乙醛、丙醛等一些 OVOCs 通过光解和与 OH、NO_3 自由基的化学反应，生成 HO_2 和 RO_2 自由基，为大气提供许多活性自由基。这些活性自由基不仅使 VOCs 的大气化学反应更加活跃，还控制了大气中氧化剂的生成速率和效率，对大气氧化性有着重要影响。因此我们推测实际大气中 O_3 的不断积累可能与 OVOCs 存在一定的关系。

本节以北京和河北望都的综合外场观测为例，基于 OVOCs 的来源解析结果（方法见第 6 章），利用盒子模型和 OFP 方法讨论一次排放的 OVOCs 对 O_3 生成的影响。

8.3.1　基于 MCM 机理盒子模型的建立

盒子模型是一种最简单的空气质量模型，它将模拟区域假想为一个盒子，地面为盒子的底部，大气混合层顶为盒子顶部，模拟区域的东西南北各有一个边界。假设盒子内部各污染物处于混合均匀状态，污染物在其中发生化学反应，盒内污染物与外界的交换通常以边界层高度的变化或者各污染物沉降速率的变化来实现。盒子模型的核心内容是根据现有的化学机理建立一系列微分方程来表示各污染物的光化学消耗和生成过程，以实际测量的常规气体和 VOCs 各组分浓度、O_3 和 NO_2 的光解速率等参数作为模型计算的边界条件，通过光稳态假设求解微分方程组从而得到各未测量参数（如 HO_x、过氧自由基和 OVOCs 浓度等）。

在解释实际大气污染物化学行为的模型中，主要采取两种化学机理，分别是 RACM（regional atmospheric chemistry mechanism）机制和 MCM（master chemical mechanism）机制。前者采取归纳化学机理的方法，把化学性质相近的有机物归类，在已有机理和烟雾箱实验基础上总结出各类有机物的简化反应机制。后者是目前最详尽的大气化学机理，采用特定化学机理的方法，详细列出大气化学反应中所涉及的所有物种的反应机制和反应速率。本节应用英国利兹大学开发的 MCM 机理（http://mcm.leeds.ac.uk/MCM/），目前已更新至 3.3.1 版本，包含了 143 种 VOCs 前体物，6700 多个物种，涉及 17000 多个反应。如此复杂的化学机制基本可以代表现有大气化学领域认知的先进水平。

如前所述，实际大气中 O_3 的积累主要来自于 HO_2 和 RO_2 自由基与 NO 的反应，使 NO 氧化为 NO_2，随后 NO_2 光解。因此臭氧总生成速率［ozone production rate，$P(O_3)$］可以用 HO_2 和 RO_2 自由基与 NO 反应的速率之和来表示，如式（8-6）所示：

$$P(O_3) = k_{HO_2+NO}[HO_2][NO] + \sum k_{RO_2+NO}[RO_2][NO] \qquad (8\text{-}6)$$

式中，k_{HO_2+NO} 和 k_{RO_2+NO} 分别为 HO_2 和 RO_2 自由基与 NO 反应的速率常数；$[HO_2]$、$[RO_2]$、$[NO]$ 分别为 HO_2、RO_2 和 NO 的浓度。研究中常用 NO 实测浓度作模型的输入，那么 $P(O_3)$ 的模拟结果主要取决于 HO_2 和 RO_2 自由基浓度。以往研究中，由于缺少 HO_2 或 RO_2 自由基的观测值，经常用它们的模拟浓度来代替，这样会给 $P(O_3)$ 模拟带来较大的不确定性。2014 年夏季河北望都的外场观测中，北京大学研究团队对 HO_2 和 RO_2 自由基的大气浓度进行直接测量，建立基于 MCM 机理的盒子模型，并以 HO_2、RO_2 自由基和 OVOCs 的实测浓度为验证指标，调试模型情景以重现 OH、HO_2 以及主要 OVOCs 物种的观测浓度。在此基础上，本节以望都和北京大气中实测 NMHCs、OVOCs、常规气体（CO、NO、SO_2）、HONO、光解速率及气象参数作输入数据，建立 $P(O_3)$ 的模拟方法。结合模型的敏感性测试，以 $P(O_3)$ 为评价指标，研究一次排放的 OVOCs 对 O_3 生成速率的影响。

8.3.2　华北区域站点 OVOCs 一次排放对 O_3 生成的影响

2014 年夏季望都观测期间 O_3 及其前体物 NO_x、NMHCs、OVOCs 大气浓度的时间序列如图 8-10 所示。采样点在河北省望都县一个绿化基地内，位于北京市区西南方向约 170km，处在京津冀城市群的中央地带。站点周边以农业为主，工业较少（仅有少量制鞋厂和板材加工厂）。图 8-10 中红色虚线表示国家环境空气质量二级标准（GB 3095—2012）规定的 O_3 小时平均浓度限值（$200\mu g/m^3$，常温常压下折合体积浓度为 102ppbv）。观测结果显示，2014 年 6 月 21 日~7 月 7 日期间（共 17 天），其中有 8 天的 O_3 小时均值大于 102ppbv，超标天数高达 47%。在 6 月 29 日~7 月 1 日 O_3 污染过程中，甲醛和乙醛也处于较高的浓度水平。该地区一次排放对 OVOCs 的贡献率很高（占 34%~76%），因此研究一次排放的 OVOCs 对 O_3 生成的潜在影响，对该地区制定合理的 O_3 控制策略具有重要意义。

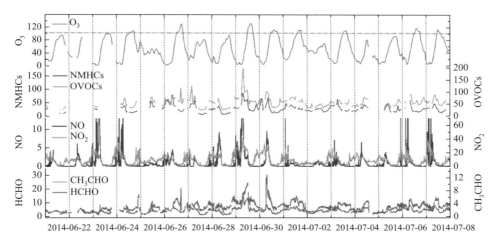

图 8-10　2014 年夏季望都观测中 O_3 及其前体物 NO_x 和部分 VOCs 的时间序列（浓度单位：ppbv）

1. 望都站点自由基及 O_3 生成速率的模拟

将甲醛、乙醛、丙酮等 9 种 OVOCs 实测浓度作为盒子模型的约束条件，模拟得到的 OH、HO_2 以及根据二者模拟值估算的 $P(O_3)$ 如图 8-11 中红线所示，图中黑线为 OH、HO_2 的观测值，以及依据 HO_2、RO_2 实测浓度估算的 $P(O_3)$。从整体上来看，以 OVOCs 实测浓度为输入、未约束 NO_2 和 O_3 时，模型能够比较好地重现 OH 和 HO_2 观测浓度及 $P(O_3)$。但它无法解释 $P(O_3)$ 某些突然出现的高值，这主要是由于盒子模型基于稳态假设进行计算，很难捕捉各物种短时间内剧烈变化。

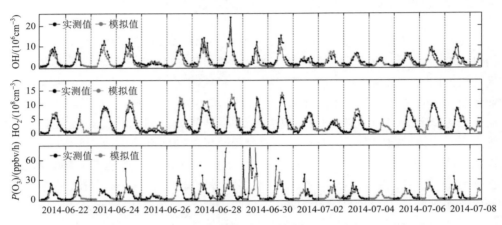

图 8-11 2014 年夏季望都站点实测与模拟的 HO_x 和 $P(O_3)$ 的比较

根据表 8-6 中所列的条件情景分析一次排放的 OVOCs 对 O_3 和 HO_2 产生的影响。①基准情景 S0：模拟 OVOCs 时的情景，不将 OVOCs 测量值作为模型的输入条件，模拟仅有二次 OVOCs 存在时 HO_2 和 O_3 生成情况；②S1 情景：在 S0 基础上，把甲醛实测值作为模型的输入，通过比较 S1 与 S0 的模拟结果，讨论一次人为源排放的甲醛对 HO_2 和 O_3 生成的影响；③S2 情景：将甲醛、乙醛、丙醛、丁醛的观测值作为输入，模拟大气中主要醛类对 O_3 生成的影响。此外，我们还在 S0 基础上，设置了一系列情景用于研究一次排放的乙醛、丙醛、丁醛、丙酮、丁酮、甲醇、甲酸和乙酸等 OVOCs 对 O_3 生成的影响。

表 8-6 望都站点 O_3 生成模拟的情景设置

场景	条件设置
S0	OVOCs 的模拟情景（NO_2、O_3 不约束）
S1	S0 + 甲醛的观测值
S2	S0 + 甲醛以及其他醛类的观测值

2. 一次 OVOCs 对 O_3 生成速率的影响

甲醛光解会直接生成 HO_2 自由基，甲醛与 OH 发生氢摘取反应也能产生 HO_2 自由基，HO_2 自由基将 NO 转化成 NO_2，NO_2 光解随后导致 O_3 的生成和积累。经过对望都甲醛所有的去除途径分析发现，除颗粒物摄取作用外，光解及与 OH 反应是大气甲醛最重要的去除途径，说明甲醛对 HO_x 及 O_3 生成的作用不容忽视。

从图 8-12（a）、（c）看出，一次甲醛存在（S1 情景）时，HO_2 模拟浓度和 $P(O_3)$ 在白天比基准情景 S0 中的相应值增加了 10%左右，而这两种情景下夜间的模拟值接近，这可能是因为甲醛对 HO_2 自由基的贡献主要通过光解及其与 OH 自由基的光化学反应来实现，这两类反应都发生在日间。因此，当甲醛测量值作模型输入时，白天 HO_2 和 $P(O_3)$ 出现明显抬升。为深入探讨一次排放的甲醛带来的影响，下面主要针对日间数据（6:00～18:00）进行分析［图 8-12（b）、（d）］。

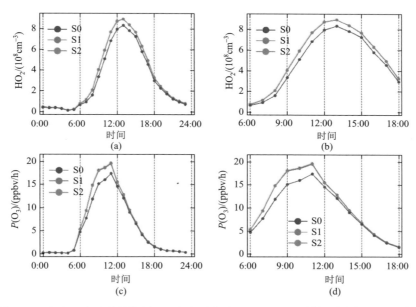

图 8-12　考虑一次醛类的情景下，望都大气中 HO_2 和 $P(O_3)$ 模拟结果的平均日变化

表 8-7 中分时段总结了一次排放的甲醛对 HO_2 和 $P(O_3)$ 的影响。整体上看，一次甲醛对日间 HO_2 和 $P(O_3)$ 的平均贡献率分别是 14%和 11%。其中，它的影响在上午比较显著，清晨（6:00～9:00）一次甲醛对 HO_2 浓度和 $P(O_3)$ 的贡献率分别达到 24%和 19%。就 O_3 污染而言，我们更关注 O_3 最大 8h 平均浓度或小时均值，这里计算了白天峰值时段一次甲醛对 HO_2 和 $P(O_3)$ 的贡献率。HO_2 浓度峰值出现在 13:00 左右，有一次甲醛存在时，HO_2 浓度升高了 7%。$P(O_3)$ 在上午 11:00 左右达到最高值，有、无一次甲醛存在的情况下，$P(O_3)$ 相差 12%。换言之，如果能够对甲醛的一次排放源进行管控，O_3 总生成速率会降低 10%以上。对甲醛排放源实行控制时，往往会同时降低其他 NMHCs 前体物的一次排放，因此 O_3 的实际削减作用可能会更大。

表 8-7 望都观测中一次排放的 OVOCs 对 HO_2 及 $P(O_3)$ 的影响（%）

时间段	甲醛		$C_1 \sim C_4$ 醛类	
	HO_2	$P(O_3)$	HO_2	$P(O_3)$
6:00～9:00	24	19	21	20
9:00～12:00	17	16	16	17
12:00～15:00	8	6	8	6
15:00～18:00	8	5	8	6
均值	14	11	13	12
峰值	7	12	7	13

从 MCM 机理可知，乙醛的自身光解及其与 OH 反应也会产生 HO_2 和 RO_2 自由基。为讨论乙醛一次排放对 O_3 生成的影响，我们在 S0 情景的基础上，单独将乙醛测量值作为模型约束条件，再与 S0 情景比较时，发现 HO_2、RO_2 自由基以及估算的 $P(O_3)$ 虽略有升高，但无明显差异，这可能是因为光解作用在乙醛去除过程中作用较弱。可见，一次乙醛对臭氧生成贡献率相对较低。此外，我们还估算了一次排放的丙醛、丁醛、甲醇、丙酮、丁酮、甲酸和乙酸对 O_3 生成的相对影响。这些 OVOCs 物种对 HO_2、RO_2 的贡献比乙醛更低，因而它们对 O_3 生成的贡献率也非常低。

图 8-12 中的 S2 情景表示以甲醛、乙醛、丙醛和丁醛测量值作输入时的 HO_2 和 $P(O_3)$ 模拟结果。虽然 RO_2 也会影响 $P(O_3)$，但 RO_2 在 S1 和 S2 情景下的模拟值仅比 S0 情景时高 4% 和 5%，三种情景得到的 RO_2 日变化并无明显差别，因而图 8-12 省略了 RO_2 的比较。与甲醛相似，其他醛类在白天使 HO_2 和 $P(O_3)$ 的模拟值有所升高，夜间的影响不大。在 S1 和 S2 情景下的 HO_2 模拟结果几乎相同，S2 中得到的 $P(O_3)$ 略有增加。将所有实测的 9 种 OVOCs 输入模型，HO_2 和 $P(O_3)$ 的模拟结果与 S2 情景基本一致，说明在主要 OVOCs 物种中，甲醛对 O_3 生成的贡献最大，其次是乙醛，其他 OVOCs 组分对 O_3 的贡献非常低。

一次源排放的醛类（$C_1 \sim C_4$）在白天对 HO_2 浓度和 $P(O_3)$ 的平均贡献率分别是 13% 和 12%（表 8-7），同样地，它们的影响在上午比较显著，尤其在清晨时段（6:00～9:00）对 HO_2 和 $P(O_3)$ 的贡献率均达到 20% 以上。与仅考虑一次甲醛的情景（S1）相比，$C_2 \sim C_4$ 醛类对 $P(O_3)$ 的贡献率增加了一个百分点，这说明甲醛是最重要的活性 OVOCs 组分。综上，制定 O_3 污染控制策略时，对甲醛优先进行控制会取得比较明显的效果。

为验证模型模拟的结果，我们根据美国加利福尼亚大学 Carter 研究组报道的 VOCs 最大增量反应活性（MIR）（http://www.cert.ucr.edu/~carter/SAPRC/），计算各 VOCs 组分的臭氧生成潜势（OFP）。Carter 等提供的 MIR 单位是 g O_3/g VOCs，为方便将环境大气 VOCs 观测结果直接用于计算，本节中把 MIR 的单位转换为 ppbv O_3/ppbv VOC，详细结果见表 8-8。望都夏季大气中烷烃、烯烃、芳香烃与

OVOCs 的臭氧生成潜势之和达到 130ppbv，这些组分对总 OFP 的贡献率分别为
5%、21%、13%和 60%。需要注意的是，一次 OVOCs 的 OFP 为 52.8ppbv，占总
VOCs 臭氧生成潜势的 41%，这充分体现了一次源排放的 OVOCs 在 O₃ 生成过程中
的重要作用。其中，一次甲醛 OFP（28.8ppbv）排名居首位，超过了活泼烯烃（乙烯、
异戊二烯）和芳香烃组分（甲苯），表明甲醛是活性最高的单个物种，在所有实测
OVOCs 组分中，一次甲醛对臭氧生成的影响最大，这也与之前的模拟结果一致。

表 8-8　望都站点各 VOCs 物种的 OFP

物种名称	MIR/(ppbv/ppbv)	OFP/ppbv	物种名称	MIR/(ppbv/ppbv)	OFP/ppbv
乙烷	0.16	0.48	乙苯	6.48	1.31
丙烷	0.42	0.50	间,对-二甲苯	16.8	2.35
异丁烷	1.42	0.61	邻-二甲苯	16.5	1.64
正丁烷	1.31	0.95	苯乙烯	3.58	0.17
异戊烷	2.04	0.87	异丙基苯	6.08	0.05
正戊烷	1.85	0.68	正丙基苯	4.88	0.05
2,2-二甲基丁烷	1.99	0.02	间-乙基甲苯	18.1	0.40
2,3-二甲基丁烷	1.63	0.15	对-乙基甲苯	10.8	0.10
2-甲基戊烷	2.53	0.43	1,3,5-三甲基苯	28.7	0.56
3-甲基戊烷	3.05	0.37	邻-乙基甲苯	13.6	0.17
正己烷	2.06	0.32	1,2,4-三甲基苯	21.6	2.10
2-甲基己烷	2.3	0.08	1,2,3-三甲基苯	29.2	0.52
环己烷	2.03	0.11	乙炔	0.5	0.75
正庚烷	2.07	0.17	甲醛	5.92	42.9
3-甲基庚烷	2.74	0.16	乙醛	6.00	11.6
正辛烷	1.95	0.11	丙醛	8.57	2.33
正壬烷	1.9	0.06	丁醛	8.97	0.75
正十一烷	1.79	0.01	甲醇	0.45	11.1
正癸烷	1.84	0.04	丙酮	0.44	2.01
乙烯	5.12	9.45	2-丁酮	2.22	2.52
丙烯	9.97	3.51	甲酸	0.06	0.59
反-2-丁烯	17.3	3.49	乙酸	0.85	4.63
1-丁烯	11.0	0.30	一次排放的 OVOCs		
顺-2-丁烯	16.2	0.26	甲醛	5.92	28.8
1,3-丁二烯	13.8	0.42	乙醛	6.00	7.44
1-戊烯	10.2	0.20	丙醛	8.57	1.16
反-2-戊烯	14.9	0.05	丁醛	8.97	0.27
顺-2-戊烯	14.7	0.22	甲醇	0.45	8.65
1-己烯	9.26	0.66	丙酮	0.44	0.68
异戊二烯	14.6	9.26	2-丁酮	2.22	1.91
苯	1.12	1.13	甲酸	0.06	0.27
甲苯	7.45	6.01	乙酸	0.85	3.61

8.3.3 北京市城市站点一次排放的 OVOCs 对 O_3 生成的影响

从前面的分析可知，盒子模型能够较好地模拟实际大气中的 HO_2 和 $P(O_3)$。本小节采用同样的模拟方法，探讨 2011 年夏季北京城市站点（北大站点）一次排放的 OVOCs 对 O_3 生成的可能影响。模型情景设置见表 8-9。

表 8-9　北大站点 O_3 生成模拟的情景设置

场景	条件设置
S0	OVOCs 的模拟情景（NO_2、O_3 不约束）
S1	S0 + 甲醛的观测值
S2	S0 + 甲醛以及其他醛类的观测值

类似地，图 8-13 比较了基准情景（S0）、甲醛测量值作模型输入（S1）和 $C_1\sim C_6$ 醛类作输入（S2）几种条件下，夏季北京城市站点 HO_2 自由基的模拟浓度以及根据 HO_2、RO_2 模拟值计算 $P(O_3)$ 的结果。结果表明，一次甲醛对北京城市站点的日间 HO_2 以及 O_3 生成同样具有明显的影响，具体贡献率总结在表 8-10 中。在光化学活跃时段一次甲醛的作用更加显著，例如，6:00~9:00 和 9:00~12:00 期间一次甲醛对 HO_2 浓度的贡献分别为 22% 和 18%。甲醛对 $P(O_3)$ 的贡献也在上午最高，将近 30%。

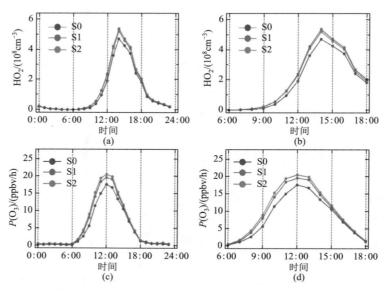

图 8-13　考虑一次 OVOCs 输入情景下，夏季北京大气中 HO_2 和 $P(O_3)$模拟值的日变化

表 8-10　北京市一次排放的 OVOCs 对 HO_2 及 $P(O_3)$ 的影响（%）

时间段	甲醛		$C_1\sim C_6$ 醛	
	HO_2	$P(O_3)$	HO_2	$P(O_3)$
6:00~9:00	22	28	24	29
9:00~12:00	18	29	19	31
12:00~15:00	14	11	14	13
15:00~18:00	10	5	9	7
均值	16	18	17	20
峰值	12	11	11	13

　　分别将乙醛、丙醛、丁醛、戊醛、己醛、甲醇、丙酮、丁酮、甲酸和乙酸的观测值输入模型，与 S0 情景的结果进行比较，研究其他 OVOCs 组分对 O_3 可能产生的影响。结果发现，与甲醛相比，其他一次 OVOCs 对 HO_2、RO_2 自由基以及 $P(O_3)$ 没有明显影响，乙醛、丙醛可以使 $P(O_3)$ 略有升高，但不显著，而醇类、酮类和酸类对 $P(O_3)$ 的模拟结果几乎没有影响。图 8-13 中 S2 是 $C_1\sim C_6$ 醛类观测值输入模型时的结果。可见，一次醛类在白天对 HO_2 和 $P(O_3)$ 的影响比较明显。与一次甲醛相比，$C_2\sim C_6$ 醛类对 HO_2 模拟浓度几乎没有影响，对白天 $P(O_3)$ 的贡献率略有增加。这与望都观测结果基本一致，即在所有实测 OVOCs 物种中，甲醛对 O_3 生成的贡献最高。

　　表 8-10 中还给出了不同时段一次排放的醛类对 HO_2 和 $P(O_3)$ 的影响。一次排放的醛类在上午对 HO_2 及 $P(O_3)$ 的贡献率较高，分别在 20% 及 30% 左右。在 6:00~18:00 期间，一次醛类对于 HO_2 和 $P(O_3)$ 的平均贡献率分别为 17% 和 20%。一次醛类可以使 HO_2 和 $P(O_3)$ 的峰值浓度分别提高 11% 和 13%。与只有一次甲醛的情景相比，一次醛类对 HO_2 和 $P(O_3)$ 的影响基本没有差异，也就是说在我们所测的 11 种 OVOCs 物种中，甲醛对 O_3 生成的贡献率最高，其他 OVOCs 物种对 O_3 的贡献率相对较低。

　　根据 OFP 的计算结果（表 8-11），北大站点所有测量 VOC 的总 OFP 为 203ppbv，其中烷烃、烯烃、芳香烃和 OVOCs 对应的 OFP 分别为 21ppbv、37ppbv、64ppbv 及 81ppbv，OVOCs 的贡献率最高，占到总 OFP 的 40%。所有物种中，甲醛的 OFP 最高，这与北京地区的其他研究结论一致[38]。一次 OVOCs 的臭氧生成潜势为 40ppbv，占总 OFP 的 20%，这也充分说明了一次 OVOCs 对北大点 O_3 生成的重要性。在所有一次排放的 OVOCs 物种中，一次甲醛的 OFP 最高，为 13.9ppbv，这说明一次排放的甲醛对 O_3 生成的贡献最高，也从侧面说明了模型模拟结果的可信度。

表 8-11　北大站点各 VOCs 物种的 OFP

物种名称	MIR/(ppbv/ppbv)	OFP/ppbv	物种名称	MIR/(ppbv/ppbv)	OFP/ppbv
乙烷	0.16	0.76	苯	1.12	1.39
丙烷	0.42	1.44	甲苯	7.45	15.3
异丁烷	1.42	2.97	乙苯	6.48	5.28
正丁烷	1.31	3.07	间, 对-二甲苯	16.8	19.8
环戊烷	3.29	0.34	邻-二甲苯	16.5	7.09
异戊烷	2.04	3.48	苯乙烯	3.58	0.85
正戊烷	1.85	1.97	异丙基苯	6.08	0.18
2, 2-二甲基丁烷	1.99	0.07	正丙基苯	4.88	0.24
2, 3-二甲基丁烷	1.63	0.19	间-乙基甲苯	18.1	2.66
2-甲基戊烷	2.53	1.18	对-乙基甲苯	10.8	0.72
3-甲基戊烷	3.05	1.01	1, 3, 5-三甲基苯	28.7	1.87
正己烷	2.06	0.87	邻-乙基甲苯	13.6	0.80
2, 4-二甲基戊烷	3.05	0.09	1, 2, 4-三甲基苯	21.6	4.75
甲基环戊烷	3.61	0.87	1, 2, 3-三甲基苯	29.2	2.07
2-甲基己烷	2.3	0.38	间-二乙基苯	19.4	0.33
环己烷	2.03	0.33	对-二乙基苯	16.6	0.85
2, 3-二甲基戊烷	2.63	0.16	甲醛	5.92	33.8
2, 2, 4-三甲基戊烷	2.86	0.04	乙醛	6.00	14.8
3-甲基己烷	3.15	0.57	丙醛	8.57	2.58
正庚烷	2.07	0.33	丁醛	8.97	1.54
3-甲基庚烷	2.74	0.12	戊醛	9.11	1.46
2-甲基庚烷	2.36	0.13	己醛	13.1	8.76
甲基环己烷	3.23	0.32	甲醇	0.45	8.90
正辛烷	1.95	0.19	丙酮	0.44	2.40
正壬烷	1.9	0.22	2-丁酮	2.22	2.83
正十一烷	1.79	0.09	甲酸	0.06	0.39
正癸烷	1.84	0.12	乙酸	0.85	3.30
乙烯	5.12	16.3	一次排放的 OVOCs		
丙烯	9.97	7.63	甲醛	5.92	13.87
反-2-丁烯	17.3	1.83	乙醛	6.00	9.05
1-丁烯	11.0	3.25	丙醛	8.57	0.95
顺-2-丁烯	16.2	2.13	丁醛	8.97	0.49
1, 3-丁二烯	13.8	0.63	戊醛	9.11	0.26
1-戊烯	10.2	0.49	己醛	13.1	4.82
反-2-戊烯	14.9	0.70	甲醇	0.45	4.81
顺-2-戊烯	14.7	0.60	丙酮	0.44	1.42
1-己烯	9.26	0.67	丁酮	2.22	1.70
异戊二烯	14.6	2.71	甲酸	0.06	0.16
乙炔	0.5	1.64	乙酸	0.85	2.28

综合 8.3.2 小节和 8.3.3 小节的结果，一次甲醛对北京市和华北区域站点大气 O$_3$ 的贡献率相对较高，使得 $P(O_3)$ 升高 10% 左右，这与文献中墨西哥城[39]和意大利北部地区[40]的研究结论基本一致。

8.3.4　小结

本节利用华北区域站和北京城市站的夏季观测数据为约束条件，采用基于 MCM 机理的盒子模型，建立臭氧生成速率的模拟方法，并通过模型灵敏性分析量化了一次排放的 OVOCs 对 O$_3$ 生成的相对贡献率。此外，将模型模拟的结果与简单的参数化方法（计算各种 VOCs 组分的臭氧生成潜势）进行比较辅证。主要结论有：

一次排放的 OVOCs 对于望都和北大站点的 HO$_2$ 自由基以及臭氧生速率 $P(O_3)$ 都有重要贡献。在我们测量的所有 OVOCs 物种中，甲醛的排放对 HO$_2$ 和 $P(O_3)$ 的贡献率最高，其中望都站点的一次甲醛可以使 HO$_2$、$P(O_3)$ 的峰值分别提高 7% 和 12%；北大站点的一次甲醛对 HO$_2$ 和 $P(O_3)$ 的峰值贡献率分别为 12% 和 11%。对于其他 OVOCs 物种，一次排放的乙醛等其他醛类对 O$_3$ 的生成略有贡献，醇类、酮类及酸类 OVOCs 对 O$_3$ 生成的影响较弱。

望都站点和北大站点各 VOCs 物种的 OFP 计算结果表明，一次 OVOCs 对总 OFP 的贡献率很高，分别为 41% 和 20%，所有 OVOCs 物种中一次甲醛的 OFP 最高。这也从侧面佐证了一次甲醛对于 O$_3$ 生成不可忽视的作用。

综上，在所测的 OVOCs 组分中，优先对甲醛的排放源控制可以达到较好的 O$_3$ 控制效果。此外，在对甲醛等 OVOCs 进行控制的同时，往往会伴随着 NMHCs 等其他 O$_3$ 前体物的控制，对 O$_3$ 浓度的降幅会更加明显。

（刘　莹）

参 考 文 献

[1]　Kleinman L I. Ozone process insights from field experiments，part Ⅱ：observation-based analysis for ozone production[J]. Atmospheric Environment，2000，34（12-14）：2023-2033.

[2]　Sillman S，He D. Some theoretical results concerning O$_3$-NO$_x$-VOC chemistry and NO$_x$-VOC indicators[J]. Journal of Geophysical Research：Atmospheres，2002，107（D22）：4659.

[3]　Carter W P L. Development of ozone reactivity scales for volatile organic-compounds[J]. Journal of the Air & Waste Management Association，1994，44（7）：881-899.

[4]　Lu K D，Zhang Y H，Su H，et al. Regional ozone pollution and key controlling factors of photochemical ozone production in Pearl River Delta during summer time[J]. Science China-Chemistry，2010，53（3）：651-663.

[5]　Lu K D，Zhang Y H，Su H，et al. Oxidant（O$_3$ + NO$_2$）production processes and formation regimes in Beijing[J].

　　　　Journal of Geophysical Research: Atmospheres, 2010, 115: D07303.

[6]　　Zhang J, Wang T, Chameides W L, et al. Ozone production and hydrocarbon reactivity in Hong Kong, Southern China[J]. Atmospheric Chemistry and Physics, 2007, 7: 557-573.

[7]　　Cheng H, Guo H, Wang X, et al. On the relationship between ozone and its precursors in the Pearl River Delta: application of an observation-based model（OBM）[J]. Environmental Science and Pollution Research, 2010, 17（3）: 547-560.

[8]　　Milford J B, Russell A G, McRae G J. A new approach to photochemical pollution-control-implications of spatial patterns in pollutant responses to reductions in nitrogen-oxides and reactive organic gas emissions[J]. Environmental Science and Technology, 1989, 23（10）: 1290-1301.

[9]　　Altshuler S L, Arcado T D, Lawson D R. Weekday *vs.* weekend ambient ozone concentrations-discussion and hypotheses with focus on Northern California[J]. Journal of the Air & Waste Management Association, 1995, 45（12）: 967-972.

[10]　Shiu C J, Liu S C, Chang C C, et al. Photochemical production of ozone and control strategy for Southern Taiwan[J]. Atmospheric Environment, 2007, 41（40）: 9324-9340.

[11]　Liu S C. Possible effects on tropospheric O_3 and OH due to no emissions[J]. Geophysical Research Letters, 1977, 4（8）: 325-328.

[12]　Chou C C K, Liu S C, Lin C Y, et al. The trend of surface ozone in Taipei, Taiwan, and its causes: implications for ozone control strategies[J]. Atmospheric Environment, 2006, 40（21）: 3898-3908.

[13]　Geddes J A, Murphy J G, Wang D K. Long term changes in nitrogen oxides and volatile organic compounds in Toronto and the challenges facing local ozone control[J]. Atmospheric Environment, 2009, 43（21）: 3407-3415.

[14]　Wu Q Z, Wang Z F, Gbaguidi A, et al. A numerical study of contributions to air pollution in Beijing during CARE Beijing-2006[J]. Atmospheric Chemistry and Physics, 2011, 11（12）: 5997-6011.

[15]　LaFranchi B W, Goldstein A H, Cohen R C. Observations of the temperature dependent response of ozone to NO_x reductions in the Sacramento, CA urban plume[J]. Atmospheric Chemistry and Physics, 2011, 11（14）: 6945-6960.

[16]　Klimont Z, Streets D G, Gupta S, et al. Anthropogenic emissions of non-methane volatile organic compounds in China[J]. Atmospheric Environment, 2002, 36（8）: 1309-1322.

[17]　Streets D G, Bond T C, Carmichael G R, et al. An inventory of gaseous and primary aerosol emissions in Asia in the year 2000[J]. Journal of Geophysical Research: Atmospheres, 2003, 108（D21）: 8809.

[18]　Wang X, Mauzerall D L, Hu Y, et al. A high-resolution emission inventory for eastern China in 2000 and three scenarios for 2020[J]. Atmospheric Environment, 2005, 39（32）: 5917-5933.

[19]　Wang Y, McElroy M B, Martin R V, et al. Seasonal variability of NO_x emissions over east China constrained by satellite observations: implications for combustion and microbial sources[J]. Journal of Geophysical Research: Atmospheres, 2007, 112（D6）: D06301.

[20]　Bo Y, Cai H, Xie S D. Spatial and temporal variation of historical anthropogenic NMVOCs emission inventories in China[J]. Atmospheric Chemistry and Physics, 2008, 8（23）: 7297-7316.

[21]　Wei W, Wang S, Chatani S, et al. Emission and speciation of non-methane volatile organic compounds from anthropogenic sources in China[J]. Atmospheric Environment, 2008, 42（20）: 4976-4988.

[22]　Zhang Q, Streets D G, Carmichael G R, et al. Asian emissions in 2006 for the NASA INTEX-B mission[J]. Atmospheric Chemistry and Physics, 2009, 9（14）: 5131-5153.

[23]　Wang S, Streets D G, Zhang Q, et al. Satellite detection and model verification of NO_x emissions from power plants in Northern China[J]. Environmental Research Letters, 2010, 5（4）: 044007.

[24] Ohara T，Akimoto H，Kurokawa J，et al. An Asian emission inventory of anthropogenic emission sources for the period 1980-2020[J]. Atmospheric Chemistry and Physics，2007，7（16）：4419-4444.

[25] Zhang Q，Streets D G，He K，et al. NO$_x$ emission trends for China，1995—2004：the view from the ground and the view from space[J]. Journal of Geophysical Research：Atmospheres，2007，112（D22）：D22306.

[26] Richter A，Burrows J P，Nuss H，et al. Increase in tropospheric nitrogen dioxide over China observed from space[J]. Nature，2005，437（7055）：129-132.

[27] Lin J T，McElroy M B. Detection from space of a reduction in anthropogenic emissions of nitrogen oxides during the Chinese economic downturn[J]. Atmospheric Chemistry and Physics，2011，11(15)：8171-8188.

[28] Zhang J，Ouyang Z，Miao H，et al. Ambient air quality trends and driving factor analysis in Beijing，1983—2007[J]. Journal of Environmental Sciences，2011，23（12）：2019-2028.

[29] Kanaya Y，Pochanart P，Liu Y，et al. Rates and regimes of photochemical ozone production over Central East China in June 2006：a box model analysis using comprehensive measurements of ozone precursors[J]. Atmospheric Chemistry and Physics，2009，9（20）：7711-7723.

[30] Ding A J，Wang T，Thouret V，et al. Tropospheric ozone climatology over Beijing：analysis of aircraft data from the MOZAIC program[J]. Atmospheric Chemistry and Physics，2008，8（1）：1-13.

[31] Tang G，Li X，Wang Y，et al. Surface ozone trend details and interpretations in Beijing，2001-2006[J]. Atmospheric Chemistry and Physics Discussions，2009，9（22）：8813-8823.

[32] Wang S，Zhao M，Xing J，et al. Quantifying the air pollutants emission reduction during the 2008 Olympic Games in Beijing[J]. Environmental Science and Technology，2010，44（7）：2490-2496.

[33] Wang T，Nie W，Gao J，et al. Air quality during the 2008 Beijing Olympics：secondary pollutants and regional impact[J]. Atmospheric Chemistry and Physics，2010，10（16）：7603-7615.

[34] Wang M，Shao M，Chen W，et al. Trends of non-methane hydrocarbons（NMHCs）emissions in Beijing during 2002—2013[J]. Atmospheric Chemistry and Physics，2015，15（3）：1489-1502.

[35] Zhang Q，Yuan B，Shao M，et al. Variations of ground-level O$_3$ and its precursors in Beijing in summertime between 2005 and 2011[J]. Atmospheric Chemistry and Physics，2014，14（12）：6089-6101.

[36] Chen W，Shao M，Wang M，et al. Variation of ambient carbonyl levels in urban Beijing between 2005 and 2012[J]. Atmospheric Environment，2016，129：105-113.

[37] Zhang Q，Shao M，Li Y，et al. Increase of ambient formaldehyde in Beijing and its implication for VOC reactivity[J]. Chinese Chemical Letters，2012，23（9）：1059-1062.

[38] Duan J，Tan J，Yang L，et al. Concentration，sources and ozone formation potential of volatile organic compounds（VOCs）during ozone episode in Beijing[J]. Atmospheric Research，2008，88（1）：25-35.

[39] Lei W，Zavala M，Foy B，et al. Impact of primary formaldehyde on air pollution in the Mexico City Metropolitan Area[J]. Atmospheric Chemistry and Physics，2009，9（7）：2607-2618.

[40] Kaiser J，Wolfe G M，Bohn B，et al. Evidence for an unidentified non-photochemical ground-level source of formaldehyde in the Po Valley with potential implications for ozone production[J]. Atmospheric Chemistry and Physics，2015，15（3）：1289-1298.

第 9 章　VOCs 的化学转化与 SOA 的生成

二次有机气溶胶（SOA）是大气中颗粒物的重要组成部分[1]。SOA 会影响区域空气质量和全球气候变化。但 SOA 在大气中的生成机制是目前大气化学面临的重大难题之一。由于大气中 SOA 生成的前体物成千上万，且对大气氧化机制的不了解，天然源和人为源排放 VOCs 对全球 SOA 生成的贡献在学界仍然存在较大的争议。近年来的一些研究均表明，传统的 SOA 前体物（主要是挥发性有机物）的氧化不足以解释所有的 SOA 生成[2, 3]，在一些地区模型模拟的 SOA 生成量与 SOA 测量浓度可相差一个数量级以上。

9.1　基于 VOCs 化学消耗量评估对 SOA 生成的贡献

在第 6 章中，我们使用基于光化学龄的参数化的模型对北京夏季观测和长岛观测进行量化表征。VOCs 在大气中的浓度变化可以用一个城市排放代表物种（CO或乙炔）和光化学龄进行表示（OVOCs 还包括天然源排放异戊二烯的初始浓度）。另外，我们得到了各 VOCs 物种与 CO 的城市排放比信息。根据第 1 章的描述，VOCs 与 CO 的排放比可以用于定量城市排放 VOCs 在大气中 SOA 的生成潜势[4]，这在一定程度上有助于评估大气中 SOA 的生成。

在 2011 年春季山东长岛观测中，使用高分辨率质谱同步测量了大气中 VOCs和有机气溶胶的浓度组成，为研究 VOCs 对 SOA 生成的贡献提供了可能。本节将首先对长岛观测中测量有机气溶胶的浓度利用光化学龄进行参数化模拟。借鉴大气中总测量有机碳的概念，研究长岛观测中总测量有机碳的浓度、演化过程及气态颗粒态的组成。利用各 VOCs 物种和气溶胶浓度与光化学龄的参数化关系，计算 VOCs 的消耗和 SOA 的生成，结合烟雾箱实验报道的 SOA 产率，计算 VOCs对 SOA 生成量的贡献，并与实际测量的 SOA 对比。

9.1.1　有机气溶胶的参数化处理

与 OVOCs 的参数化拟合类似，将颗粒物中有机物（organic matter，OM）浓度分为一次人为源、二次人为源和背景浓度 3 项。但是，在实际大气中，OM 的主要消耗并不是与 OH 自由基反应。因此在 OVOCs 拟合的公式中，$k_{\text{OVOCs}}[\text{OH}]\Delta t$

应该被 $L_{OM}\Delta t$ 代替。描述 OM 的公式为[4]

$$[OM] = ER_{OM} \times ([CO]-0.1) \times \frac{\exp(L_{OM}\Delta t)}{\exp(-k_{CO}[OH]\Delta t)}$$

$$+ER_{precursor} \times Y_{OM} \times ([CO]-0.1) \times \frac{P_{OM}}{L_{OM}-P_{OM}} \times \frac{\exp(-P_{OM}\Delta t)-\exp(-L_{OM}\Delta t)}{\exp(-k_{CO}[OH]\Delta t)} + [bg] \quad (9\text{-}1)$$

式中，[OM]、[CO]分别为 OM、CO 的浓度；[bg]为 OM 的背景浓度（$\mu g/m^3$）；ER_{OM} 为 OM 相对于 CO 的一次排放比[$(\mu g/m^3)/ppmv$]；$ER_{precursor}$ 为 OM 二次生成的前体物相对于 CO 的排放比[$(\mu g/m^3)/ppmv$]；Y_{OM} 为 OM 前体物的生成 SOA 的产率；L_{OM} 和 P_{OM} 分别为 OM 的消耗和二次生成速率（h^{-1}）；P_{OM} 相当于 OVOCs 拟合公式中的 $k_{precursor}[OH]$；k_{CO} 为 CO 与 OH 自由基的反应速率常数 [$0.24\times10^{-12}cm^3/(molecule\cdot s)$]。由于 $ER_{precursor}$ 和 Y_{OM} 在公式（9-1）中为一个相乘项，拟合回归不能区分这两个参数，因此不能解析出单独的 $ER_{precursor}$ 和 Y_{OM} 值。在公式（9-1）中，未知的参数有 ER_{OM}、 $ER_{precursor} \times Y_{OM}$、[bg]、$L_{OM}$ 和 P_{OM}。在实际的拟合中发现，由于 L_{OM} 未知，且 L_{OM} 在一次人为源和二次人为源两项的指数项中，回归的结果很不稳定。

颗粒有机物的寿命不仅与粒径分布有关，而且与颗粒物的溶解度及与其他更易溶于水的物种（如硫酸盐）的混合状态有关[5]。文献中报道的 OM 寿命虽然各不相同，但不同方法计算得到的 OM 的寿命一般在 3~10d 之间[4-6]。由于 L_{OM}（h^{-1}）和颗粒物的寿命 τ_{OM}（d）存在以下关系：

$$L_{OM} = \frac{1}{\tau_{OM} \times 24} \quad (9\text{-}2)$$

因此我们测试了预设不同的颗粒物寿命（1~10d），同时计算出相应的 L_{OM} 值。在 OM 的每次拟合中，将计算的 L_{OM} 值固定，可以得到相应的其他参数的拟合结果。这种方式得到的各参数拟合结果较为稳定。图 9-1 是当在 OM 拟合中选取不同的 OM 寿命值，OM 浓度回归所得的各个参数值的变化。从图中可以看出，当 OM 的寿命值为 1~2.5d（L_{OM} 为 0.017~0.042h^{-1}）时，各参数的拟合结果变化非常剧烈，$ER_{precursor} \times Y_{OM}$ 等参数的拟合值可相差数倍。而当 OM 的寿命为 3~10d（L_{OM} 为 0.004~0.014 h^{-1}）时，各参数的拟合结果趋于稳定。ER_{OM} 的值在 14.3~15.1$\mu g/m^3$/ppmv 之间，[bg]浓度在 4.25~4.28$\mu g/m^3$ 之间。由于 $ER_{precursor} \times Y_{OM}$ 和 P_{OM} 值的耦合，二者的变化幅度稍大。$ER_{precursor} \times Y_{OM}$ 在 74.6~144.6$(\mu g/m^3)$/ppmv 之间，而 P_{OM} 值在 0.00455~0.00618h^{-1} 之间。回归得到的 OM 浓度与 OM 测量浓度的相关系数在 0.793~0.795 之间。图 9-2 是选取不同的 OM 寿命值时，计算得到的 ([OM]−[bg])/([CO]−0.1)比值随光化学龄的演化曲线。可以看出，当 OM 寿命为 3d 以上时，拟合得到的([OM]−[bg])/([CO]−0.1)比值随光化学龄的变化基本相同。选取不同的 OM 寿命值，计算得到的([OM]−[bg])/([CO]−0.1)比值从 0h 到 50h 的增加量在 14.67~14.92$(\mu g/m^3)$/ppmv 之间 [平均值（14.77±0.14）$(\mu g/m^3)$/ppmv]。

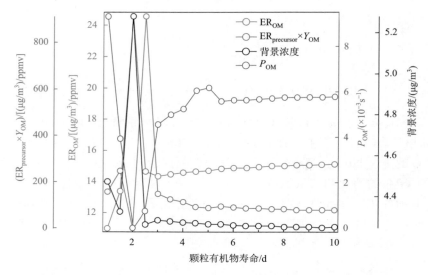

图 9-1　选取不同的 OM 寿命，OM 浓度回归得到的各参数值的变化

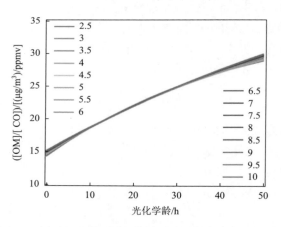

图 9-2　选取不同的 OM 寿命，[OM]/[CO] 比值随着光化学龄的变化

图例中个数值为相应曲线的 OM 寿命取值（d）

　　综合考虑各因素，我们最终选取了 OM 寿命为 6d 的结果为最终的结果。下面的讨论将主要依此结果。表 9-1 是长岛观测中描述 OM 浓度的参数及与美国新英格兰地区 2002 年结果的比较。OM 的寿命设为 6d 时，L_{OM} 对应的值为 0.00694h^{-1}，与新英格兰地区得到的 0.00677h^{-1} 接近。长岛观测得到的 OM 与 CO 的一次排放比 ER$_{OM}$ [14.9(μg/m^3)/ppmv]高于美国新英格兰地区的结果[9.2(μg/m^3)/ppmv]。但一次排放比基本在文献报道的一次有机气溶胶（POA）与 CO 的城市排放比范围内，与日本东京的研究结果[11～14(μg/m^3)/ppmv]较为接近[7]。长岛和美国新英格兰地

区的 $ER_{precursor} \times Y_{OM}$ 值较为接近，分别为 $88.9(\mu g/m^3)/ppmv$ 和 $102(\mu g/m^3)/ppmv$。但是，长岛计算得到的 P_{OM} 值远远小于美国新英格兰地区，长岛值仅为美国新英格兰地区的 14.6%。一个可能的原因是两次观测中，光照强度和 OH 自由基浓度存在很大的差异。在长岛观测中，由于处于冬春交接季节，OH 自由基的平均浓度仅为 $0.723 \times 10^6 molecule/cm^3$。而美国新英格兰地区整个观测期间 OH 自由基浓度为 $3.0 \times 10^6 molecule/cm^{3[8]}$，相差 4.15 倍。当然，SOA 前体物向 SOA 转化的影响因素还有很多，如湿度、温度、液相化学等。这些因素也可能影响到 P_{OM} 的估算值。

表 9-1　长岛观测中描述 OM 的参数结果与美国新英格兰地区的比较

参数	山东长岛	美国新英格兰地区[4]
$ER_{OM}/[(\mu g/m^3)/ppmv]$	14.9	9.2
$ER_{precursor} \times Y_{OM}/[(\mu g/m^3)/ppmv]$	88.9	102
L_{OM}/h^{-1}	0.00694	0.00677
P_{OM}/h^{-1}	0.00562	0.0384

图 9-3 是长岛观测期间 OM 的计算浓度和测量浓度的比较。从图中可以看出，OM 的拟合浓度与测量浓度吻合较好。OM 的计算浓度成功地捕捉了 4 月 6 日的 OM 高浓度时段，但是没有有效捕捉 4 月 7~8 日的浓度高峰值。由于 4 月 11 日和 4 月 22~23 日 CO 浓度的缺失，缺少 OM 的计算浓度。整个观测期间，OM 的背景浓度为 $4.26\mu g/m^3$，占整个观测期间浓度水平（$14.5\mu g/m^3$）的 32.7%。而一次排放和二次生成分别占总 OM 浓度的 38.1% 和 29.1%。

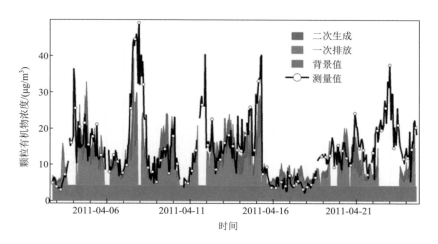

图 9-3　长岛观测期间 OM 的计算浓度与测量浓度的比较

9.1.2　总测量有机碳的演化

1. 总测量有机碳的浓度水平

总测量有机碳（TOOC）是指一次观测中所有定量的有机物或一类有机物贡献的有机碳浓度之和[9]。为使气态和颗粒态的有机碳的浓度可比，需要将气态VOCs 等贡献的有机碳单位转换为 $\mu g\ C/m^3$。需要指出的是本章计算值为标准状况下浓度（273K 和 101.3kPa）。图 9-4（a）是长岛观测期间 TOOC 浓度的时间序列。整个观测期间，TOOC 的平均浓度为（50.2 ± 26.0）$\mu g\ C/m^3$。长岛点作为区域受体点，TOOC 的浓度远远高于其他区域受体点或背景点的浓度，与匹兹堡城市点夏季的 TOOC 浓度相当（$45.12\mu g\ C/m^3$）。北京夏季 TOOC 的浓度水平为（111.5 ± 54.5）$\mu g\ C/m^3$，仅低于墨西哥城城市 T0 点 TOOC 浓度（$455.31\mu g\ C/m^3$）（表 9-2）。在图 9-4（a）中将 TOOC 分为五大类，分别为烷烃、烯烃、芳香烃、OVOCs 和颗粒态有机碳。长岛观测中，烷烃、烯烃、芳香烃和 OVOCs 贡献的 TOOC 分别为 $17.98\mu g\ C/m^3$、$4.66\mu g\ C/m^3$、$8.61\mu g\ C/m^3$ 和 $11.65\mu g\ C/m^3$，颗粒态 OC 的平均浓度为 $7.22\mu g\ C/m^3$。这 5 个部分对 TOOC 的比例分别为 35.9%、9.3%、17.2%、23.2%和 14.4%。

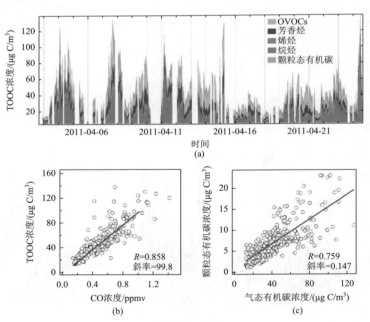

图 9-4　（a）长岛观测期间总测量有机碳（TOOC）的时间序列；（b）TOOC 与 CO 浓度的散点图；（c）颗粒态有机碳和气态有机碳浓度的散点图

表 9-2　长岛观测、北京观测和文献中报道的其他地区的 TOOC 浓度水平、TOOC 与 CO 比值及颗粒态与气态 TOOC 比值的比较

站点或项目	TOOC 浓度/(μg C/m³)	TOOC/CO/[(μg C/m³)/ppmv]	颗粒态与气态的比值
长岛	50.2±26.0	99.8	0.147
北京	111.5±54.5	154.7	0.046
墨西哥城 T0 点[9]	455.31	N/A	0.027
墨西哥城 T1 点早晨[10]	192±13	179±15	0.038
墨西哥城 T1 点下午[10]	35±4	180±50	0.207
匹兹堡夏季[9]	45.12	N/A	0.12
匹兹堡冬季[9]	28.91	N/A	0.06
美国新英格兰地区船测（RHB）[9]	16.54	150	0.23
汤姆森农场（TF）[9]	18.47	200	0.24
恰博格尔-坡恩特（CHB）[9]	8.83	120	0.46
特立尼达拉角（THD）[9]	4.04	110	0.08
墨西哥城航测（MEX）[9]	16.80	300	0.14
美国东北部航测（WP3）[9]	15.87	160	0.41
INTEX-B 航测（IPX）[9]	8.65	120	0.12
大西洋航测（BAE）[9]	6.65	60	0.14

注：N/A 表示无相应数据。

图 9-4（b）是长岛观测中 TOOC 浓度与 CO 的相关关系图。TOOC 与 CO 的相关性较好（$R=0.859$），说明 CO 解释了 73.8%的 TOOC 的变异性。当 TOOC 浓度高于 80μg C/m³ 时，TOOC 和 CO 的相关关系明显下降。在 TOOC 浓度低于 80μg C/m³ 时，TOOC 和 CO 回归的斜率为 99.8(μg C/m³)/ppmv。北美的研究表明，TOOC 与 CO 的比值在城市地区较高，在边远地区 TOOC 与 CO 的相关关系变弱，相应的斜率也降低（表 9-2）。北京观测中 TOOC 与 CO 的比值为 154.7(μg C/m³)/ppmv，是长岛观测的 1.5 倍。墨西哥城航测的 TOOC 与 CO 的比值为 300(μg C/m³)/ppmv，而墨西哥城观测 T1 点的 TOOC 比值则降为 180(μg C/m³)/ppmv。

图 9-4（c）是长岛观测中颗粒态 OC 浓度与气态 OC 浓度的相关关系图。颗粒态和气态 OC 的相关关系为 0.759。线性回归的斜率为 0.147，这说明颗粒态 OC 仅占总 TOOC 的 12.8%。文献中报道的颗粒态与气态的比值在 0.027~0.46 之间（表 9-2）。城市的颗粒态与气态有机碳的比值一般处于较低水平，北京观测的二者比值为 0.046，墨西哥城和匹兹堡的比值也处于较低水平，而下风向和边远地区的该比值则高出很多，这说明气溶胶的二次生成对该比值的影响。

　　总的来说，虽然长岛为边远受体点，但 TOOC 的浓度水平与美国典型城市水平相当。北京观测的 TOOC 水平也较高，高于美国城市水平，但低于墨西哥城的结果。长岛颗粒态与气态 OC 浓度的比值处于城市点和边远地区之间，说明长岛地区存在一定的 VOCs 氧化去除和 SOA 的二次生成。CO 能够解释大部分的 TOOC 浓度，说明 TOOC 浓度主要来自人为源的影响，且 TOOC 在大气中仍然保持相对平衡。

　　2. 气态有机碳的演化

　　为研究实际大气中气态总有机碳随光化学龄的演化，将 NMHCs 浓度随光化学龄不断变化的公式，修改为

$$[\text{NMHCs}] = \text{ER}_{\text{NMHCs}} \times \exp\left[-(k_{\text{NMHCs}} - k_{\text{CO}})[\text{OH}]\Delta t\right] \tag{9-3}$$

　　式（9-3）的含义为，当大气中 CO 浓度为 1.1ppmv（即 CO 的增量浓度为 1ppmv，[CO]−0.1 = 1.0ppmv）时，大气中 NMHCs 浓度随光化学龄的变化。

　　与 NMHCs 类似，我们将第 6 章中对 OVOCs 进行来源解析的公式修改为

$$[\text{OVOCs}] = \text{ER}_{\text{OVOCs}} \times \exp\left[-(k_{\text{OVOCs}} - k_{\text{CO}})[\text{OH}]\Delta t\right]$$
$$+ \text{ER}_{\text{precursor}} \times \frac{k_{\text{precursor}}}{k_{\text{OVOCs}} - k_{\text{precursor}}} \times \frac{\exp(-k_{\text{precursor}}[\text{OH}]\Delta t) - \exp(-k_{\text{OVOCs}}[\text{OH}]\Delta t)}{\exp(-k_{\text{CO}}[\text{OH}]\Delta t)} \tag{9-4}$$

　　分别将上述对 NMHCs 和 OVOCs 回归拟合所得的参数代入上述两个公式，即得大气中各 VOCs 随光化学龄的演化过程。

　　为与颗粒物中有机碳的演化做对比，在计算过程中需要将 VOCs 的单位由 ppbv 转换为 μg C/m³。转换的公式为

$$[\text{VOCs}_{\mu\text{g C/m}^3}] = [\text{VOCs}_{\text{ppbv}}] \times \frac{N_{\text{C}} \times 12}{0.0224} \times 10^{-3} \tag{9-5}$$

式中，$[\text{VOCs}_{\mu\text{g C/m}^3}]$ 和 $[\text{VOCs}_{\text{ppbv}}]$ 分别为 VOCs 以 μg C/m³ 和 ppbv 为单位的浓度值；N_{C} 为 VOCs 分子中的碳原子的个数；12 为碳元素的原子量；0.0224 为标准状况下每摩尔气体的体积（m³）；10^{-3} 为公式转化的系数。

　　图 9-5 是长岛各类 OVOCs 所贡献的气态有机碳的时间演化过程。从图中可以看出，各类 OVOCs 的时间演化序列各不相同。醛类有较强的二次生成，但是其活性也较强，故生成和去除的过程有部分相互抵消，使得醛类在大气中变化不大。而酮类和有机酸的活性较小，且有强烈的二次生成，因此酮类和有机酸在大气中逐渐增加。而醇（甲醇）仅有一次排放，没有二次生成，故在大气中演化与烃类类似，不断被消耗。从整体来看（图 9-5），OVOCs 所贡献的有机碳是净增加的，从初始排放的 16.4μg C/m³ 增加至 50h 后的 24.8μg C/m³，增加了 51.2%。

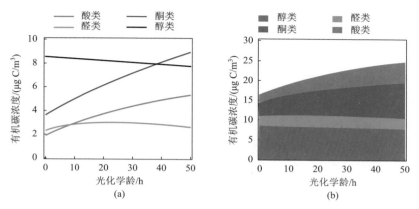

图 9-5　各 OVOCs 物种所贡献的有机碳随光化学龄的变化曲线（a）及面积累加图（b）

在长岛观测中，气态有机碳主要包括 NMHCs 和 OVOCs 两部分。图 9-6 是各类 VOCs 所贡献的气态有机碳的时间演化。烃类物种（烷烃、烯烃和芳香烃）与 OH 自由基反应的消耗，使各烃类物种贡献的有机碳不断降低。烷烃、烯烃和芳香烃从 0h 到 50h 的传输过程中分别降低了 29.4%、51.2%和 51.5%。总的来说，烃类贡献的气态有机碳从初始排放的 84.9μg C/m³ 降低到 50h 后的 50.8μg C/m³，降低了 40.2%。虽然存在 OVOCs 的二次生成，VOCs 贡献的总气态有机碳（OC_g）从 0h 的 101.3μg C/m³ 下降到 75.6μg C/m³，下降了 25.4%。

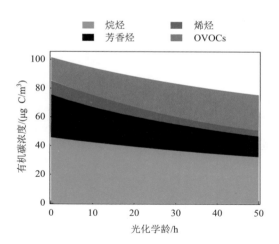

图 9-6　各类 VOCs 物种所贡献的气态有机碳 OC_g 随光化学龄的变化

3. 颗粒态有机碳的演化

与 OVOCs 相似，颗粒态中有机物 OM 随光化学龄的演化公式可使用下式表示：

$$[\text{OM}] = \text{ER}_{\text{OM}} \times \frac{\exp(L_{\text{OM}}\Delta t)}{\exp(-k_{\text{CO}}[\text{OH}]\Delta t)} \tag{9-6}$$
$$+ \text{ER}_{\text{precursor}} \times Y_{\text{OM}} \times \frac{P_{\text{OM}}}{L_{\text{OM}} - P_{\text{OM}}} \times \frac{\exp(-P_{\text{OM}}\Delta t) - \exp(-L_{\text{OM}}\Delta t)}{\exp(-k_{\text{CO}}[\text{OH}]\Delta t)}$$

与气态有机碳类似，公式（9-6）与公式（9-1）相比，省去了 CO 浓度项和背景项，表示 CO 的增量浓度为 1ppmv 时，OM 浓度随光化学龄的变化过程。

由于气溶胶质谱（the aerodyne aerosol mass spectrometer，AMS）测量的是颗粒态有机物（particulate organic matters，POM）浓度，因此计算颗粒态有机碳随光化学龄的演化，需要知道[OM]/[OC]的信息。得益于高质量分辨率飞行时间质谱（high-resolution time-of-flight，HR-TOF）的优势，可确定 AMS 测量的各个离子的元素组成，从而计算实时的[OM]/[OC]比值[11]。使用公式（9-6）除以[OM]/[OC]的比值即得颗粒态有机碳的演化过程。在长岛观测期间，[OM]/[OC]比值整体较高，平均值为 1.8。因此第一种计算方法是直接使用公式（9-6）除以 1.8。

随着大气光化学氧化过程的进行，一些 O、N 等元素逐渐进入颗粒物，[OM]/[OC]比值不断增加[4, 11]。在长岛观测期间，[OM]/[OC]比值与光化学龄存在以下关系：当光化学龄为 0 时，[OM]/[OC] = 1.76，而光化学龄为 50h，[OM]/[OC]比值增加到 2.07。因此第二种计算颗粒态有机碳随光化学龄演化的方法是使用公式（9-6）除以公式（9-7）。

$$\frac{[\text{OM}]}{[\text{OC}]} = 2.21 - 0.45 \times \exp(-0.024 \times \Delta t) \tag{9-7}$$

图 9-7 是两种方法计算得到的颗粒态有机碳（OC_p）浓度随光化学龄的变化曲线。从图中可以看出，两种方法在光化学龄较低时，相差不大。随着光化学龄的增加，两种方法的差别越来越大。第一种方法计算得到的 OC_p 从 0h 的 8.25μg C/m³ 上

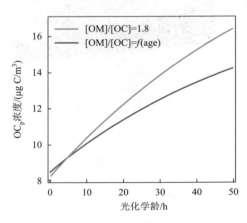

图 9-7　颗粒态有机碳 OC_p 随光化学龄的变化

升到 50h 的 16.47μg C/m³。而第二种方法计算得到的 OC_p 则从 0h 的 8.44μg C/m³ 上升到 50h 的 14.29μg C/m³。考虑[OM]/[OC]比值随光化学龄的变化后，OC_p 随光化学龄的增加量显著降低。由于第二种方法更接近实际情况，因此下面的讨论将以第二种方法为主。

4. 总测量有机碳的演化

确定了气态和颗粒态有机碳随光化学龄的演化过程后，大气中总测量有机碳（TOOC）与光化学龄的关系很容易推导得出。图 9-8 是长岛大气中观测到的总有机碳随着光化学龄的演化过程。需要说明的是，图 9-8 中未包括如异戊二烯及其氧化产物（MVK + MACR）等。从图中可以看出，气态有机碳（OC_g）不断地降低，而颗粒态有机碳（OC_p）不断地升高。颗粒态有机碳占总测量有机碳的比例从 0h 的 7.7%上升到 50h 的 15.9%。Heald 等发现在北美洲颗粒态有机碳占总测量有机碳的 3%～17%，最低值出现在墨西哥城的城市站点，而最高值出现在北美新英格兰地区的乡村地区[9]。长岛颗粒态有机碳的比例在北美的文献报道范围内。

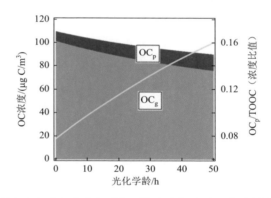

图 9-8　长岛大气中气态有机碳与颗粒态有机碳随光化学龄的演化过程

图中实线是颗粒态有机碳 OC_p 浓度占 TOOC 的比例

因气态和颗粒态有机碳二者浓度变化的相互抵消，大气中总测量有机碳（TOOC）自排放至传输 50h 后，TOOC 浓度从 109.7μg C/m³ 降至 89.9μg C/m³，降低了 18.1%。需要指出，TOOC 随传输的变化，并不能完全代表总有机碳（TOC）的变化。这主要是因为，气态有机碳是观测到的各个 VOCs 物种的加和，而非实际的气态总有机碳。未测量的气态有机物包括（但不限于）：高碳烷烃、烯烃、多环芳烃（PAH）、多官能团的羰基化合物（如乙二醛）、烷基硝酸脂等。这些物种的加入，可能会改变 TOOC 随光化学龄的变化曲线。同时我们观察到，在传输过程中，颗粒态有机碳的浓度从 8.44μg C/m³ 上升至 16.29μg C/m³，而最重要的 SOA 前体物芳香烃的浓度则从 28.0μg C/m³ 降至 13.6μg C/m³。这说明，芳香烃对 SOA 生成的碳产率[①]至少要大于 54.5%，该数值远远大于烟雾箱实验中报道的各芳香烃的 SOA 产率[12]。

9.1.3　测量的 VOCs 物种对 SOA 生成的贡献

1. VOCs 氧化贡献 SOA 生成量的计算方法

VOCs 在大气中的消耗是 SOA 生成的重要来源，因此可以将 VOCs 的消耗量作为基础，计算 SOA 的生成量。在一项墨西哥城的研究中，使用盒子模型计算得到的 VOCs 消耗量与 AMS 测量的 OOA 有很好的相关关系，如图 9-9 所示。二者的相关关系可以达到 0.99 以上。图 9-9 也加入了长岛观测和北京观测的结果。从图中可以看出，几次观测中 VOCs 的消耗量与 SOA 的浓度均有很好的相关关系，但是每次观测的二者斜率有所不同。主要原因可能有以下几点：①纳入计算的 VOCs 物种不同，墨西哥城的 VOCs 包括 23 种芳香烃、13 种烯烃和 15 种烷烃，长岛和北京的 VOCs 主要是 56 种 NMHCs 物种；②SOA 的估算方法不同，墨西哥城使用的是 PMF 解析的 OOA，而长岛和北京分别使用 OM 和 OC 的基于光化学龄的参数化解析；③不同观测中 SOA 生成的有效产率不同，多种因素会影响 SOA 生成的产率，如 NO_x 浓度水平、湿度、温度等。

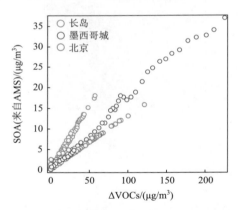

图 9-9　VOCs 的消耗量 ΔVOCs 与 OM 的测量仪器得到的 SOA 值的散点图

长岛的 SOA 值使用 9.1.1 小节的二次人为源贡献的 OM 浓度，北京的结果使用与 9.1.1 小节类似的方法，对 SunsetEC/OC 仪器测量的 OC 进行回归的二次源浓度结果乘以[OM]/[OC]系数，该系数来自北京观测中 OOA 的 [OM]/[OC]值[13]。墨西哥城的结果来自 Volkamer 等的研究[3]，SOA 的值为 AMS-PMF 解析的 OOA，ΔVOCs 为 51 种烃类的消耗量

①SOA 生成的碳产率（或 SOC 产率）不同于烟雾箱实验通常报道的 SOA 产率。因 SOA 生成过程中，前体物会被氧化，带入相应的 O、N 等分子。总体而言，分子中 C 的比例逐渐下降。因此 SOA 生成的碳产率（或 SOC 产率）要小于 SOA 的产率。

根据所有测量的 VOCs 在大气中的消耗状况及实验室烟雾箱报道的气溶胶生成产率，计算气溶胶的生成量。烃类在大气中消耗量[(μg/m³)/ppmv]可用下式进行计算：

$$\text{NMHCs}_{i,\text{consumed}} = \text{ER}_i \times \left[1 - \exp(-k_{i,\text{OH}}[\text{OH}]\Delta t) \right] \tag{9-8}$$

式中，ER_i 为 NMHCs 相对于 CO 的排放比，其单位为(μg/m³)/ppmv，单位转换公式见式（9-5）；$k_{i,\text{OH}}$ 为 NMHCs 的 OH 自由基反应速率常数；[OH]为自由基浓度；Δt 为光化学龄。VOCs 氧化生成的 SOA 量 SOA_{VOCs} 为

$$\text{SOA}_{\text{VOCs}} = \sum_i \text{NMHCs}_{i,\text{consumed}} \times Y_i \tag{9-9}$$

式中，Y_i 为各 NMHCs 的 SOA 生成产率。根据气粒分配的双产物模型[14]，SOA 产率可表示为

$$Y = M_0 \sum_i^2 \frac{\alpha_i K_{\text{om},i}}{1 + M_0 K_{\text{om},i}} = M_0 \sum_i^2 \frac{\alpha_i}{M_0 + C_i^*} \tag{9-10}$$

式中，M_0 为有机颗粒物的浓度（μg/m³）；α_i 为产物的化学计量系数；C_i^*（μg/m³）和 $K_{\text{om},i}$（m³/μg）分别为产物的有效饱和浓度（effective saturation concentration）和平衡分配系数，二者呈倒数关系。其中，C_i^* 的计算公式为[15, 16]

$$C_i^* = \frac{C_i^{\text{vap}} C_{\text{OA}}}{C_i^{\text{aer}}} = \frac{M_i 10^6 \zeta' p_{L,i}^0}{RT} \tag{9-11}$$

式中，C_i^{aer} 为物种 i 在颗粒相中的质量浓度（μg/m³）；C_i^{vap} 为气相浓度（μg/m³）；C_{OA} 为总颗粒有机物浓度（μg/m³）；R 为摩尔气体常量，值为 8.2×10^{-5}(m³·atm)/(mol·K)；T 为温度（K）；M_i 为物种 i 的分子量（g/mol）；ζ' 为活度系数；$p_{L,i}^0$ 为温度 T 下物种 i 的饱和蒸气压（atm）。

C_i^* 随温度变化的公式遵循克劳修斯-克拉珀龙（Clausius-Clapeyron）关系[17]，即

$$C_i^* = C_{i,0}^* \frac{T_0}{T} \exp\left[\frac{\Delta H_{\text{vap}}}{R} \left(\frac{1}{T_0} - \frac{1}{T} \right) \right] \tag{9-12}$$

式中，C_i^*（μg/m³）和 $C_{i,0}^*$（μg/m³）分别为物种 i 在温度 T（K）和标准温度 T_0（K）下的有效饱和浓度。ΔH_{vap} 为蒸发焓（kJ/mol）；R 为摩尔气体常量[8.314 J/(mol·K)]。根据实验数据，在本章中芳香烃的蒸发焓设为 36kJ/mol[3, 18]。

实验室烟雾箱研究表明 VOCs 的 SOA 产率与 NO_x 浓度有关。在高 NO_x 状况下，RO_2 主要与 NO 发生反应生成 RO 自由基，而在低 NO_x 状况下，RO_2 自由基与 HO_2 自由基反应，生成过氧化物 ROOH[12, 19]。RO_2 自由基的不同反应途径会影响到二次产物的挥发性分布，进而影响到 SOA 的生成产率。大部分芳香烃的 SOA 生成产率在低 NO_x 状况下大于高 NO_x 状况下的结果[12]。之前有研究使用 RO_2 自由基与 NO 和 HO_2 反应速率的相对大小来表征 NO_x 浓度对 SOA 生成的影响。两种反应途径的反应速率大小通过各自的反应速率常数及 NO 和 HO_2 浓度计算得出[20, 21]。

但是，在长岛观测中没有直接测量 HO_2，因此下面分别计算低 NO_x 和高 NO_x 状况下的 SOA 生成量，来代表 SOA 生成量的上限和下限。

通过调研文献资料发现，本章测量的 VOCs 物种中人为源排放的 $C_7 \sim C_{10}$ 的烷烃、环烷烃及芳香烃类物种是可能的 SOA 贡献物种。长岛观测中异戊二烯和萜烯等物种的浓度很低，因此不考虑天然源排放对 SOA 的贡献。文献中报道了芳香烃类物种在低 NO_x 和高 NO_x 状况的不同产率信息，而没有烷烃和环烷烃的 SOA 产率与 NO_x 的关系。因此在低 NO_x 和高 NO_x 两种状况下，只有芳香烃的 SOA 生成存在差异。

2. 低 NO_x 状况下的 SOA 计算结果

Ng 等研究了苯、甲苯、间, 对-二甲苯的 SOA 产率，发现在低 NO_x 条件下，这些芳香烃的 SOA 产率在 0.3～0.4 之间，高于在高 NO_x 条件下的产率，而且与颗粒物浓度 M_0 没有关系，则认为是芳香烃氧化生成了挥发性很低的单一产物[12]。近年来，有文献报道了直链烷烃、环烷烃和支链烷烃的 SOA 产率的烟雾箱研究[22-24] 和模型研究[25]。一般认为，分子中碳原子数目越大，SOA 产率越高；相同碳原子数的分子，环烷烃的 SOA 产率＞直链烷烃＞支链烷烃[23, 25]。鉴于数据的可获得性，本章使用了 Lim 和 Ziemann 的实验数据[23]。但在该研究中，种子气溶胶和 SOA 浓度较高（＞$100\mu g/m^3$），因此该实验研究得到的 SOA 产率可能会大于实际大气情况[23]。由于在低 NO_x 情况下，包括芳香烃和烷烃在内的所有化合物均为单一产率，因此也不需要计算 SOA 产率与温度之间的关系。

某些 VOCs 物种的 SOA 产率在文献中没有报道（如支链烷烃和高碳芳香烃），SOA 产率使用结构或碳数相同的物种的产率。如支链烷烃的产率数据均使用相应碳数的直链烷烃值，因此支链烷烃的 SOA 产率是高估的。表 9-3 列出了各 VOCs 的 SOA 产率值（第 5 列）。综合考虑以上 SOA 产率的选择，低 NO_x 状况下计算出的 SOA 生成量应是个上限值。表 9-3 同时列出了各 SOA 前体物的排放比、50h 传输的消耗比例及相应的 50h SOA 生成量。

表 9-3　各 VOCs 物种的排放比、50h 传输后的消耗比例、低 NO_x 状况下的 SOA 产率和 50h 传输过程中氧化生成的 SOA 量

物种名称	排放比/[($\mu g/m^3$)/ ppmv CO]	排放比 /[($\mu g/m^3$)/ppmv CO]	50h 消耗比例 /%	产率	SOA 生成量 /[($\mu g/m^3$)/ppmv CO]	备注或参考文献
正庚烷	0.23	1.02	47.7	0.009	0.004	[23]
正辛烷	0.11	0.56	52.5	0.041	0.012	[23]
正壬烷	0.07	0.42	59.8	0.080	0.020	[23]
正癸烷	0.06	0.40	57.3	0.146	0.034	[23]

续表

物种名称	排放比/[(μg/m³)/ppmv CO]	排放比/[(μg/m³)/ppmv CO]	50h 消耗比例/%	产率	SOA 生成量/[(μg/m³)/ppmv CO]	备注或参考文献
2, 4-二甲基戊烷	0.04	0.19	10.8	0.009	0.0002	使用正庚烷的值
2-甲基己烷	0.10	0.43	38.4	0.009	0.001	使用正庚烷的值
2, 3-二甲基戊烷	0.06	0.27	40.5	0.009	0.001	使用正庚烷的值
3-甲基己烷	0.14	0.63	29.1	0.009	0.002	使用正庚烷的值
2, 2, 4-三甲基戊烷	0.004	0.02	32.9	0.041	0.0003	使用正辛烷的值
2, 3, 4-三甲基戊烷	0.008	0.04	54.8	0.041	0.001	使用正辛烷的值
2-甲基庚烷	0.06	0.33	52.7	0.041	0.007	使用正辛烷的值
3-甲基庚烷	0.03	0.16	53.3	0.041	0.003	使用正辛烷的值
环戊烷	0.12	0.39	28.6	0.04	0.004	使用环己烷的值
甲基环戊烷	0.29	1.10	58.8	0.04	0.026	使用环己烷的值
环己烷	0.19	0.70	30.4	0.04	0.008	[23]
甲基环己烷	0.20	0.85	67.0	0.121	0.069	使用环己烷的值
苯	2.30	8.04	11.6	0.37	0.347	[12]
甲苯	1.85	7.60	39.2	0.3	0.894	[12]
乙苯	0.56	2.66	56.1	0.36	0.536	[12]
m, p-二甲苯	1.31	6.18	92.0	0.36	2.049	[12]
o-二甲苯	0.37	1.75	85.9	0.36	0.542	[12]
苯乙烯	0.07	0.34	68.3	0.36	0.084	[12]
i-丙基苯	0.01	0.06	0	0.36	0	[12]
n-丙基苯	0.03	0.17	51.4	0.36	0.032	[12]
m-乙基甲苯	0.08	0.44	75.4	0.36	0.118	[12]
p-乙基甲苯	0.04	0.24	68.7	0.36	0.056	[12]
1, 3, 5-三甲基苯	0.04	0.24	78.2	0.36	0.067	[12]
o-乙基甲苯	0.04	0.21	58.2	0.36	0.044	[12]
1, 2, 4-三甲基苯	0.13	0.71	80.7	0.36	0.208	[12]
1, 2, 3-三甲基苯	0.05	0.24	75.2	0.36	0.066	[12]
C_{10} 芳香烃	0.30	1.81	72.6	0.36	0.472	[12]
萘	0.34	1.94	56.0	0.73	0.794	[12]

　　图 9-10 是长岛观测期间 AMS 测量得到的 SOA 浓度（第 9.1.1 小节的结果）及根据低 NO_x 状况下 VOCs 氧化得到的 SOA 计算值的时间序列。从图中可以看出，AMS 测量得到的 SOA 浓度明显大于根据低 NO_x 状况下 VOCs 氧化消耗得到

的 SOA 计算值，但 SOA 的 AMS 测量值与 VOCs 氧化消耗得到的计算值在浓度变化上非常一致，二者的相关性很高（$R = 0.99$），这也与墨西哥城的研究结果吻合[3]。

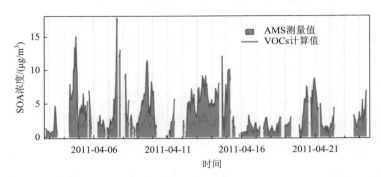

图 9-10　长岛观测期间 AMS 测量得到的 SOA 浓度和根据低 NO_x 状况下 VOCs 氧化消耗得到的 SOA 计算量的时间序列

图 9-11 是低 NO_x 状况下，各 VOCs 物种占总计算生成 SOA 的比例。可以看出，贡献最大的 VOCs 物种为间，对-二甲苯（31.5%），其次是甲苯（13.7%）、萘（12.2%）、邻-二甲苯（8.3%）、乙苯（8.2%）。烷烃和环烷烃的贡献仅占 2.5%。这也表明芳香烃在大气中的消耗对 SOA 生成的重要性。

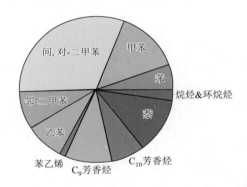

图 9-11　低 NO_x 状况下不同 VOCs 物种对 SOA 生成的贡献比例

图 9-12 是根据 VOCs 氧化的 SOA 计算值及基于 AMS 测量的 SOA 值随光化学龄的演化。在 50h 的传输过程中，OA 的二次生成量为 $18.8(\mu g/m^3)/ppmv\ CO$。而所有测量的 VOCs 物种经过 50h 的光化学氧化所生成的 SOA 总量为 $6.5(\mu g/m^3)/ppmv\ CO$，仅占实际生成量的 34.6%，前面已经提到，低 NO_x 状况下的计算使用的各 VOCs 物种的 SOA 产率可能高于实际大气状况。这说明，即使使用根据现有实验室的烟雾箱研究结果的上限，VOCs 的气相氧化仅能解释不到一半的 SOA 生成量，这与世界上其他地区的结果一致[2, 3]。

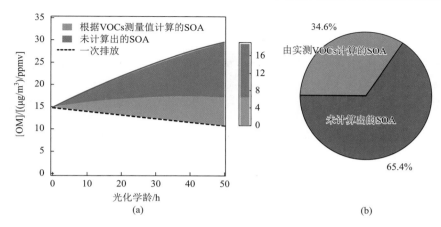

图 9-12　（a）低 NO_x 状况下测量的 VOCs 氧化所得的 SOA 计算值与实际 SOA 生成量的对比；（b）经过 50h 传输后测量的 VOCs 物种氧化生成的 SOA 计算值与实际 SOA 生成量的比例

　　图 9-13 是根据 VOCs 氧化消耗得到的 SOA 计算值与 SOA 实际生成量的相关关系。我们发现增长曲线并不是一条直线，而是一条斜率不断降低的曲线。从图 9-13（b）可知，随光化学龄的增加，VOCs 氧化能够解释的 SOA 生成比例不断下降。在开始时，VOCs 的氧化可以解释 50.9% 的 SOA 生成，而 50h 后，VOCs 的氧化仅能解释 34.6% 的 SOA 生成量。墨西哥城城市站点的研究发现，在日出时，SOA 实际生成量仅是根据 VOCs 氧化的计算值的 5 倍，而几小时后，测量值与计算值的比值达到了一个数量级[3]。随着光化学氧化的发生，能够被解释的 SOA 比例不断降低可能与本章和墨西哥城的研究[3]均使用的双产物模型有关。双产物模型假设 VOCs 氧化后立即生成可进入颗粒相的低挥发性有机物，而实际上 VOCs 的氧化可能需要多代反应生成的二次产物才能够进入颗粒相，从而使双产物模型会带来一定的误差。

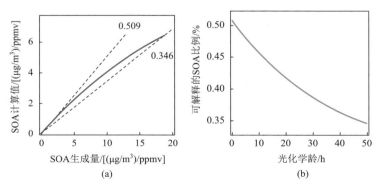

图 9-13　（a）低 NO_x 状况下测量的 VOCs 物种计算得到 SOA 计算值与 SOA 生成量的相关关系图；（b）VOCs 氧化贡献的 SOA 生成的比例与光化学龄的关系

3. 高 NO_x 状况下的 SOA 计算结果

在高 NO_x 状况下，芳香烃氧化生成 SOA 的产率需要使用双产物模型的公式（9-10）进行描述，因此产率与 OM 浓度和大气温度有关。表 9-4 列出了高 NO_x 状况下描述苯、甲苯和间, 对-二甲苯[12]和萘[26]的 SOA 产率使用的相关参数值。

表 9-4　文献报道的高 NO_x 状况下几种芳香烃的计算 SOA 产率的参数值及不同状况下的 SOA 产率计算值

物种	α_1	C_1^* /(μg/m³)	α_2	C_2^* /(μg/m³)	SOA 产率			
					[OM] = 15μg/m³ T = 273K	[OM] = 15μg/m³ T = 283 K	[OM] = 50μg/m³ T = 273 K	[OM] = 50μg/m³ T = 283 K
苯	0.072	0.30	0.888	111.1	0.355	0.264	0.613	0.498
甲苯	0.058	2.32	0.113	21.3	0.136	0.121	0.158	0.150
间, 对-二甲苯	0.031	1.31	0.09	34.5	0.084	0.072	0.106	0.098
萘[a]	0.21	1.69	1.07	270.3	0.376	0.308	0.626	0.501

a. 数据来自文献[26]，其他物种数据来自文献[12]。

图 9-14 是长岛观测期间 OM 质量浓度和大气温度的概率分布图。在长岛观测期间，OM 的平均浓度为（13.6±8.6）μg/m³，第 99 百分位数的浓度为 44.4μg/m³。因此我们分别计算[OM] = 15μg/m³ 和[OM] = 50μg/m³ 时各芳香烃的 SOA 产率，来代表平均状况和最高状况。长岛观测期间，平均气温为（9.9±3.8）℃，最低气温为 1.1℃，最高气温为 21.7℃。因此，我们将分别计算 10℃ 和 0℃ 芳香烃的 SOA 产率，分别代表平均状况和最高状况。综合 OM 浓度和大气温度，将计算 4 种情况的 VOCs 氧化消耗 SOA 生成量。表 9-4 列出了根据公式（9-10）和公式（9-12）计算得到的 SOA 产率。从表中可以看出，OM 浓度对苯和萘的影响（60%～90%）要高于甲苯和二甲苯（10%～40%）。整体来讲，温度对 SOA 产率的影响要小于 OM 浓度。当温度分别为 273K 和 283K 时，苯、甲苯、二甲苯和萘氧化的在 OM 浓度为 15μg/m³ 时 SOA 产率分别相差 34%、12%、17%和 22%。

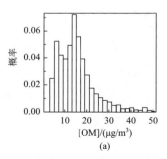
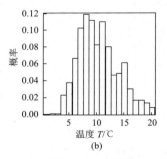

(a)　　　　　　　　　　(b)

图 9-14　长岛观测期间 OM 质量浓度（a）和大气温度（b）的概率分布图

　　图 9-15 是在高 NO_x 条件下，OM 浓度分别为 15μg/m³ 和 50μg/m³，温度分别为 273K 和 283K 的所有 4 种情况下，通过 VOCs 氧化消耗得到的 SOA 计算值与 SOA 实际生成量的比较。从图中可以看出，当 OM 浓度为 50μg/m³ 和温度为 273K 时（高 OM 浓度和低温），得到的 SOA 计算量最大，而当 OM 浓度为 15μg/m³ 和温度为 283K（低 OM 浓度和高温）时，得到的 SOA 计算量最小。由于 OM 浓度比温度对 SOA 产率的影响更大，因此 OM 浓度为 50μg/m³ 和温度为 283K 比 OM 浓度为 15μg/m³ 和温度为 273K 计算得到的 SOA 生成量高。图 9-15（b）是 4 种情况下根据 VOCs 氧化消耗计算得到的 SOA 生成量与 SOA 实际生成量的比例。可以看到，在高 NO_x 状况下，所有 4 种情况下能够解释的 SOA 生成均不高于 22%，明显小于低 NO_x 情况下的比例。当 OM 浓度和温度均使用平均值（[OM] = 15μg/m³，T = 283K），能够解释的 SOA 比例仅在 10.6%～13.9% 之间。同时可以看出，4 种情况下能够被解释的 SOA 比例均随着光化学氧化程度的增加而降低，这与低 NO_x 情况下及其他研究的结论一致。

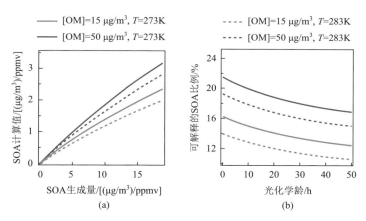

图 9-15　（a）高 NO_x 条件下测量的 VOCs 氧化得到 SOA 计算值与 SOA 实际生成量的相关关系图；（b）VOCs 氧化贡献的 SOA 生成的比例与光化学龄的关系

4. SOA 生成的观测值和计算值差异的原因

　　以上两节分别在低 NO_x 状况下和高 NO_x 状况下，计算了 VOCs 物种的氧化消耗对 SOA 生成量的贡献。可以看到，无论在低 NO_x 状况下，还是高 NO_x 状况下，VOCs 物种氧化消耗生成的 SOA 计算值均明显小于 SOA 的实际生成量。在多种因素高估 SOA 产率的情况下，低 NO_x 状况的 SOA 计算值仅相当于 SOA 实际生成量的 34.6%～50.9%。因此，本章证实，在我国典型大气条件下，实际测量的 VOCs 物种不能完全解释大气中 SOA 的生成。

根据低 NO_x 状况的计算结果（图 9-10），VOCs 氧化消耗贡献的 SOA 生成量为（1.49±1.17）$\mu g/m^3$。最近有文献使用 WRF-Chem 模型对我国 SOA 生成的研究中，模型模拟得到我国春夏秋冬四季的 SOA 生成量分别为 0.94$\mu g/m^3$、2.54$\mu g/m^3$、1.41$\mu g/m^3$ 和 0.43$\mu g/m^3$，而在山东半岛春夏秋冬四季的 SOA 模拟值分别为 0.8~1.0$\mu g/m^3$、1.0~1.5$\mu g/m^3$、1.0~1.5$\mu g/m^3$ 和 0.2~0.4$\mu g/m^3$[27]。可以看出，三维模型计算的春季和冬季的 SOA 模拟值与长岛观测的结果基本相符。该研究也提出，WRF-Chem 模型的 SOA 模拟值可能低估实际 SOA 生成量 0~75%[27]。结合其他地区的研究，SOA 生成被低估的主要原因可能有以下几点。

（1）由于天然源物种（异戊二烯和单萜烯）的浓度很低，本章忽略了天然源排放对 SOA 生成的贡献。从全球来看，天然源和人为源贡献对 SOA 生成的相对重要性还有诸多争论[28]。研究表明，人为源排放会促进天然源 VOCs 排放的 SOA 生成[29]。长岛观测处于冬春交接季节，受温度和光照的影响，天然源排放的 VOCs 远远低于夏季，因此天然源 SOA 的生成可能仅占很小的比例。根据异戊二烯的氧化过程，计算得到异戊二烯的氧化消耗量，并根据异戊二烯在低 NO_x 状况下的 SOA 生成产率[30]，计算得到异戊二烯氧化贡献的 SOA 量仅为（0.018±0.019）$\mu g/m^3$。由于长岛观测中单萜烯的浓度较低且无法计算单萜烯的氧化消耗量，因此很难计算单萜烯对 SOA 生成的贡献。在加拿大安大略省的一项研究中，单萜烯对 SOA 生成贡献是异戊二烯贡献的 1.58~4.20 倍[31]。而三维模型的 SOA 研究表明我国单萜烯的 SOA 生成量是异戊二烯的 1.24 倍[27]。因此，异戊二烯和单萜烯生成的 SOA 的平均值不会超过 0.1$\mu g/m^3$，不到人为源 VOCs 氧化消耗贡献 SOA 生成量的 10%。Jiang 等的研究也表明，长岛地区冬季和春季的天然源对 SOA 生成的贡献率分别为<10%和 10%~20%[27]。因此，天然源的 SOA 生成不足以解释长岛观测中的 SOA 生成的巨大差异。

（2）墨西哥城的研究表明，乙二醛在颗粒物表面的吸附可能是 SOA 生成的重要来源[32]。实验室的进一步研究发现，即使结构非常简单的乙炔在大气中的氧化会生成乙二醛，从而贡献 SOA 生成[33]。但在美国洛杉矶的研究表明，乙二醛对 SOA 生成的贡献率仅占 SOA 生成的 2%~4%，远远小于墨西哥城的结果。在长岛观测中，没有测量乙二醛的浓度。在我国北京和珠江三角洲的研究表明，乙二醛对 SOC 生成的最大可能贡献率可达 10.5%和 11.2%[34]。但这个比例仍不足以解释长岛观测中 SOA 生成的巨大差异。

（3）本章使用的 VOCs 物种来自在线 GC-MS/FID 和 PTR-MS 两台仪器。主要涉及的 VOCs 物种包括 C_2~C_{10} 直链烷烃、C_2~C_8 支链烷烃、C_5~C_7 环烷烃、C_2~C_6 烯烃、C_6~C_{10} 芳香烃以及一些 OVOCs 物种。许多研究均表明 GC-MS/FID 和 PTR-MS 不能完全测量大气中的气态有机物[35, 36]。最新的研究表明，许多未被测量的半挥发性有机物可能是 SOA 的重要前体物[37]。最新的外场观测也证实，

$C_{14} \sim C_{16}$ 的半挥发性有机物是 SOA 生成的重要前体物[38]。现在烟雾箱实验中研究最多的半挥发性有机物是多环芳烃和高碳烷烃（$C_{10} \sim C_{20}$）。因此下面将根据文献中的数据估算半挥发性有机物对 SOA 生成的贡献。

9.1.4　多环芳烃和高碳烷烃（$C_{10} \sim C_{20}$）对 SOA 生成的贡献

前面已经发现，在长岛观测中测量的 VOCs 物种的气相氧化不能够完全解释大气中 SOA 的生成。一些未被测量的半挥发性有机物可能对 SOA 有显著贡献。其中，高碳烷烃（$C_{10} \sim C_{20}$）和多环芳烃（PAH）是大气中重要的两大类半挥发性有机物。Chan 等的研究发现，在柴油车排放和生物质燃烧中，PAH 和高碳烷烃对 SOA 的贡献远远大于单环芳香烃（如甲苯和二甲苯等）的贡献[26]。由于测量困难，实际大气中 PAH 和高碳烷烃的气态浓度的报道很少[39, 40]。在本章中，我们将借鉴 Chan 等的方法[26]，使用各类排放源的排放特征估算 PAH 和高碳烷烃对 SOA 生成的贡献。研究表明，在中国北方，夏季柴油车是城市地区 PAH 的重要排放源，而冬季燃煤是 PAH 的主要排放源[41, 42]。但是，在我国还没有关于高碳烷烃的来源解析研究。在这里，我们使用燃煤对 PAH 的排放因子[43]和柴油车对 PAH 和高碳烷烃的排放因子[44]估算 PAH 和高碳烷烃对 SOA 的贡献。

1. 根据柴油车排放特征的估算结果

根据 Schauer 等测量柴油车排放对 PAH 和高碳烷烃等物种的排放因子[44]，可以使用下式描述各半挥发性有机物在长岛典型环境下的演化：

$$\Delta M_{o,i} = [HC_i](1 - e^{-k_{OH,i}[OH]\Delta t}) \times Y_i \qquad (9\text{-}13)$$

式中，$\Delta M_{o,i}$ 为单位千米的柴油车排放的各半挥发性有机物种在大气中的氧化生成的 SOA 量（$\mu g/km$）；$[HC_i]$ 为物种 i 的排放因子（$\mu g/km$）；$k_{OH,i}$ 为各物种与 OH 自由基的反应速率常数，$[OH]$ 为 OH 自由基的浓度，在长岛观测间该值取 $0.723 \times 10^6 molecule/cm^3$；$Y_i$ 为各物种的 SOA 产率；Δt 为在大气中的反应时间。与 9.1.3 小节类似，我们将计算 50h 的反应消耗各物种的 SOA 生成量。在本章中，假设所有的 PAH 和高碳烷烃在前 3h 的氧化途径为高 NO_x 条件下，之后均为低 NO_x 条件下。PAH 物种的 SOA 产率来自 Chan 等的结果[26]，萘、C_1-萘和 C_2-萘的产率为实际测量值，C_3-萘、C_4-萘和其他 PAH 的产率使用 C_2-萘的产率值。高碳烷烃的 SOA 产率来自 Jordan 等的研究[25]。

在计算得到各物种的 $\Delta M_{o,i}$ 后，使用长岛低 NO_x 状况下萘的 SOA 生成量 $SOA_{naphthalene}[0.794(\mu g/m^3)/ppmv\ CO]$ 成比例地推出各 PAH 和高碳烷烃物种的 SOA 生成量 $SOA_i\ [(\mu g/m^3)/ppmv\ CO]$：

$$SOA_i = \frac{\Delta M_{o,i}}{\Delta M_{o,\text{naphthalene}}} \times SOA_{\text{naphthalene}} \qquad (9\text{-}14)$$

　　计算结果如图 9-16 所示。从图中可以看出，PAH 中对 SOA 贡献最大的物种为萘和其他 PAH 物种。高碳烷烃的 SOA 贡献则出现在 $C_{18} \sim C_{19}$ 烷烃。总的来说，PAH 和高碳烷烃分别贡献 2.82$(\mu g/m^3)$/ppmv 和 1.61$(\mu g/m^3)$/ppmv 的 SOA 生成量，分别占总 SOA 生成量的 15.0% 和 8.6%。如果加上使用低 NO_x 状况下的测量 VOCs 的生成量，未被解释的 SOA 生成的比例仅为 41.9%（图 9-17）。如果在公式（9-14）

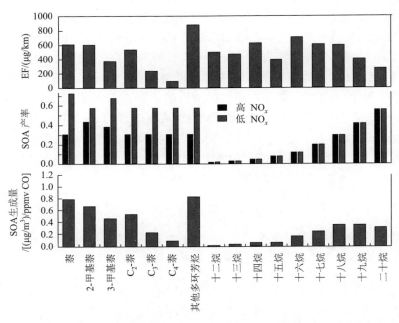

图 9-16　PAH 和高碳烷烃的排放因子[44]、SOA 产率和根据萘推算的 50h 的 SOA 生成量

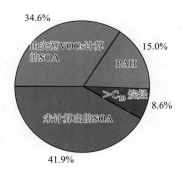

图 9-17　根据柴油车排放特征计算的 PAH 和高碳烷烃对 SOA 生成的贡献率

中使用高 NO_x 状况下萘的 SOA 生成量计算 PAH 和高碳烷烃的 SOA 生成量,能够解释 SOA 生成的比例要相应低一些。但总的来说,使用柴油车排放特征计算得到的 PAH 和高碳烷烃对 SOA 生成的贡献大约相当于 68.2%的测量 VOCs 的贡献。这也说明 PAH 和高碳烷烃对 SOA 生成的重要作用。

2. 根据燃煤排放特征的估算结果

Shen 等测量了中国北方的 2 种蜂窝煤和 3 种块煤的气态 PAH 排放因子,测量物种包括萘和其他 15 种美国 EPA 重点控制的 PAH 物种[43]。该研究是仅有的报道我国燃煤的气态 PAH 物种排放因子的文献资料。表 9-5 列出了几种不同煤的萘和其他 PAH 物种的排放因子值。可以看到,块煤对 PAH 的排放远远大于蜂窝煤的排放。由于在该排放因子的测量研究中,没有测量烷基取代基萘(甲基萘和 $C_2\sim C_4$-萘)的排放,因此将所有的物种分为萘和其他 PAH 两大类。计算方法和使用的 SOA 产率均与根据柴油车排放特征的计算相同,仅排放因子等参数的单位有所变化,不再赘述。

表 9-5　根据燃煤对 PAH 排放特征估算 PAH 对 SOA 的贡献

类型	萘/(mg/kg)[a]	其他 PAH/(mg/kg)[a]	(其他 PAH/萘)/(g/g)	其他 PAH 贡献的 SOA 的量 /[(μg/m³)/ppmv]
北京蜂窝煤	1.6	2.94	1.84	1.063
太原蜂窝煤	5.8	7.25	1.25	0.723
太原块煤	14	41.38	2.96	1.708
榆林块煤 1#	13	112.39	8.65	4.997
榆林块煤 2#	11	60.78	5.52	3.193

a. 数据来自文献[43],单位为每千克煤燃烧的各 PAH 物种的排放量。

从表 9-5 可以看出,蜂窝煤排放的其他 PAH 与萘的比值较低,两种煤型分别为 1.84g/g 和 1.25g/g。而块煤排放的其他 PAH 与萘的比值在 2.96～8.65g/g 之间。使用不同煤型的排放特征计算得到的其他 PAH 贡献的 SOA 生成量在 0.723～4.997(μg/m³)/ppmv 之间。这些 SOA 生成量的几何平均值为 1.84(μg/m³)/ppmv,1 倍标准差的范围为 0.836～4.04(μg/m³)/ppmv。可以看到,不同煤型排放特征的差异对计算其他 PAH 贡献的 SOA 生成量的影响很大。这也暗示在实际大气测量这些低挥发性有机物的重要性。如果以几何平均值为准,使用燃煤排放特征计算得到的其他 PAH 贡献的 SOA 低于使用柴油车排放特征的结果,其他 PAH 贡献的 SOA 生成量大约占测量 SOA 生成量的 9.78%。

从以上的分析可以看到,无论是使用柴油车排放还是燃煤排放,多环芳烃和高碳烷烃对 SOA 生成的贡献均非常显著。但是由于文献中排放特征和 SOA 产率数据的限制，无法估算其他种类的半挥发性有机物对 SOA 生成的作用，如高碳支链烷烃、高碳环烷烃、高碳醛类和有机酸等[44]。这些半挥发性有机物可能同样会贡献 SOA 的生成。因此半挥发性有机物对 SOA 生成的作用可能更大。这也提出了在实际大气中测量半挥发性有机物浓度的迫切性。

9.1.5　小结

大气中二次有机气溶胶（SOA）的生成是当前大气化学研究的热点之一，也是一个难点。SOA 研究的两个重要科学问题是：哪些物种贡献了大气中 SOA 的生成；模拟或计算的 SOA 生成量是否与实际大气中 SOA 的量一致。基于长岛观测中 VOCs 和有机物气溶胶（OM）的同点位在线测量，研究了 VOCs 在大气中的化学氧化消耗对 SOA 生成的贡献。主要结论如下：

（1）通过建立 OM 与光化学龄的参数化公式，将 OM 的浓度分为一次人为排放、二次人为生成和背景浓度 3 个部分。由于 OM 的参数化公式未知参数较多且参数之间存在耦合，本章通过在可能范围内改变去除速率 L_{OM} 并对 OM 进行多次回归。当去除速率 L_{OM} 为 $0.004\sim0.014h^{-1}$（相应的 OM 大气寿命在 $3\sim10d$）时，对 OA 的解析结果的变化很小。在整个观测中，一次人为排放、二次人为生成和背景浓度 3 个部分对 OM 的贡献率分别为 38.1%、29.1% 和 32.7%。

（2）长岛观测期间总测量有机碳（TOOC）的浓度水平为 $(50.2\pm26.0)\mu g\,C/m^3$，TOOC 与 CO 的相关关系较强（$R=0.86$）。当 CO 的增量浓度设定为 1ppmv 时，VOCs 贡献的气态有机碳（OC_g）从初始排放的 $101.3\mu g\,C/m^3$ 下降到 50h 的 $75.6\mu g\,C/m^3$，而颗粒态有机碳从初始排放的 $8.44\mu g\,C/m^3$ 上升到 50h 的 $16.29\mu g\,C/m^3$。颗粒态有机碳在总测量有机碳的比例从 0h 的 7.7% 上升到 50h 的 15.9%。总的来看，在 50h 的光化学过程后，TOOC 浓度降低了 18.1%。

（3）根据 VOCs 在大气中演化的参数化结果和烟雾箱实验的 SOA 产率结果，在低 NO_x 和高 NO_x 两种状况下估算 VOCs 氧化对 SOA 生成量的贡献，分别作为 VOCs 氧化贡献的上限和下限。在高 NO_x 状况选择不同的大气温度和 OM 浓度水平计算得到 VOCs 氧化生成 SOA 量均小于低 NO_x 状况下计算得到的相应值。在低 NO_x 状况下，50h 的 VOCs 氧化生成 SOA 量为 $6.5(\mu g/m^3)/ppmv\,CO$，远远小于实际大气中 SOA 的生成量 $18.8(\mu g/m^3)/ppmv\,CO$。这说明，使用现有仪器测量的 VOCs 物种的氧化最多仅能解释 SOA 生成的一半左右。同时发现，随着光化学龄的增加，VOCs 氧化消耗能够解释的 SOA 生成的比例不断下降，与墨西哥城的研究报道相符[3]。

（4）使用文献报道的柴油车和燃煤排放特征，估算得到 PAH 对 SOA 生成的贡献率分别最高可达 15.0% 和 8.6%。而柴油车排放特征计算得到的高碳烷烃

（$C_{10} \sim C_{20}$）对 SOA 生成的贡献率最高可达 9.78%。虽然这些估算结果存在较大的不确定性，但证明了半挥发性有机物在 SOA 生成的重要作用及在实际大气中测量半挥发性有机物浓度的迫切性。

9.2　基于盒子模型量化 OVOCs 不可逆摄取对 SOA 生成的贡献

有机气溶胶是大气中颗粒物的重要组成部分，有研究表明有机气溶胶中 64%~95% 为 VOCs 氧化生成的 SOA[1]。SOA 对全球气候变化、区域空气质量和人体健康都具有重大影响。认识 SOA 的生成机制是准确评价其环境和气候效应的基础，也是有效控制我国区域复合污染问题的关键。

SOA 生成过程非常复杂，传统的 SOA 生成机制包括其前体物 VOCs 的大气化学氧化、氧化产物的气粒分配及颗粒相反应等过程。近些年，有很多研究表明一些 OVOCs 的液相反应也是 SOA 的生成途径之一[32, 45-47]。例如，乙二醛可溶解到颗粒物的水相中，通过水合、氧化和聚合等反应生成饱和蒸气压很低的物种，从而生成 SOA。除了乙二醛，大气中其他的含氧 OVOCs，如甲醛和乙醛等，也可能会通过类似的机制转化为 SOA[48]。目前很多研究表明 SOA 的模拟结果与其实测值存在较大的差异，并且很多研究中没有考虑具体的反应机理，只是基于烟雾箱实验得到的 SOA 产率进行估算。准确估算 SOA 是目前大气化学领域亟须解决的问题。

在第 8 章中，我们已经基于目前最详细的 MCM 化学机理对 OVOCs 进行了较好的模拟，由于 MCM 机理可以模拟 VOCs 在大气中发生的详细化学反应，并输出所有的产物浓度，这为精准的 SOA 模拟提供了可能。本节选取北大站点夏季观测数据中的典型污染过程，使用盒子模型初步建立基于详细化学反应过程的 SOA 估算方法，通过模型的灵敏性分析研究一次排放的 OVOCs 对 SOA 生成可能的贡献。

9.2.1　盒子模型估算方法的建立

第 8 章中已建立基于 MCM 反应机理的盒子模型，模型能够输出所有大气光化学产物的浓度，在现有模型基础上，加入 SOA 生成模块，则可模拟 SOA 的生成量。我们首先依据氧化产物的结构特征及其沸点，对它们的饱和蒸气压进行估算，再将估算的饱和蒸气压用于推断各气相产物在颗粒物表面的气粒分配过程。

在现有盒子模型中，我们对半挥发或低挥发的氧化产物加入一个颗粒物摄取过程，假设被颗粒物摄取的低挥发态组分可以进入颗粒相生成 SOA，但并不是所有被颗粒物摄取的物种全部转化为 SOA，各物种被颗粒物摄取的同时，在颗粒物表面存在一个解吸过程，解吸速率与该物种的饱和蒸气压（vapor pressure，VP）有关，饱和蒸气压低的物种解吸速率也比较低，生成 SOA 的可能性也就越大。以乙二醛为例，它生成 SOA 的模拟机理由以下几个反应式描述：

$$GLYOX \longrightarrow LGLYOX \tag{9-15}$$

$$k[GLYOX \longrightarrow LGLYOX] = \frac{\gamma \times \upsilon \times S}{4} \tag{9-16}$$

$$ltot = LGLYOX + \cdots \tag{9-17}$$

$$LGLYOX \longrightarrow GLYOX \tag{9-18}$$

$$k[LGLYOX \longrightarrow GLYOX] = \frac{k[GLYOX \longrightarrow LGLYOX] \times VP \times N_A}{R \times T \times ltot} \tag{9-19}$$

$$lmtot = \frac{LGLYOX \times M}{N_A} + \cdots \tag{9-20}$$

$$LGLYOX + DIL \longrightarrow \tag{9-21}$$

$$k[LGLYOX + DIL \longrightarrow] = CONST(DILUTE) \tag{9-22}$$

反应式（9-15）和式（9-16）分别表示乙二醛的颗粒物摄取机理及其反应速率。其中，γ 为颗粒物对乙二醛的摄取系数；υ 为乙二醛的平均速率；S 为颗粒物的比表面积。式（9-17）用于计算被颗粒物摄取的乙二醛分子个数；ltot 为吸附到颗粒物上的总的乙二醛、甲基乙二醛等物种的总分子个数。式（9-18）和式（9-19）分别表示乙二醛在颗粒物表面的解吸反应机理和解吸速率，其中，VP 为乙二醛的饱和蒸气压；N_A 为阿伏伽德罗常数；R 为摩尔气体常量。式（9-20）计算乙二醛经过颗粒物摄取、解吸过程后最终引起的颗粒物质量的增加量，其中，M 为乙二醛的分子量；lmtot 为吸附的乙二醛等物种的质量。除了各氧化产物的摄取和解吸过程，还需要考虑各 SOA 产物的沉降、扩散等物理去除过程，如式（9-21）所示。式（9-22）表示物理去除速率，与 OVOCs 模拟时所使用的各物种沉降速率相同。

类似地，在盒子模型中为每个氧化产物加入式（9-15）～式（9-22）的 SOA 生成机理，即可实现 SOA 的模拟，其中需要将各产物的饱和蒸气压作为模型的输入条件。目前饱和蒸气压的估算方法有多种，我们初步选取 Nannoolal 等在 2008 年提出的方法[49]，该方法需要输入各物种的沸点信息，此处选择 Joback 等在 1987 年提出的沸点估算方法[50]，下文将此饱和蒸气压的估算方法简称为 NJ 方法。

本节以 NJ 方法估算的饱和蒸气压，把各氧化产物的 SOA 生成机理加入盒子模型，初步建立基于观测的 SOA 模拟方法。此外，通过模型敏感性分析，讨论 SOA 模拟的关键影响因素，并对一次排放的 OVOCs 对 SOA 生成的可能贡献进行初步探索。

9.2.2　SOA 生成量估算的敏感性分析

建立基于盒子模型的 SOA 模拟方法时，以第 8 章中的 S2 情景为基准，并以实测的 OVOCs 作为模型约束条件。此外，SOA 模拟还需要输入各产物的饱和蒸气压和颗粒物摄取系数，在 SOA 模拟的基准情景中我们使用 NJ 方法进行各物种饱和蒸气压的估算，将颗粒物对所有物种的摄取系数设置为 1×10^{-3}。此基准情景下 SOA 的模拟结果如图 9-18 中黑线所示。图中同时给出了基于 $PM_{2.5}$ 估算的 SOA 结果（以下简称 SOA 实际值）。SOA 的估算方法如下：由于北大点 2011 年夏季 AMS 测得的 PM_1 占 $PM_{2.5}$ 的 92%，且 PM_1 中有机气溶胶（organic aerosol，OA）的比例为 31%[51]，我们将 $PM_{2.5}$ 按上述比例折算为 OA 的量，将 OA 乘以实测的 SOA/OA 浓度比例得到基于 $PM_{2.5}$ 的 SOA 估算值。

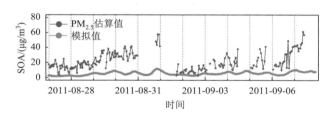

图 9-18　基准情景下北大站点 SOA 的模拟结果与基于 $PM_{2.5}$ 估算的 SOA 值的时间序列

从图 9-18 可以看出，基准情景下模型对 SOA 的模拟结果远低于其实际值。根据第 8 章中盒子模型模拟结果，我们认为该模型对于光化学反应中间产物的模拟基本合理，那么模型对 SOA 的低估应该主要是由 SOA 模块引起的。从新加入的 SOA 生成机制来看，影响 SOA 模拟的主要参数包括颗粒物摄取系数 γ [式（9-16）]、各物种的饱和蒸气压 VP [式（9-19）] 以及它们的物理沉降速率 [DILUTE，式（9-22）]。此外，很多研究表明乙二醛和甲基乙二醛等二羰基化合物的不可逆摄取对 SOA 生成的贡献率很高，甲醛、乙醛等醛类的不可逆摄取也可能导致 SOA 的生成，基准情景下没有考虑颗粒物对乙二醛、甲醛等的不可逆摄取。在接下来的讨论中，将针对上述可能影响 SOA 模拟结果的颗粒物摄取系数 γ、各物种的饱和蒸气压、各物种的物理沉降速率，以及乙二醛和甲基乙二醛、甲醛和乙醛的不可逆摄取进行敏感性分析，尝试找出影响 SOA 模拟的关键因素。

1. 沉降速率的影响

目前对于 OVOCs 物种沉降速率的研究很少，只有少数研究报道了森林地区的研究结果[52-57]。其中，Karl 等在热带雨林地区中发现 MVK 和 MACR 的沉降速率为（0.45±0.15）cm/s[54]，如果假设边界层高度为 1km，则其沉降对应的大气寿命大约为 2.5d。Wolfe 等给出天然源氧化产物的沉降寿命为 12~26h[57]。其余研究报道的 OVOCs 物种沉降速率也各不相同，相应的沉降寿命从 12h 到 72h 不等。由于各种光化学氧化产物 OVOCs 的沉降过程为 SOA 前体物的主要去除途径，因而研究不同沉降寿命对于 SOA 模拟的影响很有意义。

在图 9-18 的基准情景中，设定各物种沉降速率为 1.17cm/s，即物理沉降对应的大气寿命为 24h（假设边界层高度为 1km）。为研究沉降速率对 SOA 模拟结果的影响，根据文献值分别将所有物种的沉降速率调整为 2.34cm/s 和 0.59cm/s，即图 9-19 中 SOA 模拟结果所对应的 12h 和 48h。从图中可见，不同的沉降速率对应的 SOA 模拟结果差异很大。与基准情景相比，当沉降速率增大一倍时，各 SOA 前体物的物理去除速率相应增加，对应的 SOA 模拟值也有所降低；如果将沉降速率减小，则对应的 SOA 模拟值大大增加。因此在模拟 SOA 时，各物种沉降速率的选择极为重要，但是目前关于氧化产物沉降速率的研究不多，而在仅有的文献所给出的沉降速率又有几倍差距，因此在 SOA 模拟中，对沉降速率这个参数调整时需要慎重。

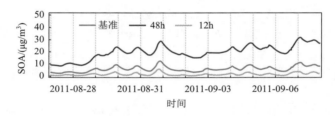

图 9-19　不同沉降速率对 SOA 模拟结果的影响

2. 摄取系数的影响

颗粒物对各氧化产物的摄取系数直接影响 SOA 的模拟结果。目前对于 OVOCs 物种的颗粒物摄取系数研究不多，大多数研究集中在乙二醛和甲醛的颗粒物摄取。对于甲醛的颗粒物摄取系数，Jayne 等研究表明，在 240~280K 之间的硫酸气溶胶表面，甲醛摄取系数 γ 上限在 0.012~0.025 之间[58]；Tie 等在全球化学传输模型中加入甲醛的颗粒物摄取过程，通过灵敏性分析发现模型中甲醛摄取系数的上限为 0.01[59]。有的文献给出乙二醛的摄取系数在 5×10^{-4}~5×10^{-3} 之间[47]。

基准情景中，各氧化产物的颗粒物摄取系数取值为 1×10^{-3}（与第 8 章中 OVOCs 模拟时相同），为研究摄取系数的变化对 SOA 模拟结果的影响，将 γ 调整为 5×10^{-3} 运行模型，结果如图 9-20 所示。从图中可以看出，增大颗粒物摄取系数对于 SOA 的模拟结果有显著增加的作用。但在调整模型参数时，在没有足够文献支撑的情况下，对摄取系数的更改我们难以判断是否合理。

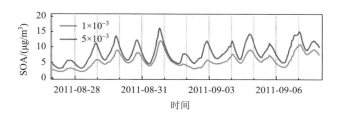

图 9-20　不同颗粒物摄取系数对 SOA 模拟结果的影响

3. 乙二醛和甲基乙二醛的不可逆摄取

近年来，有研究发现颗粒物摄取是乙二醛[32, 47, 60, 61]和甲基乙二醛[62]的重要去除途径之一，也有很多研究表明，乙二醛、甲基乙二醛的不可逆摄取可以在很大程度上改善对 SOA 的模拟结果[45, 46, 63, 64]。SOA 的模型模拟中乙二醛和甲基乙二醛不可逆摄取机制的加入，通常包括液态气溶胶和云滴的摄取过程[45, 46]，有些模型模拟工作将摄取系数设置为烟雾箱实验的中值 2.9×10^{-3}，Li 等使用基于观测的盒子模型对广州后花园的乙二醛进行模拟时，发现颗粒物摄取机制的加入能够很好地解释模型对乙二醛的高估，摄取系数设置为 1.0×10^{-3} 时，乙二醛的模拟值与其实测值较为接近[65]。Volkamer 等对墨西哥大气中的乙二醛进行模拟时发现，模型对乙二醛的高估可以通过气溶胶表面的不可逆摄取过程、气溶胶液态水的可逆摄取、含氧有机气溶胶相的可逆摄取等过程单独解释[32]。为了简化盒子模型对乙二醛和甲基乙二醛的摄取机制，本节采取气溶胶表面的不可逆摄取过程研究乙二醛和甲基乙二醛可能对 SOA 生成的贡献。

为了研究乙二醛和甲基乙二醛的不可逆摄取过程对 SOA 模拟的影响，我们将乙二醛和甲基乙二醛在颗粒物表面的解吸过程去除，并按照文献报道及国内相关研究将其摄取系数设置为 1.0×10^{-3} 和 2.9×10^{-3}，进行 SOA 的模拟，结果如图 9-21 所示。从图中可以看出，乙二醛和甲基乙二醛的不可逆摄取使 SOA 的模拟值提升很多，摄取系数越大，SOA 模拟值越高。不可逆摄取机制的加入在很大程度上缩小了模型模拟结果与实测值之间的差异，因此甲醛和乙二醛的不可逆摄取机制是影响 SOA 模拟结果的重要因素。

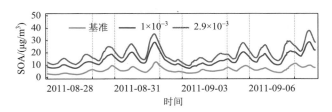

图 9-21　乙二醛和甲基乙二醛的不可逆摄取对 SOA 模拟结果的影响

在基准情景时，SOA 模拟的平均值为 $5.7\mu g/m^3$，加入不同摄取系数对应的不可逆摄取机制，使模拟的 SOA 平均值提高到了 $13.9\mu g/m^3$、$18.6\mu g/m^3$，而基于 $PM_{2.5}$ 估算的 SOA 均值为 $22.0\mu g/m^3$。也就是说，摄取系数是 1.0×10^{-3} 和 2.9×10^{-3} 时，模型模拟的乙二醛和甲基乙二醛不可逆摄取过程对 SOA 的贡献率分别为 37% 和 59%，后者已经超出了很多研究中报道的乙二醛和甲基乙二醛对 SOA 的贡献率。由于 Li 等的研究是基于中国珠江三角洲地区的观测[65]，可能与本章更为接近，因此在后续研究中我们选择乙二醛的摄取系数 1.0×10^{-3} 进行 SOA 的模拟。

4. 甲醛和乙醛的颗粒物摄取

有研究者对甲醛、乙醛等小分子羰基化合物可能在颗粒物表面的行为开展研究，Jayne 等的研究结果表明甲醛会在酸性气溶胶表面发生颗粒物摄取，摄取系数在 $0.001\sim0.023$ 之间[58, 66]。Li 等使用气溶胶-化学电离质谱（Aerosol-CIMS）研究甲醛和乙醛在水溶液及硫酸铵溶液中可能发生的化学反应，结果表明甲醛和乙醛在水溶液及硫酸铵溶液表面会发生多种复杂反应，生成甲酸、乙酸、丙酮酸、醇醛及多种半缩醛类物质；同时甲醛和乙醛均能引起硫酸铵溶液的表面张力的降低，根据科勒理论，由于表面生成的物质导致的气溶胶表面张力的减低会使得颗粒物活泼以及成长为云凝结核。当溶液中加入两种或三种 OVOCs（甲醛、乙醛和甲基乙二醛）时，液滴表面张力的减少远远大于基于单一物种的模型预测值。可能是由于更多种表面活性物质的生成，会使得颗粒物表面有更多活性位点，甚至成为云凝结核[48]。

Jang 等研究了丁醛、己醛、辛醛、癸醛等醛类的非均相反应及其对气溶胶生成的贡献，结果表明在硫酸催化作用下，这些醛类的气溶胶产率比非酸性条件下高，从傅里叶红外光谱（FTIR）的分析结果来看，气溶胶表面可能发生了多种酸催化的非均相反应，如水合反应、聚合反应、缩醛和半缩醛反应等，并且这些醛类的非均相反应会对 SOA 的生成有一定贡献[67-71]。Toda 等认为溶于颗粒相表面液态水中的甲醛，与水结合生成亚甲基二醇，随后可以发生聚合反应生成多聚物从而停留在颗粒相，颗粒相中的甲醛占总甲醛浓度的 5%[72]。

基于以上研究可知，大气中的甲醛、乙醛等醛类 OVOCs 的颗粒物摄取及其随后在颗粒物表面发生的非均相反应对于 SOA 的生成有一定的贡献。目前没有研究对甲醛和乙二醛的颗粒物摄取生成 SOA 的产率进行量化。由于甲醛和乙醛被颗粒物摄取后的非均相反应非常复杂，为了将此过程进行简化，本章没有考虑具体的非均相反应，只是假设一定比例的甲醛和乙醛的摄取为不可逆过程。图 9-22 中给出了 5%、10% 和 20% 的甲醛和乙醛不可逆摄取时 SOA 的模拟结果。从图中可以看出，一定比例的甲醛和乙醛的不可逆摄取会使 SOA 的模拟值大大提高，且不可逆摄取的比例越高，SOA 的模拟值越高。

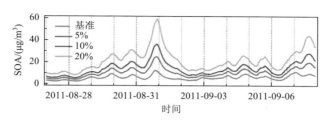

图 9-22　甲醛和乙醛的不可逆摄取对 SOA 模拟的影响

　　5%、10% 和 20% 的甲醛、乙醛的不可逆摄取情景下，SOA 模拟值分别为 10.1μg/m³、14.0μg/m³ 和 21.3μg/m³，上述情景与基准情景 SOA 模拟结果（5.7μg/m³）的差值即为甲醛和乙醛摄取导致的 SOA 生成。通过计算可知，5%、10% 和 20% 的甲醛、乙醛不可逆摄取过程对 SOA（$PM_{2.5}$ 估算结果，22.0μg/m³）的贡献率分别为 20%、37% 和 71%。在 20% 的情景下，SOA 的模拟值已经与其实际值的平均值非常接近，由于此情景并未考虑乙二醛和甲基乙二醛的不可逆摄取，此外还有半挥发性有机物等 SOA 的前体物在模型中没有涉及，只调整甲醛和乙醛的不可逆摄取过程引起的这种平均值的吻合是不合理的。因此，模型中甲醛、乙醛的不可逆摄取比例不应该高出 20%。

5. 不同饱和蒸气压的影响

　　目前对于各物种饱和蒸气压的估算方法大致可以分为两类，一类方法需要输入各物种的沸点参数及其结构信息；另一类不需要沸点的输入，只是依据各物种的分子结构进行估算。

　　Compernolle 等 2011 年提出的 EVAPORATION 方法只需要输入待估算物种的分子结构，这种方法适合计算天然源 VOCs 氧化产物（如醛、酮、醇、酯等）的饱和蒸气压[73]，此方法可以避免沸点的不确定性引入的误差。Nannoolal 等于 2008 年提出的方法在计算饱和蒸气压时需要将分子结构和一个温度下的沸点作为输入条件，依据官能团的贡献估算其他温度条件下的饱和蒸气压，这种方法是基于超过 1600 多种组分的饱和蒸气压数据的参数化方程估算的[49]，该方法建立使用的数据库比较庞大，估算结果可能会相对较好。此外，Myrdal 等于 1997 年提出的方法也同时需要分子结构及沸点的输入[74]。

　　英国曼彻斯特大学开发了一套在线计算多相系统中有机组分物理化学参数的工具（UManSysProp，http://umansysprop.seaes.manchester.ac.uk），包括有机物饱和蒸气压估算（http://umansysprop.seaes.manchester.ac.uk/tool/vapour_pressure）。该系统提供 Nannoolal 2008、Myrdal & Yalkowsky 1997 和 EVAPORATION-Compernolle 2011 三种饱和蒸气压的计算方法，提供 Joback & Reid 1987、Stein & Brown 1994 和 Nannoolal 2004 三种沸点的计算方法。将上述两种需沸点输入的饱和蒸气压计算

方式与三种沸点估算方法两两组合，加上 EVAPORATION 方法，该在线工具可以提供七种饱和蒸气压的计算方法。对于不同方法的组合我们以首字母组合的方式进行简称，例如，基于 Joback 1987 沸点的 Nannoolal 2008 方法计算饱和蒸气压，我们将其简称为 NJ 方法。

分别利用上述七种方法计算了 MCM 机理中所有 OVOCs 物种的饱和蒸气压，图 9-23 中给出 NJ 方法的估算结果与其余六种方法的比较，从图中可以看出，不同方法对于同一物种饱和蒸气压的估算结果差异很大。

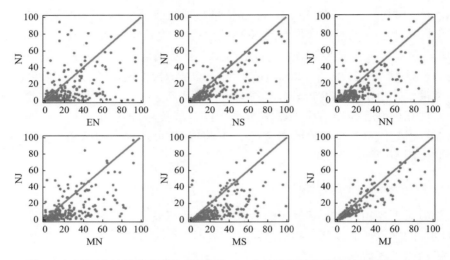

图 9-23　不同方法计算的饱和蒸气压与 NJ 方法计算结果的比较（单位：Pa）

分别将上述七种方法估算的饱和蒸气压作为模型输入对 SOA 进行模拟，结果如图 9-24 所示，其中 MN、MS 两种饱和蒸气压估算方法模拟的 SOA 值低于 $0.001\mu g/m^3$，与实际不符。Myrdal 等是在 1997 年提出的饱和蒸气压估算方法，与近几年研究中给出的估算方法相比可能误差会较大，因此我们在后续研究中不考虑 MN、MS 两种方法。

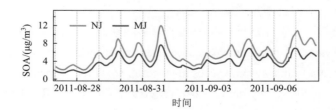

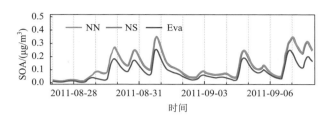

图 9-24　不同的饱和蒸气压估算方法对 SOA 模拟结果的影响

　　从图 9-24 中可以看出，不同方法的计算结果对于 SOA 模拟值的影响很大，其中 NS、NN 和 EVAPORATION 三种方法估算的 SOA 在同一个数量级，NJ 和 MJ 的估算结果比上述三种方法的模拟值高出一个数量级。SOA 模拟值最高的饱和蒸气压计算方法为 NJ，NJ 方法的 SOA 模拟均值为 5.7μg/m³，仅为 SOA 实际值（22μg/m³）的 26%。

　　很多研究同样发现不同方法估算的饱和蒸气压相差很大［图 9-25（a）］。O'Meara 等对不同的饱和蒸气压计算方法进行了评估，结果表明 Nannoolal 2008 方法使用 Nannoolal 2004 提供的沸点估算的饱和蒸气压计算具有最小的平均标准偏差[75]。Barley 和 McFiggans 研究结果表明 Nannoolal 2004 方法估算的沸点最精准[76]；Nannoolal 等使用 Nannoolal 2004 估算的沸点作为输入时，得到的饱和蒸气压结果优于其他的估算方法[49]。根据文献结果，在后续 SOA 模拟中饱和蒸气压估算使用误差相对较小的 NN 方法。由于 EVAPORATION 方法适用于天然源氧化产物饱和蒸气压的估算，因而选择使用这种方法计算异戊二烯氧化产物的饱和蒸气压，其他 NMHCs 对应氧化产物的饱和蒸气压使用 NN 方法进行估算。

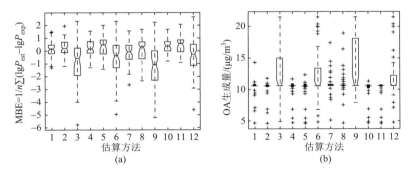

图 9-25　不同方法估算的饱和蒸气压及对应的 OA 估算结果[76]

　　Barley 等使用不同方法计算的饱和蒸气压进行 OA 生成的模拟研究，结果发现 OA 的生成对于饱和蒸气压的变化非常敏感，不同方法得到的饱和蒸气压导致的 OA 生成量差异很大 ［图 9-25（b）］；并且即使采用较低的饱和蒸气压估算值，经气粒分配过程生成的 SOA 仍然与实测值有很大差异[76]。我们的研究结果与上述研究一致。Barley 等还提出只有当饱和蒸气压降低到 1/1000～1/100 时，SOA 的模拟值才与实测值较为接近。在一些烟雾箱实验和外场观测的 SOA 模拟时，很多研究者也通过将分配系数调大几百倍来降低模拟值与实测值之间的差异[77-79]。近年有研究对异戊二烯的氧化产物 IEPOX 进一步进行氧化，将这些氧化产物的饱和蒸气压进行测量，并与基于分子结构估算的饱和蒸气压进行比较，结果表明实测的饱和蒸气压比估算结果低 2～3 个数量级[80, 81]，这也说明将估算的饱和蒸气压降低到 1/1000～1/100 之后再应用于 SOA 估算的合理性。因此本章在最终模拟情景中也将估算的饱和蒸气压降低为几百分之一再次进行 SOA 的模拟。

9.2.3　盒子模型模拟情景的确定

对影响 SOA 模拟结果的各参数进行敏感性分析，结果表明各氧化产物的沉降速率、颗粒物摄取系数、醛类物质（包括乙二醛、甲基乙二醛、甲醛和乙醛）的不可逆摄取过程以及不同的饱和蒸气压四个参数对 SOA 模拟结果的影响都很高。由于沉降速率和颗粒物摄取系数没有可靠的文献支撑，我们暂时不做调整。在基准情景的基础上，我们最终只对几种 OVOCs 不可逆摄取机制以及饱和蒸气压的计算方式进行了调整。SOA 最终模拟情景设置如下：颗粒物对乙二醛和甲基乙二醛为不可逆摄取，摄取系数为 1.0×10^{-3}；甲醛和乙醛的不可逆摄取比例为 5%；饱和蒸气压采取 NN 和 EVAPORATION 方法相结合的计算方法，并将其结果降低为 1/100 作为模型的输入条件。图 9-26 给出了最终情景下 SOA 模拟结果。

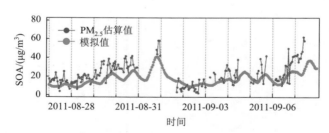

图 9-26　最终情景设置时 SOA 的模拟结果与基于 $PM_{2.5}$ 估算的 SOA 值的比较

最终模拟情景时 SOA 模拟值比基准情景高出很多，但是在某些时段仍然与基于 $PM_{2.5}$ 的 SOA 估算结果有一些差距，从整体趋势上看，模型可以较好地捕捉到 SOA 的升高与降低过程。例如，在 8 月 27～31 日和 9 月 6～8 日期间，基于 $PM_{2.5}$ 估算的 SOA 值持续上升，其模拟值呈现相同的趋势，在 9 月 1 日左右，SOA 的估算值与模拟值均迅速降低。此情景下 SOA 的模拟均值为 $17.6 \mu g/m^3$，与基于 $PM_{2.5}$

的估算结果相比大概低估了 20%。此外，NMHCs 的传统氧化产物、乙二醛和甲基乙二醛的不可逆摄取、甲醛和乙醛的颗粒物摄取对 SOA 的贡献率分别为 17%、44%和 20%（图 9-27）。本章中得到的上述几类 VOCs 对 SOA 的贡献率均在文献报道范围内，其中 Jiang 等的研究表明烷烃、烯烃、芳香烃及 BVOCs 的氧化仅能解释 10%~20%的 SOA[27]；乙二醛的颗粒物摄取对墨西哥城市地区 SOA 的贡献率为 15%[32]，乙二醛和甲基乙二醛对珠江三角洲地区 SOA 生成的贡献率高达 53%[63]；假设颗粒物对甲醛的不可逆摄取可以全部转化为 SOA，则甲醛摄取对珠江三角洲地区 SOA 的贡献率最高可达 72%[34]。对于被低估的 SOA，我们猜测可能与参数设置存在的误差有关，也可能是因为我们所测量的 NMHCs 和 OVOCs 并不是所有 SOA 的前体物。有研究发现半挥发性有机物也是 SOA 的重要前体物[37]，本模型中没有考虑一次排放的半挥发性有机物，这也可能是导致 SOA 低估的原因之一。

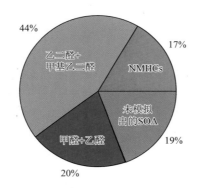

图 9-27　最终情景设置下不同 VOCs 对 SOA 生成的贡献率

9.2.4　不同类别 VOCs 对 SOA 生成的贡献

在 9.2.3 小节的最终情景基础上，将异戊二烯、烷烃、异戊二烯以外的烯烃、芳香烃以及 OVOCs 的体积浓度分别增加 10%进行 SOA 的模拟，利用灵敏度分析研究不同类别的 VOCs 对 SOA 生成的贡献。

改变各类别 VOCs 体积浓度的 10%对于 SOA 生成的影响如图 9-28 所示。从图中可以看出，SOA 的生成对芳香烃浓度的改变最为敏感，其次为 OVOCs 和异戊二烯，烷烃和其他烯烃浓度的改变对 SOA 生成的影响不大。从平均值来看，增加 10%的烷烃、烯烃、芳香烃、异戊二烯和 OVOCs 的体积浓度，可以使 SOA 的质量浓度分别增加 0.4%、0.3%、6.7%、0.6%和 2.4%。如果将上述不同类别的 VOCs对 SOA 的贡献以百分制进行计算，芳香烃、OVOCs 和异戊二烯对 SOA 生成的贡献率分别为 65%、23% 和 6%。综上，烷烃和其他烯烃对 SOA 的生成贡献不大，芳香烃、OVOCs 以及异戊二烯为 SOA 的主要前体物。

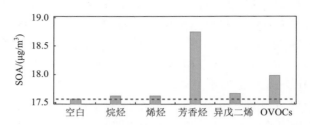

图 9-28　不同类别的 VOCs 对 SOA 生成的贡献

9.2.5　一次来源的 OVOCs 对 SOA 生成的贡献

在 9.2.3 小节 SOA 的最终模拟情景中，已将所有 OVOCs 的观测值作为模型的输入。为探讨一次排放的 OVOCs 可能对 SOA 生成的影响，我们将所有的 OVOCs 观测值扣掉多元回归解析出一次 OVOCs 浓度（方法详见第 6 章）作为输入，再重新进行 SOA 模拟。上述两种情景下 SOA 模拟结果的差值即可视为一次排放的 OVOCs 对 SOA 的贡献。从图 9-29 中可以看出，含一次 OVOCs 时 SOA 的模拟值比没有一次 OVOCs 时明显要高，也就是说一次排放的 OVOCs 对于 SOA 的生成有一定的贡献。在有、无一次 OVOCs 作为输入时的 SOA 模拟值分别为 17.6μg/m^3 和 15.6μg/m^3，一次排放的 OVOCs 可以导致约 2μg/m^{3}SOA 的生成，对总 SOA（测量值，22μg/m^3）的贡献率为 9%。

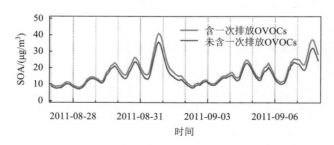

图 9-29　不同 OVOCs 输入对 SOA 模拟结果的影响

9.2.6　小结

在第 8 章建立的基于 MCM 反应机理 OVOCs 模拟方法基础上，加入 SOA 生成模块，初步建立了考虑前体物反应过程的 SOA 估算方法。通过模型的灵敏性测试对影响 SOA 模拟结果的关键因素进行分析，并探讨了不同类别 VOCs（含一次排放的 OVOCs）对 SOA 生成可能产生的影响。主要结论如下：

（1）乙二醛和甲醛等醛类的不可逆摄取机制以及饱和蒸气压的输入参数是影响 SOA 模拟结果的关键。依据文献报道对上述两个因素进行调整后，模型对 SOA 的模拟性能有了大幅度提升，但仍比基于 $PM_{2.5}$ 估算的 SOA 低 20%左右。模型对 SOA 的低估可能是因为有些 SOA 前体物在模型中的缺失，如半挥发性有机物。

（2）不同类别 SOA 前体物的敏感性分析结果表明，烷烃和烯烃的氧化对 SOA 生成的影响很小，SOA 的生成主要以芳香烃、OVOCs 以及异戊二烯氧化过程为主导，芳香烃、OVOCs 和异戊二烯对北京市城市站点 SOA 生成的贡献率分别为 65%、23%和 6%。

（3）将 OVOCs 的测量值与扣除一次排放的 OVOCs 分别作为模型输入进行 SOA 的模拟，结果表明一次排放的 OVOCs 对城市地区 SOA 生成的贡献率约为 9%。

（刘　莹）

参 考 文 献

[1] Zhang Q, Jimenez J L, Canagaratna M R, et al. Ubiquity and dominance of oxygenated species in organic aerosols in anthropogenically-influenced Northern Hemisphere midlatitudes[J]. Geophysical Research Letters, 2007, 34 (13): L13801.

[2] de Gouw J A, Middlebrook A M, Warneke C, et al. Budget of organic carbon in a polluted atmosphere: results from the New England Air Quality Study in 2002[J]. Journal of Geophysical Research: Atmospheric, 2005, 110 (D16): D16305.

[3] Volkamer R, Jimenez J L, Martini F, et al. Secondary organic aerosol formation from anthropogenic air pollution: rapid and higher than expected[J]. Geophysical Research Letters, 2006, 33 (17): L17811.

[4] de Gouw J A, Brock C A, Atlas E L, et al. Sources of particulate matter in the northeastern United States in summer: 1. Direct emissions and secondary formation of organic matter in urban plumes[J]. Journal of Geophysical Research: Atmospheric, 2008, 113 (D8): D08301.

[5] Millet D B, Goldstein A H, Allan J D, et al. Volatile organic compound measurements at Trinidad Head, California, during ITCT 2K2: analysis of sources, atmospheric composition, and aerosol residence times[J]. Journal of Geophysical Research: Atmospheric, 2004, 109 (D23): D23S16.

[6] Koch D. Transport and direct radiative forcing of carbonaceous and sulfate aerosols in the GISS GCM[J]. Journal of Geophysical Research: Atmospheric, 2001, 106 (D17): 20311-20332.

[7] Takegawa N, Miyakawa T, Kondo Y, et al. Seasonal and diurnal variations of submicron organic aerosol in Tokyo observed using the Aerodyne aerosol mass spectrometer[J]. Journal of Geophysical Research: Atmospheric, 2006, 111 (D11): D11206.

[8] Warneke C, de Gouw J A, Goldan P D, et al. Comparison of daytime and nighttime oxidation of biogenic and anthropogenic VOCs along the New England coast in summer during New England Air Quality Study 2002[J]. Journal of Geophysical Research: Atmospheric, 2004, 109 (D10): D10309.

[9] Heald C L, Goldstein A H, Allan J D, et al. Total observed organic carbon (TOOC) in the atmosphere: a synthesis

　　 of North American observations[J]. Atmospheric Chemistry and Physics，2008，8（7）：2007-2025.

[10]　de Gouw J A，Welsh-Bon D，Warneke C，et al. Emission and chemistry of organic carbon in the gas and aerosol phase at a sub-urban site near Mexico City in March 2006 during the MILAGRO study[J]. Atmospheric Chemistry and Physics，2009，9（10）：3425-3442.

[11]　Aiken A C，Decarlo P F，Kroll J H，et al. O/C and OM/OC ratios of primary，secondary，and ambient organic aerosols with high-resolution time-of-flight aerosol mass spectrometry[J]. Environmental Science and Technology，2008，42（12）：4478-4485.

[12]　Ng N L，Kroll J H，Chan A W H，et al. Secondary organic aerosol formation from m-xylene，toluene，and benzene[J]. Atmospheric Chemistry and Physics，2007，7（14）：3909-3922.

[13]　Huang X F，He L Y，Hu M，et al. Highly time-resolved chemical characterization of atmospheric submicron particles during 2008 Beijing Olympic Games using an Aerodyne High-Resolution Aerosol Mass Spectrometer[J]. Atmospheric Chemistry and Physics，2010，10（18）：8933-8945.

[14]　Odum J R，Hoffmann T，Bowman F，et al. Gas/particle partitioning and secondary organic aerosol yields[J]. Environmental Science and Technology，1996，30（8）：2580-2585.

[15]　Chan M N，Chan A W H，Chhabra P S，et al. Modeling of secondary organic aerosol yields from laboratory chamber data[J]. Atmospheric Chemistry and Physics，2009，9（15）：5669-5680.

[16]　Donahue N M，Robinson A L，Stanier C O，et al. Coupled partitioning，dilution，and chemical aging of semivolatile organics[J]. Environmental Science and Technology，2006，40（8）：2635-2643.

[17]　Dzepina K，Volkamer R M，Madronich S，et al. Evaluation of recently-proposed secondary organic aerosol models for a case study in Mexico City[J]. Atmospheric Chemistry and Physics，2009，9（15）：5681-5709.

[18]　Offenberg J H，Kleindienst T E，Jaoui M，et al. Thermal properties of secondary organic aerosols[J]. Geophysical Research Letters，2006，33（3）：L03816.

[19]　Kroll J H，Ng N L，Murphy S M，et al. Secondary organic aerosol formation from isoprene photooxidation under high-NO_x conditions[J]. Geophysical Research Letters，2005，32（18）：L18808.

[20]　Bahreini R，Ervens B，Middlebrook A M，et al. Organic aerosol formation in urban and industrial plumes near Houston and Dallas，Texas[J]. Journal of Geophysical Research：Atmospheric，2009，114：D00F16.

[21]　Henze D K，Seinfeld J H，Ng N L，et al. Global modeling of secondary organic aerosol formation from aromatic hydrocarbons：high- vs. low-yield pathways[J]. Atmospheric Chemistry and Physics，2008，8（9）：2405-2420.

[22]　Lim Y B，Ziemann P J. Products and mechanism of secondary organic aerosol formation from reactions of n-alkanes with OH radicals in the presence of NO_x[J]. Environmental Science and Technology，2005，39（23）：9229-9236.

[23]　Lim Y B，Ziemann P J. Effects of molecular structure on aerosol yields from oh radical-initiated reactions of linear，branched，and cyclic alkanes in the presence of NO_x[J]. Environmental Science and Technology，2009，43（7）：2328-2334.

[24]　Presto A A，Miracolo M A，Donahue N M，et al. Secondary organic aerosol formation from high-NO_x photo-oxidation of low volatility precursors：n-alkanes[J]. Environmental Science and Technology，2010，44（6）：2029-2034.

[25]　Jordan C E，Ziemann P J，Griffin R J，et al. Modeling SOA formation from OH reactions with $C_8 \sim C_{17}$ n-alkanes[J]. Atmospheric Environment，2008，42（34）：8015-8026.

[26]　Chan A W H，Kautzman K E，Chhabra P S，et al. Secondary organic aerosol formation from photooxidation of naphthalene and alkylnaphthalenes：implications for oxidation of intermediate volatility organic compounds

（IVOCs）[J]. Atmospheric Chemistry and Physics，2009，9（9）：3049-3060.

[27]　Jiang F，Liu Q，Huang X X，et al. Regional modeling of secondary organic aerosol over China using WRF/Chem[J]. Journal of Aerosol Science，2012，43（1）：57-73.

[28]　Spracklen D V，Jimenez J L，Carslaw K S，et al. Aerosol mass spectrometer constraint on the global secondary organic aerosol budget[J]. Atmospheric Chemistry and Physics，2011，11（23）：12109-12136.

[29]　Goldstein A H，Koven C D，Heald C L，et al. Biogenic carbon and anthropogenic pollutants combine to form a cooling haze over the southeastern United States[J]. Proceedings of National Academy of Sciences of the United States of America，2009，106（22）：8835-8840.

[30]　Carlton A G，Wiedinmyer C，Kroll J H. A review of secondary organic aerosol（SOA）formation from isoprene[J]. Atmospheric Chemistry and Physics，2009，9（14）：4987-5005.

[31]　Sjostedt S J，Slowik J G，Brook J R，et al. Diurnally resolved particulate and VOC measurements at a rural site: indication of significant biogenic secondary organic aerosol formation[J]. Atmospheric Chemistry and Physics，2011，11（12）：5745-5760.

[32]　Volkamer R，Martini F S，Molina L T，et al. A missing sink for gas-phase glyoxal in Mexico City: formation of secondary organic aerosol[J]. Geophysical Research Letters，2007，34（19）：L19807.

[33]　Volkamer R，Ziemann P J，Molina M J. Secondary organic aerosol formation from acetylene（C_2H_2）: seed effect on SOA yields due to organic photochemistry in the aerosol aqueous phase[J]. Atmospheric Chemistry and Physics，2009，9（6）：1907-1928.

[34]　李歆. 基于 MAX-DOAS 技术的甲醛和乙二醛的大气化学行为研究[D]. 北京：北京大学，2010.

[35]　Goldstein A H，Galbally I E. Known and unexplored organic constituents in the earth's atmosphere[J]. Environmental Science and Technology，2007，41（5）：1514-1521.

[36]　Lewis A C，Carslaw N，Marriott P J，et al. A larger pool of ozone-forming carbon compounds in urban atmospheres[J]. Nature，2000，405（6788）：778-781.

[37]　Robinson A L，Donahue N M，Shrivastava M K，et al. Rethinking organic aerosols: semivolatile emissions and photochemical aging[J]. Science，2007，315（5816）：1259-1262.

[38]　de Gouw J A，Middlebrook A M，Warneke C，et al. Organic aerosol formation downwind from the deepwater horizon oil spill[J]. Science，2011，331（6022）：1295-1299.

[39]　Zielinska B，Sagebiel J C，Harshfield G，et al. Volatile organic compounds up to C_{20} emitted from motor vehicles: measurement methods[J]. Atmospheric Environment，1996，30（12）：2269-2286.

[40]　Lai C H，Chen K S，Ho Y T，et al. Characteristics of $C_2 \sim C_{15}$ hydrocarbons in the air of urban Kaohsiung, Taiwan[J]. Atmospheric Environment，2004，38（13）：1997-2011.

[41]　Wang Q，Shao M，Zhang Y，et al. Source apportionment of fine organic aerosols in Beijing[J]. Atmospheric Chemistry and Physics，2009，9（21）：8573-8585.

[42]　Zheng M，Salmon L G，Schauer J J，et al. Seasonal trends in $PM_{2.5}$ source contributions in Beijing，China[J]. Atmospheric Environment，2005，39（22）：3967-3976.

[43]　Shen G F，Wang W，Yang Y F，et al. Emission factors and particulate matter size distribution of polycyclic aromatic hydrocarbons from residential coal combustions in rural Northern China[J]. Atmospheric Environment，2010，44（39）：5237-5243.

[44]　Schauer J J，Kleeman M J，Cass G R，et al. Measurement of emissions from air pollution sources. 2. C_1 through C_{30} organic compounds from medium duty diesel trucks[J]. Environmental Science and Technology，1999，33（10）：1578-1587.

[45]　Fu T M，Jacob D J，Heald C L. Aqueous-phase reactive uptake of dicarbonyls as a source of organic aerosol over eastern North America[J]. Atmospheric Environment，2009，43（10）：1814-1822.

[46]　Fu T M，Jacob D J，Wittrock F，et al. Global budgets of atmospheric glyoxal and methylglyoxal，and implications for formation of secondary organic aerosols[J]. Journal of Geophysical Research：Atmospheric，2008，113（D15）：D15303.

[47]　Liggio J，Li S M，Mclaren R. Reactive uptake of glyoxal by particulate matter[J]. Journal of Geophysical Research：Atmospheric，2005，110（D10）.

[48]　Li Z，Schwier A N，Sareen N，et al. Reactive processing of formaldehyde and acetaldehyde in aqueous aerosol mimics：surface tension depression and secondary organic products[J]. Atmospheric Chemistry and Physics，2011，11（22）：11617-11629.

[49]　Nannoolal Y，Rarey J，Ramjugernath D. Estimation of pure component properties，part 3. Estimation of the vapor pressure of non-electrolyte organic compounds via group contributions and group interactions[J]. Fluid Phase Equilibria，2008，269（1-2）：117-133.

[50]　Joback K G，Reid R C. Estimation of pure-component properties from group-contributions[J]. Chemical Engineering Communications，1987，57（1-6）：233-243.

[51]　Hu W W，Hu M，Hu W，et al. Chemical composition，sources，and aging process of submicron aerosols in Beijing：contrast between summer and winter[J]. Journal of Geophysical Research：Atmospheric，2016，121（4）：1955-1977.

[52]　Hall B，Claiborn C，Baldocchi D. Measurement and modeling of the dry deposition of peroxides[J]. Atmospheric Environment，1999，33（4）：577-589.

[53]　Hall B D，Claiborn C S. Measurements of the dry deposition of peroxides to a Canadian boreal forest[J]. Journal of Geophysical Research：Atmospheric，1997，102（D24）：29343-29353.

[54]　Karl T，Potosnak M，Guenther A，et al. Exchange processes of volatile organic compounds above a tropical rain forest：implications for modeling tropospheric chemistry above dense vegetation[J]. Journal of Geophysical Research：Atmospheric，2004，109（D18）：D18306.

[55]　Kuhn U，Rottenberger S，Biesenthal T，et al. Exchange of short-chain monocarboxylic acids by vegetation at a remote tropical forest site in Amazonia[J]. Journal of Geophysical Research：Atmospheric，2002，107（D20）：8069.

[56]　Valverde-Canossa J，Ganzeveld L，Rappengluck B，et al. First measurements of H_2O_2 and organic peroxides surface fluxes by the relaxed eddy-accumulation technique[J]. Atmospheric Environment，2006，40：S55-S67.

[57]　Wolfe G M，Hanisco T F，Arkinson H L，et al. Quantifying sources and sinks of reactive gases in the lower atmosphere using airborne flux observations[J]. Geophysical Research Letters，2015，42（19）：8231-8240.

[58]　Jayne J T，Worsnop D R，Kolb C E，et al. Uptake of gas-phase formaldehyde by aqueous acid surfaces[J]. The Journal of Physical Chemistry，1996，100（19）：8015-8022.

[59]　Tie X，Brasseur G，Emmons L，et al. Effects of aerosols on tropospheric oxidants：a global model study[J]. Journal of Geophysical Research：Atmospheric，2001，106（D19）：22931-22964.

[60]　Liu Z，Wang Y H，Vrekoussis M，et al. Exploring the missing source of glyoxal（CHOCHO）over China[J]. Geophysical Research Letters，2012，39：L10812.

[61]　MacDonald S M，Oetjen H，Mahajan A S，et al. DOAS measurements of formaldehyde and glyoxal above a South-East Asian tropical rainforest[J]. Atmospheric Chemistry and Physics，2012，12（13）：5949-5962.

[62]　Zhao J，Levitt N P，Zhang R Y，et al. Heterogeneous reactions of methylglyoxal in acidic media：implications for secondary organic aerosol formation[J]. Environmental Science and Technology，2006，40（24）：7682-7687.

[63]　Li N，Fu T M，Cao J J，et al. Sources of secondary organic aerosols in the Pearl River Delta region in fall：

contributions from the aqueous reactive uptake of dicarbonyls[J]. Atmospheric Environment，2013，76：200-207.

[64]　Lin G，Penner J E，Sillman S，et al. Global modeling of SOA formation from dicarbonyls，epoxides，organic nitrates and peroxides[J]. Atmospheric Chemistry and Physics，2012，12（10）：4743-4774.

[65]　Li X，Rohrer F，Brauers T，et al. Modeling of HCHO and CHOCHO at a semi-rural site in Southern China during the PRIDE-PRD 2006 campaign[J]. Atmospheric Chemistry and Physics，2014，14（22）：12291-12305.

[66]　Iraci L T，Tolbert M A. Heterogeneous interaction of formaldehyde with cold sulfuric acid：implications for the upper troposphere and lower stratosphere[J]. Journal of Geophysical Research：Atmospheric，1997，102（D13）：16099-16107.

[67]　Jang M S，Carroll B，Chandramouli B，et al. Particle growth by acid-catalyzed heterogeneous reactions of organic carbonyls on preexisting aerosols[J]. Environmental Science and Technology，2003，37（17）：3828-3837.

[68]　Jang M S，Czoschke N M，Lee S，et al. Heterogeneous atmospheric aerosol production by acid-catalyzed particle-phase reactions[J]. Science，2002，298（5594）：814-817.

[69]　Jang M S，Czoschke N M，Northcross A L. Semiempirical model for organic aerosol growth by acid-catalyzed heterogeneous reactions of organic carbonyls[J]. Environmental Science and Technology，2005，39（1）：164-174.

[70]　Jang M S，Kamens R M. Atmospheric secondary aerosol formation by heterogeneous reactions of aldehydes in the presence of a sulfuric acid aerosol catalyst[J]. Environmental Science and Technology，2001，35（24）：4758-4766.

[71]　Jang M，Lee S，Kamens R M. Organic aerosol growth by acid-catalyzed heterogeneous reactions of octanal in a flow reactor[J]. Atmospheric Environment，2003，37（15）：2125-2138.

[72]　Toda K，Yunoki S，Yanaga A，et al. Formaldehyde content of atmospheric aerosol[J]. Environmental Science and Technology，2014，48（12）：6636-6643.

[73]　Compernolle S，Ceulemans K，Muller J F. EVAPORATION：a new vapour pressure estimation methodfor organic molecules including non-additivity and intramolecular interactions[J]. Atmospheric Chemistry and Physics，2011，11（18）：9431-9450.

[74]　Myrdal P B，Yalkowsky S H. Estimating pure component vapor pressures of complex organic molecules[J]. Industrial & Engineering Chemistry Research，1997，36（6）：2494-2499.

[75]　O'Meara S，Booth A M，Barley M H，et al. An assessment of vapour pressure estimation methods[J]. Physical Chemistry Chemical Physics，2014，16（36）：19453-19469.

[76]　Barley M H，McFiggans G. The critical assessment of vapour pressure estimation methods for use in modelling the formation of atmospheric organic aerosol[J]. Atmospheric Chemistry and Physics，2010，10（2）：749-767.

[77]　Jenkin M E. Modelling the formation and composition of secondary organic aerosol from alpha-and beta-pinene ozonolysis using MCM v3[J]. Atmospheric Chemistry and Physics，2004，4：1741-1757.

[78]　Johnson D，Jenkin M E，Wirtz K，et al. Simulating the formation of secondary organic aerosol from the photooxidation of aromatic hydrocarbons[J]. Environmental Chemistry，2005，2（1）：35-48.

[79]　Johnson D，Utembe S R，Jenkin M E，et al. Simulating regional scale secondary organic aerosol formation during the TORCH 2003 campaign in the southern UK[J]. Atmospheric Chemistry and Physics，2006，6：403-418.

[80]　Holzinger R，Williams J，Herrmann F，et al. Aerosol analysis using a Thermal-Desorption Proton-Transfer-Reaction Mass Spectrometer（TD-PTR-MS）：a new approach to study processing of organic aerosols[J]. Atmospheric Chemistry and Physics，2010，10（5）：2257-2267.

[81]　Lopez-Hilfiker F D，Mohr C，D'Ambro E L，et al. Molecular composition and volatility of organic aerosol in the southeastern US：implications for IEPDX derived SOA[J]. Environmental Science and Technology，2016，50（5）：2200-2209.

第 10 章　VOCs 总量控制的思路和途径

10.1　VOCs 总量量化方法

  污染物总量控制又称污染物排放总量控制、污染负荷总量控制或污染物流失总量控制，是指在一定时间内综合经济、技术和社会等条件，采取对向环境排放污染物的污染源规定污染物允许排放量的形式，将一定空间范围内污染源产生的污染物量控制在环境质量允许限度内而实行的一种污染控制方法。实际上就是某一环境单元达到一定环境质量目标时，将污染物总量控制在自然环境的承载能力范围之内的管理措施。而大气污染物总量控制简言之就是通过控制给定控制区域污染源允许排放总量，并把污染物排放总量优化分配到污染源，来确保控制区域实现大气环境质量目标值的方法。其核心包括三点，一是如何量化满足空气质量目标的控制区域的污染物允许排放量，二是如何将排污总量优化分配到各污染源，三是总量控制方案对环境空气质量影响的评估。第一点主要取决于自然环境特性，即大气环境在不同时间对不同污染物的迁移转化能力，其方法主要有情景分析法、基于响应曲面模型的污染物总量量化方法等。第二点是根据环境及经济目标优化决策污染负荷分配方案。第三点是利用空气质量模型评估分配结果对区域环境空气质量（臭氧）的影响。这是一个完整的系统，第一点主要研究环境自净规律、环境容量和污染物迁移转化机理；后两点分别从优化控制污染源出发，研究技术、经济约束，提出控制方案，目前比较流行的污染物总量量化方法主要有情景分析法、基于响应曲面模型的污染物总量量化方法等，总量分配方法主要有四种：A-P 值法、平权分配法、信息熵法、非线性优化法。

10.1.1　基于响应曲面模型的 VOCs 总量量化方法

  VOCs 总量控制目标的量化需要多次反复通过"构建减排情景方案-模型模拟评估验证"未实现。传统方法是采用数值模型模拟的手段量化减排情景方案的空气质量改善效益，虽然灵活，但效率低，尤其应用于多污染物协同控制与多空气质量目标研究时，需要高强度的计算资源。而利用响应曲面技术构建拟合"人为排放-污染物浓度"响应曲面模型（response surface model，RSM），代替数值模型评估减排情景方案的空气质量改善效益可显著提高计算效率。RSM 技术是简化模型法（reduced-form modeling）的一种，又称为仿真（emulators），其基本思想是将复杂空气质量数值模型当作一个黑匣子，然后通过构造一个简单的数学模型来近似描述复杂模型输入与输出的响应关系，其优点是方法本身不受模型物理化学机制的影响，因此适用于所有的复杂模型。RSM 本身是一种基于响应曲面理论的统计学方法，是通过构建多项式模型来近似表达原始模型输入与输出的响应关系，其中多项式的待定系数可通过一定数量的配点求解。配点越多，RSM 构建的多项式越能准确模拟原始模型，且在输入变化幅度较大时仍然具有很高的可靠性。

RSM 的设计包括控制因子的选择、采样方法的选择、样本数的确定及控制矩阵的设计。控制因子的选择是 RSM 控制矩阵设计的前提[1]。根据决策的需求，选择控制因子，并设成采样空间，每一个样本代表一种排放控制情景。每个采样样本都将由 CMAQ 模拟，基于样本的排放信息以及污染物模拟浓度信息，利用统计学方法构建反应污染物浓度与区域 VOCs 排放的 RSM 模型。基于建立的 RSM 模型，以区域减排量最小原则，筛选符合空气质量目标的控制情景组合，实现空气质量目标到 VOCs 减排目标的反算。此外，还可在 RSM 传统简化技术构建方法的基础上，通过耦合 HDDM 敏感性分析技术[2]和阶数预判技术[3]，提高 RSM 模型的构建效率。

10.1.2 情景分析法

未来的工业源 VOCs 排放量主要受到社会经济发展、工业技术以及污染防治政策的影响，因此，对未来 VOCs 排放的预测充满了不确定性。情景分析法被广泛应用于能源、经济以及气候变化的预测研究中，是一种通过全面考虑外界条件可能发生变化及变化对主体产生影响，从而构想未来可能发生的情况，预测主体发展趋势的研究方法。该方法是在承认未来发展多样性的基础上，承认人类在主体活动中的能动作用，是包含未来学、统计学在内的科学研究方法[4-6]。情景分析法的核心是确定未来的允许排放量，区域层面的总量控制目标是由不同行业控制目标值相加得来（图 10-1）。可通过模型推估及文献调研等方法来确定不同行业未来的活动水平及排放系数，从而得出行业未来的 VOCs 排放量，计算公式（10-1）如下：

$$E_y = \sum_m \sum_n A_{i,k,y} \times EF_{i,k,\text{year}} \times f_i \qquad (10\text{-}1)$$

式中，E_y 为工业源 VOCs 在第 y 年的排放量；A 为活动水平（如原料消耗量、产品产量）；$EF_{i,k,\text{year}}$ 为基准年各行业排放系数；f_i 为 i 排放源的减排效率；i 为特定的某个排放源；k 为特定的某种原料或产品；m 为排放源数量；n 为原料用量或产品产量；y 为预测的年份。

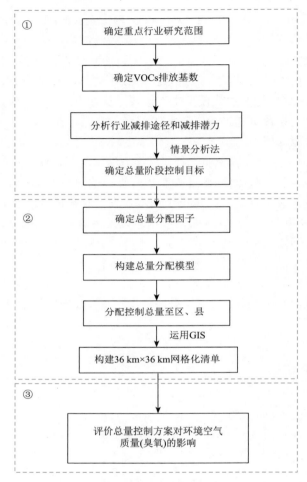

图 10-1　情景分析法技术路线

1. 未来活动水平的预测（$A_{i,k,y}$）

未来各行业的活动水平的确定需要基于 GDP、人口以及城市化率的预测。可通过调研大量已发布的关于区域中长期的经济社会发展趋势预测的研究，来获取基准年到目标年份的人口增长率、GDP 增长率、区域城市化率等各项社会经济指标，从而对各行业未来活动水平进行合理预测。

2. 基准年排放系数的确定（$EF_{i,k,\text{year}}$）

自 20 世纪 90 年代开始，国内外已有学者陆续展开包含我国工业源 VOCs 排放在内的排放清单编制工作。但早期发表的清单由于基础数据的缺失，清单的不确定性较高，且清单年限较长，不能反映我国现阶段的排放情况。因此，对于基准年排放系数的确定，可通过调研掌握污染源的位置、产量、原辅料和末端治理设施等信息收集区域活动水平数据，并通过借鉴国外排放因子，并根据区域实际情况修正，来提高活动水平数据的精度。

3. 减排效率的确定（f_i）

我国目前正在受到光化学烟雾及雾霾的严重威胁，特别是包括京津冀、长江三角洲及珠江三角洲在内的重点区域更是空气质量问题的多发地区。在我国，80%的城市空气质量不能达到世界卫生组织（WHO）颁布的一级标准，另外，我国某些空气质量问题严重的地区的环境空气指标已经超出发达国家的 3～5 倍。我国政府势必将在未来相当长的一段时间内不遗余力地为改善我国环境空气质量而努力。在国务院"大气污染防治行动计划"（国十条）发布后，我国国家及各地方环保机构相继计划或已经出台了 VOCs 控制相关的政策、整治方案及标准。在我国，新的《中华人民共和国大气污染防治法》正在制定，另外，包括石油炼制、石油化工、煤化工、干洗、电子、纺织、印刷包装、农药、制药、涂料、人造板、储罐管道以及涂装和铸造在内的 14 个行业国家标准即将出台，这些都意味着我国未来的 VOCs 防控体系将向发达国家靠拢，且更为完善。未来工业源 VOCs 的排放减排效率与这些控制政策、标准及规范息息相关。VOCs 总量控制应以此为背景来设置区域在未来较长一段时间内的工业源 VOCs 控制情景，并设置基准情景作为研究对比分析。

在确定了不同行业在不同情景中采取的减排措施后，为最终将减排效果量化为排放量，仍需通过以下方式确定排放量：通过文献调研确定不同行业的有组织排放及无组织排放量间的比例；然后，将各行业在不同情景中对应采取的有组织及无组织减排措施乘以该环节的排放比例，从而获得了各行业最终的减排效率。

10.2　VOCs 总量控制目标的合理分配

控制总量如何合理的分配至各地是总量控制中非常棘手的一个问题，原因是总量的分配关乎各污染源间的利益，因此，区域大气污染总量分配应考虑环境有效性原则、公平性原则、经济效益原则、技术可行性原则、区别对待原则、择优扶持原则和充分利用环境容量原则。

我国幅员辽阔，各地经济发展、地形地貌、污染控制水平各异，而 VOCs 排放强度却与这些因素息息相关，因此，在总量分配的过程中，既不能只考虑单一因素，也不能只注重公平性、经济性的研究，要多重因素共同考虑，同时顾及公平、有效、经济、改善空气质量的分配原则。

现存的分配方法主要有污染物总量排污比例分配法，该方法较为传统，对所有污染源都采用"一刀切"的做法，对地方实际经济情况缺乏有效考虑，因此，在实际应用中往往引来较大争议[7, 8]；排污绩效法，该方法常用于行业所排放的污染物总量控制方案的设计，该方法科学、合理并且能够促进产业结构调整，排污绩效法是通过确定总量控制范围内该行业的平均排放绩效，如行业单位原材料消耗的排污强度，然后再根据行业减排潜力的预测，设定未来一定时期该行业的排放控制目标以及行业产出规模确定平均排放强度，排污绩效法在我国早期电力行业 SO_2 总量控制的工作中得到成功的应用[9-11]；基于公平性考虑的分配方法，公平性一直是总量分配方案研究中非常重要的议题，国内外已有不少学者对此提出看法，一般认为能涵盖排污现状、环境行为、环境影响、经济贡献及污染源布局的分配方法相对公平，但现存的单一分配方法很难满足上述要求[12-16]。

在我国，目前常用的总量分配方法主要有：A-P 值法、非线性优化法、信息熵法、平权分配法。以下对这四种方法进行详细介绍。

10.2.1　A-P值法

A-P 值法是进行区域大气污染总量控制的一种十分常用的方法，它首先利用基于箱模型的 A 值法计算出控制区的某种污染物的大气环境容量，然后利用 P 值法在区域内所有污染源（包括点源和面源）的排污量之和不超过上述容量的约束条件下，确定出各个点源的允许排放量[17]。这种方法简单有效，可以对区域内的污染源进行极为严格的约束。但其由于控制区内的高架点源往往对控制区仅产生部分影响，把基于 A 值法计算出的区域大气环境容量作为区域污染源最大的允许排污总量太过严格，特别是当控制区范围较小，而大气污染源排放高度较高时，上述方法不能适用于此种情况[18]。另外，A-P 值法未能充分考虑控制区周边的污染源对区域的影响，没有考虑高架点源对区域影响的削减率。

10.2.2　非线性优化法

非线性优化法是指将大气污染控制对策的环境效益和经济费用结合起来的一种方法，它从大气污染总量控制要落实到防治对策和防治经费上这一实际出发，运用系统工程的理论和原则，制定出大气环境质量达标而污染物总排放量最大，治理费用较小的大气污染总量控制方案（图 10-2）。优化方法利用模式模拟污染物的扩散过程，建立数学模型，设定目标函数，在控制点浓度达标的约束条件下，求使目标函数最大（或最小）的最优解。

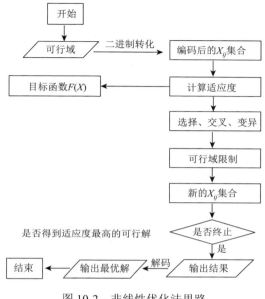

图 10-2　非线性优化法思路

　　非线性优化法的关键是建立优化模型。在建立大气污染物总量控制优化模型时，首先应明确优化目标，从目标出发，抽象出目标函数，然后通过目标函数中的变量考虑寻找对目标函数的约束。在制定大气污染环境质量规划方案时，要求把城市大气环境质量的提高和投资费用联合起来，寻求两者的结合点，在考虑优化模型建立的时候：

　　（1）不考虑治理费用时：要求在满足地区大气环境质量规划所规定的保护目标的前提下，大气污染物排放削减量最少的排放总量分配方案。

　　（2）考虑治理费用问题时：要求在满足地区大气环境质量规划所规定的保护目标的前提下投资最小的污染物削减的总量分配方案。

　　系统优化模型由决策变量、约束条件和目标函数组成，一般来讲决策变量越多，优化结果提供的决策信息越多，其方案的可操作性就越强，但是决策变量的增多却很容易导致计算量的增大，甚至无法实现。因此在保证精度的前提下，决策变量越少越好。

　　对于单个污染源的污染物排放削减：假设此污染源排放污染物的排放量为 Q_i，为了使环境质量达到城市大气环境质量规定的目标，总量控制区内该污染物的排放量必须削减 Q'。目前情况下，该污染源的产量（或者产值）为 D_i，生产单位产量的产品所产生的污染是 g_i。要使得环境质量有所提高，必须对这 i 个污染源采取一定的污染治理措施，那么假设对这 i 个污染源提出 M_i 种治理方案（假设这 M_i 种方案都兼容可行）。第 i 源采用第 j 种治理方案对所涉及的污染物的去除效

率是 η_{ij}，处理单位污染物的费用 C_{ij}，建立模型过程如下[19]：

目标函数：

$$\min\sum_i^N\sum_j^M C_{ij}g_iX_{ij} \tag{10-2}$$

式中，C_{ij} 为第 i 个污染源采用第 j 种方案削减单位污染物所需要的费用；g_i 为生产单位产量产品产生的该类污染物的数量；X_{ij} 为第 i 个污染源采用第 j 种方案时的产量。

约束条件（生产能力约束）：

$$\sum_i^{M_i} X_{ij} \geqslant D_i \ (i=1,2,\cdots,M) \tag{10-3}$$

式中，D_i 为第 i 个污染源的产量（或产值），即削减之后不影响目前的产值。

总量削减约束：

$$\sum g_i\eta_{ij}X_{ij} \leqslant Q' \ (i=1,2,\cdots,M; \ j=1,2,\cdots,N)$$
$$X_{ij} \geqslant 0 \ (i=1,2,\cdots,M; \ j=1,2,\cdots,N) \tag{10-4}$$

式中，η_{ij} 为第 i 源采用第 j 种方案时对所涉及污染物的去除效率；Q' 为总量控制区为保证环境质量的最少削减量。

该模型的建立是在这 M_i 种方案都兼容的情况下建立的，且假设特定污染治理去除污染治理能力与费用之间是线性关系。规划模型如下：

$$\min\sum_i^N\sum_j^M C_{ij}g_iX_{ij} \tag{10-5}$$

$$\text{s.t.}\begin{cases} \sum_i^{M_i} X_{ij} \geqslant D_i & \text{（生产能力约束）} \\ \sum g_i\eta_{ij}X_{ij} \leqslant Q' & \text{（削减量约束）} \\ X_{ij} \geqslant 0 \\ i=1,2,\cdots,M; \ j=1,2,\cdots,N \end{cases} \tag{10-6}$$

为了使模型便于理解，先将模型简化为二维的简单情况（为简单起见，假设每个污染源仅采用一种治理措施），模型变为：

$$\min(C_1g_1X_1 + C_2g_2X_2) \tag{10-7}$$

$$\text{s.t.}\begin{cases} X_1 \geqslant D_1 \\ X_2 \geqslant D_2 \\ g_1\eta_1X_1 + g_2\eta_2X_2 \leqslant Q' \\ X_1,X_2 \geqslant 0 \end{cases} \tag{10-8}$$

其几何图解可以表示如图 10-3 所示。

直线 l 表示方程：

$$g_1\eta_1X_1 + g_2\eta_2X_2 \leqslant Q' \tag{10-9}$$

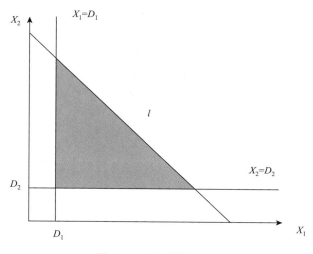

图 10-3　几何图解

图中的阴影部分表示可行域。

模型的几何意义是在阴影区域中所有的（X_1, X_2）中找出满足目标函数。$C_1 g_1 X_1 + C_2 g_2 X_2$ 最小的解，这样便很容易理解模型的实际意义。

同理，当推广到 n 维时，就可以理解为各个约束条件封闭起来的 n 维空间里"超多面体"中的所有点找出满足目标函数的解，"超多面体"的表面及其内部就是可行域。

非线性优化法同样通过保证控制点处污染物浓度达标来控制整个区域的大气环境质量，并且从理论上讲，可使区域总排污量最大或总治理费用最少。近年来随着计算机技术的迅猛发展，各种模拟软件和优化软件的不断涌现（如在本书中引入的离散规划方法及其解法——最速下降法），使得优化方法实施起来更加方便快捷，其应用也越来越广泛。

但是非线性优化法也存在一个问题，由于各污染源污染物产生的原理、设备设施等条件不同，它们治理的投资效益可能差异很大。按照优化方案得到的各污染源允许排放量和削减量从总量控制的总体观念上看是合理的，但对各污染源来说则很可能不合理。有些源为了总体优化利益，可能要承担额外的削减量，而另一些源则可能承担少于自己应承担的削减量，这对各污染源来说是不公平的，也容易让企业对污染治理产生消极和抵触的情绪。在这种情况下，环境管理和决策部门就要充分发挥其领导者的作用，制订相应规范进行调节，对于优化削减量大于其平权削减量的源，其多削减产生的额外费用应由获准少削减的源合理分担，这涉及排污交易的核心内容[20]。

10.2.3　平权分配法

平权分配法是基于城市多源模式的一种总量控制方法。其基本原理是：首先根据多源模式模拟各污染源对控制区域中筛选出来的控制点的污染物浓度贡献率，若控制点处的污染物浓度超标，根据各源贡献率进行削减，使控制点处的污染物浓度满足相应环境标准限值的要求。控制点是用来标志整个控制区域大气污染物浓度是否达到环境目标值的一些代表点，这些点处的浓度达标情况应能很好地反映整个控制区的大气环境质量状况[21]。

1. 城市多源模式

城市多源模式起源于日本，该模式模拟控制区内每一个源及其扩散过程对每一个控制点的影响，以此确定每个污染源对控制点的污染物浓度贡献。该模式主要包括 4 方面内容：污染源情况调查，气象条件选取，扩散模式选取，控制点选择。

1）污染源情况调查

污染源情况调查包括污染源源高、源的空间分布、源强等情况。

2）气象条件选取

大气污染物从污染源排放出来后其扩散过程与气象条件密切相关，因此在模拟污染物扩散过程时，必须对气象条件进行设计。通常可利用当地多年常规观测的气象资料，对主要气象参数风向、风速、稳定度类别进行统计，建立各稳定度条件下风向、风速联合频率表，作为后续扩散模式的输入条件，最终加权求和得出控制点的年平均浓度。

3）扩散模式选取

根据污染源和气象条件的参数，选择合理的扩散模式将各源在控制点上的浓度计算出来。在各类城市空气质量模式中，高斯模式仍是最主要的应用模式，即使在国外比较发达的国家仍是如此，这是因为：①大多数平原城市及郊区的范围在 20～30km 内，高斯烟流模式基本适用。②城市空气质量模式误差主要来源于模式输入参数，从应用的效果来看，复杂的数值模式并不优于高斯模式。③高斯模式对气象资料需求低，而运算效率高。在城市总量控制应用中，涉及多种条件的计算和方案优化，常常采用运算较小的模式。

4）控制点选择

所谓控制点，就是用来标志整个控制区大气污染物浓度是否达到环境目标值的一些代表点。控制点的多少取决于所能承受的工作量，以在足够代表性的条件下尽可能减少个数为原则。可选择如人群分布的社区、风景名胜区、自然保护区和一些较敏感的保护区等作为控制点。另外，应尽量选择在控制区域年主要风向下风向的区域。

以上四方面工作是城市多源模式的主要内容，准备工作完成后，就可以将污染源和气象参数输入选定的扩散模型，确定污染源与控制点的定量响应关系。

2. 平权分配法

首先以各污染源现有排放量为源强，将污染源参数（源强、空间位置）和气象参数输入选定的扩散模式（高斯模式），计算出各污染源对各控制点的污染物浓度贡献。根据高斯模式的形式，当污染源与控制点相对位置确定，主要气象条件稳定，污染源 i 的源强 q_i 与控制点 j 处的污染物浓度 C_{ij} 呈线性关系，即：

$$C_{ij} = a_{ij} \times q_i \tag{10-10}$$

式中，a_{ij} 为浓度传输系数，是一个常数。

然后根据各污染源对各控制点的污染物浓度贡献，若控制点处浓度超标，对各源排放量进行削减，具体有两种方法。

1）等比例削减法

各污染源对控制点的浓度贡献用下式表示：

$$C_j = \sum_{i=1}^{m} C_{ij} = \sum_{i=1}^{m} (a_{ij} \times q_i) \tag{10-11}$$

式中，C_j 为控制点浓度；C_{ij} 为污染源 i 对控制点 j 的浓度贡献；a_{ij} 为污染源 i 对控制点 j 的浓度传输系数；q_i 为污染源 i 的排放量。

污染源 i 对控制点 j 的贡献率为

$$r_{ij} = \frac{C_{ij}}{C_j} = \frac{C_{ij}}{\sum_{i=1}^{m} C_{ij}} \tag{10-12}$$

设控制点 j 的大气环境质量标准限值为 C_s，则该点浓度应削减：

$$\Delta C_j = C_j - C_s \tag{10-13}$$

设污染源 i 对控制点 j 的超标浓度分担率按下式计算：

$$R_{ij} = \frac{\Delta C_{ij}}{\Delta C_j} = \frac{C_{ij}}{C_j} = r_{ij} \tag{10-14}$$

则为使控制点处污染物浓度不超标，各污染源的削减量应为

$$\Delta q_i = \frac{r_{ij} \times \Delta C_j}{a_{ij}} \tag{10-15}$$

2）平方比例削减法

平方比例削减法与等比例削减法大致相似，只是在计算污染源与对控制点的超标浓度分担率上有所不同，在平方比例削减法中，污染源 i 对控制点 j 的超标浓

度分担率按下式计算：

$$R_{ij} = \frac{C_{ij}^2}{\sum_{i=1}^m C_{ij}^2} \tag{10-16}$$

推导出污染源 i 的削减量为

$$\Delta q_i = \frac{R_{ij} \times \Delta C_j}{a_{ij}} \tag{10-17}$$

在等比例削减法中，各污染源都是按同一削减率进行削减，这样对在控制点处浓度贡献率小的污染源来说是不公平的。而平方比例削减法实质上则是根据各源对控制点的浓度贡献率大小来进行削减，贡献率大的削减率大，贡献率小的削减率小，因此通常采用平方比例削减法。

3. 平权分配法的优缺点

各污染源对不同控制点的削减量可能不同，此时以最大的削减量进行削减，即按最大削减量削减原则。平权分配法利用城市多源模式模拟污染源源强与控制点处污染物浓度的关系，利用控制点处的浓度反推出污染源源强，最终确定污染物排放总量。平权分配法的特点在于不直接计算区域的排污总量，通过保证控制点处浓度达标来控制该区域的大气环境质量，从而求得各污染源的排放量。只要控制点和大气扩散模式选取适当，其计算结果是较为科学合理的。同时，平权分配法根据各污染源对控制点处的污染物浓度贡献来确定各源的排污量，明确了各污染源为使控制区域大气环境质量达标应承担的责任，对各污染源来说比较公平。但是平权分配法也有其局限性，由于各污染源采取按最大削减量削减原则进行削减，从总量控制的总体观念上来看，它不具备使区域排污总量最大、治理投资费用总和最小的优化特征，有的污染源甚至要求削减全部排放量才能满足要求，实际上是不可行的。因此，在实际工作中还需要结合其他方法对平权分配的结果进行调整。

10.2.4　信息熵分配法

信息熵法是广泛应用于分析决策领域的科学方法。将信息熵法应用于总量分配中，信息熵用以表达不同分配因子的权重。当不同分配对象的分配因子值越分散，该分配因子对于整个分配过程就更为重要，同时也就意味着该分配因子的权重越大，信息熵值越小。

将信息熵应用到大气污染物总量分配中的基本思想为（图10-4）：

首先要选择与大气污染物排放密切相关，同时又能够体现出各省市之间区域差异的统计性指标。针对同一指标，在不同的区域间计算出该单位指标负荷大气污染物量的信息熵值，从上面的分析可知，该信息熵值的大小代表了区域间经济或自然条件的客观差异与发展程度差异。单位指标负荷大气污染物量的信息熵值越小，说明各区域间指标权重的差异越大，区域间单位指标负荷污染物量的差异就越大，区域间的发展程度差异也就越大；反之如果信息熵值越大，则区域间单位指标负荷污染物量的差异就会越小，区域发展就越均衡[22, 23]。

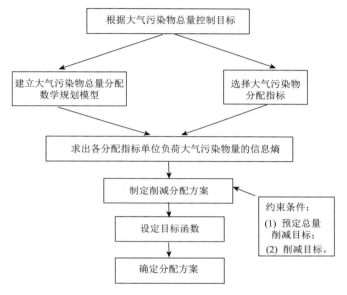

图 10-4 基于信息熵值的大气污染物总量分配思路

1. 分配指标的选择

充分考虑分配指标选择的可行性、系统性、综合性、典型性及直接相关性等原则，选取人均 GDP、人均污染排放强度、VOCs 排放重点行业产值比例及单位国土面积 VOCs 排放量为分配指标，各指标含义如下：

（1）人均 GDP：综合体现个人污染物排放权平等和经济贡献公平性的要求，值越大，应更多地承担污染物减排责任。

（2）人均污染排放强度：体现个人 VOCs 污染排放公平性的要求，一个人 VOCs 排放越多，则应该承担更大的 VOCs 削减责任，对一个区域而言，该指标值越大，则该区域应该承担更多的责任。

（3）重点行业产值比例：考虑分配结果应与国家产业结构调整相关，重点行业产值比重越大的地区，产业结构调整空间越大，削减量越大。

（4）单位国土面积 VOCs 排放强度：国土面积与大气环境容量有比较强的相关性，单位国土面积 VOCs 排放强度若超出全国平均水平，则该地区应该承担相对更多的 VOCs 削减责任。

计算出单位指标负荷大气污染物量的信息熵值后，运用熵值法可计算出单位指标负荷污染物量信息熵值的权重。由于熵值大的指标表明该指标区域间发展越均衡，那么该指标在决策中所起的作用就应该越小，故应赋予较小的权重。

最后，将得到的各指标信息熵值和用熵值法算出的权重，通过统计学加权求和的方法，可计算出各单位指标负荷大气污染量的信息熵的加权信息熵总和，将该值最大作为目标函数，将环境最大允许排放量、合理的削减目标及可行的削减下限设定为约束条件，建立线性约束函数，用 VBA 语言编程可简单解答该目标函数的最优解。最终可解得大气污染总量的分配方案，实现承认系统内各区域间的大气污染物总量的"公平"而有"效率"的分配，从而构建得出总量分配方案。具体计算过程如下：

（1）总量分配对象集合为

$$X_i = \{x_1, x_2, x_3, \cdots, x_n\}, \quad i = 1 \sim n \tag{10-18}$$

（2）假设总量分配指标集为

$$X_j = \{x_1, x_2, x_3, \cdots, x_m\}, \quad j = 1 \sim m \tag{10-19}$$

（3）构造分配对象集对应指标的初始矩阵：

$$A_{ij} = \begin{bmatrix} x_{11} & x_{12} & \cdots & x_{1m} \\ x_{21} & x_{22} & \cdots & x_{2m} \\ \vdots & \vdots & & \vdots \\ x_{n1} & x_{n2} & \cdots & x_{nm} \end{bmatrix} \tag{10-20}$$

式中，x_{ij} 为第 i 个地区第 j 个指标值；n 为分配对象省、市、区、县的个数；m 为指标个数；A 为原始分配指标数据的判断矩阵。

为了消除不同参量量纲的影响，将指标进行无因次化处理。

（4）得出标准矩阵：

$$B_{ij} = \begin{bmatrix} x_{11} & x_{12} & \cdots & x_{1m} \\ x_{21} & x_{22} & \cdots & x_{2m} \\ \vdots & \vdots & & \vdots \\ x_{n1} & x_{n2} & \cdots & x_{nm} \end{bmatrix} \tag{10-21}$$

（5）计算信息熵：

$$H(X)_j = -K \sum_{i=1}^{n} p_{ij} \ln(p_{ij}) \tag{10-22}$$
$$0 \leqslant H(X)_j \leqslant 1$$

$$p_{ij} = \frac{X_{ij}}{\sum_{i=1}^{n} X_{ij}} \tag{10-23}$$

$$d_j = 1 - H(X)_j \tag{10-24}$$

$$w_j = \frac{d_j}{\sum_{j=1}^{m} d_j} \tag{10-25}$$

（6）计算相对削减水平：

$$C_i = \sum_{j=1}^{m}(X_{ij} \times W_j) \tag{10-26}$$

（7）计算削减水平的差异指数：

$$\gamma_i = \frac{C_i}{C_{\text{平均值}}} \tag{10-27}$$

（8）计算削减量及排放量：

$$R_i = W_{i(0)} \times r_i \tag{10-28}$$

$$W_i = W_{i(0)} \times (1 - R_i) \tag{10-29}$$

式中，$W_{i(0)}$ 为 i 地区的 VOCs 现状排放量；r 为全国 VOCs 目标削减率。

2. 信息熵分配法的优缺点

一方面，由于信息熵在对未知的概率分布进行推测时，充分考虑已有的信息，而对未知的信息不做任何的假设，不妄加揣测，做到不偏不倚，因此，将信息熵应用于评价大气污染物总量模型的分配求客观权重的方法，可体现出分配的公平性，避免了人为主观赋权因素对结果的干扰，在模型评价时，也可以避免多重共线性问题。从各省市的自然情况和经济、社会发展的异同等出发，在大气污染总量分配模型中全面考虑这些因素，从两个不同方面保证了污染物总量配额分配的公平原则。

另一方面，由于信息熵可用来评价系统的均衡性，即如果系统中的个体间越接近，差异越小，此时信息熵就越大，系统就会越均匀；此外，将信息熵中的概率看作决策时各属性的权重时，可体现出信息熵对信息大小的不确定性度量。若某个属性下的熵值越大，说明施加的约束条件越少，那么所含的信息量就越大，此时该属性在决策时所起的作用就越小，在决策时应该赋予这个因素较小的权重。将此信息熵的性质应用到大气污染物总量分配模型中，能够体现出分配的效率最大化，因为按照权重计算出来的是最大熵，对应的是此时分配的最优化，即效率最大化。

最后，信息熵的求解过程简单易操作，在指标选取和线性规划过程中，都本着简单易行的原则，这样便于提高管理部门的工作效率。

10.3　VOCs 总量控制方案对环境空气质量影响的评估

　　VOCs 总量控制方案可以为政府和环境保护部门制定污染物控制政策科学依据和技术支持。VOCs 总量控制方案对环境空气质量影响的评估即通过对国内外已有成功案例的了解分析，选取在社会经济、能源需求、大气污染物排放量、城市环境空气质量方面和目标区域有较大相似性的区域或城市案例与目标区域实际情况进行对比，从社会经济（能源使用、人口）发展趋势、主要减排措施执行历史、空气质量变化趋势及现状等角度探讨 VOCs 总量控制对环境空气质量的影响，一般通过气象模拟验证和空气质量模式的验证实现区域空气质量模拟预测，模拟污染物在各类规划情景的控制措施实施下规划年的空气质量状况。而空气质量模型则是评估政策控制下的污染物浓度变化，进行控制政策研究的有效工具。对于大气污染问题的模拟是空气质量模型最主要和最基本的应用之一，主要包括颗粒物污染、光化学污染、区域大气污染物传输等的模拟。空气质量模型还可应用于评估源排放变化在不同地区和不同时间对污染物浓度的影响，定量分析各种物理或化学过程对污染物浓度的贡献，预测空气质量。近年来，随着学者们对二次污染的关注程度提高，空气质量模型尤其是 Models-3/CMAQ（Community Multiscale Air Quality），越来越被广泛应用于研究不同前驱体污染物排放对二次污染物浓度的贡献[24]。

　　美国环境保护局发布的第三代空气质量模型（CMAQ）是基于"一个大气"理念的多尺度区域化学传输模型 Models-3/CMAQ。所谓"一个大气"理念，是指将所有的大气问题均考虑进模型之中。第三代空气质量模型不再区分单一污染问题，采用完全模块化的结构，即可在一次模拟工作之中，同时完成臭氧、悬浮微粒及沉降作用的模拟，因此可用于多尺度、多污染物的空气质量的预报，可以有效地进行较为全面的空气质量控制策略的评估，是目前应用最广泛的空气质量模型之一[25]。

　　虽然我国大部分学者多选用国外较成熟的模型研究我国的空气污染，但是仍然有部分学者致力于模型开发并取得了一些成果。例如，1997 年中国气象科学院徐大海等基于大气平流扩散积分建立了箱格预报模型 CAPPS[26]，可应用于我国主要城市大气污染指数的预报研究；中国科学院大气物理研究所自主研发了嵌套网格空气质量预报模型系统（nested air quality prediction modeling system，NAQPMS），该模型雏形为欧拉污染物输送实用模型，利用其研究东亚硫氧化物的跨国输送问题。该模型考虑了复杂的物理、化学等过程，可实现各种尺度污染物输送的完全在线耦合，可用于研究不同尺度各种污染（如沙尘暴、城市光化学烟雾、酸雨、

高浓度悬浮颗粒物等）的变化规律，以及区域和城市的空气质量实时预报，目前
已应用于北京、上海、深圳、郑州等城市环境监测中心。

10.4　案　例　应　用

10.4.1　案例Ⅰ：VOCs 总量控制目标的确定

1. 总量控制目标的计算

Qiu 等在前人研究的基础上针对我国工业源 VOCs 排放编制了 1980～2010 年
30 年的排放清单，排放系数是参考国内外发表的最新结果并根据我国实际情况修
正过后得出的，该研究具有一定代表性。因此，案例选择 Qiu 等发表的 2010 年排
放清单作为基准年排放基数，共包含了 31 个工业行业。国家层面的总量控制目标
是由不同行业控制目标值相加得出。案例通过模型推估及文献调研等方法确定了
31 个不同行业未来的活动水平及排放系数。对于活动水平预测，案例采用国家发
展和改革委员会能源研究所发表的结果作为预测系数：我国 2011～2020 年的人口
增长率为年均 5.88%，2021～2030 年为 2.08%；2011～2015 年的 GDP 增长率为
7.90%，2016～2020 年为 7.00%，2021～2025 年为 6.60%，2026～2030 年为 5.90%；
我国城市化率的预测结果为 53.57%（2020 年）、58.88%（2030 年）。另外，为更
好地对工业各行业活动水平与各指标间开展回归分析法分析，案例展开大量的统
计资料调研，收集了 1980～2010 年我国各工业行业的活动水平以及前述的各项社
会经济指标。

考虑到我国未来的 VOCs 防控体系将向发达国家靠拢，且更为完善。未来工
业源 VOCs 的排放减排效率与这些控制政策、标准以及规范息息相关。以此为背景，
本案例采用情景分析法设置了我国在未来较长一段时间内的工业源 VOCs 控制情
景，并设置基准情景以作为案例对比分析。情景设置见表 10-1。2020 年及 2030 年
基准情景及控制情景中各行业实施的控制技术，见表 10-2。行业不同情景的最终
减排效率见表 10-3。

表 10-1　情景设置

年份	情景
2020	情景Ⅰ（基准情景）：各行业控制措施维持 2010 年情况不变，即行业排放系数不变； 情景Ⅱ（总量控制情景）：在全国范围内实行工业行业 VOCs 排污控制，控制措施及减排效率主要引自"大气污染防治行动计划"及"重点区域大气污染防治'十二五'规划"
2030	情景Ⅰ（基准情景）：各行业控制措施维持 2010 年情况不变，即行业排放系数不变； 情景Ⅱ（总量控制情景）：在全国范围内对工业行业 VOCs 排污实行严格控制，控制措施及减排效率主要引自美国新能源排放标准（NSPS：new source performance standards）及合理可行控制技术（RACT：reasonably available control technology）

表 10-2　各情景中各行业控制措施

行业	基准情景	总量控制情景（2020 年）	总量控制情景（2030 年）
石油炼制	无控制措施	生产、输配、储存以及废水处理系统均安装有机废气处理及回收装置[a]	安装压力罐、高效密封的浮顶罐、加处理设施的固定罐、废水处理系统安装固定覆罩和废气回收装置
机械装备制造	无控制措施	无控制措施	提高水性溶剂的使用；加强溶剂管理
储运	无控制措施	储油库、汽油油罐车展开污染治理	全国储油库安装污染治理装置、汽油油罐污染治理
合成纤维生产	无控制措施	无控制措施	加强溶剂管理
合成树脂生产	无控制措施	无控制措施	在生产工艺排放节点及储罐通风口安装废气处理装置
焦炭生产	炼焦化学工业污染物排放标准(GB 16171—2012)[b]	与基准情景相同	安装废气处理装置
纺织印染	无控制措施	无控制措施	使用水性溶剂；安装废气回收处理装置
合成革生产	合成革与人造革工业污染物排放标准(GB 21902—2008)[c]	安装废气处理装置[a]	提高水性溶剂使用比例；提升废气收集及处理效率
制鞋、印刷、木材加工、家具生产、交通设备生产、建筑装饰、履铜板生产	相关行业排放标准[d]	使用水性溶剂；安装废气处理装置[a]	提高水性溶剂使用比例；提升废气收集及处理效率
基础化学原料制造、涂料生产、油墨生产、胶黏剂生产、食品生产、化学原料药生产	无控制措施	安装废气收集装置；安装回收净化装置[a]	提升废气收集及处理效率
原油开采、天然气开采、合成橡胶生产、合成洗涤剂生产、轮胎生产、钢铁生产、纸浆生产、纸制品生产、废气物处理、能源消耗	无控制措施	无控制措施	无控制措施

a. 重点区域大气污染防治"十二五"规划（2011～2015）；大气污染防治行动计划（2014～2017）；

b. 根据"炼焦化学工业污染物排放标准（GB 16171—2012）"，只包含了苯及苯并芘；

c. 根据"合成革与人造革工业污染物排放标准（GB 21902-2008）"，包含了苯、甲苯及 VOCs；

d. "室内装饰装修材料　内墙涂料中有害物质限量（GB 18582—2008）"，"室内装饰装修材料　溶剂型木器漆涂料中有毒有害物质限量（GB 18581—2009）"，"室内装饰装修材料　胶黏剂中有害物种限量（GB 18538—2008）"。

表 10-3　各行业最终减排效率

行业	有组织及无组织排放比例	减排效率（2020 年控制情景）	减排效率（2030 年控制情景）
原油开采	0:1	0	0
天然气开采	0:1	0	0
原油加工	3:7	0.48	0.72
基础化学原料	3:7	0.40	0.68
储运	5:5	0.49	0.76
涂料生产	3:7	0.36	0.68
油墨生产	3:7	0.36	0.68
合成纤维生产	3:7	0.35	0.40
合成橡胶生产	3:7	0.35	0.68
合成树脂生产	3:7	0.35	0.51
胶黏剂生产	3:7	0.41	0.68
食品生产	3:7	0.21	0.51
合成洗涤剂生产	3:7	0	0
轮胎生产	3:7	0	0
化学原料药生产	6:4	0.27	0.67
钢铁生产	3:7	0	0
焦炭生产	3:7	0	0.29
纺织印染	3:7	0.20	0.51
合成革生产	3:7	0.35	0.68
制鞋	3:7	0.25	0.68
纸浆生产	3:7	0	0
纸产品生产	3:7	0	0
印刷	4:6	0.39	0.62
木材加工	3:7	0.18	0.51
家具制造	3:7	0.38	0.68
机械设备生产	3:7	0.39	0.68
交通设备制造	4:6	0.48	0.68
建筑装饰	0:1	0.09	0.44
履铜板生产	3:7	0.19	0.51
废弃物处理	0:1	0	0
能源消耗	0:1	0	0

2. 总量控制目标结果

1）各行业 2020 年总量控制目标值

2020 年，我国各工业行业在控制情景下所允许排放的总量控制目标如图 10-5 所示。包括建筑装饰业、机械设备生产业、石油炼制业、储运业以及合成革生产业在内的 5 个行业允许排放量最大，均超过了 100 万 t，占到整个工业源 VOCs 允许排放量的 51.86%，其中建筑装饰行业由于 VOCs 排放主要来自建筑涂料使用过程的有机溶剂的挥发，为开放式操作，难以有效收集操作过程中挥发的 VOCs，除了以水性溶剂替代外，废气很难有效收集并处理，故总量控制目标值最大，达到 349.38 万 t。控制总量超过 50 万 t/a 的行业主要包括建筑装饰业、机械设备生产业、石油炼制业、储运业、合成革生产业、焦炭生产业、印刷业、食品生产业、制鞋业、木材加工业以及履铜板生产业等 11 个行业，其中除了石油炼制业、储运业、食品生产业外，其余 8 个行业均为 VOCs 使用类行业，由此可说明，该类排放仍然是 VOCs 排放的最主要来源，占到工业源 VOCs 允许排放总量的 65.21%。其余的包括涂料生产业、合成纤维生产业、纺织印染业、原油生产业、钢铁生产业、胶黏剂生产业、废弃物处理业、天然气开采业、油墨生产业、合成橡胶生产业、纸浆生产业、纸制品生产业以及合成洗涤剂生产业等在内的 12 个行业，由于行业允许排放总量分别小于 20 万 t，故在图 10-5 中将其总体归类为其他行业，控制总量共计为 95.18 万 t，占工业源 VOCs 控制总量的 5.33%，可以视为非主要的工业 VOCs 排放来源。

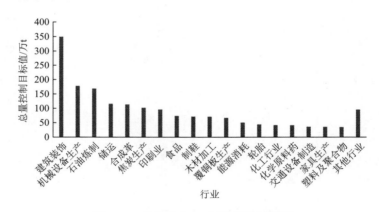

图 10-5　各行业 2020 年总量控制目标

2）各行业 2030 年总量控制目标值

案例结果显示，至 2030 年，由于在全国范围内的工业行业实施严格 VOCs 排放控制，故即使我国国民经济仍然保持快速发展，工业源 VOCs 排放却得到了有效的控制，各工业行业 VOCs 允许排放总量相较于 2020 年并未出现明显增加。如图 10-6 所示，VOCs 允许排放总量超过 100 万 t 的行业主要包括建筑装饰、机械设备生产、石油炼制、焦炭生产及印刷业等 5 个行业，共计允许排放 961.68 万 t，占总量的 53.05%，是今后工业源 VOCs 减排的重点管控行业。VOCs 允许排放总量超过 50 万 t 的行业共有 12 个，分别为建筑装饰业、机械设备生产业、石油炼制业、焦炭生产业、印刷业、储运业、食品生产业、轮胎生产业、木材加工业、覆铜板生产业、能源消耗业以及塑料及聚合物生产业，共计允许排放量为 1472.19 万 t，占总量的 81.21%，其中，除了石油炼制业、储运业、食品生产业、能源消耗业及塑料及聚合物生产业外，其余 8 个行业均为 VOCs 使用类行业，由此说明，至 2030 年，该类排放仍然为我国工业源 VOCs 排放的主要来源，允许排放量共计 1194.60 万 t，占总量的 65.90%。其余包括纺织印染业、涂料生产业、钢铁生产业、原油生产业、合成橡胶业、天然气开采业、胶黏剂生产业、废弃物处理业、油墨生产业、纸制品生产业、纸浆生产业及合成洗涤剂生产业在内的 12 个行业，允许排放量不足 20 万 t，总计 95.88 万 t，占总量的 5.23%。

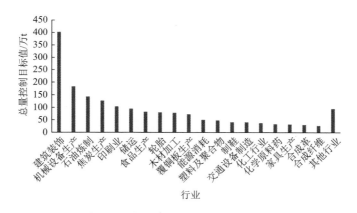

图 10-6　各行业 2030 年总量控制目标

3）未来国家层面总量控制目标值

图 10-7 为基准情景及总量控制情景下我国工业源 VOCs 2020 年及 2030 年的排放量。由图可知，在基准情景即维持 2010 年控制措施不变的情况下，我国 2020 年及 2030 年工业源 VOCs 排放量分别达到 2508.44 万 t 及 4414.59 万 t，相较于 2010 年排放量分别增长 80.39% 及 200.17%，这是由我国社会经济以及城市规模的高速发展带来的。与基准情景不同，总量控制情景下排放量较基准情景显著降低，2020 年，总量控制情景下排放量为 1790.27 万 t，较基准情景排放量降低 26.35%，较基准年排放量上升 28.75%；2030 年，总量控制情景下排放量为 1822.36 万 t，较基准情景排放量降低 57.35%，较基准年排放量上升 31.06%。由此看以看出，我

国在未来相当长的一段时间内，工业源 VOCs 排放仍然会保持增加的趋势，这与国家社会经济发展战略密切相关，在经济高速发展的大前提下，国家产业结构调整跟不上经济发展的速度，以工业为主要经济支柱的产业结构模式在相当长一段时间内无法完全改变，这就成为工业源 VOCs 即使大力控制却仍然不能将排放量降低到基准年水平的主要原因。然而，在总量控制情景下，2030 年排放量较 2020 年仅高出 33.06 万 t，增长比例为 1.79%，这说明在 2030 年于我国全国范围内实施工业源 VOCs 排放严格控制能有效控制排放，使排放量维持在一个相对稳定的水平。

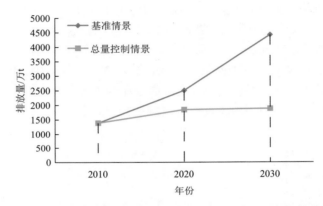

图 10-7　基准情景及总量控制情景下 2020 年及 2030 年的排放量

10.4.2　案例Ⅱ：VOCs 总量控制目标的分配

本案例所涉及的工业 VOCs 排放源共计为 31 个不同的行业，不同行业的 VOCs 排放量与 GDP、人口数量、城市化率以及行业控制水平等因素相关。因此案例选定了人均 GDP、人均 VOCs 排放强度、VOCs 排放工业行业产值比例及单位国土面积 VOCs 排放强度为总量分配因子。在总量分配因子确定后，针对如何确定各因子重要性的权重及如何将总量分配至各区域，本案例选用信息熵法开展计算，为了满足后续总量控制方案对环境空气质量影响效益的分析，本案例共计将总量分配至我国 2361 个区、县，但由于结果数据量庞大，案例中仅对各省的分配结果展开讨论。

案例统计我国 31 个省、市及自治区（不包含港澳台）的 4 项分配因子值，根据信息熵法，本案例计算得出 4 个分配因子的权重及信息熵值，见表 10-4。4 个分配因子的信息熵值 $[H(X)_i]$ 大小排序为：工业行业产值比例＞人均排放强度＞人均 GDP＞单位国土面积排放强度，其中，单位国土面积排放强度的信息熵值最小，为 0.670771，根据信息熵值大小的含义，这意味着该分配因子最能突出分配对象之间的异质性，即 31 个省、市及自治区的单位国土面积排放强度值离散程度最大，在总量分配中起到最重要的作用；反之，工业行业产值比例的信息熵值最大，表明我国各省、市及自治区的产业结构模式差异性不大，则该分配因子在总量分配的过程中起到的作用最小。与信息熵值相反，熵权值（w_j）直接代表了各分配因子在总量分配过程中所占的权重，故 4 个分配因子的大小顺序与信息熵值正好相反，顺序为：单位国土面积排放强度＞人均 GDP＞人均排放强度＞工业行业产值比例。根据信息熵法总量分配过程和信息熵效用（d_j）可知，其值等于 1 减去信息熵值 $[H(X)_j]$，各项指标的重要性也隐含在其中。

表 10-4　4 个分配因子的各项指标值

分配因子	人均 GDP	人均排放强度	工业行业产值比例	单位国土面积排放强度
信息熵 $H(X)_j$	0.907581	0.928268	0.977656	0.670771
信息熵效用 d_j	0.092419	0.071732	0.022344	0.329229
熵权值 w_j	0.179202	0.13909	0.043325	0.638382

1）各省市总量的分配

将总量控制情景下得出的 2020 年及 2030 年的总量控制目标，利用信息熵法分配至我国 31 个省份（不包括港澳台），分配结果如表 10-5 所示，其中 C_i 值代表各分配对象的工业源 VOCs 相对削减水平，由信息熵权系数法理论可知，要得到总量分配最终结果需对 C_i 值进行进一步处理，求得 γ_i，即分配对象的削减水平差异指数，才能计算出分配总量。案例结果可知，γ_i 值较高的省份，如山西、河南及重庆等，被认为是需要承担更大的减排义务；相反，γ_i 值较低的省份，如北京、贵州、西藏及海南等，被认为是可以承担较小的 VOCs 削减责任。另外，包括天津、河北、山西、辽宁、吉林、黑龙江、江苏、浙江、安徽、福建、江西、山东、河南、广东、重庆、四川、陕西、青海及宁夏在内的 19 个省份的 C_i 值超出全国平均水平，全国平均水平为 0.0211，这意味着这些省份相较于其他 11 个省份需要付出更多努力来削减工业源 VOCs 排放。

针对 2020 年及 2030 年的总量分配结果，由表 10-5 可知，包括山东、江苏、广东、浙江、福建及辽宁在内的 6 个省份的允许排放总量超过了 100 万 t，占全国总量的 51.19%及 51.23%，这是由于这些省份基准年的排放量较大，故即便承担的削减责任再多，最后分配得到的控制总量仍然会较高，国家在制定总量分配方案的时候，可以适当提高对这些省份的要求，以期尽快使这类污染严重的区域空气质量得到改善。另外，控制总量少于 10 万 t 的省份包括了海南、贵州、西藏、青海及宁夏等 5 个省份，占全国总量的 1.61%及 1.60%，原因是这些省份的基准年排放量小，GDP、人均排放量及单位国土面积排放量等指标数值也较其他省份低，所以分配到的 2020 年及 2030 年的工业源 VOCs 控制总量也较低。但是，总量控制方案的制定与实施可以促进国家工业布局的调整，因此，国家在真正制定总量分配方案的时候，可以适当考虑对这些省份放宽要求，以刺激其经济发展。

表 10-5　2020 年及 2030 年工业源 VOCs 总量分配结果

省份	C_i	排放基数/万 t	γ_i	总量（2020 年）/万 t	总量（2030 年）/万 t
北京	0.0105	21.48	0.4992	23.91	24.10
天津	0.0229	36.31	1.0831	46.96	47.82
河北	0.0228	59.07	1.0800	76.75	78.17
山西	0.0247	28.16	1.1697	36.97	37.68
内蒙古	0.0237	27.33	1.1237	35.49	36.15
辽宁	0.0235	79.76	1.1130	104.62	106.62
吉林	0.0226	27.55	1.0697	35.37	35.99
黑龙江	0.0218	31.75	1.0324	40.52	41.23
上海	0.0184	50.48	0.8695	62.44	63.4
江苏	0.0228	128	1.0823	167.17	170.31
浙江	0.0224	111.47	1.0629	144.87	147.55
安徽	0.0226	35.6	1.0706	45.9	46.73
福建	0.0222	111.47	1.0511	144.49	147.14
江西	0.0235	23.12	1.1143	29.87	30.41
山东	0.0236	149.28	1.1163	196.54	200.33
河南	0.0249	69.27	1.1776	92.06	93.89
湖北	0.0211	40.77	1.0007	51.84	52.73
湖南	0.0199	32.98	0.9418	41.25	41.91
广东	0.0218	123.28	1.0304	159.14	162.02
广西	0.0205	22.02	0.9693	27.5	27.94
海南	0.0120	8.08	0.5697	8.74	8.8
重庆	0.0239	21.49	1.1312	27.81	28.32
四川	0.0219	42.97	1.0375	55.13	56.11
贵州	0.0170	8.27	0.8039	9.52	9.62
云南	0.0194	15.26	0.9171	18.62	18.89
西藏	0.0140	0.27	0.6644	0.33	0.38
陕西	0.0234	32.84	1.1064	42.63	43.42
甘肃	0.0209	15.41	0.9900	19.13	19.43
青海	0.0239	3.11	1.1338	3.46	3.49
宁夏	0.0213	5.76	1.0079	6.77	6.85
新疆	0.0207	27.91	0.9805	35.13	35.7

　　2）各省份削减量的分配

　　同样利用信息熵法，本小节将基准情景下得出的 2020 年及 2030 年的排放量分配至各省份，从而得出了各省份在基准情景（即工业源 VOCs 维持 2010 年控制条件不变情景）下的排放量。总量控制情景下的各省份排放量分配值减去基准情景下的分配值，得出各省份未来为达到总量控制目标必须削减的工业源 VOCs 排放量。下面将对未来我国各省份的工业源 VOCs 削减责任、削减量分布展开详细讨论。

　　2020 年我国工业源 VOCs 共计需减排 709.66 万 t，其中，我国的山东、江苏、浙江、福建及广东等 5 个省份所承担的削减责任最大，削减量均超过 50 万 t，5 个省份的削减量总和为 302.10 万 t，占到全国总削减量的 47.06%。与此同时，黑龙江、吉林、辽宁、内蒙古、天津、河北、山西、河南、安徽、上海、湖北、江西、湖南、重庆、四川、陕西及新疆等省份工业源 VOCs 削减责任在全国处于中等水平，削减量范围为 10 万～50 万 t，17 个省份的削减量总计 342.74 万 t，占到全国总削减量的 48.30%。最后，包括北京、宁夏、甘肃、青海、西藏、云南、贵州、广西及海南在内的 9 个省份 2020 年工业源 VOCs 排放削减责任最低，削减量低于 10 万 t，总计 32.47 万 t，占到全国总削减量的 4.58%。总体来说，工业源 VOCs 排放重点削减区域主要分布在我国东南部沿海，东北、华北及华中地区次之，西部地区最弱，这种分布也符合我国工业经济发展布局，即工业较发达的地区，人均 GDP 越高、VOCs 排放量越大，需要承担的削减责任就会越大。

　　2030 年，我国工业源 VOCs 共计需减排 2499.20 万 t，削减责任较大的省份共计 8 个，分别为辽宁、河北、山东、河南、江苏、浙江、福建及广东，削减量分别超过 100 万 t，总计 1585.64 万 t，占全国削减总量的 63.45%。另外，黑龙江、吉林、北京、天津、内蒙古、山西、安徽、湖北、江西、湖南、广西、云南、重庆、四川、陕西、甘肃及新疆这 17 个省份的工业源 VOCs 排放削减责任居中，削减量范围为 10 万～100 万 t，削减量共计 892.81 万 t，占全国削减总量的 35.72%。最后，包括青海、西藏、宁夏、贵州及海南在内的 5 个省份工业源 VOCs 削减责任最小，削减量低于 10 万 t，共计 20.75 万 t，占全国削减总量比重为 0.83%。与 2020 年不同，2030 年总量控制情景较基准情景削减量更大，重点削减省份范围更广，削减责任小的城市更少。削减责任大的省份主要集中在京津冀、长江三角洲及珠江三角洲等人民生活水平较高、工业较发达的地区，高的 VOCs 排放量削减同时也符合该区域人民迫切的改善环境空气质量的意愿。削减责任小的地区仍然集中在我国西部，如宁夏、西藏及青海等经济欠发达、环境空气质量较好的地区。

10.4.3　案例Ⅲ：VOCs 总量控制对环境空气质量的影响评估

为更全面地反映总量控制对我国空气质量（O$_3$）的影响，本案例选取全国（不含港、澳、台）作为模拟研究区域，空间分辨率为 36km×36km。本案例选择臭氧污染的典型时段作为考虑对象，我国 6～8 月光照强，臭氧生成显著，10～11 月降水量低，混合层高度低，不利于污染物扩散，污染物累积，故而浓度升高。因此，本案例选取 7 月、10 月两个月作为模拟研究时段。本案例采用清华大学开发的 MEIC 清单数据库中的各污染源排放网格数据作为模拟的输入数据。工业源 VOCs 排放数据则来自本案例总量控制目标分配后的排放清单，清单采用中国科学院地理研究所公布的 1km×1km 人口格栅数据进行网格化分配。

1. 2020 年总量控制情景下的空气质量评估

2020 年我国工业源 VOCs 允许的排放总量为 1790.27 万 t，相较于基准情景降低 26.35%，减排 640 万 t。将 2020 年 7 月基准情景浓度分布减去总量控制情景，可得到浓度降低较为明显的区域，包括辽宁、北京、天津、河北、山西、河南、山东、江苏、上海、安徽、浙江、广东、湖南、福建在内的华北、长江三角洲及珠江三角洲等地区减排效果较其他地区明显，其中北京南部、天津、河北廊坊、山东东营、江苏南部、上海、浙江北部、广东广州、广东佛山及福建漳州等地臭氧减排效果最佳，这些地区均属于经济发达、人口密集、现状排放量大的地区，按照总量分配方法，这些地区承担的 VOCs 削减责任均较大，VOCs 为臭氧形成关键前体物，故其减排将带来臭氧浓度的降低。同样，将 2020 年 10 月基准情景浓度分布减去总量控制情景，相较于同年 7 月，我国 10 月臭氧浓度总体降低，总量控制情景下臭氧浓度削减值也较 7 月低，且主要集中在京津冀、长江三角洲及珠江三角洲三大区域，其中包括安徽东部、安徽北部、江苏、上海及浙江北部在内的长江三角洲区域为臭氧浓度削减高峰区，珠江三角洲地区及福建东南部地区臭氧浓度削减也较为明显。环境空气中臭氧浓度的高低，不止与 VOCs、NO$_x$ 等前体物的排放量有关，也与光照、气温、湿度及风等气候因素息息相关，2020 年工业源 VOCs 总量控制情景较基准情景减排 640 万 t，削减效果在部分区域一定程度体现，需加大削减力度，本配合 NO$_x$ 的削减，本案例 NO$_x$ 与 VOCs 协同减排对环境空气的质量的曲面响应关系，方能达到国家环境控制质量目标。

2. 2030 年总量控制情景下的空气质量评估

相较于 2020 年，本案例假设在 2030 年我国将在全国范围内实行工业源 VOCs 排放严控，总量控制情景排放量较基准情景降低 57.35%，即 2451.85 万 t。为分析臭氧削减区域及削减量，将 2030 年 7 月基准情景浓度分布减去总量控制情景，华北、长江三角洲、珠江三角洲及福建东南部等地区臭氧浓度降低效果明显，其中北京南部、山东东营、河南洛阳、江苏南京、江苏扬州、浙江杭州、上海、福建漳州、福建厦门、广东广州及广东佛山等城市为臭氧浓度降低的峰值区，相较于 2020 年，呈现更好的浓度降低趋势。同年 10 月，包括北京、天津、河北、山东、河南、江苏、安徽、湖北、湖南、浙江等省份以及四川盆地、珠江三角洲、福建漳州厦门一带在内的地区在总量控制情景下均相对基准情景臭氧浓度明显降低，浓度降低峰值区出现在长江三角洲安徽北部、江苏东南部及浙江北部，值得注意的是，常年居高的四川盆地地区臭氧浓度也有明显降幅。

3. 重点地区臭氧浓度削减情况分析

为进一步评价工业源 VOCs 减排为环境空气质量中臭氧浓度的降低带来的效果，本案例分别提取了 7 月、10 月臭氧浓度较高的典型地区在总量控制情景下相对于基准情景的臭氧浓度削减量。如图 10-8 所示，本案例选取北京南部、天津、河北廊坊、山东东营、河南洛阳、江苏南京、上海、浙江杭州、广东广州及福建漳州作为 7 月重点地区评价其臭氧浓度削减情况，在总量控制情景下，2020 年 7 月，典型地区臭氧浓度有 $2.75\sim8.50\mu g/m^3$ 的削减效果，而 2030 年 7 月，则有 $19.30\sim40.87\mu g/m^3$ 的削减效果，上海的臭氧浓度降低最为明显，地区臭氧浓度的降低，不仅与该地区的污染物排放量降低有关，也与其周围其他地区的污染控制密不可分，因此，长江三角洲地区的臭氧浓度明显降低得益于其所属的经济发展区域共同减排。如图 10-9 所示，选取天津武清区、北京大兴区、安徽芜湖、江苏南京、浙江杭州、广东广州及福建漳州作为典型地区评估 10 月臭氧削减情况，2020 年 10 月，典型地区臭氧浓度削减范围为 $2.61\sim30.07\mu g/m^3$，而 2030 年 10 月，由于加大控制力度，臭氧浓度削减范围提升为 $13.52\sim84.63\mu g/m^3$，浓度削减效果最明显的城市为安徽芜湖，分析其原因可能是该地区人口密度较高，且削减量较高。

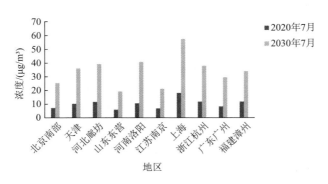

图 10-8　7 月典型地区臭氧浓度削减情况

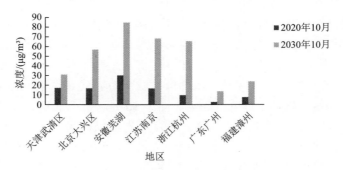

图 10-9　10 月典型地区臭氧浓度削减情况

（郑君瑜）

参 考 文 献

[1]　Xing J，Wang S X，Jang C，et al. Nonlinear response of ozone to precursor emission changes in China：a modeling study using response surface methodology[J]. Atmospheric Chemistry and Physics，2011，11（10）：5027-5044.

[2]　Huang Z，Hu Y，Zheng J，et al. A new combined stepwise-based high-order decoupled direct and reduced-form method to improve uncertainty analysis in $PM_{2.5}$ simulations[J]. Environmental Science and Technology，2017，51（7）：3852-3859.

[3]　Xing J，Ding D，Wang S，et al. Quantification of the enhanced effectiveness of NO_x control from simultaneous reductions of VOC and NH_3 for reducing air pollution in the Beijing-Tianjin-Hebei region，China[J]. Atmospheric Chemistry and Physics，2018，18（11）：7799-7814.

[4]　Bensoussan B E，Fleisher C S. Strategic and Competitive Analysis：Methods and Techniques for Analyzing Business Competition[M]. New Jersey：Prentice Hall，2002.

[5]　Wang S，Yun Y，Hu J，et al. Research of scenario analysis application in regional compound air pollution control decision-making[J]. Environment and Sustainable Development，2012，37：14-20.

[6]　Zeng Z，Zhang D. A method to interpret future under uncertainty：scenario analysis[J]. Journal of Information，2005，24：14-16.

[7]　吴悦颖，李云生，刘伟江. 基于公平性的水污染物总量分配评估方法研究[J]. 环境科学研究，2006，19（2）：66-70.

[8]　封金利，杨维，施爽，等. 水污染物总量分配方法研究[J]. 环境保护与循环经济，2010，6：34-37.

[9]　朱法华，王圣. SO_2 排放指标分配方法研究及在我国的实践[J]. 环境科学研究，2005，18（4）：36-41.

[10]　Xue R J，Zhu F H，Zhu G F，et al. Discussion on distribution of SO_2 emission allowance in power industry in Jiangsu Province[J]. Pollution Control Technology，2003，16（1）：182-186.

[11]　Sun W M，Zhu F H，Zhu G F，et al. Research on distribution of SO_2 emission allowance for power industry[J]. Electricity Power Environmental Protection，2003，19（3）：14-17.

[12]　Wang K，Zhang X，Wei Y M，et al. Regional allocation of CO_2 emissions allowance over provinces in China by 2020[J]. Energy Policy，2013，54：214-229.

[13]　王媛，张宏伟，杨会民，等. 信息熵在水污染物总量区域公平分配中的应用[J]. 水利学报，2009，40（9）：

1103-1115.

[14] Pan X Z，Teng F，Wang G H. Sharing emission space at an equitable basis：allocation scheme based on the equal cumulative emission per capita principle[J]. Applied Energy，2013，54（10）：99-110.

[15] Jekwu I. Equity，environmental justice and sustainability：incomplete approaches in climate politics[J]. Global Environmental Change，2003，13（3）：195-206.

[16] 林高松，李适宇，江峰. 基于公平区间的污染物允许排放量分配方法[J]. 水利学报，2008，37（1）：52-57.

[17] 马晓明. 环境规划理论与方法[M]. 北京：化学工业出版社，2004.

[18] 王勤耕，吴跃明，李宗恺. 一种改进的 *A-P* 值控制法[J]. 环境科学学报，1997，17（3）：278-283.

[19] 国家环境保护局，中国环境科学研究院. 城市大气污染总量控制方法手册[M]. 北京：中国环境科学出版社，1991.

[20] 张颖，王勇. 我国排污交易制度的应用研究[J]. 中南大学学报（社会科学版），2004，10（4）：464-468.

[21] 郝吉明，马广大，俞珂，等. 大气污染控制工程[M]. 9 版. 北京：高等教育出版社，1999.

[22] 黄定轩. 基于客观信息熵的多因素权重分配方法[J]. 系统工程理论方法应用，2003，12（4）：321-324.

[23] 刘巧玲，王奇. 基于区域差异的污染物总量削减总量分配研究——以 COD 削减总量的省际分配为例[J]. 长江流域资源与环境，2012，21（4）：512-517.

[24] 薛文博，王金南，杨金田，等. 国内外空气质量模型研究进展[J]. 环境与可持续发展，2013，3：14-20.

[25] Peters L K，Berkowitz C M，Carmichael G R，et al. The current state and future direction of Eulerian Models in simulating the tropospheric chemistry and transport of trace species：a review[J]. Atmospheric Environment，1995，29（2）：189-222.

[26] 徐大海，朱蓉. 大气平流扩散的箱格预报模型与污染潜势指数预报[J]. 应用气象学报，2000，11（1）：1-12.

"十三五"国家重点出版物出版规划项目
大气污染控制技术与策略丛书

书名	作者	定价（元）	ISBN 号
大气二次有机气溶胶污染特征及模拟研究	郝吉明等	98	978-7-03-043079-3
突发性大气污染监测预报及应急预案	安俊岭等	68	978-7-03-043684-9
烟气催化脱硝关键技术研发及应用	李俊华等	150	978-7-03-044175-1
长三角区域霾污染特征、来源及调控策略	王书肖等	128	978-7-03-047466-7
大气化学动力学	葛茂发等	128	978-7-03-047628-9
中国大气 $PM_{2.5}$ 污染防治策略与技术途径	郝吉明等	180	978-7-03-048460-4
典型化工有机废气催化净化基础与应用	张润铎等	98	978-7-03-049886-1
挥发性有机污染物排放控制过程、材料与技术	郝郑平等	98	978-7-03-050066-3
工业挥发性有机物的排放与控制	叶代启等	108	978-7-03-054481-0
京津冀大气复合污染防治：联发联控战略及路线图	郝吉明等	180	978-7-03-054884-9
钢铁行业大气污染控制技术与策略	朱廷钰等	138	978-7-03-057297-4
工业烟气多污染物深度治理技术及工程应用	李俊华等	198	978-7-03-061989-1
京津冀细颗粒物相互输送及对空气质量的影响	王书肖等	138	978-7-03-062092-7
清洁煤电近零排放技术与应用	王树民	118	978-7-03-060104-9
室内污染物的扩散机理与人员暴露风险评估	翁文国等	118	978-7-03-064064-2
挥发性有机物（VOCs）来源及其大气化学作用	邵敏等	188	978-7-03-065876-0